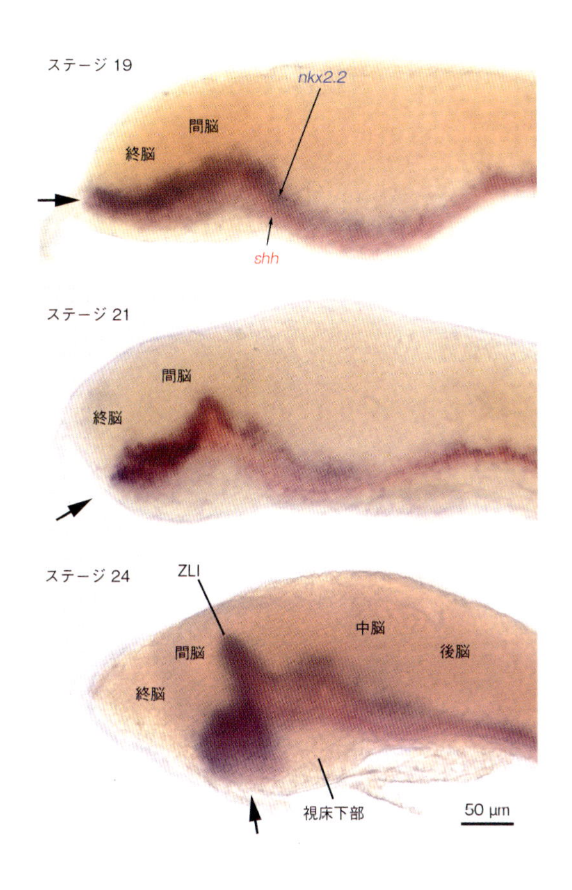

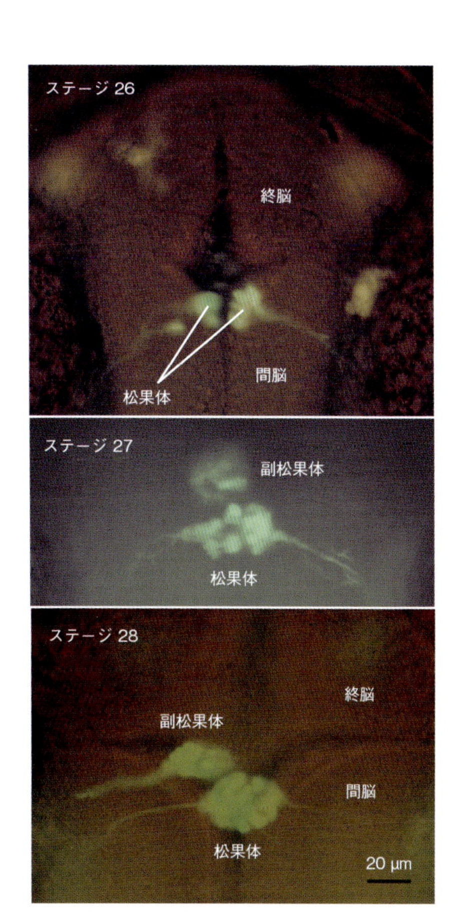

口絵 1　脳軸の回転（図 5-5 参照）
ハイブリダイゼーション組織化学によって 2 種類（青と赤）の遺伝子の発現を可視化した．太い矢印は脳軸の吻側端．

口絵 2　副松果体の発生（図 6-5 参照）
GFP トランスジェニックメダカの蛍光写真．

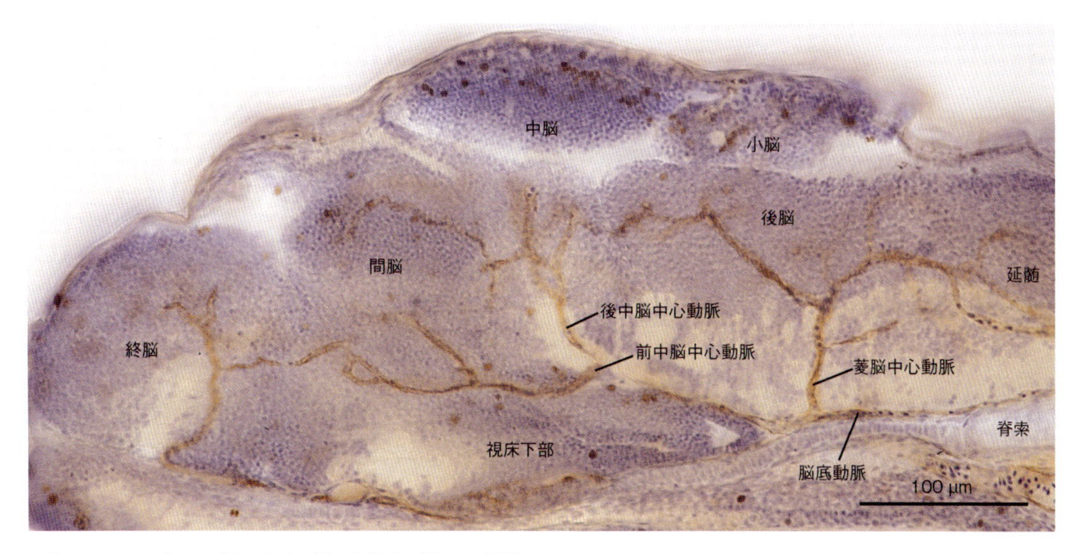

口絵 3　ステージ 36 の胚における脳の血管系（図 9-2 参照）
抗リン酸化ヒストン H3 抗体による矢状切片の免疫組織化学染色．血管と細胞核が茶色に染まっている．ニッスル染色のために，灰白質は青く染まっている．

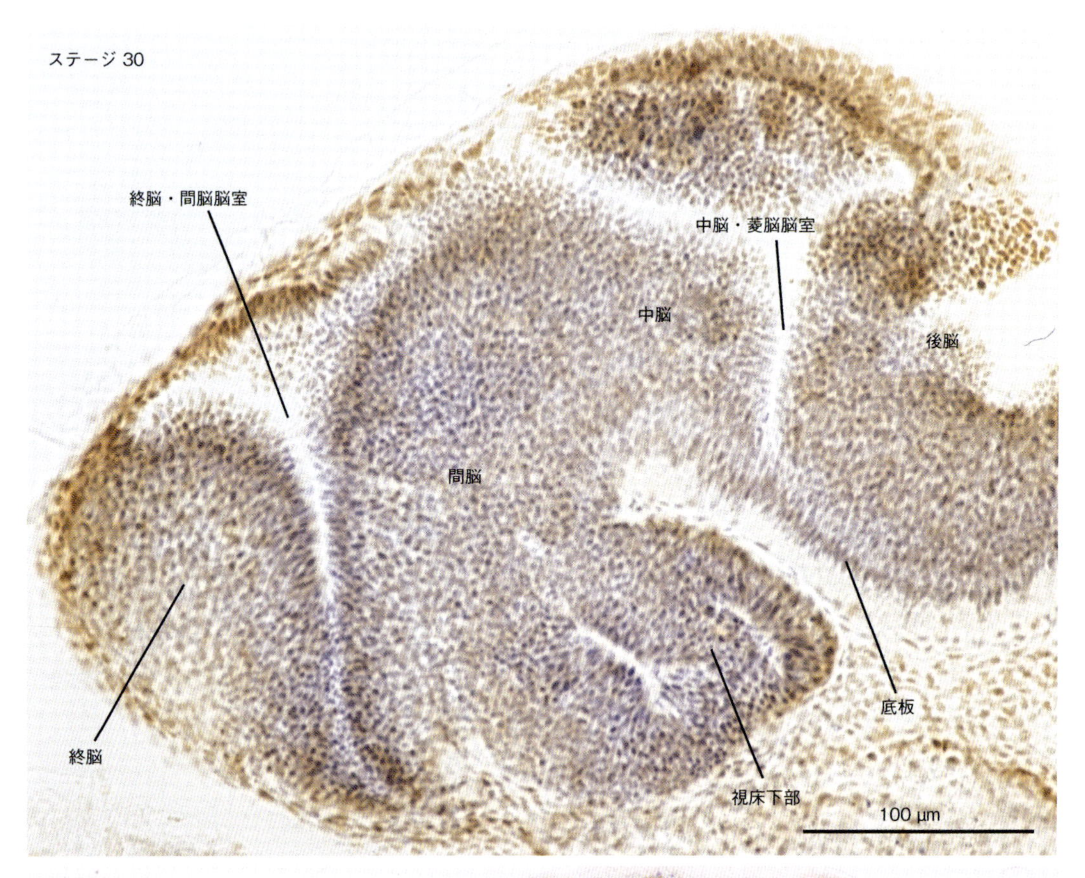

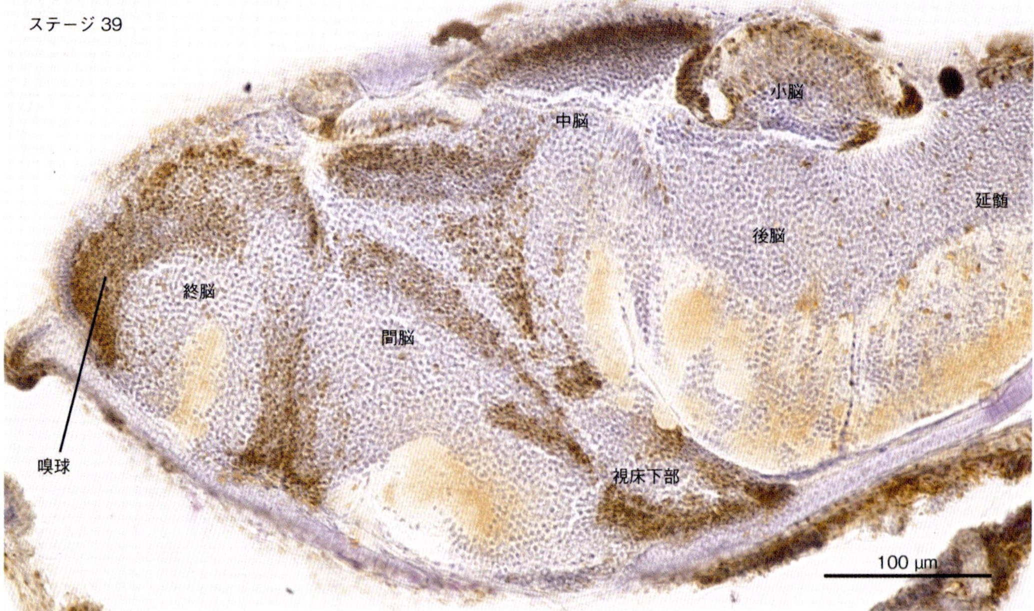

口絵 4　細胞増殖帯の発生的変化（図 9-4 と図 9-6 参照）
矢状切片を抗 PCNA 抗体で免疫組織化学染色した後，ニッスル染色した標本．細胞増殖帯が茶色に染まっている．細胞増殖帯の領域は発生が進むと次第に限定されてくる．

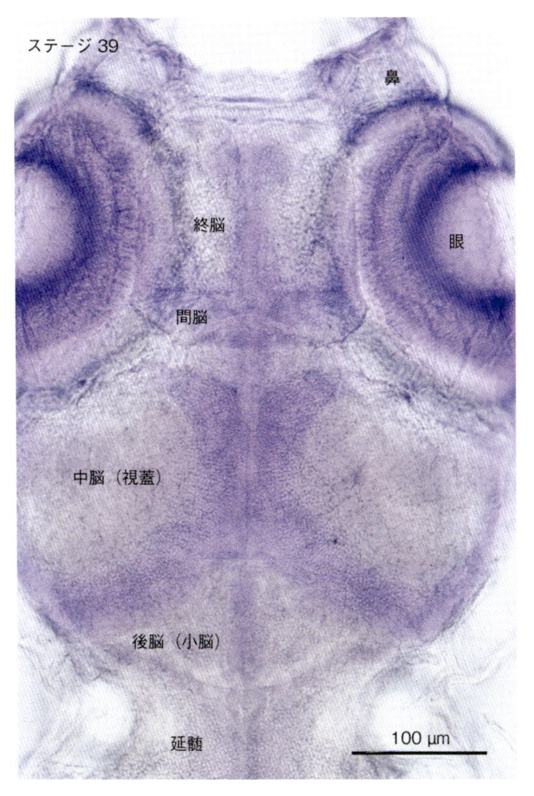

口絵 5　仔魚の頭部の全体的ニッスル染色
（図 11-1 参照）
眼の細胞層と脳の灰白質が青く染まっている.

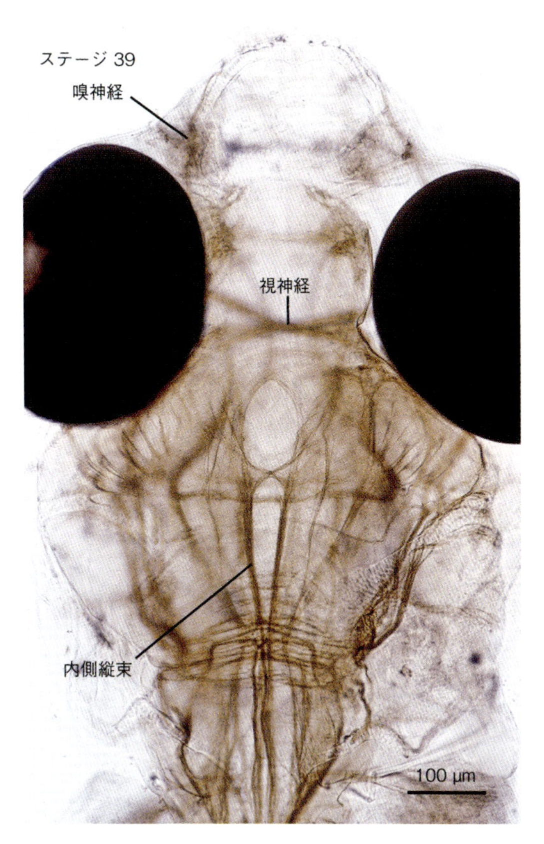

口絵 6　仔魚の脳の神経線維（図 11-2 参照）
抗ニューロフィラメント抗体による免疫組織化学染色.

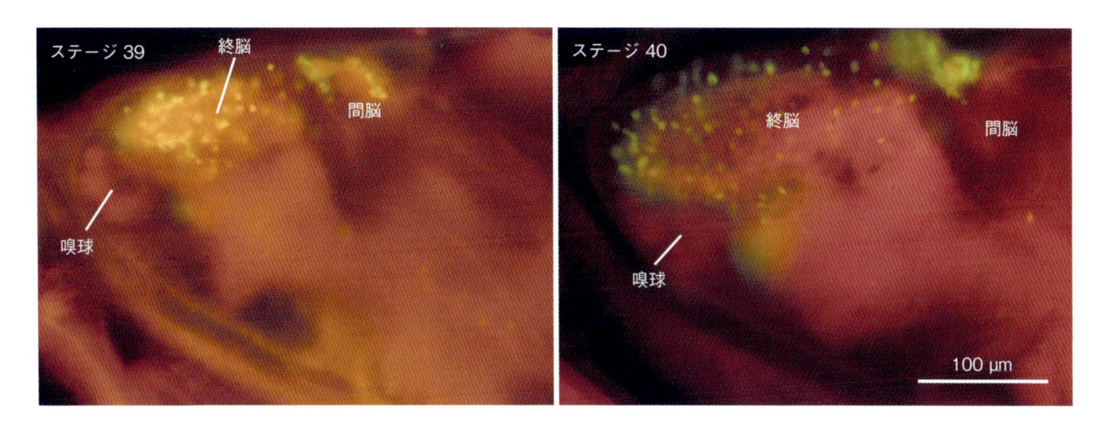

口絵 7　終脳の発生的変化（図 12-4 参照）
GFP トランスジェニックメダカの矢状切片をローダミン化ファロイジンで染めた標本の二重蛍光写真. 終脳などの GFP 陽性細胞が黄色または緑色に光っている. その他の構造物は赤く光る. 終脳背側が吻側に向かって伸長する結果, はじめ吻側にあった嗅球は, 腹側に位置するようになる.

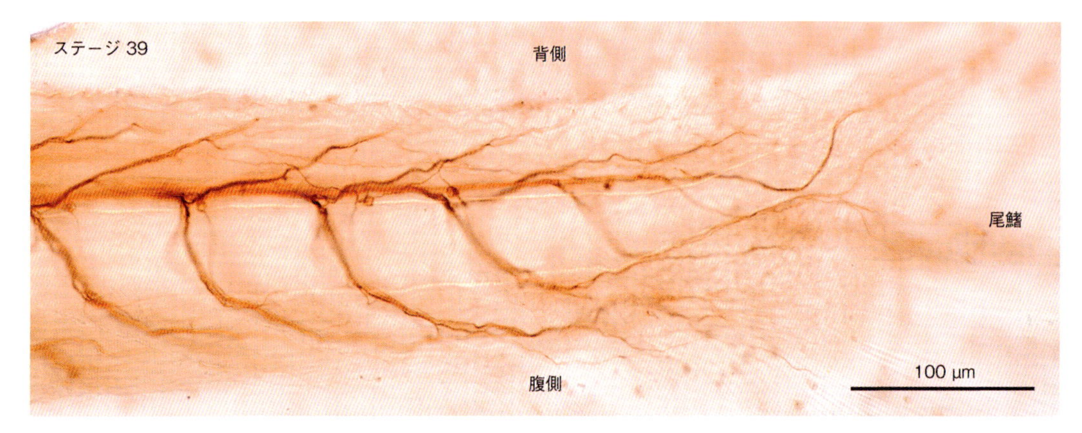

口絵 8　仔魚の尾部の脊髄神経（図 11-2 参照）
抗ニューロフィラメント抗体による免疫組織化学染色．神経線維などが茶色に染まっている．

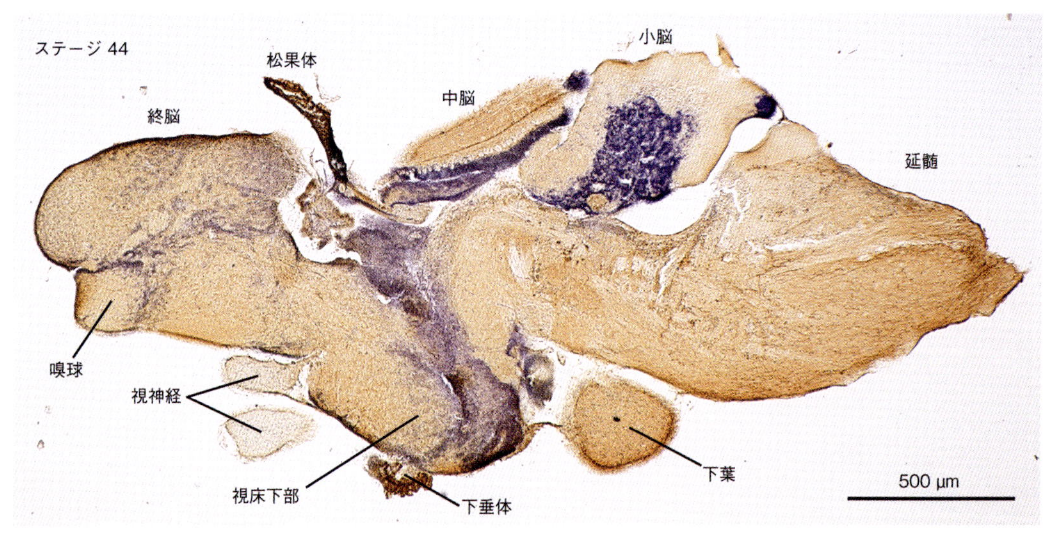

口絵 9　抗セロトニン抗体による脳切片の免疫組織化学染色像（図 12-1 参照）
若魚の脳でセロトニン陽性組織が茶色に，灰白質がニッスル染色で青く染まっている．

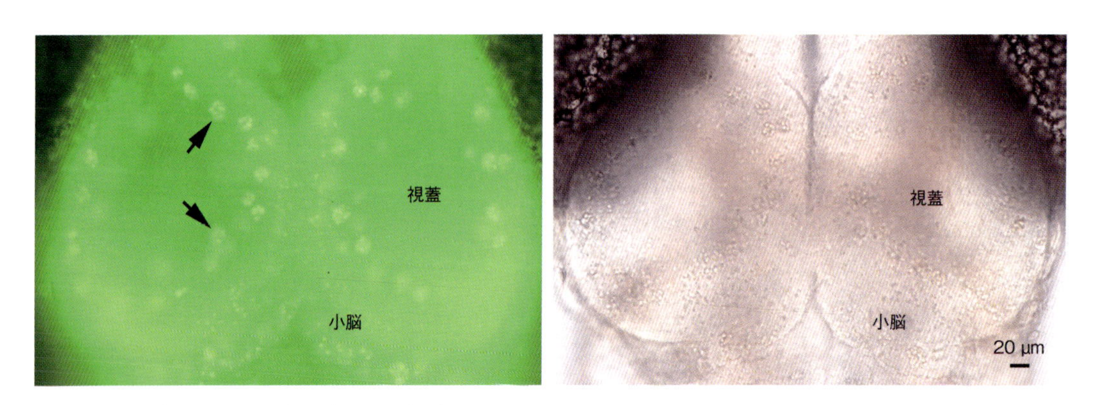

口絵 10　放射線による脳の細胞死（図 15-4 参照）
左は蛍光写真，右はその明視野像．死んだ細胞の集団（矢印）が見える．X 線照射後 10 時間の脳をアクリジンオレンジで染色．

メダカで探る脳の発生学

Developmental understanding of the vertebrate brain, using the medaka

石川　裕二

Yuji Ishikawa

この著書を
父母　石川 一男・貞子
妻　石川 洋子
および小学校の恩師　石川 政 先生に捧げる

I dedicate this book to Kazuo and Sadako Ishikawa (my parents),
Yoko Ishikawa (my wife), and Masa Ishikawa (my respected teacher
in my primary school)

生命は短く，学術は永い．……

ヒッポクラテス

（『箴言』から；大橋博司の訳による）

私と同じようにして歳をとっていこうじゃないか！
最善のものはまだ来ていないのだ．
人生の最後，そのために人生の最初は造られた．
私たちの時間は神の御手の中にある．
神は言いたもう『私は汝の生涯の全体を計画した．
若き時はその半分にすぎない．神に委託せよ．
全体を見て，そして恐れるな！』……

ロバート・ブラウニング

（『ラビ・ベン・エズラ』から）

はじめに

脳を理解することは，きわめて重要なことである．人間あるいは動物の活動のすべての根源に，脳があるからだ．また，言語や知性などの人間らしい性質の多くは，人間の脳というものの特殊な構造と機能によっている．言うまでもないことだが，脳の障害は認知症や統合失調症などの深刻な病気をもたらす．その治療法の開発には，脳の理解が必要不可欠である．

脳を理解する一番の基本はその構造を知ることだが，この専門分野は神経解剖学 neuroanatomy とよばれている．ところが人間の脳の大きさと構造の複雑さのために，神経解剖学は医学教育の中でも特に難解なものの 1 つである．いったいどのようなアプローチをとれば，正確さを失うことなく，最も簡明に脳の構造がみえてくるだろうか？

筆者自身の経験から言えば，脳の構造を理解するためには，2 つの補助線を引いて考えるのが一番良いと思う．1 つは，個体の発生からみた脳である．脳は，はじめから複雑なわけではなく，「胎児の脳」から出発して，発生や成長のすえに「大人の脳」になるのだから，比較的単純な胚や胎児の脳構造をまず理解する．もう 1 つの補助線は，進化からみた脳である．進化的にいうと，遠い祖先が共通なため，すべての現存の動物は私たちと血縁関係がある．特に背骨をもった動物（脊椎動物）は，その脳が人間のそれに最も近い．中でも，魚類は脊椎動物の基本形を保持し，その脳形態は比較的単純である．そのため，魚類の脳を出発点にすると，脳構造の理解は比較的容易になる．つまり，発生と進化という観点から，「単純から複雑へ」向かって脳の理解を進めるのである．

このようなアプローチは，人間の脳を理解するために役立つばかりではなく，「脳とは何か」という一般的・普遍的問題に答えるためには必要不可欠である．このような観点から書かれた良書は，これまでいくつか出版されてきた［オランダの Nieuwenhuys et al.（1998）による *The Central Nervous System of Vertebrates* など］．しかし筆者の知る限り，ある特定の魚について，脳発生の全過程を述べた成書は，これまでなかった．

本書の目的は，具体的な例としてメダカの脳をとりあげ，その実際の発生過程を示しながら，人間を含めた脊椎動物一般の脳構造を理解することにある．

本書は専門書ではあるが，脳の複雑な構造を理解したいと願う，すべての人たちのために書かれた．そのため，最初の 2 つの章を進化と発生についての解説にあてた．第 2 章の後半部では，「脳発生の砂時計（様々な動物の脳は，発生中期で最大の類似性を示す）」という脳の形態形成に関する一般原則が解説される．第 3 章から第 12 章までは脳の発生について述べ，最後の第 13 章と第

14章で成体の脳機能について概説した．特に第4章から第8章までは，脊椎動物一般に共通する構造（神経管）について述べたので，医学・生物学系の学生・大学院生・専門家などに有用だろうと考える．魚脳の特殊性は，第3章および第9章から第12章に現れる．そのため，これらの部分は農学(水産学)系の学生･大学院生･専門家などにとって役に立つと思われる．重要だけれども，本書の本筋からやや離れた話題は，21の短いコラムにまとめた．

補遺として，脳発生に対する放射線障害について述べた．その基礎となる放射線生物学について簡潔に解説し，原発事故関連について言及した．

本書の骨の骨と言うべきものは，第2章の後半部に記されている．急ぎの読者には，この部分だけでも読んでいただければと願う．時間のある方は，むろん冒頭からじっくりと読み進めていただきたい．脊椎動物の脳というものを，その基本から理解していただけると信じる．

目　次

はじめに

第1章　神経系の起源と進化……… *1*
1）宇宙の中の生命：進化と階層 ……… *1*
2）生命科学：必然と偶然 ……… *4*
3）細胞：真核細胞と多細胞生物 ……… *5*
4）神経細胞：シナプスと情報の流れ ……… *6*
5）動物の系統：神経系とその進化 ……… *8*
6）魚類の進化とメダカの由来 ……… *11*

第2章　発生の原理と脳発生の一般的規則……… *19*
1）個体レベルの原則：発生の砂時計 ……… *21*
2）器官・組織レベルの原則：胚葉，尾芽，誘導 ……… *22*
3）細胞・分子レベルの原則：発生を駆動する遺伝子 ……… *22*
4）形態形成の原理：分子的プレパターン ……… *24*
5）脳発生についてのベーアの学説 ……… *25*
6）ベーアの学説を訂正する：メダカ（真骨類）の脳発生 ……… *26*
7）様々な動物の脳発生 ……… *31*
8）脳発生の砂時計 ……… *32*

第3章　神経管ができるまで……… *37*
1）発生段階 ……… *38*
2）卵割，桑実胚，そして胞胚 ……… *38*
3）原腸胚：細胞集団の移動と分子的プレパターン ……… *40*
4）原腸胚における神経板と細胞系譜 ……… *43*
5）神経胚：神経竜骨と神経索 ……… *45*
6）神経管：ファイロタイプ段階 ……… *48*
7）神経管の4つの軸 ……… *51*

第4章　神経管の背腹軸に沿った区分……… *54*
1）ヒス（His）による神経管の区分……… *54*
2）底板と蓋板の役割：背腹分化の分子メカニズム ……… *58*
3）背腹軸における分子的プレパターン ……… *58*
4）神経管背側部の進化的変化 ……… *60*

第5章　神経管の吻尾軸に沿った区分 …… *66*
1）メダカ神経管における横向きの区分：局所的膨らみ …… *66*
2）コンパートメントと二次オーガナイザー …… *68*
3）神経管の形態変化：吻側端はどこか？ …… *71*
4）前脳分節モデルと位置的用語 …… *74*
5）神経管吻側部と胚全体の形態変化 …… *75*
6）終脳と間脳の一般的区分法 …… *76*
7）メダカ神経管の終脳と間脳 …… *78*

第6章　神経管の左右軸に沿った変異 …… *84*
1）体の発生における左右非対称 …… *84*
2）視床上部の一般的構造 …… *86*
3）メダカにおける松果体複合体と手綱の発生 …… *91*
4）左右非対称の発生：生物学的意義 …… *95*
5）神経管の左右対称性の維持：*Oot* 突然変異 …… *96*

第7章　神経管の同心軸に沿った区分 …… *102*
1）神経管の幹細胞（マトリックス細胞） …… *103*
2）マトリックス細胞説の棄却とその後 …… *105*
3）神経細胞の分化と移動：マトリックス層，外套層，および辺縁層 …… *108*
4）哺乳類大脳皮質の発生と終脳外套について …… *109*
5）神経管における細胞死 …… *113*

第8章　神経回路の発生と発達 …… *118*
1）神経回路発生の概要 …… *120*
2）最初の神経路：背腹の縦走神経路 …… *121*
3）縦走神経路と交連神経路の追加 …… *123*
4）終脳の神経路 …… *126*
5）ファイロタイプ段階の後期における神経回路 …… *127*
6）基盤的神経回路と行動の発達 …… *127*

第9章　神経管から脳へ：血管，細胞増殖帯，間脳について …… *132*
1）血管の形成 …… *133*
2）胚における脳血管の発達 …… *135*
3）仔魚の脳血管 …… *135*
4）神経管吻側部における細胞増殖帯 …… *137*
5）仔魚の間脳における細胞増殖帯 …… *138*
6）真骨類の間脳の区分法 …… *141*
7）間脳の視床下部 …… *142*

第 10 章　神経管から脳へ：各領域の発達 ……………………………………………………………*146*
1）終脳の発達：吻尾区分，細胞移動，そして外翻 ……………………………………………*146*
2）終脳の発達：孵化（ステージ 39）まで ……………………………………………………………*149*
3）間脳の移動細胞集団の発達 ………………………………………………………………………………*153*
4）中脳（視蓋）の発達 ………………………………………………………………………………………*156*
5）後脳（小脳）の発達 ………………………………………………………………………………………*159*

第 11 章　孵化した仔魚の神経系 ……………………………………………………………………………*165*
1）仔魚の脳・脊髄の概観 ……………………………………………………………………………………*166*
2）末梢神経系の概要 …………………………………………………………………………………………*167*
3）脳神経 ………*168*
4）脊髄神経 ……*173*
5）仔魚の神経系アトラス ……………………………………………………………………………………*173*

第 12 章　仔魚の脳から成魚の脳へ ……………………………………………………………………*176*
1）仔魚から成魚へ ………………………………………………………………………………………………*176*
2）延髄，後脳，中脳，および間脳尾側部：保守的な脳領域 ……………………………………*176*
3）間脳の発達 ……………………………………………………………………………………………………*178*
4）終脳の発達とその発生のまとめ ………………………………………………………………………*180*
5）成魚の脳・脊髄の概観 ……………………………………………………………………………………*185*

第 13 章　メダカの脳，ヒトの脳 ……………………………………………………………………………*189*
1）比較神経学からみた中枢神経系 ………………………………………………………………………*190*
2）中枢神経系の機能 ……………………………………………………………………………………………*191*
3）中枢神経系の階層的構造 …………………………………………………………………………………*192*
4）中枢神経系のネットワークモデル ……………………………………………………………………*194*
5）メダカの行動表出：繁殖（生殖）行動 ………………………………………………………………*195*

第 14 章　真骨類の機能的神経科学 …………………………………………………………………………*200*
1）運動系 ………*200*
2）感覚系 ………*203*
3）行動状態系 ………………………………………………………………………………………………………*208*
4）認識系 ………*210*
5）動物の「意識」…………………………………………………………………………………………………*211*

補遺　第15章　放射線とメダカ：脳の発生に対する放射線障害 ……215
1）放射線とは何か ……216
2）放射線の人体への影響 ……217
3）遺伝影響と発がん（確率的影響）……219
4）細胞死による障害（確定的影響）……219
5）胎内被ばく影響と脳の発達に対する障害 ……220
6）メダカ胚を用いた発達神経毒性の評価 ……222
7）環境に対する放射線の影響とメダカ ……227
8）原発事故と将来 ……228

付属表　メダカの中枢神経系の発生表……232
付属図譜　メダカ仔魚の神経系アトラス……234
用語集……257
おわりに……263
索引……265

コラム

1　位置関係をあらわす用語 ……16
2　ニホンメダカは単一種か？ ……17
3　大きなもの，小さなもの ……18
4　カール・フォン・ベーア ……20
5　小さなハエと大きな革命 ……29
6「氏か育ち」か：二律背反的議論について……30
7　フォン・クッパーの2脳胞：原脳と続脳 ……35
8　相同について ……36
9　発生の早さ：メダカの時間，ヒトの時間 ……53
10　個体発生と系統発生……57
11　ハエの腹，カエルの背……64
12　底深い相同について……65
13　下垂体の発生と脳の屈曲……83
14　ブロカと辺縁系……90
15　デカルトと松果体……100
16　三つ目の動物……101
17　科学論文の出版……107
18　ブロードマンの脳地図……116
19　クローの原理と「モデル生物」……117
20　言葉，文字，ヒトのパラ進化……198
21　メダカの闘争行動と側線感覚……199

第1章
神経系の起源と進化

……岩頸だって岩鐘だってみんな時間のないころのゆめをみてゐるのだ……

宮澤賢治（『春と修羅』から）

進化とは，神が，あるいは自然が，創造をなすための方法である．

テオドシウス・ドブジャンスキー（『進化の光なしには生物学のすべては意味をなさない』から）

“必要は発明の母である”といわれている．たしかに車輪も滑車も高潔な市民の不撓不屈の意志によって必要から発明されたものである．しかし，人類の歴史をながめるとき，“余暇は文化的進歩の母である”ということを付け加えねばならない．人間の精神が日常の仕事のわずらわしさから解き放されて，一見無用と思われる思考を楽しむことが許される時にはじめて，人間の創造的資質が花を咲かせたのである．同様に，“自然淘汰は修正をしただけであるが，［遺伝子の］重複は創造を行った”と進化に関していってよかろう．……

大野 乾（『遺伝子重複による進化』から；山岸秀夫と梁 永弘の訳による）

これから私たちは，メダカという小さな魚を例にとり上げながら，人間を含む脊椎動物の脳のなり立ちをみようとしている．

私たちは21世紀の地球上に生きているけれども，現代物理学が教えるところによると，時間も空間も，人間がとうてい実感し得ないような途方もない大きさをもっている．この世界，つまり物質・エネルギー／時空からなる宇宙の始まりは，ほぼ137億年もの昔にさかのぼるそうである．

本章ではその巨大な時間をさかのぼって脳，もっと広くいうと「神経系 nervous system」，というものの起源と進化を訪ねる．なお神経系とは，「主として神経細胞（後述）から構成され，情報の伝達と処理を行う動物の器官系のこと」である．また本章の最後では，本書の主役である，メダカという生き物について紹介する．

1）宇宙の中の生命：進化と階層

137億歳の宇宙の中で，地球の誕生は約46億年前，そして原始的な生命は約40億年前に始まったとされている（木村，1988；モリス，2004）．ものの始まりというのは，とかくはっきりしないものだが，生命についてもまさにそうだ．原始的な生命体がたった1つであった必要はないかもしれない（図1-1B）．いくつもの異なった場所で，多種類のバクテリアのような生命体が生じ，それらが共同体をつくり，互いに融合して性質を変化させることも十分考えられるからだ（Tamiya and Yagi, 1985；マルグリス・セーガン，1989；Doolittle，1999）．

最初の生命が地球に生まれたにせよ，地球の外に生まれたにせよ，原始的な生命はごく単純なものだったに違いない．その生命には，少なくとも最低限3つの装置が必要だったろう．すなわち，外部環境から生命体をある程度分離するための「しきり装置」，その生命体がエントロピー増大の法則によって滅ぼされないための最小限の「エネルギー生産装置」，そしてその生命体の諸性質の少なくとも一部が次世代に伝達されるための「遺伝装置」の3つである．少数の「うまく子孫を残し得る生命体」が外部環境に選別されて生き残り，「生物の進化」がはじまったのだろう．原始的な生物は“単純”だったから，その進化はおおむね“複雑”の方向に

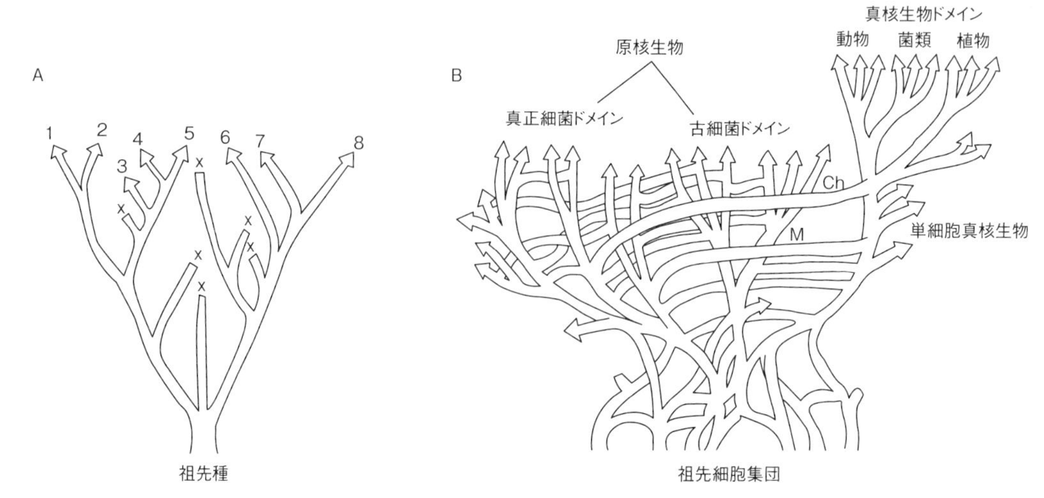

図 1-1　生命の系統樹

ダーウィン以来の「伝統的な系統樹」(A) と現代の「草むら状の系統樹」(B) を模式的に示す．縦軸は時間の経過（下が過去），横軸は変異のおおよその大きさ．A では，単一の祖先種が存在する．そこから無数の世代を経た後，祖先が変化した異なる 8 種（1-8）の現生種があらわれる．途中で絶滅した種（X）も数多い．B では，系統樹の根元には複数の祖先が存在し，それらは互いに合流・合体する．その合流・合体状況は，遺伝子の水平移動や生命体の共生（Ch は葉緑体，M はミトコンドリア）などを考慮して，複雑な形状を呈する．現生生物は大きく原核生物（真正細菌ドメインと古細菌ドメイン）と真核生物（真核生物ドメイン）に分かれている．B は，Doolittle（1999）の図をもとに作図．

進むほかにはなかった．

ここで改めて進化 evolution というものについて考えてみよう（図 1-1）．進化とは，チャールズ・ダーウィン（Charles Darwin，1809-1882）自身の簡略な言葉によると，単純にも，「変化をともなう由来 descent with modification」のことである（ダーウィン，2009）．彼は『種の起源』の中の唯一の図（系統樹）によって，この考えを丁寧に説明している（図 1-1A）．彼からはじまった「変異と自然淘汰 natural selection」を骨格とする進化論は，その後メンデル（Gregor Johhan Mendel，1822-1884）などの遺伝学を取り入れ，様々な新しい概念によって肉づけされ，現代的なものとなった．生命の系統樹も，彼の頃のものから変貌している（図 1-1B）．現代の進化論は，生命科学における最も重要かつ唯一の“統一理論”となっている．「進化の光なしには生物学のすべては意味をなさない」とは，遺伝学者のドブジャンスキー（Theodosius Dobzhansky，1900-1975）が 1973 年に発表した総説のタイトルである（Dobzhansky，1973）．

しかし「進化」の意味を把握することは，意外に難しいことである．“進化＝進歩だ”と思いがちであるが，これは不正確な理解である．進化の概念は，現代では非常に広くなっている．進化は，単なる“進歩”とか“前進的発展”だけではないし，19 世紀ふうの“弱肉強食による生存闘争”だけが推進力でもない．むしろ推進力の主要なものは，「生殖的成功 reproductive success」である．ある世界・環境に子孫をより多く残す“ため”ならば，進化には“何でもあり”なのだ．それゆえ「合体・共生」や「幸運」による進化はもちろんのこと，「退化」，「特殊化」，そして「ひきこもり」も立派な進化である．ドブジャンスキーは，カリブ海の特定の島にしか棲んでいない陸生ガニの，しかもその体の一部でのみ発生する，ある種のショウジョウバエを進化の例にあげている（Dobzhansky，1973）．

もし生物学的な用語をなるべく使わずに原始的な生命体の進化を一般的に説明するとすれば，次のようになるだろう．

進化の起こるきっかけは陳腐なものである．

それはまったくの偶然から起こる，ちょっとした“間違い”あるいは「その時点での秩序」からの“はみだし”である．その大部分は，容赦のない時間の経過とともに消失してしまうような“非秩序”であろう．しかし，もし，その中に少数でもその世界（環境）に生き残るものがあれば，ささやかではあるがそれが新しい一歩となる．つまり，従来にはなかった「持続するもの」が世界・環境に新しくつけ加わる．広い意味での“淘汰”をくぐり抜けた“非秩序”のみが，世界・環境に新しく参加できるのだ．この少しく変更された世界の中で，再び“はみだし”と“淘汰”がくり返される．

重要なことは，進化のきっかけの“間違い”や“はみだし”には，事前に決まっているような方向性はないことである．“方向性”，あるいは人間の心的なアナロジーから言えば“目的性”を与えるものは，世界・環境による破壊者的な“淘汰”のみである．

さらに重要なことがある．画像ソフトでは，言わば透明なシート（レイヤーとよばれる）に一枚ずつ絵を描いて，それらを重ね合わせるが，これらの「はみだし者」と「破壊者」の両者が描き出す絵も同じように処理される．言いかえると，世界･環境に新しくつけ加わったものは，画像ソフトのレイヤーのように何枚も積み重なり，従来の世界の上にそのまま上書きされてゆく．このように,「はみだし者」と「破壊者」は，進化というキャンバスにとって不可欠な二人の画工ではあるが，実のところ進化の本当の工房主は時間である．一方向に流れる巨大な時間によって，無数のレイヤーが重ねられる結果，陳腐どころか神秘的にすら思えるものが出現してくるのだ．

ここで再び生物学にもどると，“間違い”や“はみだし”が起こる場所は，生命体の中でもその遺伝装置（遺伝情報）である．生命体自身には“淘汰”（自然選択および性選択あるいは社会性選択）が働き，生命体全体が世界・環境に“適応的”でなければ遺伝情報（ゲノム）もろともに直ちに破壊されてしまう．“淘汰”をくぐり抜けて「持続する」のは，その個体の生命体自身ではなくて，そのゲノムに組み込まれた遺伝情報である．そして，画像ソフトのレイヤーに相当するものは生命の階層である．同じ種類の生命体は同一の環境資源を利用するので，当然ながらそれらの間の生存競争は最も激しい．しかし生命体が新階層として，例えば陸地のような新たな環境系に進出してしまえば，海中にいる古い生命階層とは競合しないので，両者は共存可能になる．レイヤーが重なるのは，もとの古い生命階層をそのままに，新しい生命階層が新たに積み重なってゆくことに相当する．

ひとたび少数の生命が誕生するや，世界・環境のあらゆる生態的ニッチを充満させるような，生命側の間断なき遺伝的改変が継続して起こった．充満した生命は，例えば生物がつくり出した酸素や石灰岩のように，世界・環境側をも変えずにはすまなかった．生命と地球の相互的変化は蓄積されて,現在のような地球環境と，多様でしかも階層的な生命界とができあがった．進化があったからこそ，生命の多様性と単一性，あるいは特殊性と普遍性は，コインの表と裏のように切っても切りはなせないのだ．

そして多細胞生物（後述）という新しい生命階層になると，「発生 development」という生命現象が新たに現れた．そのため,「発生」を介した進化様式(形態進化)もまた,新たに生じた．形態進化とは,祖先種の遺伝情報が変更されて，以前とは違った特定の形態をもつ新しい種が生まれる過程である.多細胞生物の形態進化には，発生の変更が必要である．したがって形態の進化的変更には，必ず発生の遺伝的変更が伴う．この場合，最初の発生変更（形態変化）が重大な“適応的”変更をもたらさない程度であることがポイントである．つまり，その形態的改変が“適応”にとって「中立」に近い変更であれば, そのゲノムの遺伝的変異は集団中に「持続」することができる．その結果，同一種の集団の中に多型 polymorphism が生じ，異なる 2 種類の発生経路をたどる個体が集団中に共存することになる．その後, もし環境が変化してしまい，何らかの理由によって新しい種類の形態表現型のみがその環境に“適応的”になったとしたら，その形態をもたらす特定の遺伝子型のみが生き残る．古くからあった遺伝子型は淘汰されて消失してしまう．こうして，新たな形態をもつ種が誕生することになる．このような形態進化が無数に累積されることによって，巨大な時間経過の後には，祖先とは形態が著しく異なる子孫が現れるだろう．

発生の進化的変更は，究極的には生命体のゲノムに起こるが，そもそもの出発点が「環境」にある場合もあったであろう．温度などの環境の影響によって，発生経路が変わることがある（West-Eberhard，2005；Gilbert，2010；ギルバート・イーペル，2012）．そのため，同じ遺伝子構成をもった同一種の集団の中に，環境によって異なる発生経路をたどる個体（表現型多型）が生じる．その後，この変異を遺伝的に固定するような遺伝的改変が集団中にたまたま起こる．つまり生命体側の遺伝的改変は，むしろ後から起こる．このような「発生を介して」環境の影響が出発点となる進化のことを「表現型 phenotype が遺伝子型 genotype に先立つ」進化様式，あるいは遺伝的同化 genetic assimilation による進化とよぶ（Hall，2001；Palmer，2004）．このように遺伝的同化による進化の場合, 遺伝子よりもむしろ環境側が“変異の源泉”になる（ギルバート・イーペル，2012）．

ドブジャンスキーの総説が発表された頃は，生命側の遺伝的改変のメカニズムとしては，遺伝子の突然変異ぐらいしか考えがおよばなかった．しかしその後，生命体同士の全体的合体あるいは共生（マルグリス・セーガン，1989），染色体全体（ゲノム全体）の重複（オオノ，1977），そして個体間の「水平的な」遺伝子の移動（Tamiya and Yagi，1985；Keeling and Palmer，2008；小原，2012）など，様々なレベルで大小の遺伝的改変が起こったことが今では確かなものになってきた．生命側の遺伝的改変の方法自体も，実に多様なのだ．環境側も「淘汰」あるいは「変異の源泉」として働くばかりではなく，「中立的」に働く場合もあることも明らかになった（木村，1988）．この場合生き残るのは,“適応的”な生命体ではなく,“たまたま幸運だった”生命体ということになる．

2）生命科学：必然と偶然

宇宙の歴史の中で物質と地球が生まれ，生命は地球環境と相互作用をしつつ進化したのだから，宇宙，物質，地球，そして生命は間断のない変化を続けてきたことになる．その結果，約 5 億年前に脊椎動物，約 2 億年前に哺乳類，約 400 万年前にヒト属，そして約 20 万年前にヒト（新人 *Homo sapiens*）が出現した（木村，1988；モリス，2004）．カリブ海のハエと違って，ヒトは全地球上に広く分布する種であるばかりではなく，限られた時間ならば宇宙空間にも生存可能である（将来は永住可能になるかもしれない）．このヒトという動物は，類人猿をはじめとする他の動物と共通する本性の他に，世界や自分自身のことを「正しく知りたがる」という根強い性質をもっている．その人間の本性から生まれたのが，生命科学を含む自然科学である．その歴史はわずか約 3000 年で（シンガー，1999），宇宙誕生以来の 137 億年と比べると，その 0.00002％という, ほんの微小な時間である．

しかしそれでもなお，生命科学は「生物は水と有機分子でできており，生命現象はそれらの分子の物理・化学的反応に依存している」という確固たる事実を明確にした．生命のすべての素材は，ありふれたふつうの分子であり，元をたどれば宇宙の中で生まれた元素に由来する．

その意味で，私たち生物はすべて「星の子」であり，あらゆる生物はすべて「兄弟姉妹」である．生命現象の基礎となる酵素反応などもまた，ふつうの化学反応であり，やろうと思えば誰でもどこでも実験室でくり返し再現できる．つまり，生化学や分子生物学は物理・化学と同じく反復可能な実験事実をとりあつかっている．生化学や分子生物学は近接因を問題とし，究極因については問わないからである（マイア，1999）．この面から見れば，生命現象は正確に予測可能な“必然的な”過程である［“必然”と“偶然”については，木田（2001）や竹内（2010）を参照のこと］．

しかし，生命科学が物理学・化学と根本的に違うところは，生命現象には必然性だけではなく，そのど真ん中に偶然性もまたいすわっている点である．進化の中心に偶然があることは前述の通りである．それどころか，そもそも生物個体のはじまりから偶然が関与している．私たち人間自身を例にとってみよう．例えば筆者は，自分の父親と母親からそれぞれの遺伝子セットを 1 セットずつ合計 2 セットもらっている．この 2 セットの中味，つまりどんな組み合わせで遺伝子をもらったかは，まったくの偶然によって決まる．母親と父親の染色体の組み合わせ（染色体の組み換え）は，確率的な過程だからだ．だからこそ，遺伝子セットという観点からみれば，筆者は兄や妹たちとは異なることになる．父親自身と母親自身も，それぞれの父と母から遺伝子を偶然的な組み合わせでもらっている．人間がひとり誕生するたびに確率的偶然が働いているのだ．このように，ある人間がその両親からどのようなゲノムを受け継ぐことになるのかは，原理的に言って予測不可能である．

生命現象には，染色体の組み合わせなどの確率的偶然だけではなく，きわめてまれに起こる「歴史的な偶然」もまた含まれている．例えばある日，小惑星が地球に衝突するという天変地異が起こったために恐竜は絶滅したのだという．その空白になった生態的ニッチを埋めるように，哺乳動物の大規模な適応放散が起こり，その結果の 1 つとして人類が出現したと考えられている（木村，1988）．遺伝学研究所の木村資生（1924-1994）も指摘しているように，これが意味するところはきわめて大きい．私たち人間の存在自体が非常にまれに起こる歴史的偶然に左右されたからだ．この観点からすると，生命科学は歴史科学でもある（マイア，1999）．歴史もまた，原理的に言って，正確には予測不可能なものの 1 つである．

3）細胞：真核細胞と多細胞生物

生命の起源はわからないものの，現生の生物はすべて細胞から構成されているのは確かだ．生命体を外部環境から分離するための「しきり装置」は細胞膜とよばれる．現生の生物の中でも，細菌類やシアノバクテリアなどは原核生物 prokaryot とよばれ，基本的には単細胞生物である（図 1-1B の真正細菌と古細菌）．その細胞は非常に小さく構造が簡単なもので（核膜も細胞小器官もない），原核細胞 prokaryotic cell という．原核細胞と原核生物の様相から，生命の古い階層をうかがうことができる．

しかし，植物や動物を含むその他のあらゆる現生生物は真核生物 eukaryot とよばれる（図 1-1B）．その細胞は大きく構造が複雑で真核細胞 eukaryotic cell という（図 1-2）．真核生物は約 20 億年前に原核生物たちが共生したことにより進化してきたといわれている（マルグリス・セーガン，1989）．そのため真核細胞の内部には，もともと原核生物だったミトコンドリアなどが細胞小器官に変容して存在する．真核細胞の「エネルギー生産装置」がミトコンドリアで，「遺伝装置」は核膜に包まれた細胞核である．

真核生物にも原生動物（ゾウリムシなど）のような単細胞のものがいる．単細胞生物は分裂によって増える．しかし先カンブリア時代（約

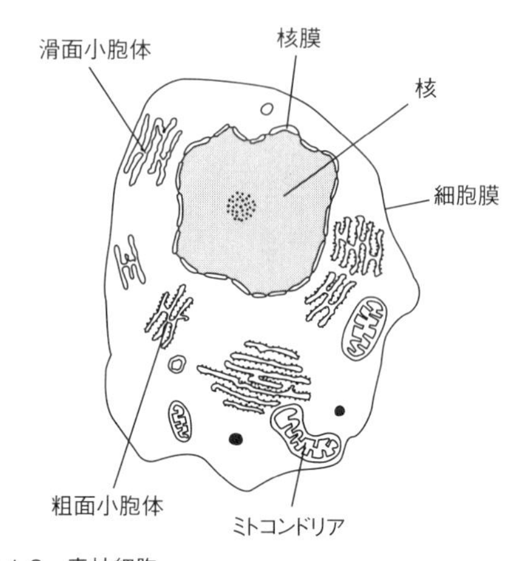

図 1-2　真核細胞
真核細胞を模式的に示す．メダカ胚の脳細胞の電子顕微鏡写真をもとに作図．

7億年以上前）に，単細胞生物が分裂しても，細胞同士が接着したまま離れないような遺伝的変異が何回も独立に起きたらしい(マルグリス・セーガン，1989)．多細胞の真核生物という生命の新しい階層のはじまりである．

多細胞真核生物が"淘汰"をくぐり抜けるための利点は非常に多い（ホール，2001)．主な利点としては，体を大きくすることが可能になり環境や外敵から保護できること，大切な生殖細胞を安全に隔離保存できること，そして個々の細胞が独特の種類に分化して機能の分業ができること，などがあげられる．

4）神経細胞：シナプスと情報の流れ

現生の多細胞真核生物の体には，多種類の細胞種 cell type が存在している．たとえばヒトの体には数百種類の細胞種がある（Arendt, 2008)．そしていくつかの細胞種の細胞が集まり，組織 tissue をつくり，その組織が編成されて様々な器官 organ が生ずる．たとえば脊椎動物の脳という器官は，神経組織 nervous tissue，血管，そして支持組織（脳の膜など）から構成されている．これらのうち神経組織は，神経細胞またはニューロン neuron という細胞種とグリア細胞 glia（または glial cell）という神経系を支持する細胞種からできている．すぐ後で説明するが，このうちのニューロン（神経細胞）という細胞種が本書の中心的話題となる．

生命の進化は，種や個体レベルだけではなく，分子，細胞，組織，器官のレベルでも起きた．細胞の進化では，その機能の分業が特に著しい．進化の初期段階では少数の細胞種しかなく，それぞれの細胞は同時に多くの機能を果たしていたらしい．現生の動物でも，例えば古い階層の動物（ヒドラなど）の感覚細胞は，感覚はもちろんのこと，運動，情報仲介，そして分泌などの4種類以上の機能を同時に果たしている（Westfall and Kinnamon，1978）（図 1-3A)．進化が進むと，細胞種の種類が次第に増え，それぞれの細胞種は限られた少数の仕事に専念できるようになったと考えられている（Arendt, 2008)．つまり一般的にいうと，細胞は"何でも屋"から"専門店"に進化する．ニューロンもそのような進化をたどった細胞の1つであり，その結果，脊椎動物の神経系では感覚受容(感覚ニューロン)，情報仲介(介在ニューロン)，

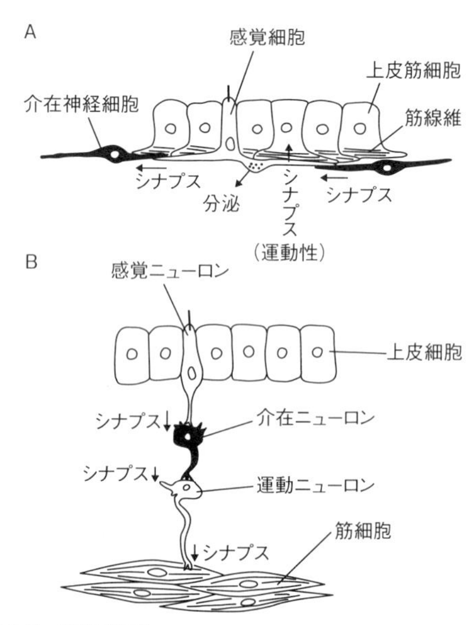

図 1-3　細胞の進化
ヒドラの感覚細胞（A）と哺乳類のニューロン（B）を模式的に示す．A は Westfall and Kinnamon（1978）などを参考にして作図した．ヒドラの感覚細胞は4種類以上の役割を果たしている．矢印は，シナプスを介した情報の流れの方向を示す．

そして運動機能や分泌機能（運動ニューロン）に特化したニューロンが現れた（図 1-3B）.

ニューロンとは，神経系の構造的および機能的な基本的単位で，情報処理に専門化した細胞種である．ニューロン同士の結合は化学的あるいは電気的なシナプス（後述）によってつくられ，神経系の中の配線を形成する．ニューロンの「核」と「核の周りの細胞質」をまとめて細胞体 soma（複数形は somata）とよぶ．細胞体は原形質膜によって外界から境されている（図 1-4A）.

ニューロンの特徴として，その細胞体から長短様々な細胞質性の突起が伸びていることがあげられる．木の枝のように広がって伸びる短い多数の突起は樹状突起 dendrite とよばれ，ニューロンへの入力が伝わる突起である．樹状突起は棘（とげ）をもつ場合がある．長い単一の突起は軸索 axon とよばれ，ニューロンからの出力を伝える突起であり，多くの場合側副枝をもつ．なお，軸索のことを神経線維 fiber（nerve fiber）とよぶこともある．神経ネットワークにおいては，樹状突起と細胞体から軸索（神経線維）へ向かって情報が流れ，そして軸索の終末（神経終末）へ至る（第 8 章参照）．終末 terminal とは，軸索の終末あるいは軸索の通過途中の終末 terminal-of-passage をさす一般的な用語である．その特徴はやや丸く膨らんでいることで，これがシナプス前区画の構造に相当する．

シナプス synapse とは，異なるニューロン間，あるいはニューロンと他の細胞との間の機能的伝達を可能にしている連結装置のことで，接触あるいは接触に近い状態によって機能を果たしている．シナプスは，その性状から化学シナプス chemical synapse，電気シナプス electrical synapse，そして混合性シナプス mixed synapse に分類される．化学シナプスでは，神経伝達物質 neurotransmitter が放出され，連結している相手を刺激する．シナプスはまた，機能的に興奮性シナプス excitatory synapse と抑制性シナプス inhibitory synapse に分類される．興奮性シナプスは，接触している相手の興奮性を高め，抑制性シナプスは，相手の興奮性を弱める．神経伝達物質とその受容体の違いによって，このような違いが生まれる．図 1-4B にはニューロンと筋細胞との間のシナプス，神経筋接合部 neuromuscular junction の走査型電子顕微鏡写真

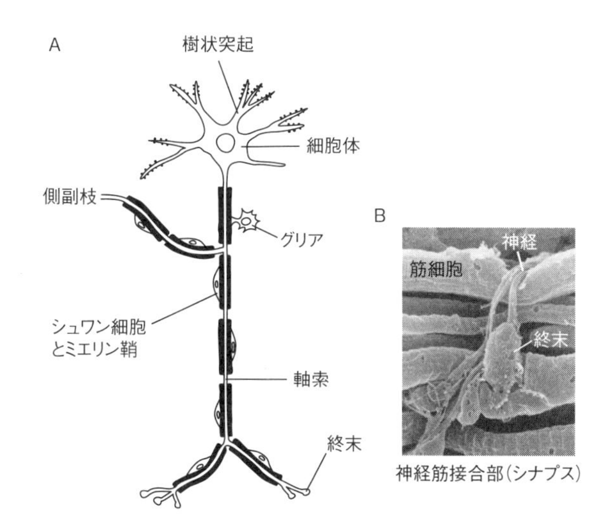

図 1-4　典型的なニューロン（A）と神経筋シナプス（B）
A では 1 個のニューロンを模式的に示す．中枢の稀突起膠細胞 oligodendroglia や末梢のシュワン細胞 Schwann cell など，グリア細胞がつくる髄鞘は黒く図示した．B では，ヒヨコの神経筋接合部の走査電子顕微鏡写真を示す［Ishikawa et al.（1983）の図 7 を改変］.

を示している（Ishikawa et al., 1983）．このシナプスはアセチルコリンを神経伝達物質とする典型的な化学シナプスであり，筋肉を興奮させ収縮させる機能をもつ．つまり，これは興奮性シナプスである．

成体の脊椎動物に最もよくみられるのは化学シナプスで，このシナプスは構造的・機能的に次の3つの部分に分化している．すなわち，神経性のシナプス前区画（様々な神経伝達物質が放出される），シナプス間隙，そしてシナプス後区画（神経伝達物質に対する受容体がある）である．電気シナプスは，神経伝達物質ではなく，イオンの流れのみによって機能している．最後に混合性シナプスは，化学シナプスと電気シナプスとが組み合わさった性質をもっている．

ニューロンはその性質に応じて異なる種類に分けることができる．非常に細かくみると，ニューロンには一つひとつ個性があると言ってよいくらいである．しかし通常，図1-3Bに示したように，機能的には運動ニューロン motor neuron（motoneuron），感覚ニューロン sensory neuron，そして介在ニューロン interneuron の3種類におおまかに分けられている．

運動ニューロンというのは，末梢の筋肉や分泌腺に軸索を伸ばしているニューロンのことで，文字通りこれらの効果器を働かせるものである．中枢から末梢に情報を伝える軸索（神経線維）のことを遠心性神経 efferent nerve（efferent fiber）あるいは運動神経 motor nerve という．つまり，出力 output 経路である．また，感覚ニューロンというのは，外界からあるいは体内からの末梢感覚刺激（光，音波，化学物質など）を受容して中枢などに伝えるニューロンである．末梢から中枢に情報を伝える軸索（神経線維）のことを求心性神経 afferent nerve（afferent fiber）または感覚神経 sensory nerve という．つまり，入力 input 経路である．以上の2種類のニューロンは，機能的には体性 somatic と臓性 visceral のものに大別される（第4章で改めて述べる）．介在ニューロンとは，ある感覚ニューロンとある運動ニューロンの中間に介在しているニューロンのことである．介在ニューロンは，実際には，神経回路のパターン発生などの複雑な機能を果たしている（スワンソン，2010）．

なお中枢神経系の場合には，求心性（入力）と遠心性（出力）という言葉はさらに一般化されて，ある部位に情報を運び込む線維を求心性線維，その部位から情報を運び出す線維を遠心性線維とよぶ．

5）動物の系統：神経系とその進化

ここで，細胞レベルから再び生物個体レベルの話にもどろう．生物の分類としては，最も大きな分類単位は図1-1に出てきた「ドメイン domain」で，そのすぐ下の分類単位が「界 kingdom」である．現生の多細胞真核生物を分類すると，大きく植物界，菌界，そして動物界の3つに分けられる（図1-1B）．神経系が出現したのは，多細胞の真核生物の中でも動物界のみであった（図1-5）．

動物の系統は，根元の方から言うと，多細胞性がいいかげんな海綿動物，放射相称の体制をもつ刺胞動物・有櫛動物そして左右相称の体制をもつ左右相称動物 bilateralia の順に分岐して進化してきた（団，1987）．現在非常に繁栄している昆虫（節足動物）も，私たちヒト（脊椎動物）も，すべて左右相称動物に属している．神経細胞と神経系は，動物系統のかなり根元の方の，刺胞動物・有櫛動物が分岐するあたりに出現したと考えられている（図1-5）．現生のあらゆる刺胞動物・有櫛動物と左右相称動物は，すべて神経系をもっているからである（小泉，2016）．神経系の起源は非常に古く，先カンブリア時代にさかのぼるようである．実際，古生代カンブリア紀（約5億年前）の節足動物の化石から神経系の痕跡が最近発見された（Ma et al., 2012）．

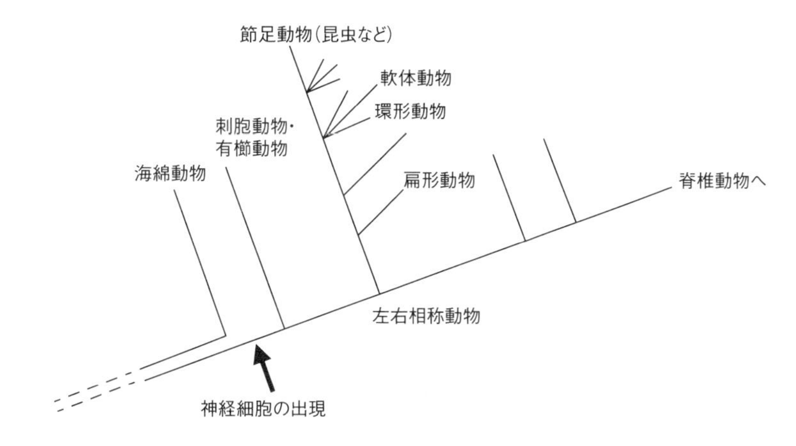

図 1-5　無脊椎動物の系統樹の一例
神経系は刺胞動物・有櫛動物ではじめて出現する．団（1987）の図 12-1 を参考にして作図．

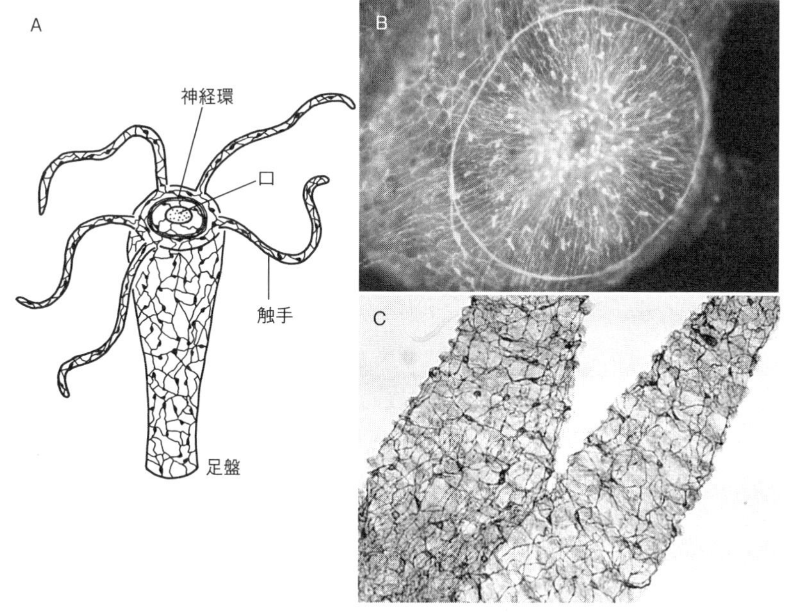

図 1-6　ヒドラの神経網
ヒドラとその神経系全体の模式図（A），口のまわり（口丘）の神経環の写真（B），そして触手の神経網の写真（C）を示す．BとCは免疫組織化学的に染色されていて，神経は白く（B）あるいは黒く（C）染まっている．BとCは小泉 修博士（福岡女子大学）により提供された．

現生の刺胞動物はクラゲ，イソギンチャク，そしてヒドラなどの仲間である．ある種のクラゲは精巧なカメラ眼をもっており，精度の高い視覚情報を得ているらしい（Nilsson et al., 2005）．ヒドラなどは外環境からの化学情報をするどく感知し，すばやく反応し，そして適切に行動（移動や捕食）することができる（スワンソン，2010）．これは，刺胞動物がもっている散在神経系あるいは神経網 nerve net とよばれる神経系と筋肉組織のおかげである（図 1-6）．要するに，神経系は外界感知能力と敏捷な移動能力を動物にもたらした．神経系の出現もまた，最初は神経網というささやかなものではあったが，生命の新しい階層のはじまりとなった．これは，後から振り返ると，人類にとって大きな意味をもつものであった．

進化の過程で神経系がどのように複雑化していったか，そしてそれに応じて行動がどのように精妙になっていったか，は興味深い問題である．これについては，古くはヘリック（Charles J. Herrick，1868-1960）が *Neurological Foundation of Animal Behavior* という著書で明快に説明している（Herrick, 1962, 原書は 1924）．最近では，スワンソン（Larry W. Swanson）（2010）が見事に記述している．簡略にその様子を述べると以下のようである．

刺胞動物・有櫛動物の散在的な神経系（神経網）とは対比的に，扁形動物（プラナリアなど）のような左右相称動物になると集中神経系があらわれる（図 1-7A）．この集中神経系では，頭部での集中化あるいは中枢化 centralization がみられ，明確な分節化もみられるようになる（図 1-7）．このように左右相称動物になると，神経系が全体として明瞭に集中している部分，つまり中枢神経系 central nervous system が区別できるようになる（日本比較生理生化学会，2009；Swanson，2015；小泉，2016）．神経系の残りの部分は末梢神経系 peripheral nervous system とよばれる．中枢神経系は正中線あるいはその近くを縦走的に伸びており，無脊椎動物では1つあるいはそれ以上の神経索 nerve cord からなる（図 1-7A と B）．脊椎動物の中枢神経系は脳 brain と脊髄 spinal cord からなる．一方，末梢神経系は，一般的には神経線維と神経節 ganglion からなる．神経節とは，ニューロンの小さな集団のことである．末梢神経系については，第 11 章で改めて述べる．

注意すべきなのは，大部分の無脊椎動物では中枢神経系が消化管の腹側に存在していることである（図 1-7B）．このことは，脊椎動物では，脳・脊髄が消化管の背側に存在していることと対照的である（位置関係をあらわす用語については，コラム 1 を参照されたい）．

進化の過程で，原左右相称動物 Urbilateralia において，神経系の配置変換が起きたのだ．この神経系の配置変換については，19 世紀後半から様々に議論されてきており，最近では遺伝子発現との関連から再び熱い研究対象となっている（Holland，2016）．この変換は，ホヤなどの尾索動物では明瞭である（図 1-7C）．ホヤと

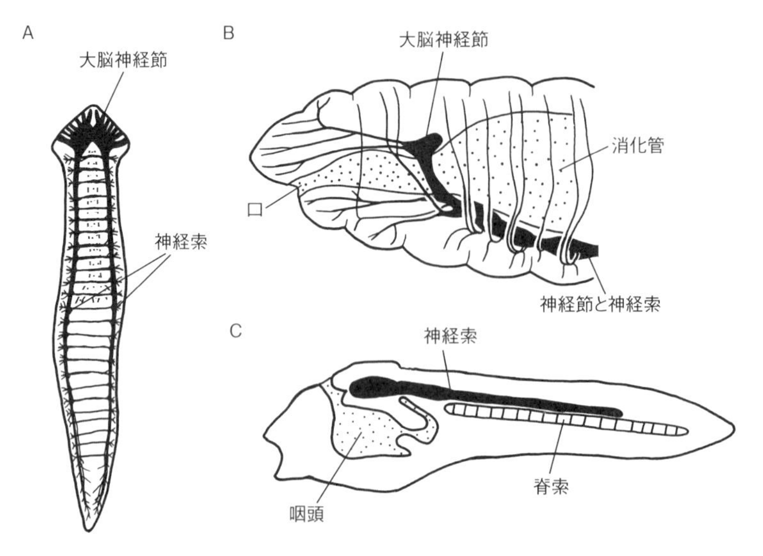

図 1-7　いくつかの無脊椎動物の集中神経系
扁形動物（A），環形動物（B），そして尾索動物（ホヤの幼生）（C）の神経系（黒く塗りつぶした部分）を示す．A は背面図（上方が吻側），その他は側面図（左方が吻側）．大部分の無脊椎動物では，中枢神経系が消化管（点が打ってある部分）の腹側にあるのに対して（B），着床直前のホヤのオタマジャクシ型幼生（C）では背側にある．ホヤの幼生では脊索もみえる（C）．Barnes（1980）などをもとに作図．

いう動物は，成体ではパイナップルのような形で海中の岩などに固着して暮らしているが，幼生では自由に遊泳できる．このホヤ幼生の体と神経系の体制は，驚くほど脊椎動物のそれに似ている（ローマー・パーソンズ，1983；Horie et al.，2011）．ちなみに，東北地方で養殖されているホヤ（海鞘）は日本酒に合うすばらしい肴で，「海鞘喰ひてカンブリアの海を味わひぬ」（伊藤岩呆酔）という句がある．

6）魚類の進化とメダカの由来

本章の最後に，メダカの進化的な位置について紹介しよう（岩松，2006；森下・中谷，2007；Kinoshita et al.，2009；Near et al.，2013；Nelson et al.，2016；Betancur-R et al.，2017）．なお，魚類の分類体系は Nelson et al.（2016）にほぼ準拠した［矢部ら（2017）も参照されたい］．

私たちは魚という言葉でメダカ，ゼブラフィッシュ（小型熱帯魚で，「モデル脊椎動物」として 1980 年代から利用されている），フグ，チョウザメ，サメ，そしてヤツメウナギなどを全部一緒にしてしまうが，これは実は人間中心的な魚類観である．たとえば，ヒトとマウスが分岐したのは，7500 万年前，ヒトとチンパンジーが分岐したのは，600 万年前だといわれている．これに対して，メダカとゼブラフィッシュが分かれたのは何と約 3 億年前，メダカとフグが分かれたのは約 2 億年前だとされている［化石ではなく，分子時計による推定値；森下と中谷（2007）による］．この長い別離時間を反映して，魚類の間には生物学的に大きな違いがある（図 1-8）．

魚類の進化は以下のように考えられている（森下・中谷，2007；Near et al.，2013；Betancur-R et al.，2017）．おそらく 5 億年以上前の時代，魚類の共通先祖でゲノムが全体的に 2 倍になった．そして魚の形態としては大きく 2 つに分岐し，顎が発達していないもの（無顎口上綱 Agnatha；「鯉のぼり」のように顎がなく，丸い口があるのみ），そして顎がよく発達しているもの（顎口上綱 Gnathostomata）になった．大部分の現生魚類の共通先祖はこの顎口上綱の魚である．

やがてこの顎口上綱のある魚にもゲノムの全体的重複が起こった．そしてその子孫は形態的に再び大きく 2 つに分岐し，サメやエイの仲間である軟骨魚類（Chondrichthys；内部骨格がすべて軟骨でできている）と大部分の現生魚類が所属する硬骨魚類（Osteichthyes；内部骨格に硬骨をもつ）に分かれた．この硬骨魚類こそが，メダカと私たち哺乳類の共通先祖である（Young，1981）．

硬骨魚類は形態的にさらに 2 つに分岐し，肉鰭類（にくきるい）Sarcopterygii と条鰭類（じょうきるい）Actinopterygii に分かれた．肉鰭類とは，シーラカンスや肺魚の仲間で，厚い肉質の鰭をもつ．この中から原始両生類が出現したと考えられている．したがって，肉鰭類の硬骨魚が哺乳類を含むあらゆる陸上脊椎動物の共通先祖である．一方の条鰭類とは，肉質ではなく，鰭すじ（鰭条）だけの鰭をもつ魚類のことで，こちらもさらに独自の進化を続けた．そしてこの条鰭類の硬骨魚こそが，大部分の現生魚類の共通先祖となった．

条鰭類からさらに，軟質類（Chondrostei；チョウザメなど）が分岐し，それから全骨類（Holostei；アミアやガーパイクなど）が分岐した．そして 3 度目のゲノムの全体的重複が起こった（図 1-8）．そしてこのグループから真骨類（Teleostei；現生魚類の大部分）が出現したと考えられている．したがってゲノムの構成という観点からは，真骨類は陸上脊椎動物（四肢動物類）よりもむしろ複雑なのだ．真骨類は現在非常に繁栄しており，その種数は 27000 種以上に達し，現生脊椎動物の総種数の半分以上を占めている（Near et al.，2013；Nelson et al.，2016；Betancur-R et al.，2017）．

メダカは，ゼブラフィッシュやフグと同じく，

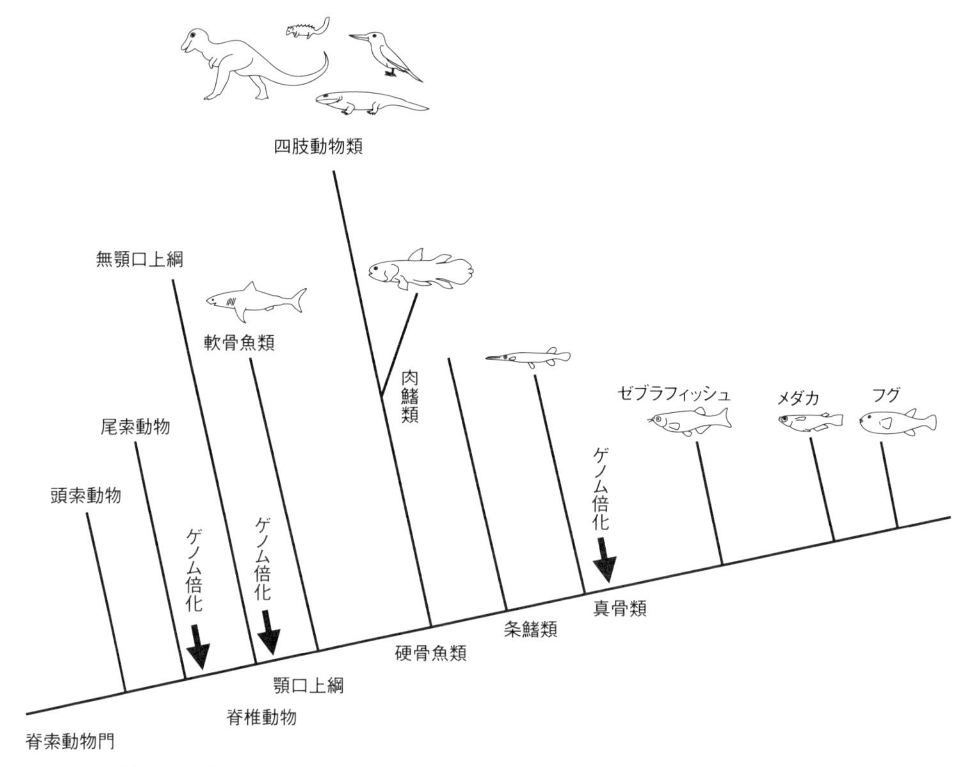

図1-8　脊索動物の系統樹の一例
全ゲノムの倍化（重複）とともに脊椎動物が進化したことを示す．なお，ナメクジウオは頭索動物に，ホヤは尾索動物に属している．

この真骨類に所属している．真骨類には，比較的古い時代に分かれたカライワシ類（ウナギなど），アロワナ類，ニシン類，コイ類（ゼブラフィッシュはここに含まれる），そしてサケ類などの比較的古い魚類と，魚類全体の種数の約半分を占める現代的な魚類（いわゆる棘鰭上目 Acanthopterygii）が含まれる（Nelson et al., 2016）．この新旧2つの真骨類は，後述するように（第6章と第10章などを参照），脳形態や神経回路に大きな違いがみられる．

メダカは棘鰭上目の中のトウゴロウイワシ系 Atherinomorpha に含まれ，フグ（スズキ系 Percomorpha）とともに，現代的真骨類の仲間に所属している（Near et al., 2013；Parenti, 2008）．トウゴロウイワシ系の中での分類的位置をさらに述べると，メダカは，トビウオやサンマなどを含むダツ目 Beloniformes に分類されており，その中のアドリアニクチス科 Adrianichthyidae に所属している（Rosen and Parenti, 1981；Parenti, 2008）．ニホンメダカの現在の正式な名前は，*Oryzias latipes* という（コラム2参照）．*Oryzias* 属の属名は稲（コメ）のラテン語 Oryza（オリザ）に由来し，メダカが水田に棲む魚であることをあらわしている．英語ではメダカを ricefish というが，最近では日本語そのままに medaka とよぶことが多くなった．種名は latus（幅広い）pes（足，鰭）に由来する．2008年までの報告によると，*Oryzias* 属には24種が知られていた（Parenti, 2008）．2015年までの報告を集成すると，*Oryzias* 属には結局37種の現生種が存在する（基礎生物学研究所の成瀬 清の私信による，2017）．

真骨類の出現は中生代三畳紀（約2億5000年前から2億1000年前；これは分子時計ではなく，地質学的推定値）だといわれている．ダツ目の魚の化石が中生代白亜紀（約1億4000

図 1-9　メダカ属の生息分布
メダカ属が生息する地域を灰色で示している．ウェーバー線より東側には生息していない．岩松（2006）の図 40 をもとに作図．

年前から 6500 万年前）の地層からみつかっているものの，メダカの最初の先祖がどのようなものであったか，どの場所に最初に出現したのかについては，化石についての詳しい調査がまだなされていないために現在も不明なままである（岩松，2006）．

しかし現生のメダカ属の魚の生息地域（図 1-9）とその習性から次のような推定は可能である．おそらくダツの先祖に近い海洋性の真骨類のうちに，ある遺伝的変異をもつものが中生代に現れた．つまり遺伝子が変化して，当時のカタイシア Cathaysia 大陸沿岸の河口付近の低塩濃度に耐えて生存・繁殖できるものが出現した．この汽水という環境は，海水に棲む古くからの魚類とは競合しない場所だったので，メダカの先祖にとっては絶好の新しいニッチとなった．メダカの先祖はこのニッチにどんどんと適応してゆき（選択を受けて）ついには完全な淡水でも生存・繁殖可能な遺伝子を身につけた．つまり，メダカの先祖は，淡水魚という新しい生命の階層をつくり出した魚の 1 つである．

海洋と比べると，淡水域や汽水域は変化の激しい場所である．メダカの先祖のあるものはさらに進化して，一時的にできた淡水の小さな水たまりなどでも繁殖可能になった．つまり非常に短期間のうちに，体がまだ小さい状態でも性的に成熟して，水が干上がる前に子孫を残せるようになった．一般的には体が大きいことは，防御や捕食の点などから多細胞動物にとって利点が多い．しかし，体を大きくするためにはエネルギーと時間を必要とする．ここに，動物の生き残り戦略として得失のトレード・オフがある．メダカの先祖は，「大型の体になる」戦略を捨て，むしろ「小型であっても，早く，たくさんの子孫を残す」戦略の方向に適応したのだろう（コラム 3 参照）．

メダカの先祖はおそらく当時の熱帯地域に出現したのだろうが，新世代のアジア大陸における海退・海進の歴史と関連しながら種分化をとげたらしい（宇和，1985；1990）．具体的には，その子孫のあるものに温度耐性に関する遺伝子が変化したものが現れ，比較的低温の地域でも生存・繁殖が可能になった．彼らは大陸沿岸の汽水域を利用して次第に日本などの東アジアにも到達したのだろう．そしてニホンメダカは，約 3 カ月で性成熟する，体長約 3 cm の小さな淡水魚として，今も日本の小川や田んぼで生きている．

ニホンメダカは，身近に見かけ可愛らしいためか，愛玩魚として江戸時代から庶民と子供に愛されてきた（江上，1989；岩松，2002）．このメダカが西洋世界に初めて紹介されたのは，かのシーボルト（Phillip Franz Balthasar von Siebold，1796-1866）の努力による．明治維新に先立つこと約20年，1846年のことであった（Parenti，2008）．明治時代になると，日本の数人の動物学者がメダカを学術的な研究材料としてとりあげ，優れた先駆的な業績を報告するようになった（江上，1989；岩松，2002；宗宮ら，2018）．この伝統をバトンのように受け継いだ，数世代にわたる日本の生物学者たちの貢献によって，メダカは優れた実験動物となった（江上，1989；石川，2004；岩松，2006；Kinoshita et al.，2009）．現代では，メダカは，ゲノム情報が豊富に整備された魚類実験動物の1つとして世界的に使われている（Kinoshita et al.，2009；宗宮ら，2018）．また，メダカは日本の小学校の理科教育と環境教育の教材としても長く使われてきた．このようにメダカは，日本人にとって特別に親密な魚となっている．

参考文献

Arendt D (2008) The evolution of cell types in animals: Emerging principles from molecular studies. Nat Rev Genet 9: 868-882.

Betancur-R R, Wiley EO, Arratia G, Acero A, Bailly N, Miya M, Lecointre G, Orti G (2017) Phylogenetic classification of bony fishes. BMC Evol Biol 17: 162.

Barnes RD (1980) Invertebrate Zoology, Fourth Edition, Philadelphia: Saunders College.

Dobzhansky T (1973) Nothing in biology makes sense except in the light of evolution. American Biology Teacher 35: 125-129.

Doolittle WF (1999) Phylogenetic classification and the universal tree. Science 284: 2124-2129.

Gilbert SF (2010) Developmental Biology, 9th Edition, Sunderland: Sinauer Associates, Inc.

Hall BK (2001) Organic selection: Proximate environmental effects on the evolution of morphology and behaviour. Biology and Philosophy 16: 215-237.

Herrick CJ (1962) Neurological Foundation ofAanimal Behavior. New York: Hafner Publishing Co.（これは復刻版で，原書は1924年にHenry Holt and Co.から出版されている）

Holland ND (2016) Nervous systems and scenarios for the invertebrate-to-vertebrate transition. Philos Trans R Soc Lond B Biol Sci 371: 20150047.

Horie T, Shinki R, Ogura Y, Kusakabe TG, Satoh N, Sasakura Y (2011) Ependymal cells of chordate larvae are stem-like cells that form the adult nervous system. Nature 469: 525-528.

Ishikawa Y, Masuko M, Shimada Y (1983) Acetylcholine receptors and motor nerve terminals in developing chick skeletal muscles as revealed by fluorescence microscopy. Dev Brain Res 8: 111-118.

Keeling PJ, Palmer JD (2008) Horizontal gene transfer in eukaryotic evolution. Nat Rev Genet 9: 605-618.

Kinoshita M, Murata K, Naruse K, Tanaka M (2009) Medaka: Biology, management, and experimental protocols. Ames: Wiley-Blackwell.

Ma X, Hou X, D. EG, J. SN (2012) Complex brain and optic lobes in an early cambrian arthropod. Nature 490: 258-261.

Near TJ, Dornburg A, Eytan RI, Keck BP, Smith WL, Kuhn KL, Moore JA, Price SA, Burbrink FT, Friedman M, Wainwright PC (2013) Phylogeny and tempo of diversification in the superradiation of spiny-rayed fishes. Proc Natl Acad Sci U S A 110: 12738-12743.

Nelson JS, Grande TC, and Wilson MVH (2016) Fishes of the World (5th Edition), New York: John Wiley and Sons.

Nilsson D-E, Gislén L, Coates M, Skogh C, Garm A (2005) Advanced optics in a jellyfish eye. Nature 435: 201-205.

Palmer AR (2004) Symmetry breaking and the evolution of development. Science 306: 828-833.

Parenti LR (2008) A phylogenetic analysis and taxonomic revision of ricefishes, *Oryzias* and relatives (Beloniformes, Adrianichthyidae). Zool J of Linnean Society 154: 494-610.

Rosen DE, Parenti LR (1981) Relationships of *Oryzias*, and the groups of atherinomorph fishes. American Museum Novitates 2719: 1-178.

Swanson LW (2015) Neuroanatomical Terminology. New York: Oxford University Press.

Tamiya N, Yagi T (1985) Non-divergence theory of evolution: Sequence comparison of some proteins from snakes and bacteria. J Biochem 98: 289-303.

West-Eberhard MJ (2005) Developmental plasticity and the origin of species differences. Proc Natl Acad Sci U S A 102 Suppl 1: 6543-6549.

Westfall JA, Kinnamon JC (1978) A second sensory-motor-interneuron with neurosecretory granules in hydra. J Neurocytol 7: 365-379.

Young JZ (1981) The Life of Vertebrates, 3rd edition, Oxford: Clarendon Press/Oxford.

石川裕二（2004）「メダカとゼブラフィッシュとの違い」，放射線科学，47巻，No. 12，419-423，実業広報社，東京．

岩松鷹司（2002）「メダカと日本人」，青弓社，東京．

岩松鷹司（2006）「新版メダカ学全書」，大学教育出版，岡山．

宇和 紘（1985）「メダカ属の種と系統」，遺伝，39巻，8月号，6-11，裳華房，東京．

宇和 紘（1990）「メダカの生物学」（江上信雄・山上健次郎・嶋 昭紘 編）の中の「核型と進化」，162-182，東京大学出版会，東京.
江上信雄（1989）「メダカに学ぶ生物学」，中公新書 931，中央公論社，東京.
S. オオノ（著），山岸秀夫，梁 永弘（訳）（1977）「遺伝子重複による進化」，岩波書店，東京.
小原嘉明（2012）「進化を飛躍させる新しい主役」，岩波ジュニア新書，岩波書店，東京.
木田 元（2001）「偶然性と運命」，岩波新書，岩波書店，東京.
木村資生（1988）「生物進化を考える」，岩波新書，岩波書店，東京.
S.F. ギルバート，D. イーペル（著），正木進三，竹田真木生，田中誠二（訳）（2012）「生態進化発生学」，東海大学出版会，秦野市.
小泉 修（2016）「神経系の起源と進化」，比較生理生化学，33巻，No. 3，116-125.
チャールズ・シンガー（著），西村顯治（訳）（1999）「生物学の歴史」，時空出版，東京.
ラリー・スワンソン（著），石川裕二（訳）（2010）「ブレイン・アーキテクチャ」，東京大学出版会，東京.
宗宮弘明，足立 守，野崎ますみ，成瀬 清（編）（2018）「めだかの学校」，株式会社あるむ，名古屋.
竹内 啓（2010）「偶然とは何か」，岩波新書，岩波書店，東京.
チャールズ・ダーウィン（著），渡辺政隆（訳）（2009）「種の起原」（上，下），光文社古典新訳文庫，光文社，東京.
団 まりな（1987）「動物の系統と個体発生」，東京大学出版会，東京.
日本比較生理生化学会（編）（2009）「さまざまな神経系をもつ動物たち」，共立出版，東京.
ブライアン・K・ホール（著），倉谷 滋（訳）（2001）「進化発生学」，工作舎，東京.
エルンスト・マイア（著），八杉貞雄，松田 学（訳）（1999）「これが生物学だ」，シュプリンガー・フェアラーク東京，東京.
L. マルグリス，D. セーガン（著），田宮信雄（訳）（1989）「ミクロコスモス」，東京化学同人，東京.
森下真一，中谷洋一郎（2007）「比較ゲノムを支える情報学：脊椎動物ゲノム進化を推定するロジック」，細胞工学別冊「比較ゲノム学から読み解く生命システム」（藤山秋佐夫：監修），29-42，秀潤社，東京.
サイモン・コンウェイ・モリス（著），松井孝典（監訳）（2004）「カンブリア紀の怪物たち」，講談社現代新書，講談社，東京.
サイモン・コンウェイ・モリス（著），遠藤一佳，更科 功（訳）（2010）「進化の運命」，講談社，東京.
矢部 衞，桑村哲生，都木靖彰（編）（2017）「魚類学」，恒星社厚生閣，東京.
A. S. ローマー，T. S. パーソンズ（著），平光厲司（訳）（1983）「脊椎動物のからだ（その比較解剖学）第 5 版」，法政大学出版局，東京.

コラム1　位置関係をあらわす用語

人体解剖学の講義の始めで，必ずといってよいほど説明されるのが体の位置関係を示す用語である．

医学では，言葉による伝達過程での誤解をさけるため，あいまいさのない位置的用語を用いなければならない．そのため，日常的な言葉とはやや異なる意味と独特のよび方が設定されている．まず人間の基本的な体勢として，正面を向き直立している姿勢，つまり解剖学的正位（せいい）を考える（図の左）．この基本姿勢によって体軸が決まるので，上下や前後という用語が設定可能になる．

断面も直交する3次元の面として設定される（図の中央）．無数の矢状面（しじょうめん）のうち，体の中央（正中（せいちゅう））線 midline を通る面を正中矢状面という．やや離れた矢状面は，傍（ぼう）正中矢状面である．体の正中線に近い方を内側（ないそく），遠い方を外側（がいそく）とよぶ．

ところが，動物の場合は大いに異なる．鳥類などを除いて，多くの脊椎動物の基本的姿勢は図の右側のようなものだからである．したがって，この姿勢における体軸に沿って，吻側（ふんそく），尾側（びそく），背側（はいそく），そして腹側（ふくそく）という用語が用いられている．吻 rostrum というのは，一般的にはクチバシや口先のことである．なお，前頭面（または前額面）は動物では横断面ともよばれる．本書では，これらの動物の場合の位置的用語を一貫して用いている．

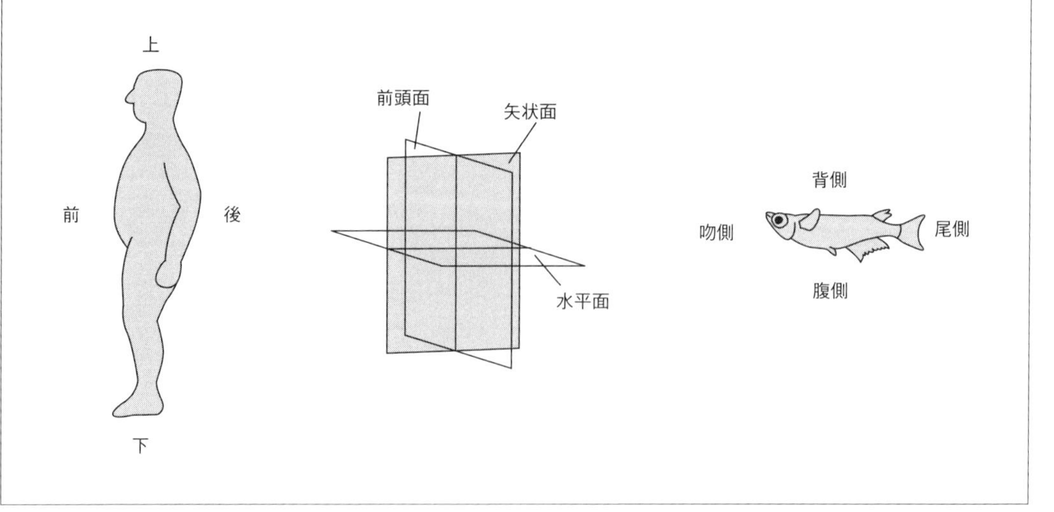

コラム 2　ニホンメダカは単一種か？

酒泉 満（新潟大学）の研究によって，日本の野生メダカには遺伝的に大きな変異があることが知られた．彼は，遺伝的差異にもとづいて，ニホンメダカを北日本集団と南日本集団の 2 つに大きく分けた．実際に両者は，「亜種」といってもいいほど，遺伝的にも形態的にも大きく異なる．

伝統的な「生物学的種」の概念では，「相互に交配しあい，かつ他の生物集団から生殖的に隔離されている自然集団の集合体」とされる．実験室内では，北日本と南日本のメダカの間でも，メダカ同士は問題なく交配し，その子孫には生殖能力がある．そのため，メダカは *Oryzias latipes* という単一種だとこれまで考えられてきた．本書でもそのように記述している．

ところが「種」の定義は，非常に難しいものである．急速な種分化が今現在進みつつあるような生物集団では，とくに困難である．例えば，アフリカのヴィクトリア湖のシクリッドでは，わずか一万数千年ほどの間に，一種類の魚が数百種にも種分化した．これらの異なる種は，互いに遺伝的には近いのだが，婚姻色や生息場所による「接合前隔離」が起こっているという．つまり，自然条件では異なる種間でほとんど交配しないけれど，無理に交配しようとすれば，実験室内では可能である．このような場合，室内実験の結果よりも自然野生集団の生態の方を重視して，これらを互いに異なる「種」としている．

日本の野生メダカについても，野外で類似した観察結果が得られた（Asai et al., 2011）．これにもとづいて彼らは，北日本メダカ *Oryzias sakaizumii* は南日本メダカ *Oryzias latipes* とは異なる「種」であるとした．つまり，日本の野生メダカは，2 種からなるという．2013 年には，和名でそれぞれをキタノメダカとミナミメダカとよぶことが提案された．

なお野生メダカは，絶滅を危惧すべき動物種（絶滅危惧 II 類）として 1999 年環境庁（当時）によってレッドリストに初めて記載され，私たちを驚かせた．この主な原因は，1950 年代から日本の農業が「近代化」し，昔ながらの小川の代わりに，灌漑用水の水路化・パイプライン化が進んだためらしい（岩松，2002）．

Asai T, Senou H, Hosoya K (2011) *Oryzias sakaizumii*, a new ricefish from northern Japan (Teleostei: Adrianichthyidae). Icthyol Explor Freshwaters 22: 289-299.
岩松鷹司（2002）「メダカと日本人」，青弓社，東京．

コラム3　大きなもの，小さなもの

脊椎動物には，驚くほどの多様性がある．最大の脊椎動物は，現生種では，シロナガスクジラで，全長約26 mにも達する．メダカは小さい脊椎動物であるが，さらにもっと小さなものもいる．最小の脊椎動物は，オーストラリアで発見されたハゼの仲間*Schindleria brevipinguis*とされている（松浦，2005）．この魚では，性成熟したオスが6.5 mmだという．つまり，メダカの仔魚なみの大きさで成魚になってしまうのだ．

脳の大きさではどうか？　哺乳類では，マッコウクジラとシャチの脳（10 kg）が最大で，コウモリの脳（74 mg）が最小であるという（van Dongen，1998）．ヒトの脳（約1.4 kg）は大きい方だが，アフリカゾウのそれ（約9 kg）よりは小さい．メダカの脳（4 mg）は，もちろん，はるかに微小なものである（下図）．

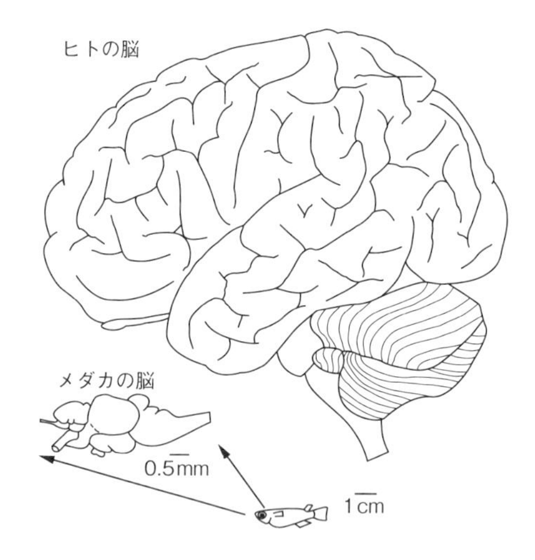

松浦啓一（2005）「形に見る魚の多様性」，魚の形を考える（松浦啓一 編），pp. 1-22，東海大学出版会，秦野市．
P.A.M. van Dongen (1998) Brain size in vertebrates. In: The Central Nervous System of Vertebrates (Nieuwenhuys R, Donkelaar HJT, Nicholson C (eds)), vol 3, pp 2099-2134. Berlin: Springer-Verlag.

第2章
発生の原理と脳発生の一般的規則

わたしたちは，見えるものではなく，見えないものに目を注ぐ．見えるものは一時的であり，見えないものは永遠につづくのである．

（新約聖書『コリント人への第二の手紙，4:18』より）

前章でふれたように，多細胞生物という生命階層になると，初めて発生という現象があらわれる．生命の始まりはわからないが，発生の始まりについては，はっきりしている．それは，受精卵（接合子）という単純な1細胞である．動物の発生は，受精卵から出発し，次第に大きく複雑な構造ができ，しまいには成体をつくり出すという，不思議でしかも美しい過程である．この過程は，形態の複雑性が次第に増していくという点で，進化の過程に概略的な類似性があるようだ．そのため発生を「個体発生 ontogenesis」とよび，種や系統の進化を意味する「系統発生 phylogenesis」と対比させることがある．

この不思議な個体発生の過程は，古代から人々の注意と興味を引きつけてきた．古代ギリシアのアリストテレス（B.C. 384-322）は，地中海を舞台に膨大な生物学的事実を集積し，知識あるいは学問そのものの基本を探りつつ『動物誌』や『動物部分論』そして『動物発生論』などを著した（山本，1977）．アリストテレスが言うように，事実の集積そのものが学問になるのではなく，事実や現象の背後にある理由や原因を探究して一般的な法則や原理を知ることこそが学問である（アリストテレス，1994）．言いかえると，見えるものを入念に調べ，その背後の見えないものを言葉や数式であらわすのが学問であろう（川﨑，2005）．個体発生についても，ヨーロッパでは古くから原理や法則を探究する努力が続けられてきた．

これらの努力を稔らせて，発生学を初めて近代的なものにした人物がカール・フォン・ベーア（Karl Ernst von Baer, 1792-1876）である（コラム4）．彼は19世紀の偉大な発生学者・ナチュラリストであり，ヒトなどの哺乳類の卵や脊索を発見した．さらに重要なことに，彼はニワトリなどの発生研究をもとに，発生現象に関わる法則や原理を発表した（von Baer，1828；1837）．しかしその後200年近くが経過して振り返ってみると，ベーアの発見した事実は揺るがないものの，彼の法則や概念には変更や修正を要するものがあるのがわかってきた（後述する）．

さらに，20世紀の後半から今世紀にかけて，分子生物学とゲノム生物学が大発展し，これによって発生生物学は大きく変革された（Nüsslein-Volhard，2008；Gilbert，2010；Wolpert and Tickle，2011；ギルバート・イーペル, 2012）．そのため, 発生に関する新しい原理・原則が具体的に明らかになってきた．

本章では発生に関する2つのことを解説する．前半では，発生の原理のうち，重要なものにしぼって述べる．そして後半では，脳の発生についての一般的原則について解説する．

コラム4　カール・フォン・ベーア

Karl Ernst von Baer（1792-1876）は現在のバルト三国の1つ，エストニア，当時のロシア帝国のエストリャント県に生まれた．父親は世襲騎士（バルト・ドイツ貴族）の荘園主かつ法律家であった．子供時代は家庭教師についてフランス語や数学などを学んだ．一方，彼は子供の頃からのナチュラリストで，植物学に熱中し自分で植物標本を作成していた．

青年になったベーアは，隣県のドルパト大学で医学を学び，医学博士号を得た．しかし，彼は実地の医療には自信がもてなかった．そのためオーストリア帝国などに臨床医学の修業に出かけた．ところがウィーン近郊のアルプスをたびたび訪れているうちに，自然に対する愛情が再燃してしまい，医学の基礎である比較解剖学を志すようになった．アルプス山中で偶然出会った植物学者の助言に従って，バイエルン王国ヴュルツブルク大学のデリンガー教授に師事した．23歳の秋であった．

デリンガー教授は優れた教育者だった．わずか1年間の比較解剖学の修業であったが，これがベーアの自信を回復させ，発生学者としての強固な土台になった．その後，大学時代の恩師であるブルダッハによばれ，1817年からプロイセン王国のケーニヒスベルク大学の解剖士prosectorとなった．この大学で正教授となり発生学の研究を続け，歴史的名著『動物の発生誌について，観察と省察，第1部』を1828年に刊行した（第2部は1837年に出版）．

当時の発生学者にとっては，春が一番多忙な仕事期間だった．様々な動物の胚が得られる時期だからだ．長年の間，春を犠牲にして室内研究に集中しているうちに，彼は体調を悪くしてしまった．著作をめぐって，ブルダッハとも不和になった．1834年，思い切ってプロイセンを去り，ロシア帝国の科学アカデミー（ペテルブルク）に異動した．その後は発生学とは離れ，魚類資源調査や地学的探検旅行などを行い，祖国ロシアにおける地理学と自然誌の発展に尽くした．

J.M. Oppenheimer (ed) (1986) Autobiography of Dr. Karl Ernst von Baer. Watson Publishing Internations, Canton.

1）個体レベルの原則：発生の砂時計

発生の一般的原則について，個体レベルからはじめて，分子レベルに至るまでを以下に述べる．

まず個体レベルについてである．ベーアは「発生の法則」というものを提案した．この法則には4項目あるが，そのうち最も重要なものは「発生過程では，最も一般的な形態から，より一般的でない形態が現れる．これがさらに続いて，しまいには最も特殊なものが登場する」というものであろう（von Baer，1828）．もしこれが正しいとすると，発生初期の胚に最も一般的な特徴が現れ，後期の胚になればなるほど特殊な特徴が現れることになる．

しかし現代では，最も一般的な特徴が現れるのは，発生初期ではなく，むしろ発生中期の胚だ，というのが一致した見解になってきた［Gilbert（2010）の19章］．実際，脊椎動物の発生中期の胚は，脊椎動物を特徴づけるような共通な形態を示す．この共通する形態セットのことを「基本プラン」，「構造的プラン」または「バウプラン（Bauplan：ドイツ語で建築設計図の意味．英語ではbody planまたはarchitectureなどという）」などとよび，この時期の発生段階のことをファイロタイプ段階phylotypic stageという．また，この時期の様々な脊椎動物の胚そのものを概念的に咽頭胚pharyngulaとよぶ場合がある．つまり咽頭胚では，様々な脊椎動物の胚で，最も共通な形質セットが現れるのだ．

そしてある門のメンバーの胚は，ファイロタイプ段階より前には大きな形態的違いを示し，ファイロタイプ段階を過ぎると再び大きな形態的違いを示す．この様相を“くびれの（最も類似性が強くなる）部分”を強調した比喩として“発生の砂時計developmental hourglass”あるいは“ゆで卵用時計”（Duboule，1994）と表現することがある（図2-1）．なおホール（2001）によると，この見解は決して新しいものではなく，すでに19世紀の後半にE. Forbes Jr.によって発表されていたという．

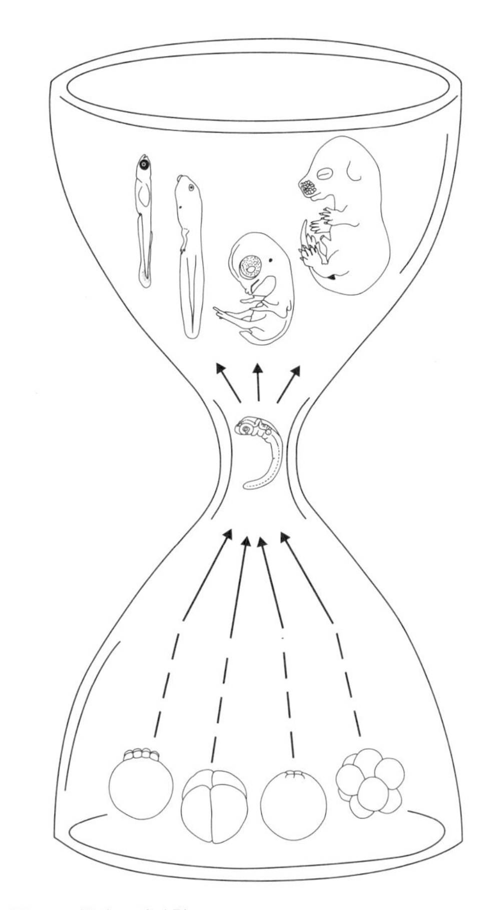

図2-1　発生の砂時計
概念的模式図を示す．脊椎動物の最も共通な形質セットは，咽頭胚（中期胚）に現れる．初期胚や後期胚では，多様性がむしろ高い．そのことを砂時計の形で表現している．Duboule（1994）の図をもとに作図．

また咽頭胚には，発生遺伝子developmental genes［Wolpert and Tickle（2011）の用語］の発現という分子的側面からも，最も大きな共通性があることが知られるようになった．ショウジョウバエ，線虫，ゼブラフィッシュの発生過程における遺伝子発現が網羅的に解析された結果，遺伝子発現の類似性がそれぞれのファイロタイプ段階で最も高くなることが報告されたのである（Kalinka et al.，2010；Domazet-Loso and Tautz，2010）．またSlack et al.（1993）は，いくつかの転写因子（遺伝子発現をオン・オフする調節タンパク質のこと；後述する）のファイロタイプ段階での発現パターンから，各種の動物を定義できることを示し，このパターンを「動物型（zootype）」とよんだ．

2）器官・組織レベルの原則：胚葉，尾芽，誘導

ベーアはまた，あらゆる脊椎動物の胚に共通してみられる3つの分化段階を指摘した．まず一次分化の段階では，外胚葉 ectoderm，中胚葉 mesoderm，そして内胚葉 endoderm の3つの胚葉 germ layer（胚におけるシート状の組織のこと）が形成される．次いで二次分化の段階では，胚葉の中で組織分化が起きる．そして最後に三次分化の段階では，組織から器官原基を経て器官の分化が起きる．

無脊椎動物を含むあらゆる動物にあてはまる胚葉説 germ layer theory も，ベーアとその他の人たちによって提唱された［3胚葉としたのはレマーク Robert Remak（1815-1865）である］．ベーアらは「発生の始めの頃に形成される，それぞれの胚葉から，それぞれ特定の相同器官が派生的に形成されてくる」とした．この胚葉の概念は，現代の発生学者にも受け入れられている．

しかし，発生が細胞レベルで詳細に調べられるようになると，3つの胚葉のそれぞれが明確に分離できない場合も出てきた．また，ホール（2001）は脊椎動物では第4の胚葉が余計に加わったとしている．その第4の胚葉というのは，神経堤 neural crest とよばれる組織（発生的には，表皮と神経組織の中間の組織）のことで，これは色素細胞，神経細胞，顔面の筋組織，顔面の骨組織などの様々なものに分化し得る．神経堤があまりにも多種類のものに発生・分化することを考慮すると，これは合理的な見解かもしれない．

なお，胚葉から形成されるのは体の吻側部だけである．残りの体の尾側部は，尾芽 tail bud という尾端に存在する細胞のかたまり（間葉組織）から，シート状の胚葉を経ずに，直接的に形成される．このことは，ホルムダール（D. E. Holmdahl）によって20世紀の初めの頃に指摘された（Nakao and Ishizawa，1984）．しかしどういうわけか，多くの教科書には引用されず，ほとんどの場合無視されてきた．ホルムダールは，胚葉シートから器官が分化する過程を「一次身体発生 primärer Körparentwicklung」とよび，尾芽の間葉組織から器官が分化する過程を「二次身体発生 sekundärer Körparentwicklung」と命名し，これら2つの過程を区別した．

そして20世紀の前半には，シュペーマン（H. Spemann，1869-1941）によって誘導 induction という重要な発生原理が発見された．組織同士が空間的に接触している時，誘導によって（相互作用を通じて）器官形成が起きるのである．例えば両生類では，将来脊索などになる予定の中胚葉（原口背唇部あるいはシュペーマンとマンゴルトのオーガナイザー organizer とよばれる）は，自分に接触している外胚葉を神経組織に誘導するとともに（神経誘導 neural induction という），二次胚を形成させる．また，脳の一部が膨れ出して眼胞（眼の原基）ができ，表皮（外胚葉）に接するようになると，水晶体（レンズ）が誘導される．このようにして，いくつもの誘導の連鎖によって機能的な器官が形成される．現代では，環境や共生生物からのシグナルによっても誘導が起きることが知られている（ギルバート・イーペル，2012）．

3）細胞・分子レベルの原則：発生を駆動する遺伝子

メダカの卵は適切な温度，水，そして酸素がなければ発生しない．つまり，発生にとって細胞（卵）と発生環境が重要である．しかし，メダカの卵はメダカになるのだから，メダカのゲ

ノムの中にメダカをつくる情報がコードされているはずである．言いかえると，受精卵には特定の生物をつくるための指示的・生成的プログラムがある．このプログラムの指示によって，遺伝子がいつどこでタンパク質を細胞内で合成するかを決め，それによって細胞のふるまいをコントロールしているのだ．したがって，発生を駆動する遺伝子群もまた同等に重要である．

近年，発生遺伝子群の実体がようやく明らかになった．ある動物の全遺伝子のうち，構造遺伝子（一般のタンパク質や酵素をコードする遺伝子のこと）が約90％を占め，発生を駆動する遺伝子は10％程度を占めるにすぎない（Wolpert and Tickle，2011）．具体的にいうと，発生遺伝子群の大半は転写因子 transcription factor をコードしているもので，残りはシグナル分子や細胞増殖因子をコードする遺伝子群である．転写因子とは，他の遺伝子のスイッチを入れたり切ったりする調節タンパク質である（すぐ後で説明する）．シグナル分子の主要なものは，Shh（ソニックヘッジホッグ）などの傍分泌性 paracrine（分泌の種類の1つ）のタンパク質などである．シグナル分子は，近隣の細胞に達し，その細胞の核にシグナルを伝達することにより，その細胞の遺伝子発現を調節する．

なお，発生遺伝子群の種類数には限りがあるので，同じ発生遺伝子が発生の様々な局面でくり返し使われている．

また近年，細胞分化 cell differentiation，つまりある一定の種類の細胞ができあがる過程の分子的メカニズムも明らかになってきた（Gilbert，2010；Wolpert and Tickle，2011）．ある細胞がどんな種類の細胞に分化するかは，その細胞がもつタンパク質によって決まる．したがって分化過程の中核は，遺伝子の発現の調節，つまり「ある遺伝子がいつ転写されて，どのくらいの量のタンパク質をつくるか」にある．そしてある遺伝子が mRNA 前駆体に転写されるかどうかは，転写因子が DNA 上の特別な領域（エンハンサー領域 enhancer region）に結合するかどうかによって決まる（図2-2）．

DNA 上のエンハンサー（図2-2の灰色の部分）はタンパク質をコードしているのではなく，結合のための認識部位を転写因子に提供しているだけである．そしてあらゆる遺伝子には，プロモーター領域 promoter region という DNA 領域が存在する（図2-2の斜線部）．プロモーター領域には RNA ポリメラーゼ（遺伝暗号を DNA から mRNA 前駆体に転写する酵素；RNA polymerase II）が結合できるようになっている．RNA ポリメラーゼは，エンハンサーがとらえた転写因子によって DNA 上のプロモーター領域にしっかりと結合される．このような状態になると，RNA ポリメラーゼは，初めてコード領域 coding region の転写を開始することができる（図2-2）．

ある遺伝子が転写されるのは，正しい転写因子が正しいエンハンサーにうまく結合した時だけである．エンハンサーはコード領域のすぐ近くにも存在するが（図2-2の a など），ずっと離れて存在することもある（図2-2の f など）．また，同一の遺伝子がいくつかの異なるエンハンサーをもち（図2-2の a-f など），遺伝子の発現場所（細胞・組織）によって使われるエンハ

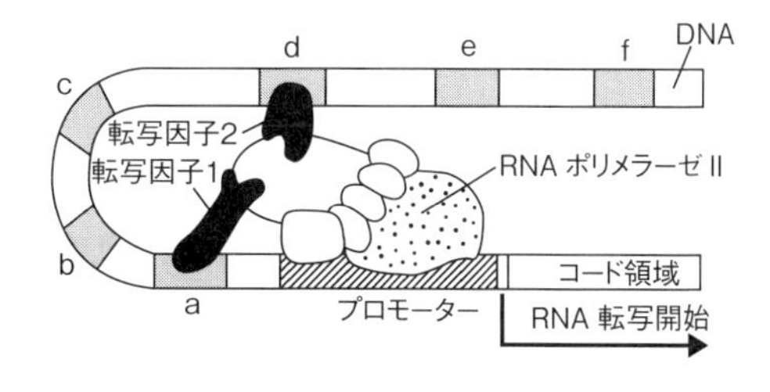

図2-2　転写因子の働きによる遺伝子発現
転写因子の働きを模式図で示す．ある遺伝子 DNA 上のエンハンサー領域（灰色，a-f）のうち，a エンハンサーと d エンハンサーが2つの転写因子（黒色部，1と2）をとらえて，その遺伝子が転写されはじめた様子．この時，RNA ポリメラーゼ II（点状部）は，いくつかの基本的転写因子など（RNA ポリメラーゼと転写因子にはさまれている白色部分）とともにプロモーター領域（斜線部）に安定に結合される．転写因子が結合している間，この遺伝子はずっと活動を続ける（スイッチが入る）．

ンサーが違う．例えば*Pax6*という遺伝子の場合，図2-2のbエンハンサーにある転写因子が結合した時には，神経管に*Pax6*遺伝子が発現され，cエンハンサーに別の転写因子が結合した時には，網膜に*Pax6*遺伝子が発現される，といった具合である．転写因子がエンハンサーに結合している間，その遺伝子はずっと活動を続ける（転写のスイッチが入る）．また，スイッチを切る役目をもった転写因子（リプレッサー repressor）も存在している．

4）形態形成の原理：分子的プレパターン

形態形成 morphogenesis，つまり形の生成（パターン形成 pattern formation ともいう）の分子的メカニズムは，特にショウジョウバエ（コラム5参照）を用いた研究によって判明してきた（Nüsslein-Volhard, 2008）．ここでは，ショウジョウバエの発生の細部に入り込むことなく，その原理を簡略に述べておこう（図2-3）．

形態形成を指示する生成的プログラムは，青写真や設計図というよりは，折り紙の指示書に似ている（Wolpert and Tickle，2011）．折り紙では，折りたたみ方に関する単純な指示が複雑な形をもたらす．発生でも，発生遺伝子の仕事は指示することにあり，それによって胚構造が変化するような一連のできごとが引き起こされる．折り紙では，まず大きく紙を半分に折るように指示され，その後さらに細かい折りたたみ方が指定され，次第に形がつくられていく．発生でも，発生遺伝子群は厳密な時間的順序をもって働き，最初に大きな範囲で領域的な違いをつくり出す．その後，その大きな範囲は，多数のより小さな発生領域に細分化されてゆく（図2-3）．ここでは1セットの遺伝子群の活動が，次に活性化されるべき別のもう1セットの遺伝子群にとって必須である．要するに，発生遺伝子群の活動には階層性があり，発生遺伝子群の順を追った活性化が発生を駆動してゆく．

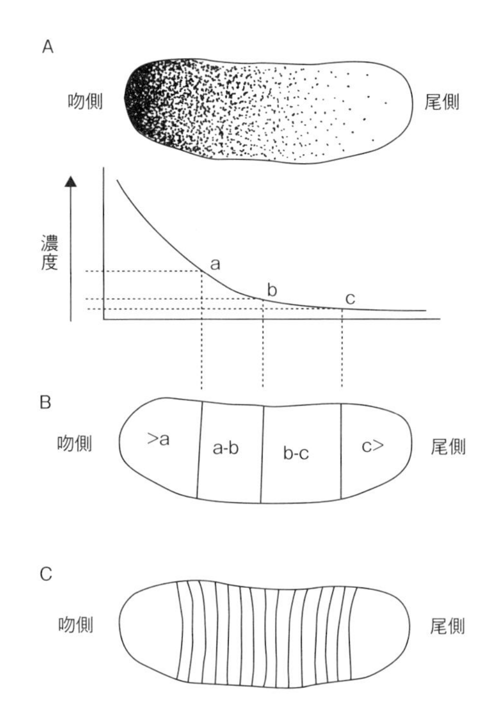

図2-3　形態形成の原理
形態形成（パターン形成）に働く発生遺伝子群の様子を概念的模式図で示す．この図では吻尾軸に沿った形態形成の例をあげている．まず形態形成原の濃度勾配という単純な分子的プレパターンが生じる（Aの上の図）．形態形成原は，具体的には転写因子，シグナル分子，そしてレチノイン酸などである．その物質の濃度（閾値）を細胞群や細胞核群が検知して（Aの下の図），大きな領域区分をもつ分子的プレパターンができる（B）．さらにいくつかの形態形成原の勾配が組み合わさることにより，さらに細かな，複雑な分子的プレパターンが生じる（C）．

特別な技術でもって可視化しなければ，これらの遺伝子活動のパターンを実際に見ることはできない．多くの場合，これらの遺伝子活動のパターンは，膨らみやくびれなどの可視的・形態的な実際のパターンが出現するのに先立ってあらわれる．それゆえ，この遺伝子発現のパターンを分子的プレパターン molecular prepattern とよぶ（Nüsslein-Volhard，2008）．

具体的には，初期胚のある体軸に沿って，分子（形態形成原 morphogen とよぶ）の濃度勾配が分子的プレパターンとして形成される（図2-3A）．形態形成原は発生遺伝子の産物なので，転写因子であったり，傍分泌性タンパク質であったり，あるいはレチノイン酸のような単純な物質であったりする．こうしてタンパク質などによる非常に単純な分子的プレパターンがまず形成される．この形態形成原の濃度に細胞や細胞核は反応する．例えば，図 2-3A の下方の図のように，濃度 a，b，そして c のそれぞれの濃度が閾値（影響が生じる臨界点のこと）になっているとする．すると，この軸に沿った細胞群あるいは細胞核群が濃度を検知して，胚の異なる場所にそれぞれ違う性質をもった，大きな細胞群領域がもたらされる（図 2-3B）．この図の場合では，4 つ（>a，a-b，b-c，そして c>）の大きな領域の分子的プレパターンができる．さらに，2 つ以上の形態形成原の濃度勾配の組み合わせによって，これまでにない新しい分子的性質をもった，より小さな細胞群領域，つまり分子的プレパターンの小単位がつくり出される（図 2-3C）．

このように，単純な分子的プレパターンから複雑な分子的プレパターンへ，おおまかな領域の分化から細かな領域の分化へと，形態形成が次第に進行する．要するに，発生が進行するにつれて次第に複雑な分子的プレパターンが現れ，領域的な小単位が生まれるのだ．そして最後にそれぞれの小単位では，ホックス（*Hox*）遺伝子群などの特別な遺伝子群のいくつかがそれぞれ働く．これらの遺伝子群は，その小単位の細胞集団を形態的に規定し，将来の運命を決定する．

発生遺伝子についての，上述の簡略な記述によって「発生のすべては発生遺伝子の働きである」という誤解が生じるかもしれないので，最後に補足しておく必要がある（コラム 6 参照）．実際には，発生過程における発生遺伝子の働き方はもっと複雑である．発生遺伝子は，環境，細胞，組織，そして他の遺伝子との相互作用（文脈依存的，双方向的，そしてモジュール的な相互作用）のもとに機能しているからである［Gilbert（2010）のパート 4「システム生物学」を参照されたい］．場合によっては，温度や光強度などの環境が，ホルモン作用を介して発生を指示することもある（ギルバート・イーペル，2012）．

5）脳発生についてのベーアの学説

次章から脳発生の具体的な話に入るが，以下の本章後半部では，まずおおまかな脳の発生について解説することにしたい．これは，本書の骨格となる重要な論点でもあるし，前もって脳発生の全般的な見通しを紹介するものでもある．専門用語がいくつか出てきてしまうが，この先走りをお許し願いたい．なお吻側や尾側など，位置関係をあらわす用語の意味については，コラム 1 で解説しているので参照されたい．

まず本節では，伝統的な，しかし筆者たちは誤りだと判断する，ある学説について紹介する．なぜ誤りだと判定するのかの理由は，次節以下で説明し，本章の最後に筆者たちの代替学説を提起する（図 2-10「脳発生の砂時計」参照）．

脳発生学の本には，最初の方に必ずといってよいほど図 2-4 のような模式図が出てくる．この図は，ヒトを含むあらゆる脊椎動物の神経管（中枢神経系の原基）が，ある一定の様式で膨大部を形成し，脳の各領域が発生・分化してくることを示している．神経管の膨大部は，脳胞 brain vesicle とよばれる（第 5 章で改めて述べる）．この図式によると，初期の神経管の将来脳になる部分には，一次脳胞とよばれる 3 つの膨らみが認められる（図 2-4A）．発生が進むと，中間のもの（中脳胞 mesencephalic vesicle）はそのままなのに対して，その吻側のもの（前脳胞 prosencephalic vesicle）と尾側のもの（菱脳胞 rhombencephalic vesicle）がそれぞれ 2 つの膨大部にさらに分化して，結局，5 脳胞（終脳すなわち大脳，間脳，中脳，後脳，髄脳）からなる二次脳胞に分化する（同図 B）．

この一次脳胞（3 脳胞）と二次脳胞（5 脳胞）

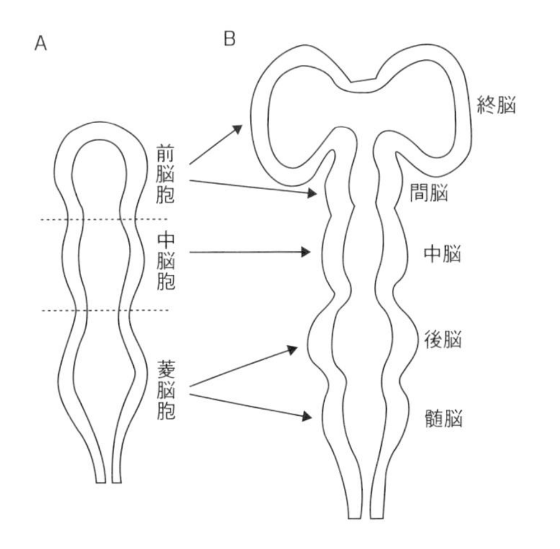

図2-4　ベーアの脳の発生様式
教科書等によく出てくる，ベーアの脳の発生様式を示す．本文中に述べた通り，この脳の発生様式を「法則」として脊椎動物一般にあてはめるのは誤りである（正しい一般原則は，図2-10「脳発生の砂時計」に示されている）．この模式図では，屈曲した神経管を“引き伸ばし”，水平断している．図の上が吻側．ベーアは，脊椎動物の脳（神経管の吻側部）は，一次脳胞（A）から二次脳胞（B）に分化するとした．この様式によると，中脳胞のみが分割されず，そのまま中脳になることに注目．

の区別と脳の発生様式こそが，ベーアが提案したもう1つの原則である（von Baer，1828；1837；von Kupffer 1906；Swanson，2000；スワンソン，2010）．そのため，神経管が一次脳胞（3脳胞）から二次脳胞（5脳胞）へ発生・分化するとする学説のことを，以下では「ベーアの脳の発生様式」とよぶことにする．ベーアの脳の発生様式は，脊椎動物の「脳の発生法則」として，その後もクッパー（Karl Wilhelm von Kupffer，1829-1902）やヒス（Wilhelm His，1831-1904）といったドイツ語圏の卓越した学者たちの支持を受けた（クッパーについては，コラム7に紹介）．このベーアの学説は，現代のほとんどの医学・生物学関係の教科書に採用されており，「定説」として今もなお広く信じられている．

6）ベーアの学説を訂正する：メダカ（真骨類）の脳発生

筆者もまた，このベーアの脳の発生様式を教育されたもののひとりである．それどころか，この様式を医学部の学生諸君に“脳発生の基本中の基本”として教えていた．

ところが，研究当初困惑したことには，自分自身で実見した結果によると，メダカではベーアの脳の発生様式があてはまらない（Ishikawa，1997；Kage et al.，2004；Ishikawa et al.，2012；図2-5，2-6）．メダカでは，初期に形成された中間の脳胞からは，中脳だけではなく，菱脳吻側部（後脳）もまた分化するのである（すぐ後で述べる）．要するに，ベーアの言う「前脳胞／中脳胞／菱脳胞という3脳胞が初期に存在する」という説は，メダカでは事実ではなかった．

5脳胞は，メダカでも発生ステージ24で認められる（次章参照）．5脳胞，つまり終脳（大脳），間脳，中脳，後脳，そして髄脳という脳区分は，メダカを含めたあらゆる脊椎動物の脳にあてはまるものである．したがって，ベーアの脳の発生様式のうち，一次脳胞（3脳胞）のみがここでは大きな問題となるのだ．

ベーアの言う3脳胞がメダカでは存在しないことに最初に気づいた時，筆者は「メダカは例外なのだ」と思い込んでしまった．当時，ベーアの学説をまったく疑わなかったためである．教科書あるいは教育の力は，おそろしい．

しかし後で述べるように，ゼブラフィッシュの脳の発生もまた“例外的”なことを知って，考え直すことにした．よく考えてみると，一次脳胞（3脳胞）説が成立するためには，①あらゆる脊椎動物で3つの脳胞が認められ，②その後，それぞれの脳胞がベーアの様式に従って分化してゆく，という2点が必要である．そこで，様々な脊椎動物における脳の形態形成について，筆者自身も実見し，原著論文も丹念に読み直した．

その結果，これから図 2-5 から図 2-9 までを用いて説明するように，「3 つの脳胞」が明瞭に存在する場合はむしろ少ないことが判明した（Ishikawa et al., 2012）．さらにまた,「3 つの脳胞」がはっきりと存在する場合でも，多くの場合，その後の分化様式はベーアの様式に従わないことがわかった（Ishikawa et al., 2012）．つまり，一次脳胞（3 脳胞）説が成立するために必要な 2 点が否定される．したがって，ベーアの脳の発生様式は，脊椎動物全般にあてはまらないことになる．このため，これまで約 200 年間定着してきたベーアの学説は，誤りであると判定された（Ishikawa et al., 2012）．

現代とは異なり，19 世紀前半には形態のみしか判断の基準がなかったのだから，事実の解釈に誤りが生じても当然のことである．むしろ筆者は, 苦労しながら原理的な枠組みを探究し，脳を区分する用語を創案したベーアを賞讃したいと思う．

本節の残りの部分で，真骨類の具体例（図 2-5 から 2-7）について説明しよう．

最初の例は，改めてメダカについてである．メダカなどの真骨類では, 初期の中枢神経系は，中空性の神経管ではなく充実性の神経索として形成される（次章参照）．しかし真骨類の神経索は，他の脊椎動物における神経管と相同（コラム 8 参照）なので，ここでは神経索の膨大部についても「脳胞」という用語を使用する．

早い発生時期（ステージ 19，2 体節期）のメダカの神経索には 3 つの脳膨大部が認められ，筆者の研究グループは，それぞれ吻側脳胞 rostral brain vesicle，中間脳胞 intermediate brain vesicle，そして尾側脳胞 caudal brain vesicle とよんだ（図 2-5）．このうちの中間脳胞は，一見するとベーアの言う中脳胞に相当するようにみえる．

先に述べたように，発生遺伝子は初期中枢神経系の様々な小部域ごとに働いて，その部域の特異性をつくってゆく．したがって，これらの

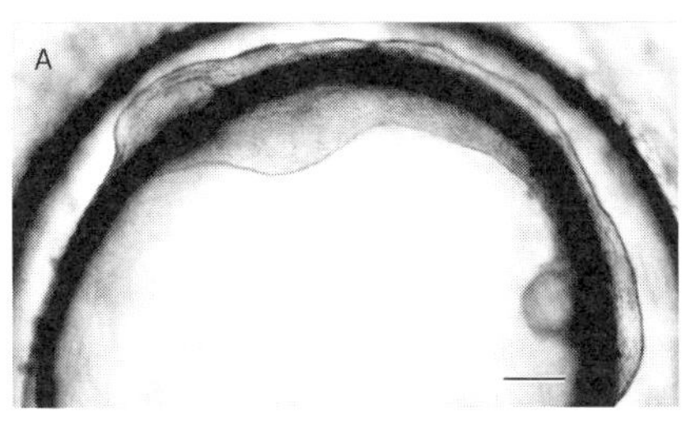

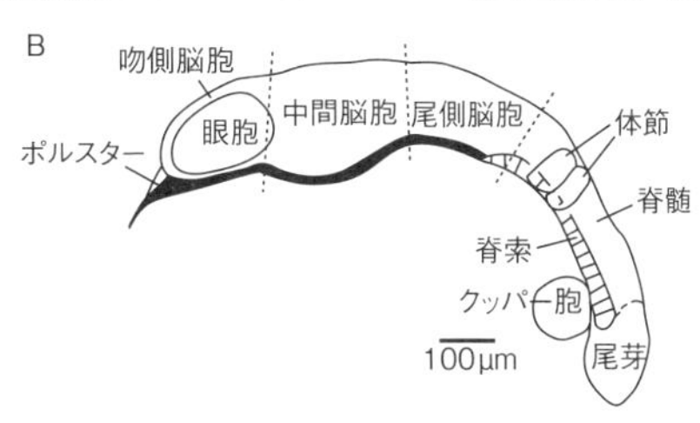

図 2-5　2 体節期（ステージ 19）のメダカ胚
メダカの神経索の左側面の写真（A）とその模式的スケッチ（B）を示す．図の上が背側, 左が吻側．3 つの脳の膨大部（脳胞）が存在することに注目．B の点線は脳胞の境界を示す．B では，ソニックヘッジホッグ（*shh*）遺伝子の発現から同定した中軸中胚葉（黒色）と脊索（しま模様）も示されている．ポルスターからは，将来孵化腺が分化する．クッパー胞については，第 6 章などを参照されたい．Ishikawa et al.（2012）の図 5 を改変．

発生遺伝子は分子的プレパターンとして脳領域の境界に一致して発現される．逆に言うと，これらの遺伝子の発現が脳の領域の良いマーカー（標識）になり得る．そこで筆者のグループの Kage（景 崇洋）らは, ウィント（*wnt1*）遺伝子（傍分泌タンパク質のウィントをコードし，中脳の尾端などに発現する）の発現を調べた（Kage et al., 2004）．すると，一見では中脳胞と思えた脳胞は，発生が進むと，実は中脳だけではなく菱脳吻側部（後脳）にも分化することがわかった（図 2-6）．図 2-6A を見ると，中間脳胞の尾側約 1/3 のところに，中脳区画と菱脳区画の境界が存在することがよくわかる．また後述するように，発生過程での単一細胞の移動を追跡した細胞系譜の研究（Hirose et al., 2004）も，この結果を支持する（図 5-2 参照）．要するに，メダカの中間脳胞は中脳だけではなく，菱脳吻側部（後脳）にもなる．そのため，「中間の脳胞（中脳胞）はそれ以上分割されることなく，そのまま中脳に分化する」とするベーアの学説

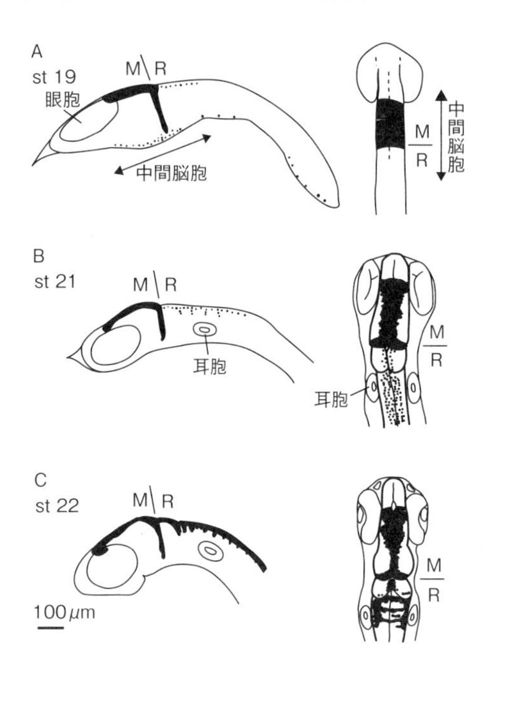

図 2-6　メダカ胚における遺伝子発現
ハイブリダイゼーション組織化学によってウィント（*wnt1*）遺伝子の発現を可視化したメダカ胚全体標本の模式的スケッチ．ステージ 19（A），21（B），そして 22（C）の胚をそれぞれ示す．左側の列は側面から見た胚で，図の上が背側，左が吻側．右側の列は背側から見た胚で，図の上が吻側．濃く染まった場所は黒色部であらわし，薄く染まった場所は点状部で示した．中間脳胞の尾側約 1/3 のところに中脳区画と菱脳区画の境界が存在することに注意（A）．略号：M ＝中脳，R ＝菱脳．Ishikawa et al.（2012）の図 6 を改変．

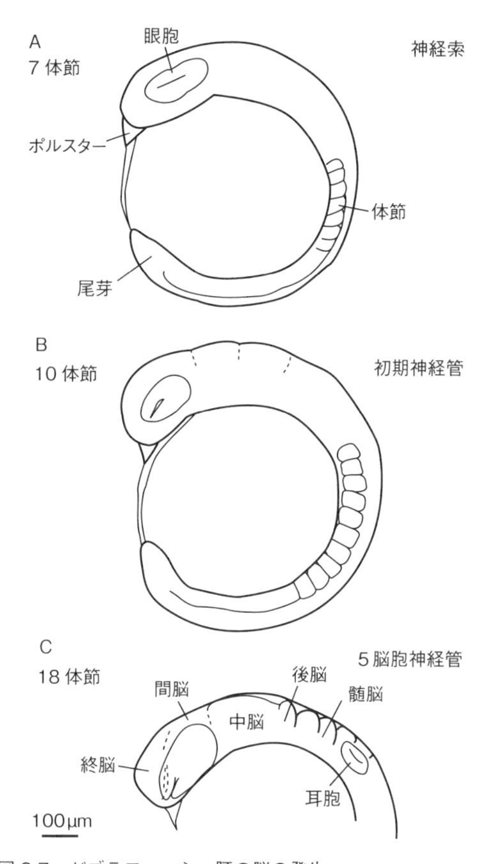

図 2-7　ゼブラフィッシュ胚の脳の発生
ゼブラフィッシュ胚の左側面．7 体節期（A，神経索），10 体節期（B，初期神経管），そして 18 体節期（C，5 脳胞の神経管）の胚をそれぞれ示す．図の上が背側，左が吻側．メダカの神経索（図 2-5）と比べると，ゼブラフィッシュの神経索には脳胞がみえない（A）．Ishikawa et al.（2012）の図 3 を改変．筆者のスケッチによる．

は成立しない．

次の具体例は，同じく真骨類のゼブラフィッシュである（図 2-7）．ゼブラフィッシュの神経索は，メダカのそれと形態が大きく異なる（図 2-7A）．脳の膨大部は特に見られず，脳は一様な厚さで連続している．要するに，「3 つの脳胞」どころか，そもそも神経索には脳胞がない．このことは，Kimmel et al.（1995）によって最初に報告されたが（彼らの Fig. 23），筆者自身も実物で確認した．

以上のメダカとゼブラフィッシュでの結果は，同じ真骨類の中でさえも，脳の初期発生が多様であることを示している．

コラム5　小さなハエと大きな革命

ショウジョウバエというのは，台所の生ゴミから発するアルコール発酵臭に集まってくる，ごく小さなハエである．よくみると眼が赤く，このためショウジョウ（「能」の登場動物で，酒好きで，眼を赤くして踊る猩猩）の名前がついた．このハエは，様々な理由（世代交代が早い，染色体の数が少ないなど）のため遺伝学の実験動物として最適で，「遺伝学のために生まれてきた動物」と冗談にいわれる．

ショウジョウバエの遺伝学の創始者は，アメリカの遺伝学者かつ発生学者，モーガン T. H. Morgan (1866-1945) である．遺伝学では，突然変異体を集めて解析することがよく行われる．それによって突然変異を起こした遺伝子の正常な機能も推定できるし，染色体における遺伝子の位置も推測できる．突然変異体を集めて解析する仕事は，たいへん時間がかかり，実際には単調な作業である．中心となったのは，モーガン研究室の学生や大学院生たちであった．彼らは，若者らしい清新な原則を生物学にもちこんだ．「研究情報の公開，研究材料の無償配布」などである．これがその後，様々な「モデル生物」（コラム 19）を用いた研究の原則となった．

ショウジョウバエの遺伝学は，その後の分子生物学の発展に直結した．しかしショウジョウバエ学派の中には，分子生物学そのものではなく，発生学に向かう人たちがいた．ドイツの女性研究者 C. Nüsslein-Volhard (1942-) はそのひとりである．彼女らは，初期形態形成突然変異の大規模な収集を行い，初期形態形成に関わる誘発突然変異体をほとんどすべて集め尽くすという，壮大かつ粘り強い，驚嘆すべき研究を行った．

このハエのウジの多数の突然変異体を基盤にして，どのように遺伝子が発生を駆動しているのかが原理的に理解できるようになったのである．この形態形成の原理は，ウジだけではなく，ヒトを含む脊椎動物にも基本的にあてはまる．

筆者の世代は，この発生学における大革命を目撃することができた．

シャイン・S・ローベル（著），徳永千代子，田中克己（訳）(1981)「モーガン」，サイエンス社，東京．

コラム6 「氏か育ち」か：二律背反的議論について

Nature or Nurture（氏か育ちか）という議論は，語呂合わせがよいためか，人気のある論争である．しかしこの立論には，暗黙のうちに，「両者は別々に分けられるもので，二者択一的（二律背反的）なものだ」という前提がある．ところが実際には，両者はともに働き，両者は同じく重要なのである．要するに，これは前提が成立しない議論なのだ．

実例をあげよう．近交系のメダカというのは，ある1つの系統の中ではどの個体も同じ遺伝子をもっている（Hyodo-Taguchi and Egami, 1985）．もし遺伝子だけがすべてを決めているならば，近交系メダカの卵を同じ環境で育てれば，すべてまったく同じ個体になるだろう．ところが実際に近交系メダカの胚をそのように育ててみると，必ず大きさの違う魚がでてくる．つまり個体の遺伝子型は，その個体の表現型の細部までは決めてはいないのだ．クローン羊や人間の一卵性双生児でも（どちらの場合も遺伝子構成は同一），同じようなことが言われている．

「白か黒か」，「右か左か」，「動物には意識があるのか，ないのか」，あるいは「放射線は危険か，安全か」などの二律背反的議論は，人間の心的世界になじみやすいものである．

その原因として，人間の脳に「クセ」があるのではないかと筆者は考えている．人間あるいは動物は，随意的（体性）運動としては，ある1つの時点で1つの行動しか採用できない．要するに，一度に異なる複数の行動はとれない．したがって，「複数（多くの場合2つ）のうち，どの行動をとるか」は，脳にとっては日常的に重要な課題である．これが人間の脳に，心的な傾向として強く刻み込まれているのではないだろうか．そのため，二者択一的な思考が受け入れやすいのではないかと思う．

しかし上述の実例のように，二律背反的考え方は，特に生物界の実態にはそぐわないことが多い．

Hyodo-Taguchi Y, Egami N (1985) Establishment of inbred strains of the medaka, *Oryzias latipes*, and the usefulness of the strains for biomedical research. Zool Sci 2: 305-316.

7）様々な動物の脳発生

真骨類以外の動物でも，以下に示すように，ベーアの学説は成立しない．

ベーアは鳥類のニワトリを主要な研究対象とした（von Baer，1828；1837）．そこで，ニワトリの“3 脳胞”についての現代的研究を紹介しよう（図 2-8）．これまでの古典的な研究によると，「Hamburger と Hamilton のステージ 10（HH stage 10，10 体節期）のニワトリ胚で 3 脳胞が明確に認められる」というのが定説であった［Hamburger and Hamilton（1951）の 55 ページ］．図 2-8A を見ると，ステージ 10 で脳の膨大部が確かに存在するし，吻側から 2 番目の膨らみはベーアの言う中脳胞のようにみえる．

しかし，Hidalgo-Sánchez et al.（1999）が現代的な方法で調べてみたところ，そうではないことがわかった（図 2-8）．*Otx2*（転写因子をコードし，中脳区画に発現する）や *Gbx2*（転写因子をコードし，菱脳区画に発現する）などの遺伝子の発現を調べてみると，一見すると中脳胞と思えた 2 番目の脳胞は，実際には将来，中脳だけではなく菱脳吻側部（後脳）にも分化することがわかった（図 2-8B）．これは，メダカの場合とまったく同じである．このことは，ニワトリ／ウズラのキメラを用いた発生運命地図の研究結果（発生における細胞移動を追跡した研究結果）からも支持された．そのため，Hidalgo-Sánchez et al.（1999）は，この吻側から 2 番目の脳胞を中脳胞とはよばずに，「中／後脳胞 mes/metencephalic vesicle」とよぶことを提唱した．したがって，「吻側から 2 番目の脳胞（中脳胞）はそれ以上分割されることなく，そのまま中脳に分化する」という，ベーアの脳の発生様式は，当のニワトリの胚でさえも成立していない．

次にヒト（哺乳類）の脳についての研究を紹介しよう．現代の代表的な発生学の教科書である Gilbert の *Developmental Biology*（第 9 版）では，図 2-4 に似た模式図がヒトの脳の発生様式として紹介されている（彼の教科書の図 9.9）．ところが，ヒトの脳の発生についての原著論文（O'Rahilly and Gardner，1979；O'Rahilly et al.，1989）を読むと，Gilbert の記述とはまったく異なる（図 2-9）．ヒトを含む哺乳類では脳領域の膨らみは非常に早く出現し，神経管の前段階である神経板の時期に認められる（図 2-9A）．したがって脳になる部分の最初の膨隆は，図 2-4A のような中空の脳胞としてではなく，神経板（神経ひだ）の部分的膨隆部として現れる．発生が進み神経板が管状（神経管）になると，少し太い前脳胞，やや細い中脳胞，そして複数の分節からなる菱脳胞が比較的なめらかに連続する（図 2-9B）．要するに，図 2-4A のような 3 つの膨大部は，初期のヒト神経管では明確にはみえない．ハムスターの初期神経管でも同様のことが指摘されている（Keyser，1972）．

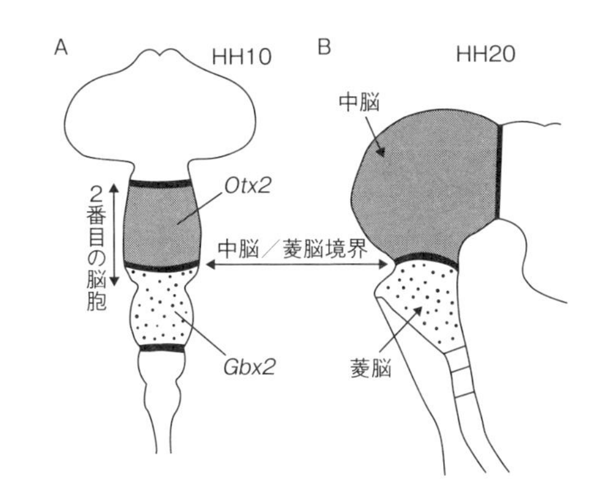

図 2-8　ニワトリ胚の脳の発生
ハンバーガー・ハミルトンのステージ 10（A）と 20（B）のニワトリ神経管の模式的な図を示す．背面図 A では図の上が吻側．側面図 B では図の下が尾側，左が背側．ステージ 10（A）では，*Otx2* 遺伝子（灰色の領域；中脳区画）と *Gbx2* 遺伝子（点のある領域；菱脳区画）の発現の境界は，2 番目の脳胞上に存在する．したがって，これまで伝統的に中脳胞／菱脳胞の境界と考えられていた「くびれ」は，ステージ 10 では中脳胞／菱脳胞の境界部ではなく，それより尾側にずれている（A）．このため Hidalgo-Sánchez et al.（1999）は，このステージでの 2 番目の脳胞は中脳胞ではなく，「中／後脳胞」であるとした．Ishikawa et al.（2012）の図 8 を改変．

マウスでは，神経板で発生遺伝子の発現が調

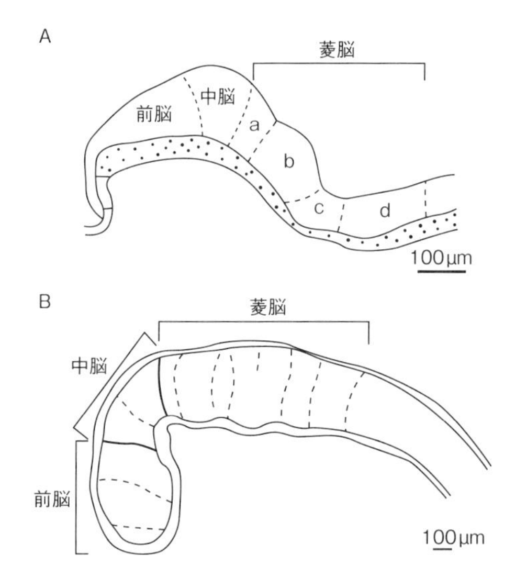

図2-9　ヒト胚の脳の発生
ヒト初期胚（カーネギーステージ9：受精後約28日）の神経板(A)とカーネギーステージ12(受精後約30日)の神経管(B)を示す．神経板および神経管の正中部を矢状断し，内側から内壁を見た様子を示している．図の上が背側，左が吻側．神経板では，正中の断面（点を打ってある）の向こう側に神経ひだの壁が見える（A）．前脳区画，中脳区画，菱脳区画の間には明確な「くびれ」がなく，むしろ菱脳区画の中の分節（a-d）に「くびれ」がある（A）．初期の神経管も同様である（B）．Ishikawa et al.（2012）の図4を改変．

べられている（Rubenstein et al., 1998）．その結果によると，マウスの神経板の予定脳部には，外側方向に広がる3つ（吻側，中間，そして尾側）の拡張部bulgeがあり，その中間拡張部intermediate bulgeの中ほどに中脳区画／菱脳区画の境界がある．これは，メダカおよびニワトリの初期神経管における状況と似ているかもしれない［図および詳細はIshikawa et al.（2012）を参照されたい］．

その他の綱についても簡単にふれておこう．まずアフリカツメガエル（両生類の無尾類）の初期神経管ではベーアの3脳胞が存在していることが報告されている（Eagleson et al., 1995）．軟骨魚類のサメの初期の脳では，3つではなくて，4つの膨大部がまず認められるという（Kuratani and Horigome, 2000）．無顎口上綱のヤツメウナギでは，初期神経管の脳になる部分には3つの膨大部が存在するが，吻側の膨らみは前脳の全体ではなく，前脳吻側部に相当している（Kuratani et al., 1998）．

なお，初期神経管で3脳胞が明確でないことは，Streeter（1933）によって古くから指摘されてきた．彼は「胚の脳を3つの一次脳胞に細分化することは，自然現象の記述というよりは，むしろ勝手な方便である」と述べている．

8）脳発生の砂時計

以上のように，カエルには初期神経管にベーア様式の3脳胞が認められるけれども，他の脊椎動物では脳胞がなかったり（ゼブラフィッシュ），不明瞭だったり（哺乳類），4つの脳胞だったり（サメ）する．また，初期神経管に「3つの脳胞」がある場合でも，それらの分化はベーアの様式には従わないことが多い（メダカ，ニワトリ，そしてヤツメウナギ）．つまり，ニワトリも含む多くの脊椎動物では，ベーアの脳の発生様式があてはまらない．これだけ“例外”が多いと，ベーアの発生様式は「脳の発生法則」ではないと判断した方がよいだろう．ベーアの言う“初期神経管で共通な3脳胞”は存在せず，むしろ，脊椎動物の初期神経管の形態は変化に富むのだ．特に真骨類では，中枢神経系は最初に充実性の神経索として発生し（次章参照），メダカとゼブラフィッシュとの間でさえも初期の脳の形態が大きく異なる（図2-5, 2-7）．以上から，脊椎動物の発生初期の脳形態は多様であると結論せざるを得ない．

発生初期では脳の形態が多様だとすると，最大の類似性を示すのは発生中期の5脳胞の時期（ファイロタイプ段階）のみになる．5脳胞の存在については研究者の意見はほぼ一致している．そしてその後，再び種によって固有で多彩な脳形態を示すようになる．これこそが，むしろ，脳の形態形成に関する一般的規則であろう（図2-10）．

この新しい一般原則は，「くびれ」（最大の類

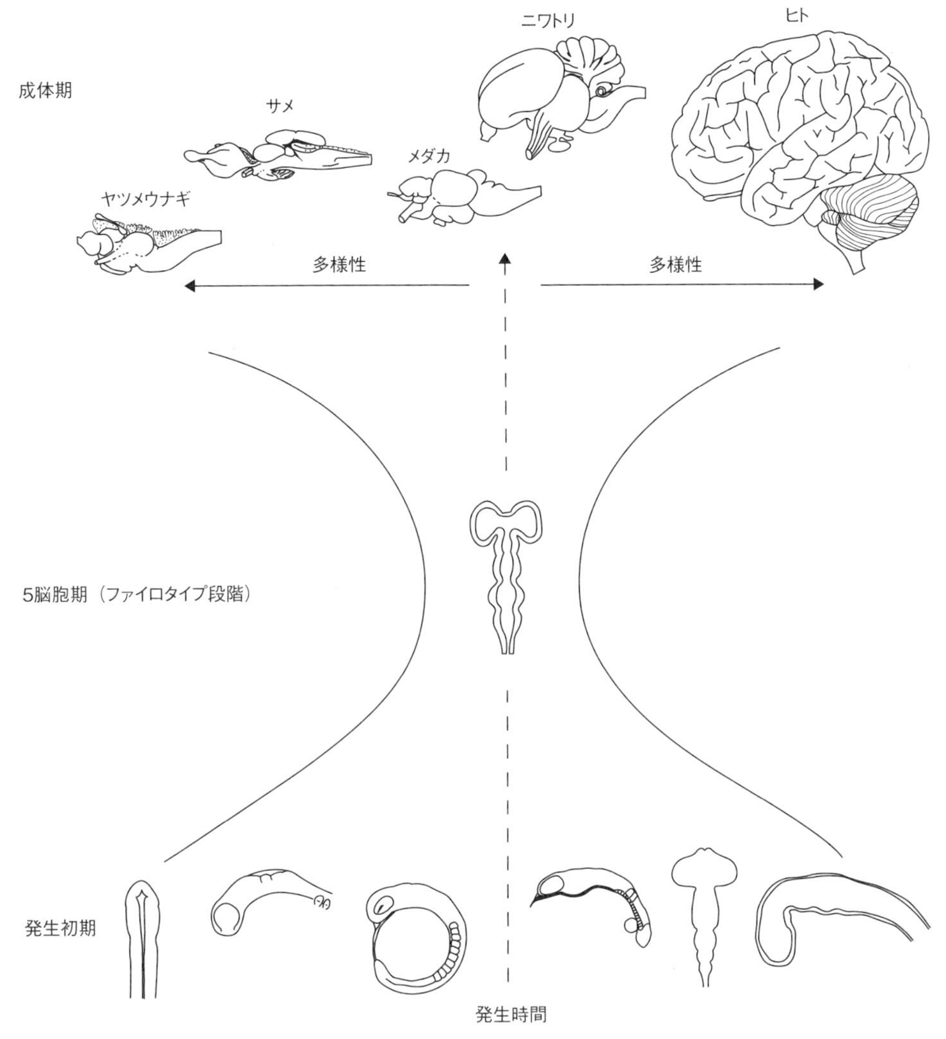

図 2-10　脳発生の砂時計
脊椎動物の脳発生についての一般原則，すなわち「脳発生の砂時計」を示す．横軸は形態的な多様性を示し，縦軸は時間の経過を表す（時間は下から上へ流れる）．それぞれの種の脳の大きさの違いは無視している．発生初期では，“脊椎動物で共通な3脳胞”は存在せず，脳の形態はむしろ多様である．発生中期の5脳胞の時期（脳発生のファイロタイプ段階）で，様々な脊椎動物の脳は最大の類似性を示す．成体期では，脳の形態は再び多様になる．Ishikawa et al.（2012）の結論から新たに作図．

似性）が発生中期（ファイロタイプ段階）に存在するので，「発生の砂時計」に似ている（図2-1を参照）．脳は体の一部として発生するのだから，体全体に砂時計モデルがあてはまるならば，脳発生にもあてはまっても不思議ではない．筆者のグループは，脳の形態形成に関する一般的規則として，「脳発生の砂時計 hourglass of brain morphogenesis」を新たに提唱した（Ishikawa et al.，2012）．つまり，様々な脊椎動物の脳は，発生中期の5脳胞の時期（脳発生のファイロタイプ段階）で最大の類似性を示す．そしてその前後の時期では，脳の形態は多様なのである（図2-10）．

本書の構成は，この「脳発生の砂時計」にもとづいている．次の第3章では，脳発生の初期段階が紹介される．ここでは，メダカ（真骨類）独自の発生の様子が多く示される．第4～8章は発生の中間段階（脳発生のファイロタイプ段階）で，メダカの脳には他の脊椎動物と共通な性質が多く現れる．そのため，鳥類や哺乳類などの脳と同列に並べて議論する．そして発生の後期段階になると，次第にメダカ（真骨類）独自の性質が再び現れはじめる（第9章）．そのため第10章以降では，真骨類の脳の独自性が多く示される．

それでは，次章でメダカの脳の初期段階から話を始めることにしよう．

参考文献

von Baer KE（1828 and 1837）Über Entwickelungsgeschichte der Thiere, Beobachtung und Reflexion. Bornträger, Königsberg.

Domazet-Loso T, Tautz D (2010) A phylogenetically based transcriptome age index mirrors ontogenetic divergence patterns. Nature 468: 815-818.

Duboule D (1994) Temporal colinearity and the phylotypic progression: a basis for the stability of a vertebrate Bauplan and the evolution of morphologies through heterochrony. Development Supplement: 135-142.

Eagleson G, Ferreiro B, Harris WA (1995) Fate of the anterior neural ridge and the morphogenesis of the *Xenopus* forebrain. J Neurobiol 28: 146-158.

Gilbert SF (2010) Developmental Biology, 9th Edition. Sunderland: Sinauer Associates, Inc.

Hamburger V, Hamilton HL (1951) A series of normal stages in the development of the chick embryo. J Morph 88: 49-92.

Hidalgo-Sánchez M, Millet S, Simeone A, Alvarado-Mallart RM (1999) Comparative analysis of *Otx2*, *Gbx2*, *Pax2*, *Fgf8* and *Wnt1* gene expressions during the formation of the chick midbrain/hindbrain domain. Mech Dev 81: 175-178.

Hirose Y, Varga ZM, Kondoh H, Furutani-Seiki M (2004) Single cell lineage and regionalization of cell populations during medaka neurulation. Development 131: 2553-2563.

Ishikawa Y (1997) Embryonic development of the medaka brain. Fish Biol J Medaka 9: 17-31.

Ishikawa Y, Yamamoto N, Yoshimoto M, Ito H (2012) The primary brain vesicles revisited: Are universal the three primary vesicles (forebrain/midbrain/hindbrain) in vertebrates? Brain Behav Evol 79: 75-83.

Kage T, Takeda H, Yasuda T, Maruyama K, Yamamoto N, Yoshimoto M, Araki K, Inohaya K, Okamoto H, Yasumasu S, Watanabe K, Ito H, Ishikawa Y (2004) Morphogenesis and regionalization of the medaka embryonic brain. J Comp Neurol 476: 219-239.

Kalinka AT, Varga KM, Gerrard DT, Preibisch S, Corcoran DL, Jarrells J, Ohler U, Bergman CM, Tomancak P (2010) Gene expression divergence recapitulates the developmental hourglass model. Nature 468: 811-814.

Keyser S (1972) The development of the diencephalon of the Chinese hamster. Acta Anat (Basel) suppl 59/1 (83): 1-181.

Kimmel CB, Ballard WW, Kimmel SR, Ullmann B, Schilling TF (1995) Stages of embryonic development of the zebrafish. Dev Dyn 203: 253-310.

von Kupffer C (1906) Die Morphogenie des Centralnervensystems. In: Handbuch der Vergleichenden und Experimenttellen Entwicklungslehre der Wirbeltiere (Hertwig O (ed)), Vol 2, part 3, Fischer, Jena, pp 1-272.

Kuratani S, Horigome N, Ueki T, Aizawa S, Hirano S (1998) Stereotyped axonal bundle formation and neuromeric patterns in embryos of a cyclostome, *Lampetra japonica*. J Comp Neurol 391: 99-114.

Kuratani S, Horigome N (2000) Developmental morphology of branchiomeric nerves in a cat shark, *Scyliorhinus torazame*, with special reference to rhombomeres, cephalic mesoderm, and distribution pattern of cephalic crest cells. Zoolog Sci 17: 893-909.

Nakao T, Ishizawa A (1984) Light- and electron-microscopic observations of the tail bud of the larval lamprey (*Lampetra japonica*), with special reference to neural tube formation. Am J Anat 170: 55-71.

Nüsslein-Volhard C (2008) Coming to life: How genes drive development. Carlsbad: Kales Press.

O'Rahilly R, Gardner E (1979) The initial development of the human brain. Acta Anat (Basel) 104: 123-133.

O'Rahilly R, Müller F, Bossy J (1989) Atlas des stades de développement de l'encéphale chez l'embryon humain etudié pars des reconstructions graphiques du plan médian. Arch Anat Histol Embryol 72: 3-34.

Rubenstein JL, Shimamura K, Martinez S, Puelles L (1998) Regionalization of the prosencephalic neural plate. Annu Rev Neurosci 21: 445-477.

Slack JM, Holland PW, Graham CF (1993) The zootype and the phylotypic stage. Nature 361: 490-492.

Streeter GL (1933) The status of metamerism in the central nervous system of chick embryos. J Comp Neurol 57: 455-475.

Swanson LW (2000) What is the brain? Trends Neurosci 23: 519-527.

Wolpert L, Tickle C (2011) Principles of development, 4th revised edition. Oxford: Oxford University Press.

アリストテレス（著），岩崎 勉（訳）（1994）「アリストテレス　形而上学」，講談社学術文庫，講談社，東京．

川崎 謙（2005）「神と自然の科学史」，講談社，東京．

S.F. ギルバート，D. イーペル（著），正木進三，竹田真木生，田中誠二（訳）（2012）「生態進化発生学」，東海大学出版会，秦野市．

ラリー・スワンソン（著），石川裕二（訳）（2010）「ブレイン・アーキテクチャ」，東京大学出版会，東京．

ブライアン・K・ホール（著），倉谷 滋（訳）（2001）「進化発生学」，工作舎，東京．

山本光男（1977）「アリストテレス」，岩波新書，岩波書店，東京．

コラム7　フォン・クッパーの2脳胞：原脳と続脳

フォン・クッパー（Karl または Carl Wilhelm von Kupffer，1829-1902）は，19世紀後半の卓越した比較発生学者のひとりである．彼は現在のバルト三国の1つ，ラトヴィアに生まれた．

彼は，ベーア（コラム4参照）の約40年後に生まれたのだが，両者の間には驚くほど多くの類似点がある．まず，フォンという名前が示すように，バルト・ドイツ貴族の家系であること．次に，ドルパト大学で医学を修めた後，臨床医学ではなく，解剖学と発生学を志したこと．ケーニヒスベルク大学の教授になった経歴も同じである．最後に，両者とも魚類に深く関わった．クッパーは，魚卵のクッパー胞（第6章）にその名前を残している．肝臓のクッパー細胞の発見者としても有名で，現在では組織学者としての評価が高い．

クッパ―は，脳の発生についての優れた総説を執筆した（von Kupffer，1906）．これは，彼の死後に発表された，大部の書物の中の一章なのだが，その後の脳の教科書の「タネ本」として大きな影響力をもった．

この総説では，ナメクジウオ（頭索動物）から，広範囲の脊椎動物に至るまで，脳の発生が記述されている．彼は，脊椎動物の脳発生の全般的様式として「ベーアの脳の発生様式」（第2章）を採用した．ただし，ベーアの3脳胞の前段階に2脳胞が存在するとした．

クッパ―は，脳発生の初期段階では，最吻側に Archencephalon（原脳）が，そのすぐ尾側に Deuteroencephalon（続脳）が区別できるとしたのである．彼のいう原脳とは，脊索より吻側に存在する脳領域のことで，ナメクジウオの脳胞（Hirnblase）に対応したものである．

したがってクッパ―によれば，2脳胞→3脳胞→5脳胞こそが，脊椎動物の脳の一般的発生様式だということになる．

von Kupffer C (1906) Die Morphogenie des Centralnervensystems. In: Handbuch der Vergleichenden und Experimenttellen Entwicklungslehre der Wirbeltiere (Hertwig O (ed)), Vol 2, part 3, Fischer, Jena, pp 1-272.

コラム8　相同について

相同 homology こそは，比較神経学を含む比較形態学の中心的概念である．例えば，異種の動物の脳の間で，それぞれの脳領域に名称をつける必要が出てくる．その時に同一の名称をつける根拠は，たった1つ，相同のみしかないからだ．

相同とは，進化的には「共通の先祖から受け継いだ“同一性”」である．公式には，「異種類の生物において体制的に同一の配置を示し構造に何らかの共通点をもつ器官は，その機能や形態を異にしていても等価値であり互いに相同であるとされる」と定義されている（八杉ら，2003；倉谷，2015）．この定義は，できあがった構造物（製品）に注目したもので，その発生（製造過程）については問題にしていない．相同は，人間の手とカニのハサミのように，異種類の生物の間で機能的に類似した器官をあらわす概念，つまり相似とは対比的な概念である．

しかし，相同を製造過程（発生）と関連させて考えると，“同一性”と“類似性”の区別は限りなくあやしくなってくる．その意味で *Homology*（1994）という本は一読に値する．例えば，一般的陸生動物の前肢とイクチオザウルスの鰭（末端の骨が非常に多数ある）との間の骨格の相同という難問が O. Rieppel によって提出されている．

なお現代では，遺伝子レベルにも相同という概念がある．相同な遺伝子（種分化の結果生じた遺伝子）を orthologous gene といい，遺伝子（染色体）の重複の結果生じた類似遺伝子 paralogous gene および遺伝子の水平的移入によって生じた類似遺伝子 xenologous gene から区別している．

八杉龍一，小関治男，古谷雅樹，日高敏隆（編）（2003）「岩波生物学辞典 第4版」，岩波書店，東京．
Brian K. Hall(ed) (1994) Homology. Academic Press, San Diego.
倉谷 滋（2015）「形態学」サイエンス・パレット 024，丸善出版，東京．

第3章
神経管ができるまで

……なにもなにも，ちひさきものはみなうつくし……

清少納言（『枕草子』から）

……私は，論理学を構成するあの多数の規則の代わりに，たとえ一度でもそれからはずれまいという固い不動の決心をさえするならば，次に述べる四つの規則で十分である，と信じた．……第三，私の思想を順序に従って導くこと．最も単純で最も認識しやすいものからはじめて，少しずつ，いわば階段を踏んで，最も複雑なものの認識にまでのぼってゆき，かつ自然のままでは前後の順序をもたぬものの間にさえも順序を想定して進むこと．……

ルネ・デカルト（『方法序説』から；野田又夫の訳による）

これからの章では，脊椎動物の具体的な例としてメダカをとりあげ，その脳の個体発生について述べる．その概要は「メダカの中枢神経系の発生表」として巻末の付属表にまとめた．

脊椎動物の中枢神経系の大部分は，外胚葉の単純なシート，すなわち神経板 neural plate（後述）から出発する．残りの部分は尾芽から生ずる（第2章）．これらのものから，神経管 neural tube という脳・脊髄の原基がつくられる．要するに，脳・脊髄は一見複雑そうに見えるけれども，もともとは単純なチューブなのだ（図3-1）．

脳・脊髄というものは，この神経管の壁が肥厚したものである．神経管の腔所（神経腔 neurocoel）は，成体の脳・脊髄でもなお空間として残存しており，脳では脳室 ventricle，脊髄では中心管 central canal とよばれる．この空間は，脳脊髄液 cerebrospinal fluid という液体で満たされている．このように，脳・脊髄の最も単純な構築プランは，神経管から見てとることができる．

神経管が形成される過程（神経管形成 neurulation）は，進化を通じて変異しやすい．後述するように，メダカを含む条鰭類の神経管形成はやや風変わりである（von Kupffer, 1906）．脳発生の初期段階では，動物種による多様性が強くあらわれるのだ．

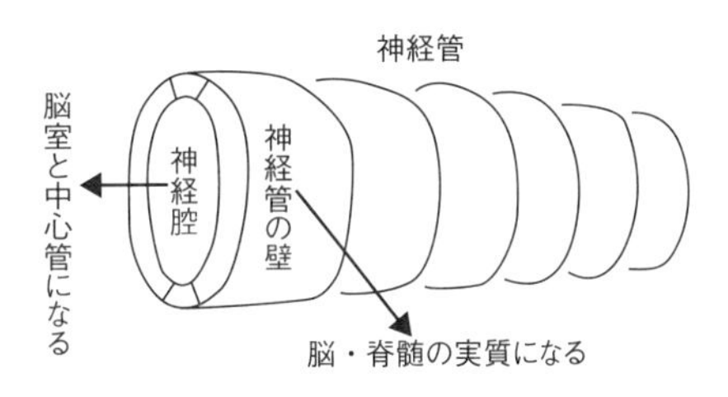

図 3-1　神経管の模式図
神経管は基本的には単純なチューブである．

しかし形成プロセスがどう変わろうとも，最終的には同じような神経管という構造が形成される．言いかえると，プロセスは変異しやすくても，管状の中空構造という形質には強い選択がかかっている．クルミを割る方法はたくさんあり，ローマに達する道はいくつもある．製品とその製造工程は異なるように，発生の結果生じた構造物とそれらが形成される過程は区別する必要がある．どのような形成方式にしても，形成された神経管はあらゆる脊椎動物で相同と考えられる（コラム8参照）．

本章では，メダカの神経管ができるまでの個体発生について，順を追って述べる（Kage et al., 2004）．後半では，条鰭類の独特な神経管形成方式について説明する．そして最後に，神経管における空間的な基本軸を設定する.

1）発生段階

歴史や発生など，時間的に連続して起こる物事を理解するためには,「時代」とか「段階」などの指標を設ける必要がある．最もわかりやすい発生の指標は，生活環に注目した次のようなものである．もちろん，連続して起こることなので，それぞれの段階を厳密に区別するのは難しい.

接合子（受精卵）→胚→幼生（仔魚）→成体

発生はまず受精卵（接合子）から始まり，卵膜などに囲まれてまだ自由生活するに至らない胚 embryo の段階を経て，自由生活をする幼生［仔魚（しぎょ）やオタマジャクシ larva（複数は larvae)］に至る（碓井，1988）．卵生の場合，幼生が卵膜などを破って出て来ることを孵化 hatching とよぶ．孵化した仔魚は，その後，変態 metamorphosis を経て稚魚 juvenile になり，成長し，生殖巣が成熟した段階で成体 adult となる.

発生の早さは種によって著しく異なる（コラム9参照)．例えば哺乳類では，ヒトの場合は受精から分娩に至るまで約10カ月かかるが，マウスの場合はわずか約20日である．変温動物の場合には，環境温度に大きく影響される．例えばメダカの場合，14℃では受精から孵化に至るまで約40日かかるが，26℃ではわずか9日である（岩松，2006)．そのため，動物の種ごとに形態学的特徴を指標にして発生段階表というものが作成されている.

メダカの場合，現在世界的に使用されている発生段階表は，岩松鷹司（愛知教育大学）によって作成されたものである（Iwamatsu et al., 2003；Iwamatsu，2004)．本書でもこれを用い，Hirose et al.（2004）の補足的な発生段階も取り入れる（巻末の付属表)．岩松による発生段階は，26℃で発生が進んだ場合のもので，45のステージに分けられている.

すべての脊椎動物において発生初期過程は，受精卵（接合子）→桑実胚→胞胚→原腸胚→神経胚，という順番で進行する（図3-2)．以下の各節で，この順に沿ってメダカの発生を述べる.

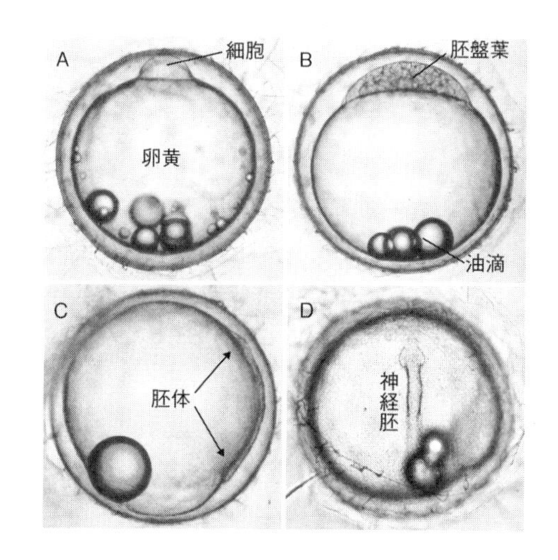

図3-2　メダカ受精卵の発生
受精卵の写真．上が動物極側，下が植物極側．メダカの卵は固い卵殻に保護されて発生する．ダツ，イワシ，そしてトビウオの卵の場合と同じく，メダカの卵は卵殻から付着毛が生えているため，海藻や水草などにからみつきやすくなっている（写真では，胚が見えるように，ほとんど除去されている)．多くの海水魚の卵の場合と同じく油滴があり，浮遊するようになっている．2細胞期（A)，桑実胚期（B)，原腸胚期の胚の外側観（C)，そして神経胚期の胚の背側観（D)．卵殻を含めた卵の直径は約1 mmである.

2）卵割，桑実胚，そして胞胚

動物によって，卵の卵黄（発生する時に胚の養分となる）の量と分布は，かなり異なる．そのため，動物の種類によって卵の発生の様相が異なる．哺乳類の卵では，卵黄量が少なく均等に分布しているために等黄卵といい，細胞の分裂・増殖も卵全体で起こる（等割という)．これとは対照的に，メダカなどの真骨類や鳥類の卵では，卵黄が大きく，細胞性の部分は卵黄の端（動物極）に乗っているだけである（端黄卵という）．したがってメダカの場合，細胞の分裂・増殖は局所的に起こる（盤割という；図 3-2A と B）．発生のはじめの頃の細胞分裂は，一般的な細胞分裂（有糸分裂 mitosis）とはいくつかの点で異なるので，特別に卵割 cleavage という．卵割の結果生じた細胞は，割球 blastmere とよばれる．卵割の特異な点は，細胞が成長することなく分裂をくり返すので，割球（細胞）がどんどん小さくなっていくことである．

卵割によって，細胞という，いわば建築材料のブロックが多数準備される．メダカでは，ステージ 3（受精後 65 分）に 1 回目の卵割が起こり 2 細胞になる（図 3-2A）．その後 30 分程度に 1 回の速さで卵割をくり返し，ステージ 8（受精後 5 時間）には桑実胚（そうじつはい） morula になる（同図 B）．多くの動物では，桑の実に似た形になるからである．メダカの桑実胚は，卵の動物極側にドーム状を呈して存在する（同図 B）．このドーム全体を胚盤葉 blastderm とよぶ．

胚盤葉における卵割が進行して，ある程度の数の細胞数に達すると，細胞は互いにほぼ平面状に並んで表面がなめらかになる．多くの動物では，内部に腔所をもった中空状の構造物になるので，この段階の胚を胞胚 blastura という．メダカでは，胚盤葉の細胞数が約 1000 になると（ステージ 10，受精後 6 時間 30 分），早期の胞胚とよばれる．

卵割の間に，胚盤葉の周囲に細胞境界の不完全な割球群が出てくる（岡田，1989）．これらの不完全な割球は周辺細胞 marginal cell とよばれ，互いに融合し，その核は卵黄表面を直接包む細胞質（卵黄細胞質）に取り込まれてゆく（図 3-3A）．周辺細胞の核も卵割と同調して分裂するので，卵黄表面を直接包む細胞質は数百個の核をもつ多核性の構造物になる．このようにして，卵黄に接する細胞質は多核性の周縁質（多核周縁質 periblast）に変化してゆく（同図 A）．多核周縁質は，卵黄多核細胞層（yolk syncytial layer）ともよばれる．多核周縁質は卵黄と胚体との間に介在しているだけで，胚体そのものの

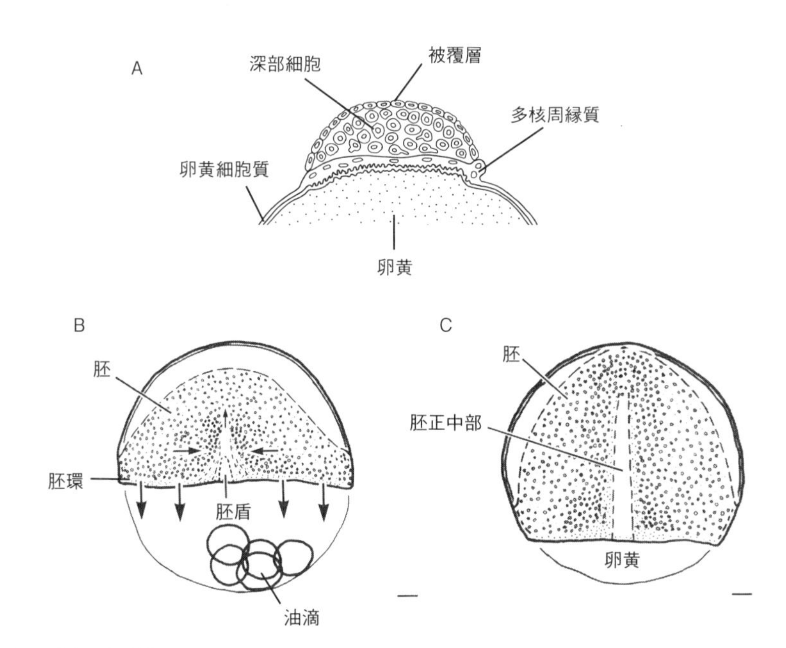

図 3-3　メダカの胞胚と原腸胚
胞胚の胚盤葉の部分（A）と原腸胚（B と C）を示す．上が動物極側，下が植物極側．A は模式図．B と C は，ステージ 15（中期原腸胚，B）および 16（後期原腸胚，C）の受精卵のスケッチを示す．覆いかぶせ運動（大きい矢印）とともに，集中（中間の大きさの矢印）や伸長（小さい矢印）が起きている（B）．図 A は，Gamo and Terazima（1963）の図 75 などをもとに作図．B と C は，Ishikawa（1997）の図 2 を改変．B と C のスケールバーは 100 μm.

材料にはならないが，卵黄の栄養成分を胚に供給し，後に述べる形態形成運動を助ける機能がある（岡田，1989）．また，多核周縁質の一部の核はβ - カテニンという分子を蓄積して，魚胚のオーガナイザー（胚盾，後述する）を誘導する，ニュークープセンター Nieuwkoop center となる（Gilbert，2010）．

結局，胚盤葉には3種類の細胞群が分化してくる（図3-3A）．まず，卵黄と胚盤葉の間には上述の多核周縁質が存在している．次に，胚盤葉の最表面の細胞群は，互いに密着して被覆層 enveloping layer という単層の上皮になる．上皮 epithelium とは，細胞同士が密着して並んでいる組織の総称で，体表面，体腔表面，そして中空性器官などに見られる．この被覆層もまた将来の胚体そのものをつくる材料ではなく，胚体を保護する被膜にすぎない．被覆層は胚体形成後（孵化後）には最終的には脱げ落ちてしまう．この両者の非胚組織にはさまれた細胞群は深部細胞 deep cell とよばれ，これらの細胞集団こそが将来の胚体をつくる材料になるのだ（同図A）．後期の胞胚（ステージ11，受精後8時間15分）になると，深部細胞から突起（仮足）が伸び出し，深部細胞は自分で移動可能な状態に分化する（岡田，1989）．要するに，個々の深部細胞は運動能力をもつようになる．

一般に，発生初期には母性遺伝子（母親由来の遺伝子のこと）が発現され機能している．ところが胞胚の時期になると，母性遺伝子は能動的に消去され，母性遺伝子から接合子自身の遺伝子の発現に切り替わる（mid-blastula transition あるいは maternal-to-zygotic transition という）．精子と卵子は，それぞれが，完全に分化してしまった細胞である．これら2つが合体した後（接合子），この遺伝子発現の切り替わりによって，接合子が初めて多能性 pluripotency（多くの細胞種に分化できる能力）を獲得するようになる．

この切り替わりに重要な役割を果たしているのは，母性遺伝子がつくり出す Nanog，Pou5f1（Oct 4 ともよばれる），そして SoxB1（いずれも転写因子）というタンパク質である（Lee et al., 2013）．このことには，重要な意味がある．というのは，Nanog，Pou5f1，そして SoxB1 は，分化した成体の細胞が再び多能性を獲得するために必要な因子でもあるからだ．実際，これらの因子のいくつかは多能性誘導幹細胞 induced pluripotent stem cell（iPS 細胞）の作成に用いられている．

3）原腸胚：細胞集団の移動と分子的プレパターン

胞胚の次の段階に起こることは，胚葉や尾芽をつくるための細胞運動である（図3-3B と C）．そのため細胞シートが胞胚内部に入り込んだり（原腸形成 gastrulation という），細胞集団が一定の方向に移動したりして，器官形成のための足場がつくられてゆく．これは，ベーアの一次分化の段階（第2章）に相当する．この時期の胚を原腸胚 gastrula という．メダカ胚では，ステージ12（受精後10時間20分）が胞胚と原腸胚の移行期である．

原腸胚では，めざましいことが起こる．それまで卵黄の上にあった胚盤葉（細胞数は1000を超える）は，全体的に平たく薄くなり，細胞集団が大挙して移動しはじめて，卵黄の表面全体を包むシート状構造をつくろうとする（図3-3B と C）．それは，あたかも「頭の上にのせた毛糸のスキー帽子を，見えざる手で下に向けて引っ張って，頭と顔全体を覆う」ような運動である．この細胞運動のことを，被包 epiboly あるいは「覆いかぶせ運動」という．この覆いかぶせ運動が起こるためには，接合子自身の遺伝子発現と機能が必須である（Lee et al., 2013）．

覆いかぶせ運動の進行とともに，その先端部，つまり胚盤葉の周縁部分が多少肥厚して胚環 germ ring を形成する（図3-3B）．覆いかぶせ運動には，上述の多核周縁質と被覆層も参加して卵黄を覆っていくが，これら2層がつくる空間の中で深部細胞は独自の形態形成運動を起こす（岡田，1989）．つまり，深部細胞は覆いかぶせ運動（同図Bの太い矢印）と同時に，胚体の正中線に向かって集中しはじめる（同図Bの中間の大きさの矢印）．この細胞運動を「集中または収斂 convergence」とよぶ．また，胚体は全体的に吻尾軸に沿って伸びる（同図Bの小さい矢印）．この細胞運動を伸長 extension という．その後も細胞運動が続き，後期原腸胚になると，胚体は明確になり，胚盤葉（胚）は卵黄表面の3/4を包み込むようになる（同図C）．

遺伝子の発現パターンという面からも，原腸胚ではめざましいことが起こる．形態的には同じに見える深部細胞の中に，違った分子的性質をもつ細胞がステージ12から現れはじめるのだ（Inohaya et al., 1999）．東京工業大学の猪早啓二らは，グースコイド *goosecoid* という転写因子をコードするホメオボックス遺伝子が，メダカの胚環の正中部に発現することを報告した（Inohaya et al., 1999）．このグースコイド遺伝子を発現する正中部分は，すぐ後で胚盾（はいじゅん） embryonic shield とよばれる重要な構造になる（図3-4）．

ステージ13（受精後13時間，初期原腸胚）になると，胚環の正中部が特に厚くなり，小さな楯のような形の深部細胞集団が形成される（図3-3Bと3-4）．この構造物が胚盾である．その矢状断組織切片を顕微鏡でみると，陥入 involution が起こっているために組織が厚くなっていることがわかる（Gamo and Terazima, 1963；Inohaya et al., 1999）．陥入というのは，細胞集団が胚の下面（腹側）に入り込む過程で，内在化 internalization と一般化してよぶ場合もある（Gilbert, 2010）．内在化された細胞群が現れると，深部細胞群は背腹の2層に分かれることになる（図3-4）．背側の深部細胞群は epiblasts とよばれ，この層が将来の外胚葉になる．腹側の深部細胞群は hypoblasts とよばれ，この層は中内胚葉 mesendoderm（中胚葉と内胚葉の前駆組織）となる（同図の灰色の細胞群）．

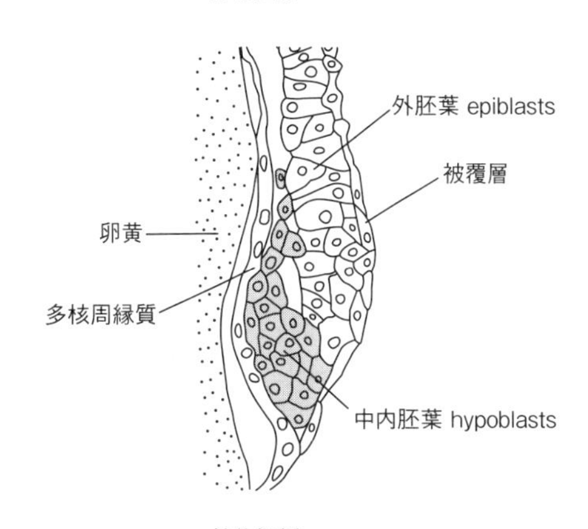

図3-4　メダカの胚盾
原腸胚（ステージ14）の胚盾正中部の矢状断面を示す模式図．図の上が動物極側で，下が植物極側．胚盾正中部を中心にして，細胞は覆いかぶせ運動をしつつ内在化（陥入）する．灰色の細胞群には，グースコイド遺伝子が発現している．発生が進むと，これらの細胞群 hypoblasts は中胚葉と内胚葉になるので，中内胚葉 mesendoderm とよばれる．その上に乗っている細胞群 epiblasts は外胚葉になる．Gamo and Terazima (1963) の図76および Inohaya et al. (1999) の図1Eを参考にして作図．

グースコイド遺伝子は，しばらくの間，胚盾に発現され続ける（Inohaya et al., 1999）．魚類の胚盾は，両生類の原口背唇 dorsal lip，哺乳類のヘンゼンの原始結節 Hensen's node に相当するもので，シュペーマンとマンゴルトのオーガナイザーである（Inohaya et al., 1999）．つまり，胚盾が胚から除去されると神経系ができないし，胚盾を別の胚に移植すると2番目の神経系がその胚につくられる（Inohaya et al., 1999）．胚盾（オーガナイザー）という重要な構造物が形成されると，ここで初めて正中の軸が形態的に明確になり，胚の左右がはっきりすることになる．胚盾の中内胚葉の中でも，脊索 notochord の前駆組織は chordamesoderm とよばれる．脊索は，胚組織の中軸であり，その吻側に存在する中内胚葉組織とともに「神経誘導」能力をもつ（第2章参照）．

オーガナイザーの「神経誘導」現象についても，近年分子的に解明された（Gilbert, 2010）．脊椎動物の外胚葉は，表皮と神経組織に将来分化する．外胚葉が表皮になるためには，BMPs（bone morphogenetic proteins，骨形成タンパク質）と，ある種のウィント（Wnt）タンパク質が働く．BMPsは，成長因子の一種で，ショウジョウバエのDppタンパク質Decapentaplegic proteinに相当する．BMPsは，細胞生物学やがん研究の分野では形質転換増殖因子transforming growth factor-β（TGF-β）として知られている．意外なことに，長い間探し求められていた「神経誘導物質」とは，実はBMPsとウィントタンパク質に対する阻害因子であった．これらの阻害因子は脊索などから分泌され，それをコードする遺伝子には，*chordin*，*noggin*，そして*follistatin*など，複数あることが知られている（Gilbert，2010）．要するに，表皮になれなかった外胚葉が，神経組織に分化するのだ．「神経誘導」とは，積極的に正方向に働くものではなく，負方向の分化制御だったのである．

分子的プレパターンという面からも，原腸胚では重要なことが起こる．胞胚から原腸胚にかけて，神経系形成に関わる分子的プレパターンが形成されるのである（Kudoh et al.，2002；White et al.，2007）．これは，ゼブラフィッシュで報告された（図3-5）．この分子的プレパターンで中心的役割を果たすのは，最尾側の傍軸中胚葉でつくられるレチノイン酸という小分子（ビタミンAの誘導体）の濃度勾配である．この分子的プレパターン形成には，FGFs（Fibroblast growth factors，線維芽細胞増殖因子）とウィントタンパク質も関与している．

最尾側の中胚葉（胚盤葉の縁）では，FGFs, Wnts，そしてレチノイン酸の合成酵素（アルデヒド脱水素酵素1a2；*aldh1a2/raldh2*遺伝子がコードしている）がつくられている（図3-5A）．FGF/Wntシグナルは，隣接した外胚葉に作用してレチノイン酸の分解酵素（主要なものはレチノイン酸-4-水酸化酵素；コードしているのは*cyp26*遺伝子）の発現を抑制する．そのため，この部分の外胚葉ではレチノイン酸の濃度が高くなる（同図AのRA）．一方，中胚葉から離れた外胚葉（同図の灰色の部分）では，*cyp26*遺伝子が強く発現しているため，そしてFGF/Wntシグナルが届かないため，レチノイン酸の濃度が低くなる．このようにして原腸胚ではレチノイン酸の濃度勾配が形成される（同図Bの右側のグラフ）．

レチノイン酸（RA）の低濃度の領域では，吻側の神経系に特異的な遺伝子（*Otx*などの吻側遺伝子）が発現し，尾側の神経系に特異的な遺伝子（*hoxb1*などの尾側遺伝子）の発現が阻害される．逆に，RA高濃度の領域では尾側遺伝子が発現し，吻側遺伝子の発現が阻害され

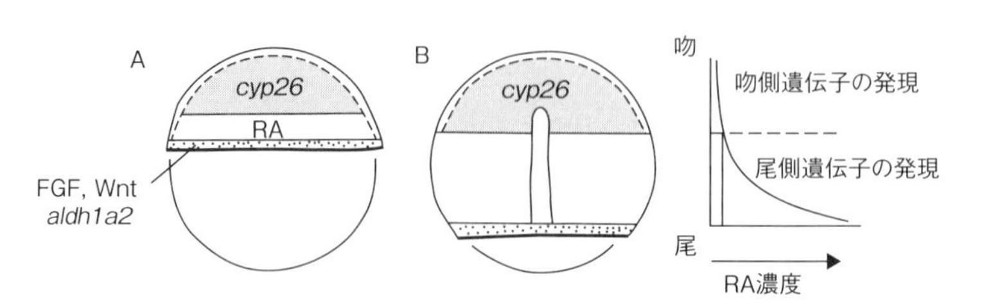

図3-5　ゼブラフィッシュ原腸胚の分子的プレパターン
初期の原腸胚（A）と後期の原腸胚（B）における分子の分布を模式的に示す．図の上が動物極側（吻側）で，下が植物極側（尾側）．点線の部分は中内胚葉で，ここからFGFとWntのシグナルが拡散する．この部分ではレチノイン酸（RA）の合成酵素をコードする遺伝子（*aldh1a2*）も発現しており，つくられたレチノイン酸は隣接する外胚葉に拡散する（A）．灰色の領域ではRAの分解酵素をコードする遺伝子（*cyp26*）が発現している．Bの右側には，これら分子の相互作用でつくられたレチノイン酸の濃度勾配を示す．Kudoh et al.（2002）の図11およびWhite et al.（2007）の図8を参考にして作図．

る．レチノイン酸の合成・分解系は，FGF/Wntシグナルと相互作用し，丈夫で，容易には乱れない濃度勾配をつくっている（White et al., 2007）．

4）原腸胚における神経板と細胞系譜

本節では，メダカの原腸胚における神経板について述べる．

一般的な脊椎動物では，原腸胚に続く段階で，胚葉や尾芽から組織や器官が形成されてゆく．これは，ベーアの二次分化，三次分化の段階（第2章）に相当する．この段階の胚では，神経管が形成されるのが特に印象的なので，この時期の胚を神経胚 neurula とよぶ．一般的な脊椎動物では，この神経胚の段階で，神経板から中空性の神経管が形成される．

ところが真骨類を含む条鰭類では，他の脊椎動物の場合とは異なる（von Kupffer, 1906；Miyayama and Fujimoto, 1977；Kimmel et al., 1955）．まず第1に，真骨類の外胚葉層は薄いので，両生類などの場合と比較すると，神経板があまり明確ではない．第2に，真骨類の初期の「神経管」は，中空性の管ではなく充実性の神経索 neural rod として形成される（次節以降に述べる）．神経腔は後になってから形成され，最終的には神経索も管状の中空構造になる．要するに，メダカなどの真骨類では，神経管形成は次の順番で進行する．

神経板→神経竜骨 neural keel →神経索→神経管

真骨類では，原腸胚の段階で神経板が早くも現れる．あまり明確ではないものの，「将来中枢神経系と眼原基とを形成する，背側正中領域の外胚葉性の肥厚」は，真骨類でも認められる（図3-6）．メダカでは，中期原腸胚（およそステージ15，受精後17時間30分，胚盤葉が卵黄の50％を包み込んだ頃）には，ほぼ一様な厚さをもつ外胚葉性の肥厚が現れ，この状態は後期原腸胚（ステージ16，受精後21時間）になっても続く（図3-6）．ゼブラフィッシュの神経板は，胚盤葉が卵黄の95％を包み込んだ頃の原腸胚にあらわれる（Schmitz et al., 1993）．

中枢神経系の初期形成を知るためには，分子的プレパターン（前節）も重要だが，胚を構成している個々の細胞の動きにも注目する必要がある．メダカの原腸胚における，そのような研究についてここで紹介しよう（図3-7）．

近藤寿人（大阪大学）の研究グループの Hirose（広瀬行広）et al.（2004）は，メダカの初期原腸胚（ステージ13，受精後13時間）の単一細胞を蛍光標識し，その後ステージ24（受精後44時間，16体節期）まで卵を発生させた．そして彼らは，この約30時間の間に，細胞がどのような経路で移動し，増殖し，中枢神経系のどの場所に落ち着くのかをリアルタイムで調べた（Hirose et al., 2004）．彼らは，このような実験を何回も積み重ねることによって，メダカの中枢神経系における細胞系譜 cell lineage

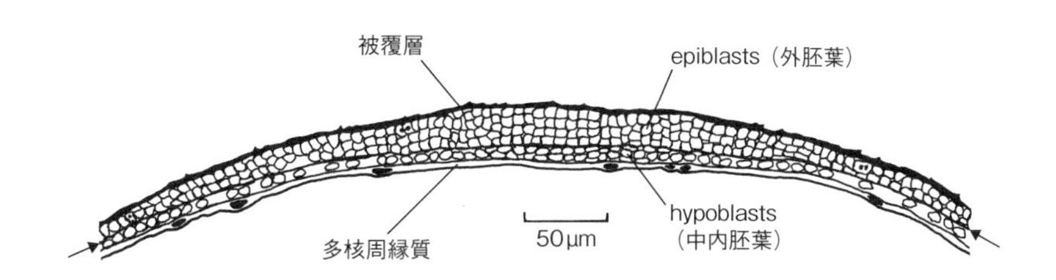

図3-6　メダカ原腸胚における神経板構造

ステージ16の横断切片のスケッチ．図の上が背側（表面側），下が腹側（卵黄側）．矢印は，外胚葉と中内胚葉との間の間隙をやや誇張して示している．中央部の外胚葉が3-4細胞の厚さに肥厚しているのに注目．ここが神経板に相当する．

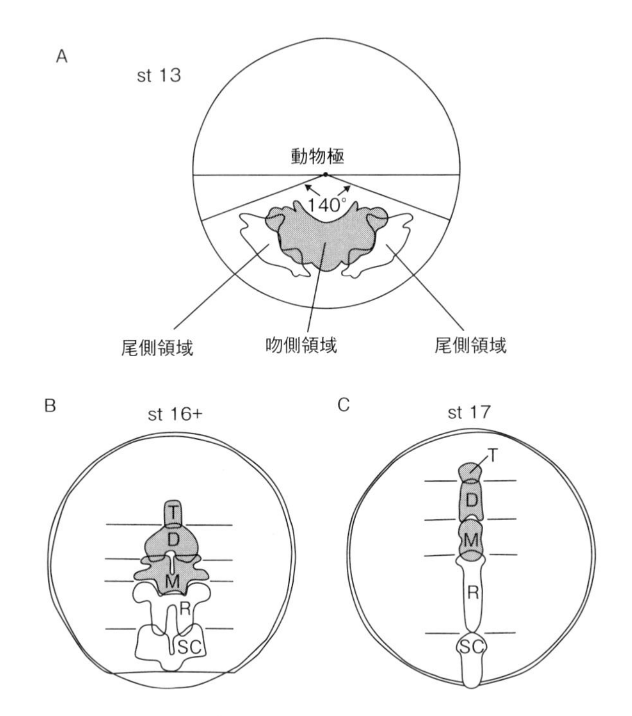

図 3-7　メダカ原腸胚と神経胚における細胞系譜・領域化

ステージ 13 の細胞群の予定運命図（A）およびステージ 16+ と 17 における予定中枢神経系の細胞群の分布（B と C）を示す．中枢神経系の吻側領域は灰色で示してある．A は，卵の動物極を真上から見た模式図．将来中枢神経系になるすべての細胞群は，胚盤葉の背側 140 度の扇型区域に存在している．おおまかに，吻尾に並ぶ 2 つの領域（吻側領域と尾側領域）が区別可能である．B と C は，後期原腸胚（ステージ 16+）と初期神経胚（ステージ 17）の背側を卵の赤道面から見た模式図．図の上が吻側．後期原腸胚の時期に，将来の主要な 5 つの脳・脊髄領域（終脳，間脳，中脳，菱脳，脊髄）がコンパートメントとして形成されることに注意（B）．ステージ 17 になると，中枢神経系の吻側領域（終脳，間脳，中脳）の細胞群は動物極に向かって移動し，尾側領域（菱脳と脊髄）の細胞群は正中線および尾方に向かって移動する（C）．横線はコンパートメント間の境界を示す．略号：D ＝間脳，M ＝中脳，R ＝菱脳，SC ＝脊髄，T ＝終脳．Hirose et al.（2004）の図 3B をもとに作図．

と領域化 regionalization を，これまでにない高い精度で，しかも単一細胞レベルで明らかにすることができた（図 3-7）．

その結果，将来中枢神経系を構成するすべての細胞群は，初期原腸胚（ステージ 13）の胚盤葉の動物極側 140 度の扇型区域 sector に存在していることがわかり，この区域は「神経創成区域 neurogenic sector」と名づけられた（図 3-7A）．この神経創成区域の中では，おおまかに言って吻尾に並ぶ 2 つの領域 domain が区別可能で，1 つは将来終脳，間脳，そして中脳になる吻側領域（図 3-7 の灰色部分），もう 1 つは将来菱脳と脊髄になる尾側領域である．もっとも，中枢神経系の吻側領域と尾側領域はこの時期では一部重なり合っている（同図 A）．

その後，神経創成区域に属していた細胞は，分裂しつつ約 3 倍の数に増えながら植物極に向かって移動する．その後ステージ 15（受精後 17 時間 30 分）になると，今度は方向を変えて正中線に向かって集中する．

後期原腸胚（ステージ 16+，受精後 22 時間）になると，将来の主要な 5 つの脳･脊髄領域（終脳，間脳，中脳，菱脳，脊髄）ごとにコンパートメント tissue compartment という細胞集団がほとんど重なり合うことなく同時に形成される（図 3-7B）．コンパートメント（組織区画）とは，最初ショウジョウバエで確立された発生学的概念で，ある特定の細胞群の子孫細胞集団が移動可能な領域をさす．言いかえると，ある組織区画に属する細胞は，その組織区画の境界を超えては移動できない．つまり組織区画とは「ある組織区画が設定された時，その区画に属していた細胞のすべての子孫細胞を含む領域であり，他の区画の子孫細胞は含まない領域」と定義される．組織区画が設定されることを細胞系譜制限 cell lineage restriction がかかるともいう．

したがって，メダカでは受精後 22 時間で細胞系譜制限がかかり，神経板には細胞移動に関する境界線が少なくとも 4 本設定される（図 3-7B）．つまりステージ 16+ 以後，各脳部位を構成する細胞群は，もはや組織区画を超えて混じり合うことはなく，まとまった 1 つのグループとして移動するようになる．これ以後では，中枢神経系の吻側領域（終脳，間脳，中脳）の細胞群は動物極に向かって移動し，中枢神経系の尾側領域（菱脳と脊髄）の細胞群は正中線および尾側に向かって移動する（同図 B と C）．このようにして，神経板という外胚葉組織は少なくとも 5 つに区画化され，その区画それぞれの特異化が進行しはじめる．言いかえると，ステージ 16+ の神経板の細胞は，外見的には同じようだが，実は細胞のふるまい方としては，すでに 5 つのグループに分かれているのだ．なお，脳の吻尾方向の形態分化については，第 5 章で詳しく述べる．

5）神経胚：神経竜骨と神経索

本節では，メダカ神経胚における神経竜骨と神経索について述べる．

本書では，神経板から神経索ができるまでの胚，すなわちステージ 17（受精後 25 時間）と 18（同 26 時間）の胚を神経胚としている．これは Iwamatsu（2004）の記載と一致している．一般的な脊椎動物では，「神経板から中空性の神経管が形成される時期」を神経胚とするので，真骨類の場合と少し異なる．しかし，真骨類の神経索と他の脊椎動物の神経管は互いに相同なので，この時期を神経胚期としても間違いではない．

まず全体的な様子を図 3-8 にまとめた．多くの脊椎動物と原索動物（尾索動物と頭索動物を含む一群）では，神経板の正中部が陥入し外側部が巻き上がる（図 3-8A）．その巻き上がりの程度と形態は種によって様々である（Lowery and Sive，2004）．その後，神経板の左右外側端が癒合し，表皮の外胚葉（体性外胚葉；図 3-8 の SE と E）から分離することによって神経管が形成される（同図 A）．要するにこの場合，神経管は内腔を最初からつくりつつ外胚葉からつくられる．このような胚葉からの形成方式は，ホルムダールの「一次身体発生」（第 2 章）に準じて一次神経管形成 primary neurulation とよばれる．

これに対して，尾側部の神経管は，ホルムダールの「二次身体発生」（第 2 章）によって間葉組織（尾芽，図 3-8B の TB）から，胚葉を経ることなく，直接的に生じる（尾側部の骨格系，筋肉系などもまた尾芽から発生する）．この場合，尾芽から最初に充実性の髄索 medullary cord がまず形成され，その次に髄索に空洞形成が起こる（Nakao and Ishizawa，1980）．その結果，神経腔が新たに生じて神経管ができあがる．この形成方式は，ホルムダールの「二次身体発生」に準じて二次神経管形成 secondary neurulation とよばれる．ヒトやメダカを含めたあらゆる脊椎動物では，尾側の脊髄，つまり腰仙部の脊髄は二次神経管形成によってつくられる．尾側脊髄は，後になって吻側の頚胸部脊髄（これは一次神経管形成によってできる）につながる（Lowery and Sive，2004）．

以上とは対照的に，真骨類を含む条鰭類では，外胚葉からの形成においても，腔所をもたない髄索のような構造物（神経索）がまず最初につくられる（図 3-8C）．クッパーは，この索状物をドイツ語で Neuralstrang（神経つな）とよんだ（von Kupffer，1906）．ただし細胞の形態形成運動としては，一般的な一次神経管形成の流

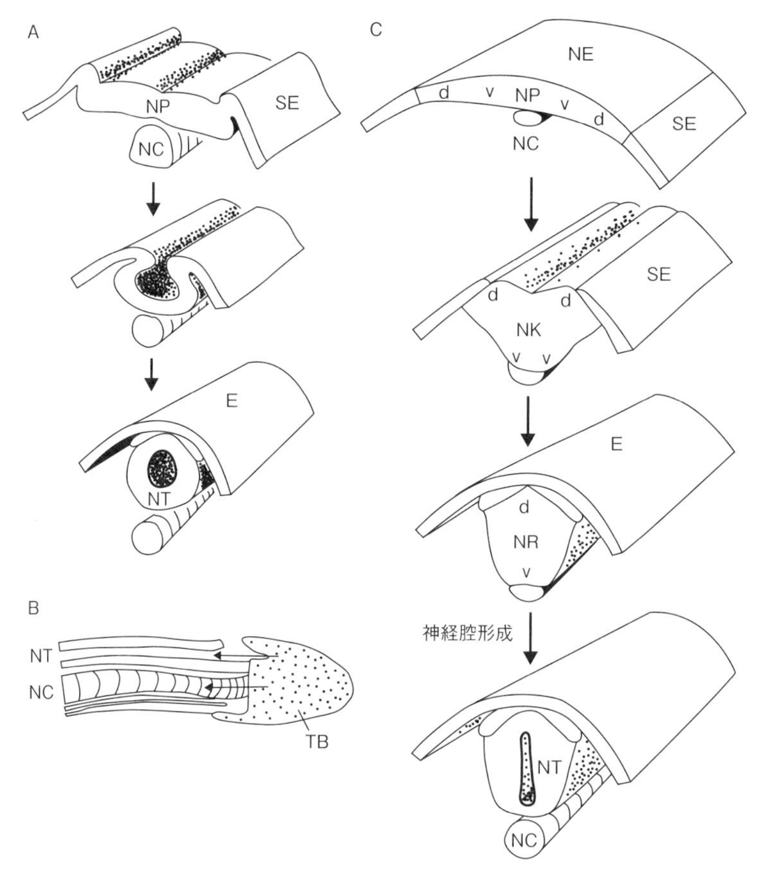

図3-8　神経管（神経索）形成の模式図
一般的な脊椎動物における一次神経管形成(A)，二次神経管形成(B)，そして真骨類における一次神経管形成(C)を模式的に示す．AとCは，脊索のみえる高さでの断面図．Bは，尾側部の左側面図（図の上が背側，左が吻側）．Cでは，神経板の外側部が神経索の背側部（d）となり，神経板の内側部が神経索の腹側部（v）になることに注目．太い矢印は，発生の進行をあらわし，細い矢印は尾芽からの組織形成の方向を示す．略号:E＝表皮，NC＝脊索，NE＝神経性外胚葉，NK＝神経竜骨，NP＝神経板，NR＝神経索，NT＝神経管，SE＝体性外胚葉，TB＝尾芽．BはNakao and Ishizawa（1984）の図20をもとに作図．

儀に従うようである．つまり，神経板正中部の細胞は最も腹側に（同図Cのv），神経板外側部の細胞は最も背側に（同図Cのd），その中間部の細胞は背腹の中間に位置するようになるらしい．このことは，Papan and Campas-Ortega（1994）によってゼブラフィッシュの胴部神経索で証明された．しかし，吻側の神経索の細胞形態形成運動については不明な点が多い．今後の研究がのぞまれる．

その後，神経索に空洞形成が起こり，条鰭類の神経管が形成される（図3-8Cの一番下）．この点では，条鰭類の神経管形成は一般的な二次神経管形成に似ている．そのために，条鰭類の神経管形成は二次神経管形成によると言われることがある．しかし，これは用語の混乱の結果である．一次と二次の違いは，胚葉からの形成か，それとも尾芽からの形成かによる（Lowery and Sive，2004）．したがって，条鰭類の神経索形成もまた，一次神経管形成による．

系統的に古い原索動物では，腔所形成を伴う一次神経管形成がみられるので，このような条鰭類での一次神経管（神経索）形成は，派生的な形質（脊椎動物の中でも特定の系統だけに独自に生じたもの）と考えられる．なお，一般的な脊椎動物では眼胞や耳胞も初めから腔所を伴って形成される．しかし条鰭類では，これらもまた最初に充実性の構造物として形成され，後になってから腔所ができる（von Kupffer, 1906；Ishikawa et al., 2001）.

図 3-9 に，メダカにおける神経索形成の実際の様子を写真で示した．Hirose et al.（2004）の報告によると，中枢神経系のそれぞれの組織区画の細胞群は，ほぼステージ 17 になると急激に増殖する．胚は，中枢神経系の吻側領域（終脳，間脳，中脳）では伸びず，尾側領域，つまり菱脳および特に脊髄の領域で伸びる（Hirose et al., 2004，図 3-7C）．そのため，中枢神経系の吻側領域では胚の背腹方向の高さ（深さ）が増

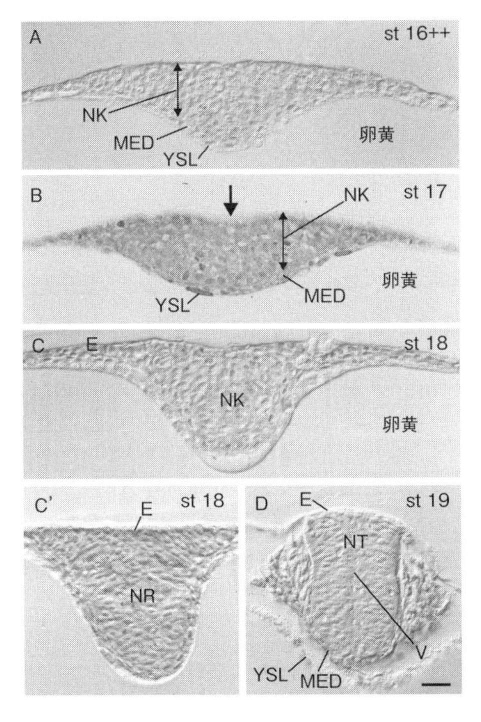

図 3-9　メダカにおける神経索（神経管）形成
ステージ 16++（A），17（B），18（C と C'），そして 19（D）の胚の写真を示す．脊索より吻側の横断切片．図の上が背側，下が腹側（卵黄側）．太い矢印は神経溝を示す．神経外胚葉は，中内胚葉（MED：1-2 細胞の厚さ）と多核周縁質（卵黄多核細胞質層 YSL：1 細胞の厚さ）と比べて非常に厚い（ステージ 17 の神経竜骨の中央部で約 10-15 細胞の厚さ）．神経索は，神経外胚葉が神経溝の左右から腹側（卵黄方向）に向かって沈み込むことにより形成される（A-C）．C はステージ 18 の尾側の断面，C' は吻側の断面．略号：E = 表皮，MED = 中内胚葉，NK = 神経竜骨，NR = 神経索，NT = 神経管，YSL = 多核周縁質（卵黄多核細胞質），V = 神経腔（脳室）．スケールバーは 20 μm.

大することになる．この結果，「開いてある書物をゆっくり閉じるように」，神経板全体は正中部を中心に左右が折れ込むようにして卵黄方向（腹側）に向かって沈み込む（図 3-9A-C）.

真骨類では，神経板から神経索に移行する間（メダカでは約 4 時間）にみられる構造物を神経竜骨（図 3-9 の NK）とよぶ．つまり神経竜骨とは，肥厚した神経板正中部（神経性外胚葉）が，将来表皮となる体性外胚葉にまだ十分に覆われていない状態をさす．全体的な形態が，船の竜骨（キール：船の中軸部を貫く構造のこと）によく似ているからである.

典型的な神経竜骨は，胚の吻側領域でステージ 16++（受精後 23 時間）から 17（同 25 時間）にかけて見える（図 3-9A と B）．神経竜骨の表面正中部には，浅いくぼみが存在する（同図 B の太い矢印）．このくぼみは，他の脊椎動物では神経板の神経溝に相当するものである．ステージ 18（受精後 26 時間）になると，胚の吻側領域は表皮によって覆われ，神経竜骨は神経索となる（同図 C' の NR）．しかし，尾側領域はまだ神経竜骨（同図 C の NK）のままである.

この時期，脊索は独特な太い棒状形態を呈し，吻側領域の中軸性中内胚葉（いわゆる脊索前板）とは形態的に明瞭に識別できる（図 3-10）．脊索は体の尾側に存在し，その吻端は将来の菱脳に達している（同図）．底板（神経性外胚葉の最腹側の部分；第 4 章で述べる）の吻端は，将来の間脳まで伸びている（同図の灰色の部分）.

ステージ 19（受精後 27 時間 30 分，2 体節期）になると，最尾側部は尾芽のままであるが，胚の全長は表皮に覆われて充実性の神経索が完成する（図 3-9D，3-10）．神経索はすべて神経性外胚葉の細胞集団からなり，組織学的には上皮なので，神経上皮 neuroepithelium である．この時期の神経索では，神経上皮細胞はすべて背腹方向に薄く左右方向に長い形態を示す（図 3-9D）．神経索の断面では，細胞が背腹方向に積み重なり，正中線（将来の神経腔）で左右の

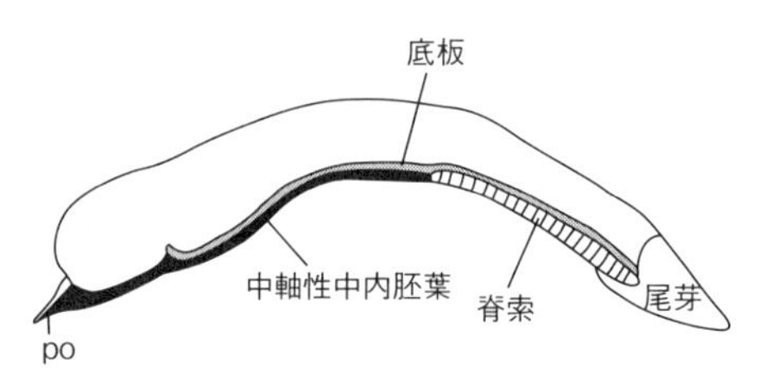

図3-10　メダカの神経胚（ステージ18）
傍正中矢状断の模式図を示す．図の上が背側，左が吻側．脊索（縦じま）と底板（灰色の部分）は，ソニックヘッジホッグ遺伝子（*shh*）およびフォックスA2遺伝子（*foxA2*）の発現パターンから推定した．中軸性の中内胚葉（黒色の部分）は，ソニックヘッジホッグ遺伝子の発現パターンから推定した．胚体は，薄い腹側端（縦じまと黒色；つまり脊索と中内胚葉）および尾芽以外は，すべて外胚葉から構成されている．略号：po＝ポルスター．

細胞集団が相接している（同図D）．この時期の神経上皮は，一見すると重層上皮のように見えるが，実際には単層上皮だと思われる．

6）神経管：ファイロタイプ段階

本節では，メダカの神経索が中空性になる過程を紹介し，その結果生じる脳室について述べる．また，真骨類を含む条鰭類の脳の吻側部の特異な形態について解説する．

条鰭類の充実性の神経索がそのまま脳・脊髄に分化してもかまわないように思えるけれども，充実性のままだと，うまく中枢神経系が発達できないらしい．上皮構造全体が発達するためには，上皮細胞の分裂／増殖が必要である．その際，細胞分裂は必ず管腔側の自由表面で行われる（第7章で述べる）．この細胞分裂の場所の確保のために，中空の管状構造が必要なのではないかと推測される．

そこで条鰭類では，神経索に腔所をつくる過程（神経腔形成）が神経管形成の最終段階に余分につけ加わる（von Kupffer, 1906）．真骨類の神経腔形成のメカニズムについては，ゼブラフィッシュでの研究がある（Lowery and Sive, 2005）．その結果によると，細胞分裂が腔所形成に関わること，そして2つの遺伝子（*nok* と *atp1a1a.1*）が重要な役割を果たしていることが報告されている．

メダカにおける神経腔の形成過程は以下のようである（図3-11）．神経索に神経腔（脳室）が生じはじめるのは，ステージ19（受精後27時間30分，2体節期）からであるが，脳室が明確になるのは，ステージ21（同34時間，6体節期）である（図3-11A）．初期の脳室は正中線にスリット状に形成されるが，次第に場所に応じて広がるようになる（Ishikawa et al., 2015）．最初に脳室が左右に広がる場所は，将来の中脳および菱脳である（同図A）．ステージ24（受精後44時間，16体節期）までには，終脳脳室 telencephalic ventricle，終脳／間脳境界の脳室（終脳・間脳脳室 telodiencephalic ventricle），間脳脳室 diencephalic ventricle，中脳脳室 mesencephalic ventricle，中脳／菱脳境界の脳室（中脳・菱脳脳室 mesorhombencephalic ventricle），そして第四脳室 fourth ventricle が形成される．これらのうちの終脳・間脳脳室の腹側部は，眼胞の基部（眼茎の腔所）に連続している（Ishikawa et al., 2001）．中脳脳室の背側部と第四脳室は，特に大きく発達する（同図BとC）．このような脳室形成の結果，5脳胞がステージ24で形態的に明瞭になる（同図C）．

しかし，脳室形成が遅い場所もある．間脳の腹側部の視床下部という場所に脳室（外側陥凹 lateral recess と後陥凹 posterior recess）ができるのは，ステージ26（受精後54時間，22体節期）から28（同64時間，30体節期）の間である（図3-11D）．この間脳の2つの脳室は，哺乳類ではみられないものである．

以上のようにして，ステージ21から28にかけて脳室が形成され，ステージ24で5脳胞が明確になると，メダカの中枢神経系は，他の一般的な脊椎動物の神経管に酷似したものになる．すなわち，この30時間（ステージ21から28）こそが，メダカの脳発生のファイロタイプ段階（第2章後半部）であると考えられる．む

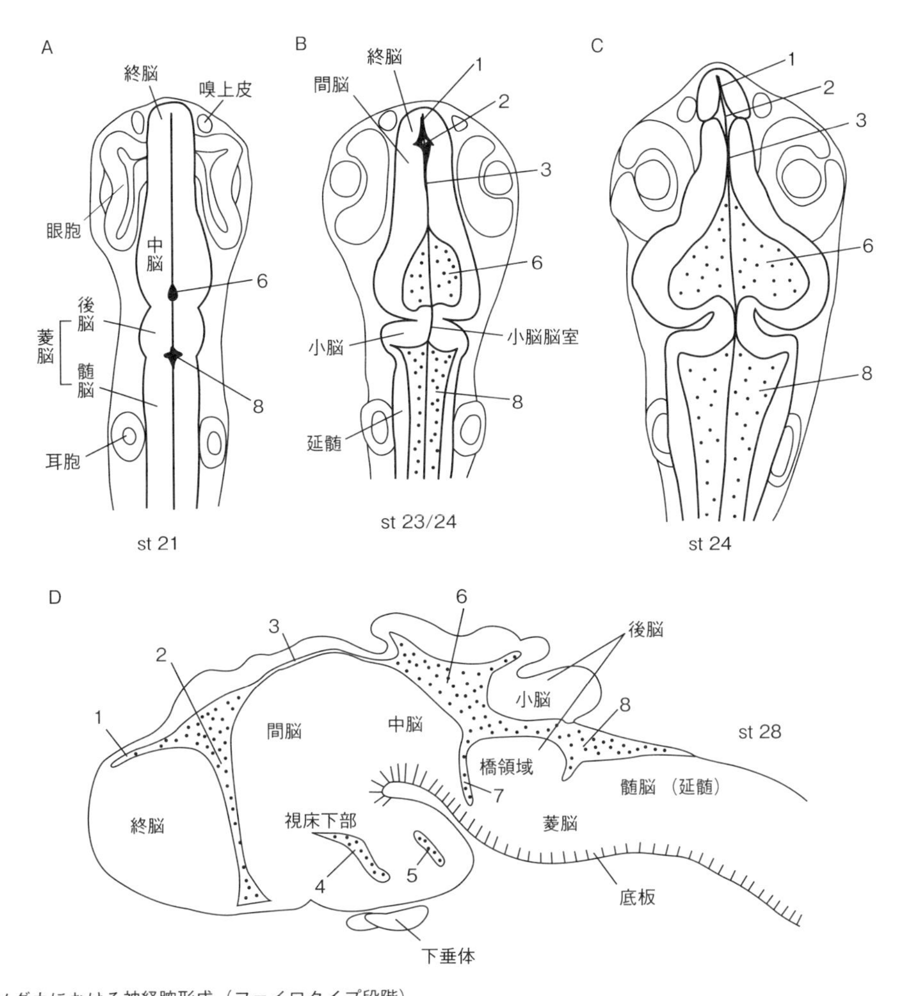

図 3-11　メダカにおける神経腔形成（ファイロタイプ段階）
ステージ 21（A），23/24（B），24（C），そして 28（D）の胚を示す．このステージ 21-28 がメダカの脳のファイロタイプ段階である．A-C は背側から見た模式図で，図の上が吻側．D は正中に近い矢状断切片のスケッチで，左が吻側，上が背側．脳室は正中線，黒色，および点を打った領域で示され，1-8 の番号が付けられている．それらの名称は図 3-13 に示した．初期の脳室は正中線に形成されるが（A），次第に場所に応じて様々な形態になる（B）．脳室の発達と神経管の局所的膨大により，ステージ 24 の段階で，5 脳胞が明確になる（C と D）．

ろん，発生段階は連続しているので，このファイロタイプ段階は厳密に区分されるものではなく，おおよその目安である．

なお，メダカで耳胞が形成されるのはステージ 21，鰓弓（咽頭弓）や心臓の原基が分化するのはステージ 22，消化管が形成されるのはステージ 24，前腎管が形成されるのはステージ 25 から 26 である．このようにこの時期では，中枢神経系だけではなく，メダカ胚の全体的形態もまた，哺乳類や鳥類などの他の脊椎動物の胚のそれらと最大の類似性を示す．

他の動物との比較のために，図 3-12 に 5 脳胞期の哺乳類の胚の脳室を示した．その脳室系は，真骨類のそれと同様に空間的に連続している．中脳より尾側では，脳室の形態は両者で酷似している．しかし脳の吻側部では，脳室の形態に多少の違いがある．例えば，哺乳類の側脳室は，真骨類では見られない（Nieuwenhuys, 2009；図 3-11C と 3-12 を比較されたい）．すぐ後で述べるように，真骨類などの終脳と間脳は，他の脊椎動物のそれらとは，異なる形態を示すからである．

このような違いがあるために，哺乳類の脳室の名称を真骨類にそのまま適用すると混乱を生じる．そこで本書では，真骨類の脳室のいくつかには，新規の名称（終脳脳室，終脳・間脳脳室，中脳・菱脳脳室など）を用いた（図3-13）．この命名法は単純なもので，それぞれの脳室を，それぞれの脳領域に対応させただけのものである．なお，真骨類の脳室の中には，胚ではよく識別できるが，稚魚や成体では，発達する脳組織に圧迫されてふさがってしまうものがある．

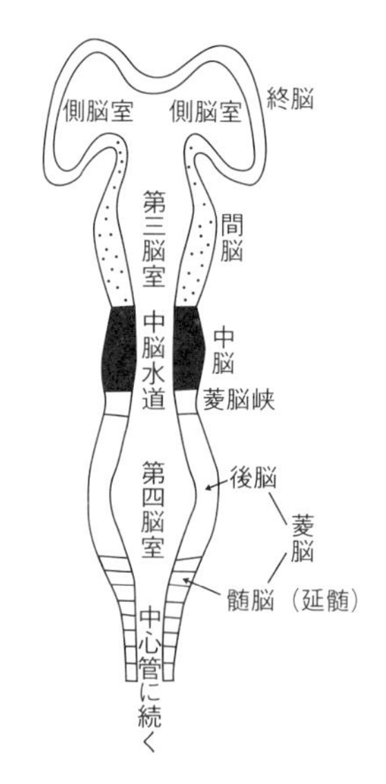

図 3-12　5 脳胞の時期の哺乳類胚における脳室
哺乳類の神経管を“まっすぐに引き延ばして”水平断にした模式図．図の上が吻側．真骨類の脳室の形態（図 3-11）とは，吻側部で異なるのに注目．

すぐ前に述べたように，真骨類の脳の吻側部は，他の脊椎動物のそれらとは，やや異なる形態を示す．そのことを，特に終脳の系統発生についてここで説明しておこう．

脳の比較解剖学から，脊椎動物の終脳は大きく分けて2つの方向へ進化したと考えられている［Johnston，1909；Herrick，1962（原書は1924）；Nieuwenhuys，1998；2009］．1つの方向は，左右の壁が内側に向かって膨らみ厚くなることである（図3-14A）．この方式では蓋板（神経管の最背側の部分；次章で説明する）が外側に向かって広がるので，この形成方式を外翻 eversion という．その結果終脳は，中空の「膨らみ状」ではなく，蓋板をかぶった「かたまり状」になり，終脳脳室はT字型になる．この方向をたどったのは，真骨類を含む条鰭類の終脳である．もう1つの方向は，左右の壁が外側に向かって大きく膨らむことである（同図B）．これは，膨出 evagination，あるいは蓋板が内側に向かう内翻 inversion とよばれる方式である．終脳脳室は，左右の外側に向かって膨れて，左右の側脳室が形成される．四肢動物などの終脳は，この方向に進化した．メダカは真骨類に属するので，外翻型の終脳をもつ．なお，メダカの終脳の個体発生については，第10章で改めてとりあげる．

	終脳	終脳／間脳境界部	間脳	中脳	中脳／菱脳境界部	菱脳	脊髄
哺乳類	側脳室 lateral ventricle	室間孔 interventricular foramen	第三脳室 third ventricle	中脳水道 cerebral aqueduct	峡窩 fovea isthmi	第四脳室 fourth ventricle	中心管 central canal
真骨類	終脳脳室 1 telencephalic ventricle	終脳・間脳脳室 2 telodiencephalic ventricle	間脳脳室 3 diencephalic ventricle	中脳脳室 6 mesencephalic ventricle	中脳・菱脳脳室 7 mesorhomb-encephalic ventricle	第四脳室 8 fourth ventricle	中心管 central canal
（補足説明）	共通脳室common ventricleともいう	成魚では不明瞭になる	視床下部に外側陥凹 4 と後陥凹 5		成魚では不明瞭になる	第四脳室の吻側は小脳脳室（小脳管）という	

図 3-13　哺乳類と真骨類（メダカ）胚の脳室の名称
真骨類の脳室の一部には，哺乳類のそれらとは異なる名称をつけた．真骨類のそれぞれの脳室は，図 3-11 に番号（1-8）で示されている．

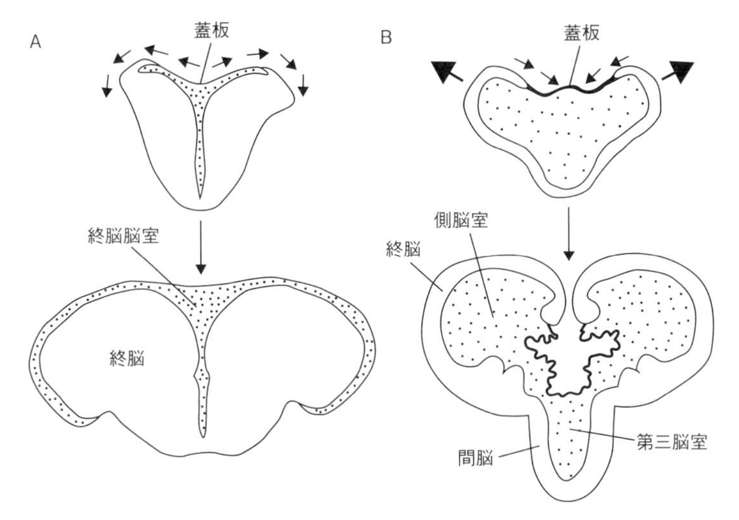

図 3-14　真骨類と哺乳類の終脳
真骨類（A）と哺乳類（B）の終脳を対比する模式図（断面図）．図の上が背側．真骨類では（A），まず充実性の終脳が作られ，その正中部と背側に T 字型の脳室が形成される．その後，蓋板と終脳背側が左右に拡大して腹側に向かって反転し（小さい短い矢印），終脳脳室は変形 T 字型（T 字の横棒の左右先端が腹側に向かう）を呈するようになる．哺乳類などの他の脊椎動物では（B），終脳胞ははじめから中空性で，全体が表面側に向かって膨らみ（太い矢印），蓋板はむしろ正中腹側に向かって落ち込む（小さい短い矢印）．B では，終脳とともに間脳の断面も示している．

7）神経管の４つの軸

脳発生のファイロタイプ段階（ステージ 21 から 28）になると，メダカの神経管は，脊椎動物の神経管一般についての普遍的なモデルになり得る．そこで，ここでいったん立ち止まり，これから続く数章では脊椎動物一般を含めた脳の発生について考察しよう．

神経管は吻尾端が閉じたチューブであるため，端の部分の構造はやや特殊である（第 5 章で論じる）．そこで，まず比較的単純な中央部分（延髄や脊髄に相当する部分）を考えよう．神経管という円筒を考察するためには座標軸を設定するのが便利である（図 3-15）．神経管は 3 次元の立体なので，まず背腹軸，吻尾軸，そして左右軸という互いに直交する 3 軸のデカルト座標が設定される．その次に，同心的円筒の管腔側と表面側を考察できるように中心・遠心軸（同心軸）という極座標を設定しておくのが便利である．

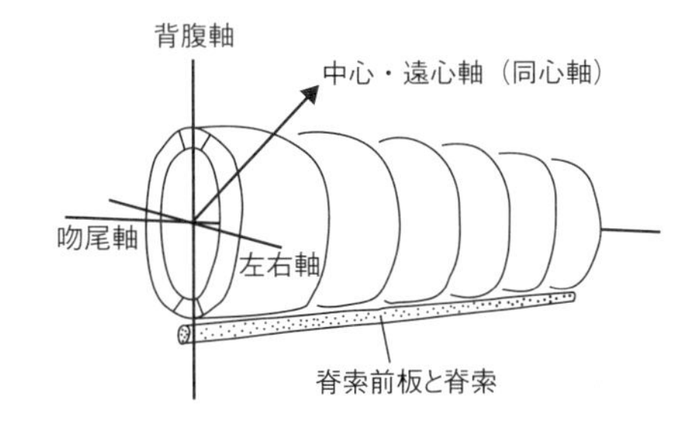

図 3-15　ファイロタイプ段階における脊椎動物の神経管
概念的模式図を示す．図の上が背側，左が吻側．4 つの座標軸が設定されている．

これらの座標軸は，形態的な理解のために便利であるばかりではなく，第 2 章で述べたように，その多くは，発生遺伝子の発現の座標軸でもある．これらの体軸に沿って，発生上重要な分子が作用することにより，神経管の細胞は大きく影響を受ける．そして，領域ごとに細胞増殖し，領域ごとに異なる細胞種に分化し，次第に機能可能な脳・脊髄が形成される．

次章では，これらの座標軸のうちの，まず背腹軸に沿って神経管を考察しよう．

参考文献

Gamo H, Terazima I (1963) The normal satage of embryonic development of the medaka, *Oryzias latipes*. Jpn J Ichthyol 10: 31-38 (in Japanese with an English summary).

Gilbert SF (2010) Developmental Biology, 9th Edition. Sunderland: Sinauer Associates, Inc.

Herrick CJ (1962) Neurological Foundation of Animal Behavior. New York: Hafner Publishing Co. これは復刻版で，原書は1924年にHenry Holt and Co.から出版されている．

Hirose Y, Varga ZM, Kondoh H, Furutani-Seiki M (2004) Single cell lineage and regionalization of cell populations during medaka neurulation. Development 131: 2553-2563.

Inohaya K, Yasumasu S, Yasumasu I, Iuchi I, Yamagami K (1999) Analysis of the origin and development of hatching gland cells by transplantation of the embryonic shield in the fish, *Oryzias latipes*. Dev Growth Differ 41: 557-566.

Ishikawa Y, Yoshimoto M, Yamamoto N, Ito H, Yasuda T, Tokunaga F, Iigo M, Wakamatsu Y, Ozato K (2001) Brain structures of a medaka mutant, *el* (*eyeless*), in which eye vesicles do not evaginate. Brain Behav Evol 58: 173-184.

Ishikawa Y, Inohaya K, Yamamoto N, Maruyama K, Yoshimoto M, Iigo M, Oishi T, Kudo A, Ito H (2015) Parapineal is incorporated into habenula during ontogenesis in the medaka fish. Brain Behav Evol 85: 257-270.

Iwamatsu T (2004) Stages of normal development in the medaka *Oryzias latipes*. Mech Dev 121: 605-618.

Iwamatsu T, Nakamura H, Ozato K, Wakamatsu Y (2003) Normal growth of the "See-through" Medaka. Zoolog Sci 20: 607-615.

Johnston JB (1909) The morphology of the forebrain vesicle in vertebrates. J Comp Neurol 19: 457–539.

Kage T, Takeda H, Yasuda T, Maruyama K, Yamamoto N, Yoshimoto M, Araki K, Inohaya K, Okamoto H, Yasumasu S, Watanabe K, Ito H, Ishikawa Y (2004) Morphogenesis and regionalization of the medaka embryonic brain. J Comp Neurol 476: 219-239.

Kimmel CB, Ballard WW, Kimmel SR, Ullmann B, Schilling TF (1995) Stages of embryonic development of the zebrafish. Dev Dyn 203: 253-310.

Kudoh T, Wilson SW, Dawid IB (2002) Distinct roles for fgf, wnt and retinoic acid in posteriorizing the neural ectoderm. Development 129: 4335-4346.

von Kupffer C. (1906) Die Morphogenie des Centralnervensystems. In: Hertwig O. (ed) Handbuch der Vergleichenden und Experimenttellen Entwicklungslehre der Wirbeltiere, Vol 2, part 3, Fischer, Jena, pp 1-272.

Lee MT, Bonneau AR, Takacs CM, Bazzini AA, DiVito KR, Fleming ES, Giraldez AJ (2013) Nanog, pou5f1 and soxb1 activate zygotic gene expression during the maternal-to-zygotic transition. Nature 503: 360-364.

Lowery LA, Sive H (2004) Strategies of vertebrate nurulation and a re-evaluation of teleost neural tube formation. Mech Dev 121: 1189-1197.

Lowery LA, Sive H (2005) Initial formation of zebrafish brain ventricles occurs independently of circulation and requires the *nagie oko* and *snakehead/atp1a1a.1* gene products. Development 132: 2057-2067.

Miyayama Y, Fujimoto T (1977) Fine morphological study of neural tube formation in the teleost, *Oryzias latipes*. Okajimas Fol Anat Jpn 54: 97-120.

Nakao T, Ishizawa A (1984) Light- and electron-microscopic observations of the tail bud of the larval lamprey (*Lampetra japonica*), with special reference to neural tube formation. Am J Anat 170: 55-71.

Nieuwenhuys R (1998) Morphogenesis and general structure. In: The Central　Nervous System of Vertebrates (Nieuwenhuys R, Donkelaar HJT, Nicholson C(eds)), vol 1, pp 159-228. Berlin: Springer-Verlag.

Nieuwenhuys R (2009) The forebrain of actinopterygians revisited. Brain Behav Evol 73: 229-252.

Papan C, Campas-Ortega JA (1994) On the formation of the neural keel and neural tube in the zebrafish *Danio* (*Brachydanio*) *rerio*. Roux's Arch Dev Biol 203: 178-186.

Schmitz B, Papan C, Campos-Ortega JA (1993) Neurulation in the anterior trunk region of the zebrafish *Brachydaniop rerio*. Roux's Arch Dev Biol 202: 250-259.

White RJ, Nie Q, Lander AD, Schilling TF (2007) Complex regulation of *cyp26a1* creates a robust retinoic acid gradient in the zebrafish embryo. PLoS Biol 5: e304.

岩松鷹司（2006）「新版メダカ学全書」，大学教育出版，岡山．

碓井益雄（1988）「動物の発生」，改訂再増補版，地球社，東京．

岡田節人（編）（1989）「脊椎動物の発生」上，培風館，東京．（この中の佐藤矩行と影山哲夫著「2　魚類」の項目にメダカの発生が詳述されている）

コラム9　発生の早さ：メダカの時間，ヒトの時間

体のサイズの生物学については，本川達雄の『ゾウの時間ネズミの時間』(1992) という好著がある．ネズミのように数年で一生を駆け抜けるものから，ゾウのように 100 年近くも生きるものまで，動物の寿命は様々である．そして，それぞれの動物によって彼らがもつ「時間感覚（生理的時間)」は異なるそうである．

メダカの寿命は野外では普通 1 年，飼育下では 2 〜 3 年の場合もある．ヒトの寿命は，数十年のオーダーである．日本人の平均寿命は，明治時代の初頭で 40 歳，昭和 20 年で 50 歳程度，そして現在では 84 歳だそうだ．現代の日本では，90 歳を超える人は珍しくなくなった．旧約聖書の時代の中東では，非常に丈夫な人でさえも寿命は 70 〜 80 年だったらしい．一般的にいうと，ヒトにとって時間はゆっくりと過ぎるのに対し，メダカにとって時間は急流のように流れているようだ．

これを，発生の早さから両者を比較してみると下の図のようになる．ヒトでは，メダカのおよそ 30 倍以上（280 日 /9 日）の時間をかけて，ゆっくりと発生が進むのがわかる．

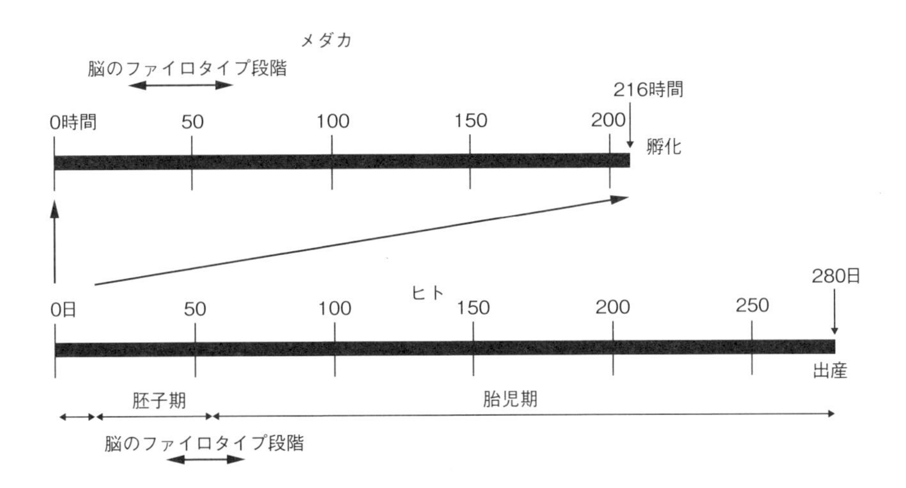

本川達雄（1992)「ゾウの時間ネズミの時間」．中公新書．中央公論社．東京．

第4章
神経管の背腹軸に沿った区分

……*Da/Da*（メダカの *Double anal fin* という突然変異体）でせびれの代わりにしりびれが生じ，背腹両側にしりびれを生ず．脊椎の後先端は正常では上に曲がるが，これでは真直にのびる．……

富田英夫（『メダカ：主な特徴と用途，生活史，飼育法』から）

名古屋大学の富田英夫（1931-1998）は100種類以上のメダカの自然発生突然変異をひとりで発見した．その中でも重要なのは *Double anal fin*（*Da*）という突然変異であろう（図4-1）．この突然変異のホモ（同型）接合体では，体の巨視的パターンが大きく変化する．つまり，尾部の骨格・筋肉系全体の背腹が鏡像のような対称構造になる（Ishikawa，1990；2000）．尾部構造のこのような形態は，原正尾 diphycercal tail といわれ，肺魚やシーラカンスなどの古代的な魚類に見られる形質である（コラム10参照）．したがって，この突然変異によって，「先祖がえり」が起こったように見える．

その遺伝子レベルでの原因は，尾里健二郎（名古屋大学）の研究グループの Ohtsuka（大塚正人）らの努力によって解明が進んだ（Ohtsuka et al., 2004）．その結果，*zic*（*zinc finger of cerebellum genes* という遺伝子；転写因子をコード）という発生遺伝子のエンハンサー領域に変異があることがわかった．その後，武田洋幸（東京大学）の研究グループによって，巨大なトランスポゾン（可動性遺伝因子の1つ）の挿入によって変異が生じたことが判明した（Moriyama et al.，2012；Kawanishi et al.，2013）．背腹という巨視的パターンが，*zic1* と *zic4* という，たった2つの遺伝子の発現によって左右されることがはっきりとしたのである．*zic1* と *zic4* は真骨類の特徴的な正尾 homocercal tail をつくり出すための大もとのスイッチ selector gene なので，これが働かないと原正尾になってしまうのだ（コラム10参照）．言いかえると，少数の遺伝子調節領域の変異によって，尾部の巨視的パターンが変化する．進化における大きな形態変化もまた，少数の発生遺伝子の発現変異によって，意外に簡単に達成されてしまう可能性がある．実際に，発生遺伝子の調節領域の突然変異による進化は，様々な事例について最近数多く報告されるようになってきた（Gilbert，2010）．

神経管にも，体と同じように，背腹の巨視的パターンの区分がある．本章では，背腹軸に沿った神経管の区分について前半で述べる．また，その進化的な変化について後半で紹介する．

1）ヒス（His）による神経管の区分

哺乳類，爬虫類，そして鳥類の胚は，羊膜という胚膜に囲まれて発生するので，これらは有羊膜類 amniota と総称される．これに対して，魚類と両生類の胚には羊膜がないので，これらは無羊膜類 anamniota と総称される．図4-2は，有羊膜類の神経管の脊髄のレベルの模式図である．ここに，背側軸に沿った神経管の基本的区分が示されている．この神経管の背腹区分法は，ヒスの研究から始まった．

スイス生まれのヒスは，19世紀後半における偉大な神経発生学者であった．彼は，当時開発されたばかりのパラフィンによる包埋法と初期のミクロトームを用いて，胚の連続切片をつ

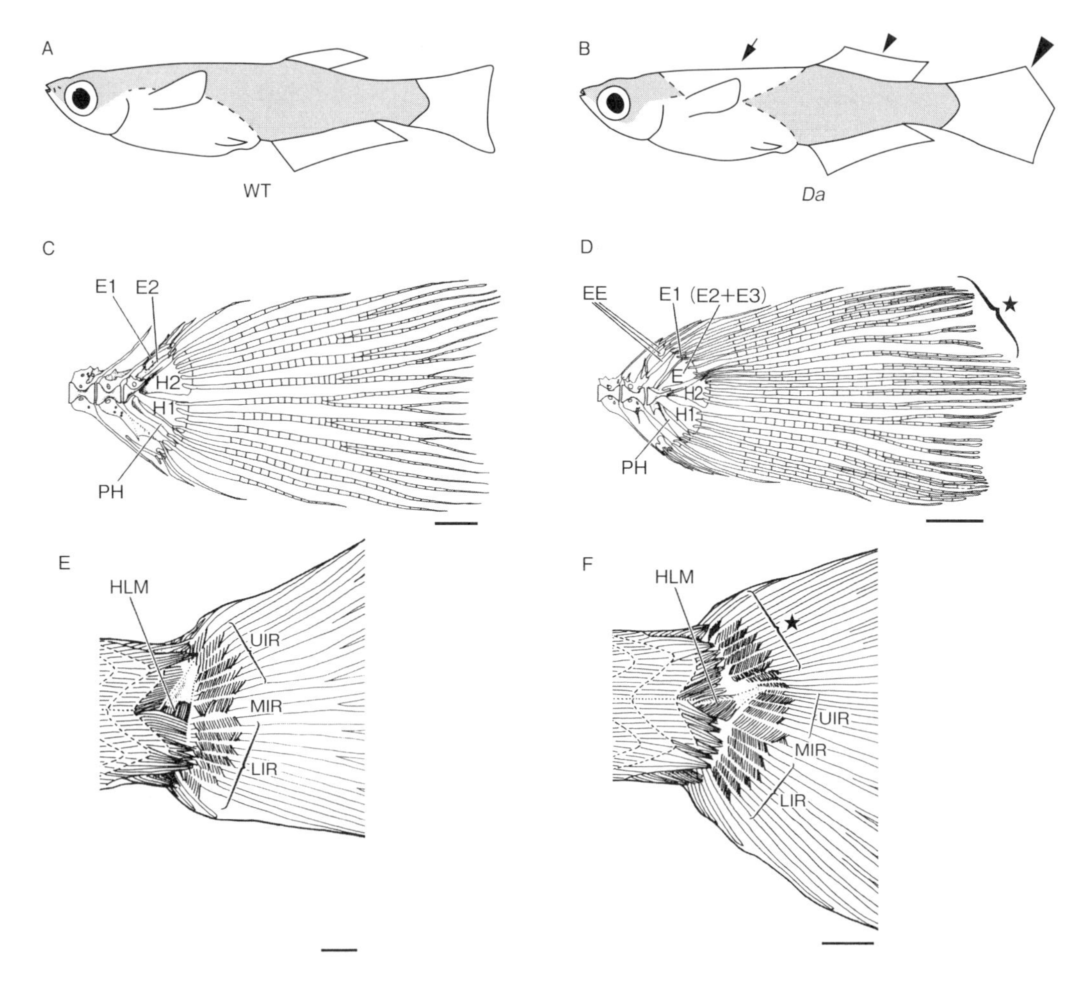

図 4-1　野生型のメダカ（左側）と *Da* 突然変異メダカ（右側）
A と B は全体の外形, C と D は尾部の骨格系, E と F は尾部の筋肉系をそれぞれ示す. 図の上が背側, 左が吻側. *Da* メダカでは, 背鰭と尾鰭が腹側の鏡像のように背側に存在し（B の矢頭）, 本来腹側だけにしかない銀色の色素領域も背側に見られる（B の矢印）. 骨格や筋肉においても, 過剰な構造（D と F の★）が背側に存在し, これらはそれぞれの腹側構造のほぼ鏡像になっている. ただし神経系には大きな変化はない. Ishikawa（1990）の図 11, 13 および Ishikawa（2000）の図 3 を改変. スケールバーは 1 mm.

くって綿密に観察した（萬年, 2011）. 胚のような微小かつ複雑な構造物を調べるためには, 連続した切片を作成した後, 切片像を立体的に再構築して丁寧に調べることが必要不可欠である. 当時も今も, 連続切片を一枚も失うことなく回収して調べるのは, 容易なことではない. 彼は, それを粘り強くやりとげた. その結果から, 彼は神経管を背腹軸に沿って大きく 2 つに分けることを提唱したのである（図 4-2）.

神経管をよくみると, 神経管の壁は一様ではなく, 厚いところと薄いところがあり, 内腔面には 1 つの深い溝がある.

壁の厚いところ, すなわち背側の翼板 alar plate と腹側の基板 basal plate は, 神経管壁の中でもよく成長する部分である. 機能的には, 翼板は感覚入力を受け取るニューロンが存在する区画で, 感覚区 sensory area ともよばれる. 基板は運動出力を出すニューロンが存在する区画で, 運動区 motor area ともよばれる. この両者を分けているのが境界溝 sulcus limitans という深い溝である. このように, 形態的にも機能的にも, 神経管は背腹に大きく 2 つに分けら

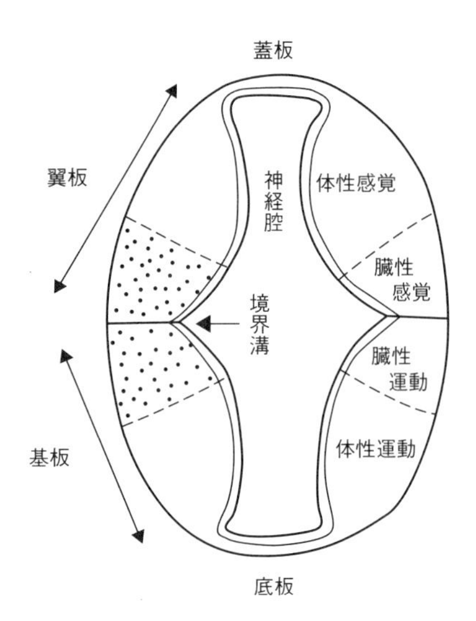

図 4-2　脊椎動物の神経管（脊髄部）の横断模式図
図の左側と上下に形態的な区分を，右側に機能的区分を示す．図の上が背側．境界溝が背側の翼板と腹側の基板を分けている．点を打ってある部分は，臓性の機能に関与する．神経管には，4つの機能区分（体性感覚区，臓性感覚区，臓性運動区，そして体性運動区）が背腹軸に沿って存在する．

れる．

翼板と基板は，さらに背腹に細分化することが可能である．感覚区でも運動区でも，境界溝に近い部分（点を打ってある部分）は臓性 visceral の機能に関係し，境界溝から遠い部分は体性 somatic の機能に関係している．体性と臓性という専門用語は，これからも出てくるので（第11章など），ここで説明しておこう．外界の変化に対応する一連の神経系（受容器－神経系－効果器）を体性系とよび，体の内部環境の変化に対応する神経系を臓性系という．具体的には，視覚や聴覚などに関わる系が体性系に属し，消化管や生殖器官などの内臓に関わる系が臓性系に属する．骨格筋に関わる系は，一般的には体性系であるが，咀嚼・嚥下など内臓機能に関わるもの（鰓弓由来の横紋筋）は臓性系に属するとされている．このように，神経管には4つの機能区分（体性感覚区，臓性感覚区，臓性運動区，そして体性運動区）が背腹軸に沿って形成されることになる（図4-2の右半分）．

基板と翼板とは対照的に，最腹側の底板 floor plate と最背側の蓋板 roof plate は神経管の壁のうち，あまり成長しない部分で，成体の神経機能にはほとんど関与していない．しかしながら，これらは発生に関しては重要な機能を果たす（次節参照）．また，蓋板からは脳に付属した特殊な構造物（脈絡叢など）が後になって発生してくる（第6章などを参照）．

このヒスの学説は，100年以上経った現在でも，神経解剖学の基本的な概念として生きている．ヒスの概念が成立する基盤には，神経管の背腹軸に応じた位置に，それぞれ異なる機能をもつ細胞がそれぞれ分化してくるという事実がある．そのメカニズムについては，むろんヒスの時代にはわからなかった．しかし次節に述べるように，その分子的なしくみが次第に明らかになってきた．

コラム 10　個体発生と系統発生

スイス生まれのルイ・アガシー Louis Agassiz（1807-1873）は，医学を修め，ドイツ各地で修業した後，1846 年にアメリカに行き，ハーヴァード大学の初代動物学教授になった．日本の初代動物学教授，モース Edward Sylvester Morse（1838-1925）は，アメリカにおける彼の弟子のひとりなので，アガシーは日本とも無縁ではない．

アガシーは若い頃から化石魚類の研究に熱心だった（グールド，1987）．彼は魚類の尾鰭で「個体発生と系統発生の並行関係」を確認した（下図）．彼は，その頃には師のオーケン Lorennz Oken（1779-1851）の「ドイツの自然哲学」から離れ，ダーウィンの進化論の支持者でもなかったので，その理由については十分な説明を与えなかった．

しかし現在では，これは進化発生学的に最も説明しやすい事例となった．魚の尾部は，背腹 2 つのモジュールになっていて，尾鰭の変容には背側モジュールが関わる（Moriyama et al., 2012；Kawanishi et al., 2013）．原正尾をもつ顎口上綱の魚類から真骨類が進化する過程で，*zic1* と *zic4* のセレクター遺伝子が個体発生の後期に機能するようになり，背側モジュールの発生過程が変化したのである（第 4 章）．

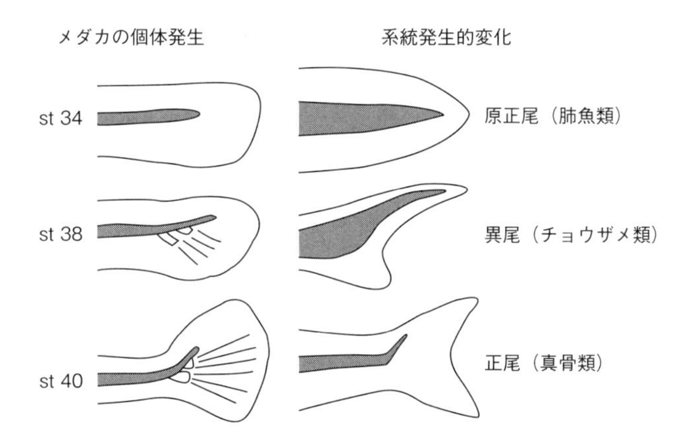

関連して，第 4 章冒頭で紹介した *Da* メダカについてふれたい．驚いたことに，この突然変異体は最近ペットショップで市販されるようになった．「ヒカリメダカ」というのが，その名前である．背中から見ると銀色に光って見える部分があるためだろう．しかし，このメダカは是非真横から見てほしい．そして，その不思議な姿を味わい，形の進化について思いを馳せていただきたい．

Kawanishi T, Kaneko T, Moriyama Y, Kinoshita M, Yokoi H, Suzuki T, Shimada A, Takeda H (2013) Modular development of the teleost trunk along the dorsoventral axis and *zic1/zic4* as selector genes in the dorsal module. Development 140: 1486-1496.

Moriyama Y, Kawanishi T, Nakamura R, Tsukahara T, Sumiyama K, Suster ML, Kawakami K, Toyoda A, Fujiyama A, Yasuoka Y, Nagao Y, Sawatari E, Shimizu A, Wakamatsu Y, Hibi M, Taira M, Okabe M, Naruse K, Hashimoto H, Shimada A, Takeda H (2012) The medaka *zic1/zic4* mutant provides molecular insights into teleost caudal fin evolution. Curr Biol 22: 601-607.

スティーヴン・J・グールド（著），仁木帝都，渡辺政隆（訳）（1987）「個体発生と系統発生」，工作舎，東京．

2）底板と蓋板の役割：背腹分化の分子メカニズム

底板と蓋板は成体では貧弱な構造物にすぎないが，発生過程では非常に重要な意味をもつ．そのことは，鳥類や哺乳類などの有羊膜類を用いた最近の研究によってわかってきた（Wolpert and Tickle，2011）．

図4-3は発生初期の脊髄の横断模式図である．底板は，脊索から傍分泌されるソニックヘッジホッグタンパク質によって誘導される（図4-3の黒）．次に，底板自身がソニックヘッジホッグタンパク質を分泌し，そのソニックヘッジホッグタンパク質は濃度勾配をもったシグナル分子（腹側で濃度高く，背側に向けて次第に低くなる）として初期神経管に働きかける．このパターン形成シグナルが腹側側の神経細胞の分化を決定している．

一方蓋板は，そのすぐ背側に隣接する表皮性外胚葉からのシグナル分子である，BMPs（第3章参照）を受けて特異化する（図4-3の点）．次に蓋板自身がBMPsタンパク質を分泌するようになり，そのBMPsは濃度勾配をもったシグナル分子（背側で濃度高く，腹側に向けて次第に低くなる）として初期神経管に働きかけ，背側側の神経細胞の分化を決定する．

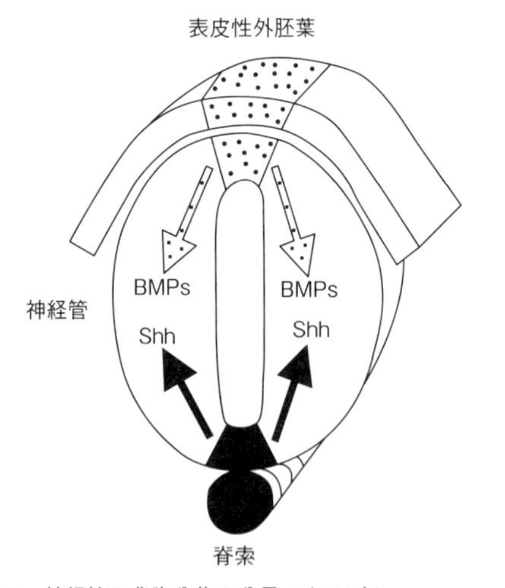

図4-3　神経管の背腹分化の分子メカニズム
神経管の脊髄の高さでの横断模式図を示す．図の上が背側．神経管の神経上皮細胞は，Shh（黒色の部位）とBMPs（点を打ってある部位）というシグナル分子の濃度勾配（矢印）によって，神経管の背腹軸に沿ったそれぞれの位置でそれぞれ異なる種類の神経細胞に分化する．Wolpert and Tickle（2011）の図12.11をもとに作図．

つまり，ソニックヘッジホッグタンパク質とBMPsとは，逆方向の濃度勾配をもっており，両者は初期神経管の背腹パターン形成に働いている．これらのシグナル分子の働きによって，神経管の背腹軸に沿ったそれぞれの位置に，機能的に異なる神経細胞が分化する．このようにして，ヒスが提唱したような，神経管のそれぞれの機能的区分が次第に成立してゆく．

3）背腹軸における分子的プレパターン

前章で述べたように，真骨類では，胞胚期から原腸胚期にかけて，神経系形成に関わる分子的プレパターンが形成されはじめる．発生がさらに進んだ神経索期（＝初期神経管期）でも，背腹軸に関わる分子的プレパターンが形成されている．図4-4は，メダカの初期神経管を側面から見た写真である（Kage et al.，2004）．4つの遺伝子の発現によって，神経管の長軸方向に沿った縦長の方向（縦走方向）に，分子的プレパターンが形成されている．

この分子的プレパターンをよく見てみよう．*shh*という遺伝子は，前節に出てきたソニックヘッジホッグタンパク質をコードしている．*shh*遺伝子は，神経管の最腹側領域に縦長に（縦走して）発現している（図4-4A）．そのすぐ背側領域には，*nkx2.2*遺伝子（転写因子をコード）が縦走して発現している（同図B）．神経管の分厚い背側領域には，一部に断続があるが，*pax6*遺伝子と*iro3*遺伝子（両者とも転写因子をコード）が発現している（同図CとD）．これらの遺伝子発現パターンによって，初期神経管を腹側帯（*shh*），中間帯（*nkx2.2*），そして背側帯（*iro3*と*pax6*）という，3つの縦走する帯状領域に区分することができる．

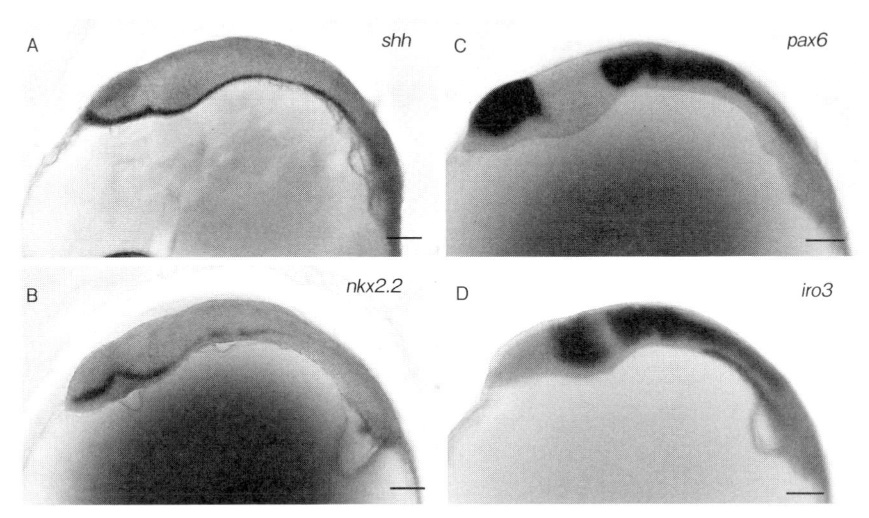

図 4-4 メダカの初期神経管での遺伝子発現のパターン
ハイブリダイゼーション組織化学による全体標本．図の上が背側，左が吻側．*shh*（A，ステージ 19），*nkx2.2*（B，ステージ 21），*pax6*（C，ステージ 19），そして *iro3*（D，ステージ 19）遺伝子がそれぞれ帯状に吻尾方向に縦走して発現している（黒色部）．*pax6* と *iro3* は，それぞれ中間脳胞と吻側脳胞に発現しないため，連続的には縦走していない．スケールバーは 100 μm．Kage et al.（2004）の図 2 と 4 を改変．

図 4-5 は，ステージ 24（5 脳胞期）のメダカの神経管の横断面である．この時期になると，神経管の形態と遺伝子発現との間の対応がつけやすくなる．ここでは，*foxA2*，*nkx2.2*，そして *iro3* 遺伝子（いずれも転写因子をコードする）の発現パターンを示している（Kage et al.，2004）．この時期でも神経管は，腹側帯（*foxA2*），中間帯（*nkx2.2*），そして背側帯（*iro3* と *pax6*）という，3 つの背腹領域に区分される．腹側帯と中間帯は厚さが比較的薄いが，背側帯は分厚い．

おおまかにいうと，分子的プレパターンの腹側帯（図 4-5D の VZ）は基板の運動区に相当し，背側帯（同図の DZ）は翼板の感覚区に相当する．そして中間帯（同図の IZ）は，境界溝の近傍に相当する（Kage et al.，2004）．図 4-2 の有羊膜類の場合と比べると，基板が小さく翼板が大きいけれども，基本的には類似した形態をしている．ただしメダカ胚の場合，境界溝は明確ではなく，成魚の脊髄においてさえも明瞭ではない（Ishikawa，1992）．しかし，神経管を形態と機能の両面から区分したヒスの概念は，メダカなどの魚類でも立派に成立している（Kage et al.，2004）．

なお，神経系の背腹軸の分子的プレパターンについて補足しておきたい．非常に類似した一連の発生遺伝子群が，脊椎動物のみならず，同じく左右相称動物（図 1-5 参照）である節足動物（昆虫）にも使われていることである（コラム 11 参照）．ただし昆虫では，発現場所が逆転して，体の背側ではなく腹側に発現している（De Robertis and Sasai，1996）．脊椎動物と昆虫で共通な発生遺伝子群は，神経系の吻尾軸に沿っても機能している（次章参照）．かけ離れた動物で，共通な発生遺伝子制御回路 genetic machinery が働いていることには重要な意味があると考えられる．この進化的な意味をめぐっては，様々な議論が行われている．例えば Gilbert and Bolker（2001）は，遺伝子の相同性と形態の相同性をつなぐ中間レベルとしての「プロセスの相同性 homology of process」という概念を提唱した．Shubin et al.（2009）は，かけ離れた動物の器官の間での，このような“同一性”を「底深い相同 deep homology」とよんでいる（コラム 12 参照）．

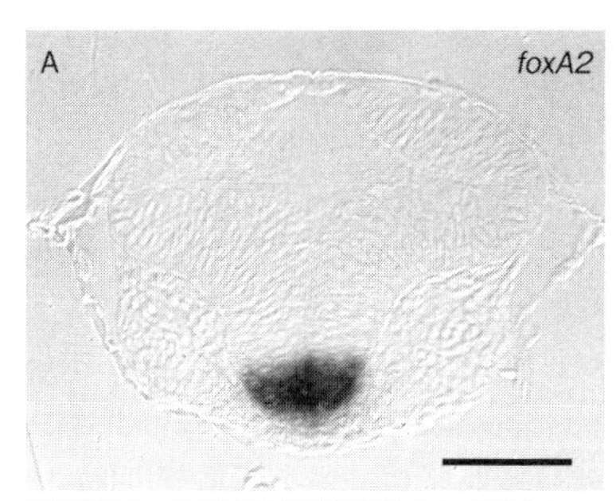

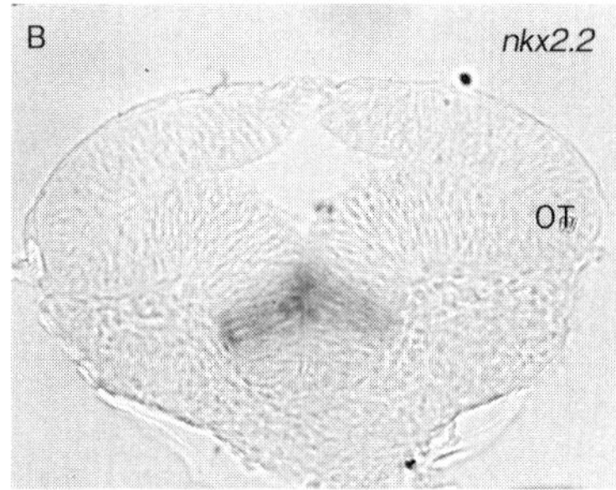

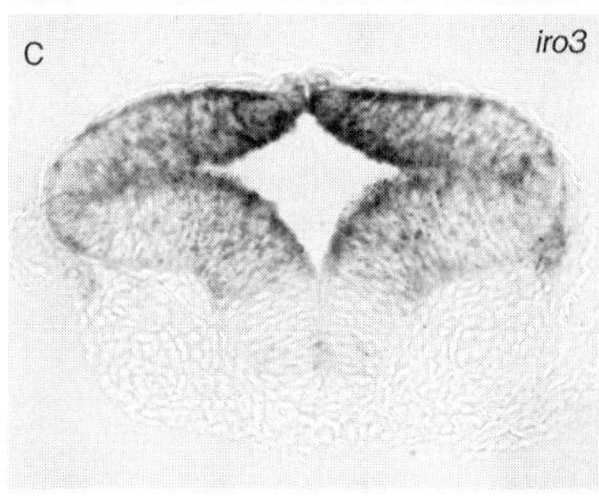

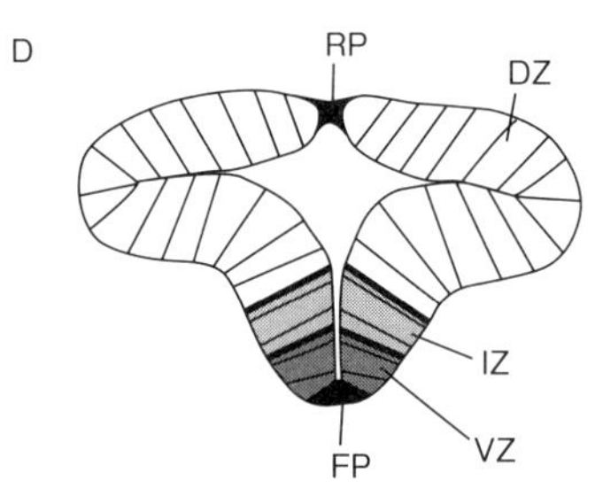

図4-5　メダカ神経管の横断面における遺伝子発現パターン
ステージ24の神経管の中脳レベルの横断面における遺伝子発現のパターンを示す．ハイブリダイゼーション組織化学による標本の写真（A-C）と模式図（D）．図の上が背側．*foxA2*, *nkx2.2*, そして *iro3* の3つの遺伝子の発現領域（黒色部）が背腹方向に並んでいる．これらの遺伝子発現によって神経管は腹側帯（VZ），中間帯（IZ），そして背側帯（DZ）という3つの帯状領域におおまかに区分される．なお，中脳の背側帯は大きく左右に膨れており，視蓋とよばれる．他の略号：FP＝底板，OT＝視蓋，RP＝蓋板．スケールバーは50 μm．Kage et al.（2004）の図7と8を改変．

4）神経管背側部の進化的変化

神経管の背腹は，形態的および機能的に異なるばかりではなく，脳の進化という文脈においても異なる．このことは，伊藤博信（日本医科大学）の研究によって明確になった（伊藤，1980；伊藤・吉本，1991；Ito et al., 2007）．

中枢神経系の構造は，それぞれの種によって生まれつき異なるのだから，それぞれの種のゲノムに依存している．ゲノムは，表現型を介して外環境との生死をかけたやりとりによって，進化の過程で改変され続ける．進化の結果，ゲノムとその表現型はその種が生き続けている生態的地位 ecological niche によく適応したものになる(そうでなければ絶滅していた)．したがって中枢神経系の構造もまた，その種の生態的地位あるいは習性を反映したものになる．このことはヒトなどの哺乳類を含めたあらゆる動物にあてはまることなのだが（Clark et al., 2001；de Winter and Oxnard, 2001），それを最も明瞭に示すのは，魚類の成体の脳の外形である（図4-6）．魚類の脳は比較的単純なので，その変異がわかりやすいからである．

図4-6A はウツボ成体の脳全体を背側から見たものである．ウツボはタコを好む夜行性の真骨類で，特にタコの匂いを手がかりにして狩りをする習性がある．したがって，ウツボにとっては嗅覚が重要な感覚である．それを反映してウツボでは，嗅覚の中枢である嗅球（灰色の部分）という終脳の一部が脳の中でも特に発達している．これとは対照的に，メダカは昼行性で眼が相対的に大きく，水面に浮かんでいる餌を探索したり，他の個体と群れをつくったりする．メダカにとっては，視覚が非常に重要な感覚である．その成体の脳を背側から見ると，視覚の中枢である視蓋 optic tectum（中脳の背側部)が最も発達している(同図Bの灰色の部分)．ニザダイは珊瑚礁に棲む魚で，数百の個体からなる群れをつくっている．彼らは力強い体側筋

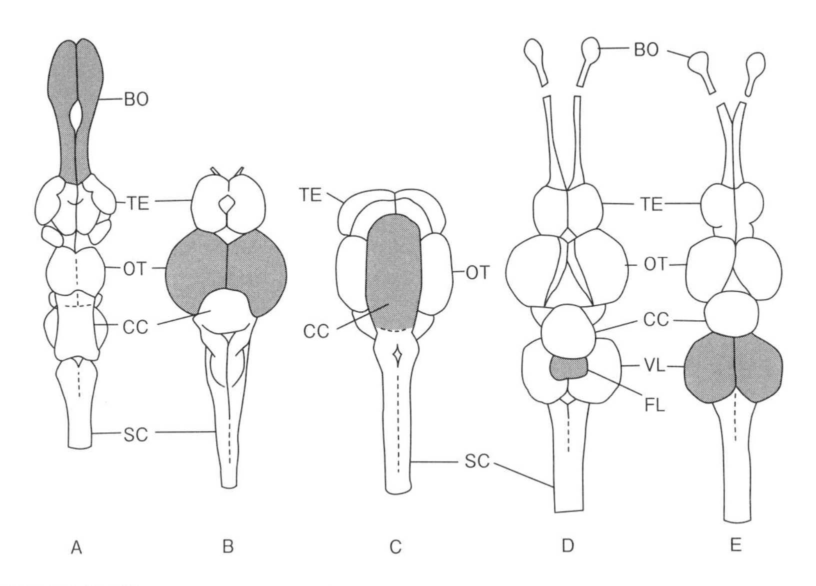

図 4-6　様々な真骨類の脳の外形
成体の脳の背側観を示す．図の上が吻側．ウツボ（A，*Gymnothorax kidako*），メダカ（B，*Oryzias latipes*），ニザダイ（C，*Prionurus scalprus*），コイ（D，*Cyprinus carpio*），そしてフナ（E，*Carassius carassius*）の脳を示す．よく発達している部位は灰色にしてある．これらの図は，脳の実際の大きさには比例してはいない．略号：BO ＝嗅球，CC ＝小脳体，FL ＝顔面葉，OT ＝視蓋，SC ＝脊髄，TE ＝終脳，VL ＝迷走葉．Ito et al.（2007）の図 2 と 4 を改変．

を使って個体間で闘争したり，群れの中で遊泳方向を同調的に急に転換したりする．この真骨類の脳を背側から見ると，視蓋なども発達しているが，その他に筋肉の働きを調整する小脳体（真骨類の小脳の主要部分）が特に発達している（同図 C の灰色の部分）．

図 4-6 の D と E は，それぞれコイとフナの成体の脳の背側観である．同じコイ科に属しているが，これら 2 種類の魚の習性は異なる．コイは口の前方から生えた「ヒゲ barbel」に味蕾をもっており，それによって索餌行動を開始する．一方フナでは，まず泥全体を飲み込んだ後に，口の奥にある味蕾によって餌のみを選別して食べる（泥は吐き出す）．口の前方から来る味覚は顔面神経を通り延髄の中の顔面葉とよばれる部分に達するのに対し，口の奥から来る味覚は舌咽神経や迷走神経を通って延髄の中の迷走葉とよばれる部分に達する（伊藤・吉本，1991；清原・桐野，2009）．コイでもフナでも，生きるうえで重要な感覚は味覚であろう．この習性を反映して，両者とも味覚の中枢が存在する延髄が脳の中でもよく発達している．しかも味覚の経路および到達場所を反映して，コイでは顔面葉が，フナでは迷走葉が，それぞれ特に発達している（図 4-6D と E で灰色に示している）．

なお味覚系の発達程度は，真骨類の中でも大きく異なる．味覚系が非常によく発達している真骨類では，顔面葉や迷走葉が特異な形態を示すことがある．例えばヒメジでは，顔面葉の表面にヒトの大脳のようなシワが見られ，内部には神経細胞の層構造までもが発達している（伊藤，1980；清原・桐野，2009）．このように，真骨類の脳がヒトの脳に似た構造を発達させる例は，めずらしい．その他の例としては，弱発電魚のモルミルス目の脳がある．この魚の脳では，小脳弁という小脳の吻側部（第 10 章参照）が驚異的に発達し，脳全体の背側面をほとんど覆ってしまう（伊藤，1980）．しかも，この小脳弁には立派なシワがある（Meek and Nieuwenhuys，1998）．

以上のように，脳の背側の外形については，系統による親近性よりは，それぞれの種の生態的地位がむしろ大きな影響を与えている．言いかえると，種が獲得した生態的地位あるいは習性の多様性を反映して，脳のそれぞれの領域が不均等に発達し，その結果，全体的にはきわめて多彩な外形を呈する（Ito et al., 2007）．逆に言うと，内橋 潔（日本海区水産研究所）の言うように，脳の外形から魚の習性を推測することができるほどなのである（Uchihashi, 1953）．

この脳の外形の変異は，主として神経管の背側（翼板），つまり感覚区の発達程度の違いによる（図4-7）．これとは対照的に，神経管の腹側（基板），つまり運動区の発達程度にはあまり大きな種差がみられない．要するに，脳の感覚区では，発生進化的な変異性が運動区より高いと考えられる．

この進化的理由については，以下のような説明が可能である（Ito et al., 2007）．神経管腹側の運動区は，運動系の最終共通路として，動物の機能にとってきわめて重要なものと考えられる．言いかえると，もしそれが変わってしまったら，摂食行動，社会行動，生殖行動などの重要な出力がうまくできなくなり，できたとしても生存競争に不利なものになってしまうのであろう（拘束が強い）．要するに，誤った行動をしてしまうと，そのとたんに厳しい淘汰に直面する．

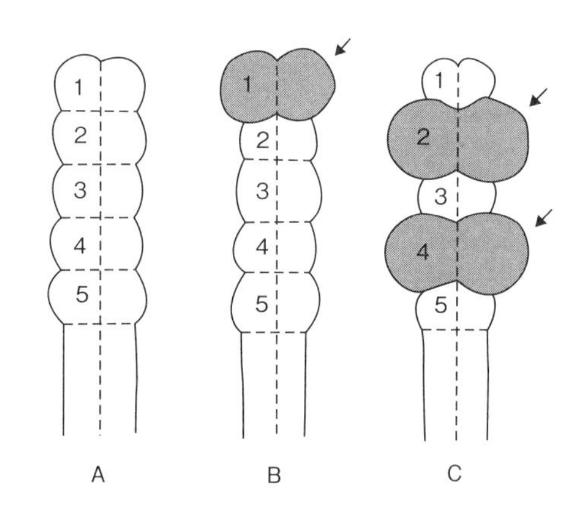

図4-7　脳の外形変異の進化的説明
脳の背側観の模式図を示す．図の上が吻側．ある魚（A）の生態環境では，あらゆる種類の感覚が同程度に重要で，その感覚に関連する感覚中枢（1-5）はほぼ均等に発達する．Bの魚では，様々な感覚の中でも感覚1が生態上決定的に重要な役割を果たす（矢印）．その場合，感覚1の感覚中枢がよく発達する（灰色の部分）．Cの魚では，様々な感覚の中でも感覚2と4が決定的に重要である（矢印）．それに対応して，2と4の感覚中枢が特に発達する（灰色の部分）．Ito et al.（2007）の図6を改変．

一方，ある感覚入力が多少変わっても，動物にとっては環境からの情報の質と量が変化するだけなので，自然淘汰と性淘汰から比較的まぬがれ得る（Ito et al., 2007）．そのうえ，神経管背側の個々の感覚受容領域は図4-7で示したように部品性（モジュール性）をもっている．つまり，図4-7の個々の膨らみは，他の領域の膨らみに大きく影響することなく，それぞれ独立に変異することができる．言いかえると，感覚区は「変異しやすい多型的な」，あるいは「拘束の弱い」部品の集合物と考えられる．

近接的原因としては，脳のみが単独に変異するよりは，むしろ感覚器の発生・遺伝的変異が出発点となっているのだろう．進化に関して，「感覚駆動 sensory drive による種分化」というモデルが提唱されている（Endler, 1992；Boughman, 2002）．このモデルでは，感覚の鋭敏さの変異によって，配偶者選択に大きな影響が生じることが仮定されている．配偶者選択に関わる情報伝達シグナルは，感覚器を通じて交わされる．例えば，色や形などのシグナルは視覚器官を通じて，匂いのシグナルは嗅覚器官を通じて伝えられる．もし，ある特定の微細な生態環境（水深による光成分の違い，透明度の違いなど）を判別する感覚が発達して，その環境でのシグナルを鋭敏にとらえられれば，配偶者選択に有利に働くだろう．そして，そのような適応がひとたび完成してしまうと，その副産物として生殖隔離が生じる．実際にヴィクトリア湖のシクリッドの種分化では，いくつかの例で，「感覚駆動による種分化」が起こったことが報告されている（寺井，2014）．

一般的に「中枢は末梢の奴隷」という言葉が

あるように，末梢の感覚器が発達するような変異が生ずると，その機能活動に応じて感覚受容領域の脳構造もまた発達することが知られている（Van der Loos and Dörfl, 1978；Zheng and Purves, 1995；Kaas and Catania, 2002）．したがって感覚器の発生・遺伝的変異によって，その感覚の受容脳領域にも変化が生じるだろう．このようにして，感覚器と脳の両者は，セットになって進化的に変化すると考えられる（Ito et al., 2007）．

この脳の感覚受容領域は，図 4-7 に示したように，異なる種類の感覚（図中の番号）ごとに違う場所にあり，それらは吻尾方向に並んでいる．次章では，この吻尾軸に沿って神経管を考察しよう．

参考文献

Boughman JW (2002) How sensory drive can promote speciation. Trends in Ecology & Evolution 17: 571-577.

Clark DA, Mitra PP, Wang SS (2001) Scalable architecture in mammalian brains. Nature 411: 189-193.

De Robertis EM, Sasai Y (1996) A common plan for dorsoventral patterning in bilateria. Nature 380: 37-40.

Endler JA (1992) Signals, signal conditions, and the direction of evolution. American Naturalist 139: S125-S153.

Gilbert SF (2010) Developmental Biology, 9th Edition. Sunderland: Sinauer Associates, Inc.

Gilbert SF, Bolker JA (2001) Homologies of process and modular elements of embryonic construction. J Exp Zool 291: 1-12.

Ishikawa Y (1990) Development of a morphogenetic mutant (*Da*) in the teleost fish, medaka (*Oryzias latipes*). J Morphology 205: 219-232.

Ishikawa Y (1992) Innervation of the caudal-fin muscles in the teleost fish, medaka (*Oryzias latipes*). Zoolog Sci 9: 1067-1080.

Ishikawa Y (2000) Medakafish as a model system for vertebrate developmental genetics. Bioessays 22: 487-495.

Ito H, Ishikawa Y, Yoshimoto M, Yamamoto N (2007) Diversity of brain morphology in teleosts: Brain and ecological niche. Brain Behav Evol 69: 76-86.

Kaas JH, Catania KC (2002) How do features of sensory representations develop? BioEssays 24: 334-343.

Kage T, Takeda H, Yasuda T, Maruyama K, Yamamoto N, Yoshimoto M, Araki K, Inohaya K, Okamoto H, Yasumasu S, Watanabe K, Ito H, Ishikawa Y (2004) Morphogenesis and regionalization of the medaka embryonic brain. J Comp Neurol 476: 219-239.

Kawanishi T, Kaneko T, Moriyama Y, Kinoshita M, Yokoi H, Suzuki T, Shimada A, Takeda H (2013) Modular development of the teleost trunk along the dorsoventral axis and *zic1*/*zic4* as selector genes in the dorsal module. Development 140: 1486-1496.

Meek J, Nieuwenhuys R (1998) Holosteans and teleosts. In: The central nervous system of vertebrates (Nieuwenhuys R, Donkelaar HJT, Nicholson C(eds)), vol 2, pp 759-937. Berlin: Springer-Verlag.

Moriyama Y, Kawanishi T, Nakamura R, Tsukahara T, Sumiyama K, Suster ML, Kawakami K, Toyoda A, Fujiyama A, Yasuoka Y, Nagao Y, Sawatari E, Shimizu A, Wakamatsu Y, Hibi M, Taira M, Okabe M, Naruse K, Hashimoto H, Shimada A, Takeda H (2012) The medaka *zic1*/*zic4* mutant provides molecular insights into teleost caudal fin evolution. Curr Biol 22: 601-607.

Ohtsuka M, Kikuchi N, Yokoi H, Kinoshita M, Wakamatsu Y, Ozato K, Takeda H, Inoko H, Kimura M (2004) Possible roles of zic1 and zic4, identified within the medaka Double anal fin (Da) locus, in dorsoventral patterning of the trunk-tail region (related to phenotypes of the Da mutant). Mech Dev 121: 873-882.

Shubin N, Tabin C, Carroll S (2009) Deep homology and the origins of evolutionary novelty. Nature 457: 818-823.

Uchihashi K (1953) Ecological study of the Japanese teleosts in relation to the brain morphology. Bull Japan Sea Regional Fisheries Res Lab 2: 1-166 (in Japanese).

Van der Loos H, Dörfl J (1978) Does the skin tell the somatosensory cortex how to construct a map of the periphery? Neurosci Lett 7: 23-30.

de Winter W, Oxnard CE (2001) Evolutionary radiations and convergences in the structural organization of mammalian brains. Nature 409: 710-714.

Wolpert L, Tickle C (2011) Principles of development, 4th revised edition. Oxford: Oxford University Press.

Zheng D, Purves D (1995) Effects of increased neural activity on brain growth. Proc Natl Acad Sci USA 92: 1802-1806.

伊藤博信（1980）「行動の分化と神経系の形態変化」，代謝，17 巻，臨時増刊号「行動」，31-45.

伊藤博信，吉本正美（1991）「神経系」，魚類生理学（板沢靖男・羽生 功編），363-402，恒星社厚生閣，東京.

清原貞夫，桐野正人（2009）「魚の味覚と摂餌行動」，さまざまな神経系をもつ動物たち（日本比較生理生化学会編），192-215，共立出版，東京.

寺井洋平（2014）「環境が生み出す新しい種」，視覚の認知生態学（種生物学会編），151-170，文一総合出版，東京.

萬年 甫（2011）「脳を固める・切る・染める - 先人の智恵」，メディカルレビュー社，東京.

コラム 11　ハエの腹，カエルの背

かけ離れた動物の間で，共通な発生遺伝子制御回路が働いている例の 1 つとして，Chordin/BMP4 経路があげられる．

カエルなどの脊椎動物では，BMP4 が働いて外胚葉は腹側では表皮になる．一方背側では，Chordin などの阻害作用によって，背側の外胚葉は表皮になるのを阻害されて神経上皮になる（第 3 章参照）．ショウジョウバエでも，相同遺伝子による類似した分子経路がある．ハエでは Dpp タンパク質が腹側を規定し，*short gastrulation*（*sog*）の遺伝子産物が同様な阻害作用により神経上皮（背側）を規定する．ただし，ここに大きな「ひねり」がある．ハエでは，背側ではなく，腹側に *sog* が発現し，腹側に神経上皮が形成されるのだ．つまり，背腹が逆転している．

神経上皮そのものの分子的プレパターンにも，驚くような類似性が見られる．下図は脊椎動物（左側）とショウジョウバエ（右側）の神経上皮である．正中線の両側にそれぞれ 3 種類の異なる神経前駆細胞群が縦方向に柱状に並んでいる．それぞれの細胞群は，発生初期（上側）から神経管期（下側）に至るまで，それぞれ特徴的なホメオボックス遺伝子を発現する．脊椎動物の *Nkx2.1*，*Gsh*，そして *Msx* 遺伝子は，それぞれハエの *vnd*，*ind*，そして *msh* 遺伝子の相同遺伝子である．

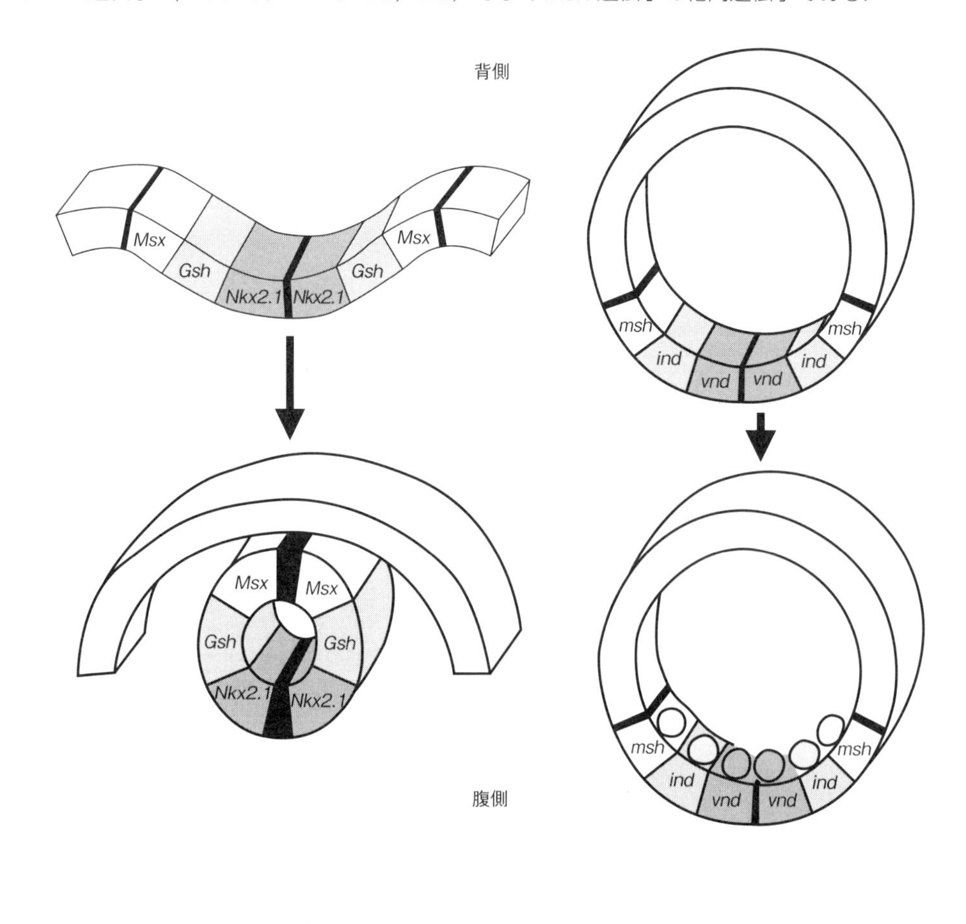

コラム 12　底深い相同について

発生の分子的理解の結果，「底深い相同 deep homology」という新しい概念が出てきた．その定義は，「かけ離れた動物の器官の間で，その形成における発生遺伝子制御回路 genetic machinery が共通なこと」である（Shubin et al., 2009）．これはできあがった器官の形態ではなく，それをつくる分子的製造過程に注目した「相同」である．伝統的な「相同」という言葉が使われているが，次元が異なることに注意すべきである．

Shubin ら，あるいはその他の研究者は，無脊椎動物と脊椎動物の間でたくさんの「底深い相同」を見つけている．例えば，*Pax6* がマスター遺伝子となっている眼や，*Hoxd* が関わる節足動物の附属肢と脊椎動物の四肢などである．彼らは，原左右相称動物 urbilateralia で基本的発生遺伝子制御回路が成立しており，その後の進化の過程で多少変容しつつも，かけ離れた動物で似たような器官をつくり出したと考えている．これが，類似した器官が各種動物で独立に平行進化する根拠だとする．これが正しいとすると，鳥の翼とハエの翅など，これまで相似や収斂（他人のそら似）と考えられていた多くが「底深い相同」になる．

脳に関しては，Tomer et al.（2010）は終脳外套（第 7 章）と環形動物のキノコ体（中枢神経系におけるキノコ状の細胞集塊）の間に，そして Strausfeld and Hirth（2013）は，大脳基底核と節足動物の中心複合体（中枢神経系の一部）の間に「底深い相同」があるとした．彼らはそれぞれ両者の類似性を強調しているが，むろん，それぞれの両者が従来の相同の意味で“同一”だとしているわけではない．

Shubin et al. (2009) Deep homology and the origins of evolutionary novelty. Nature 457: 818-823.

Tomer R, Denes AS, Tessmar-Raible K, Arendt D (2010) Profiling by image registration reveals common origin of annelid mushroom bodies and vertebrate pallium. Cell 142: 800-809.

Strausfeld NJ, Hirth F (2013) Deep homology of arthropod central complex and vertebrate basal ganglia. Science 340: 157-161.

第5章
神経管の吻尾軸に沿った区分

……大きなヨトウムシが住居をはなれて外に出てくる．それで万事休すだ．猟師［ジガバチ］は忽ちそこへやって来て，［ヨトウムシの］頸すじの皮膚をくわえ，どんなにからだをよじっても頑として離さない．蜂はこの怪物の背に跨がって胴を曲げ，恰も被術者の内部組織をすっかり心得きった外科医のように悠々せまらず，順に犠牲者のすべての体節，初めから終わりまでその腹面にメス［ハチの針のこと］を刺し込む．どの体節も剣を刺さないで残すことはない．肢があろうがなかろうが，みんな同じに，しかも頭から尻へ順を追って刺されるのだ．……

ジャン・アンリ・ファーブル（『昆虫記』から；山田吉彦と林 達夫の訳による）

ファーブル（Jean-Henri Casimir Fabre，1823-1915）の『昆虫記』には，彼自身の不撓不屈の観察に基づいた，昆虫の本能行動が生き生きと描かれている．その中でも忘れがたいのは，様々な狩り蜂の習性であろう．狩り蜂は自分の幼虫の餌にするために，他の昆虫やクモを襲い，毒針で刺すことによって神経麻痺を起こさせ，ほとんど動かないけれども十分生きている状態で獲物を巣に運び込む．蜂の種類によって相手は決まっていて，その特定の獲物の神経節の数や存在場所に応じて，一定のパターンで蜂は針を使う．ヨトウムシのような巨大なイモムシには，1体節ごとに1個のほぼ独立して機能する神経節が腹側に存在するので，ジガバチは獲物の腹側から体節ごとに頭から尻へ順を追って次々と刺すのだ．

第2章後半で先走って述べたように，このイモムシの体節のような「膨らみ」は，脊椎動物の脳にも「脳胞」として存在している．脳胞は神経管の吻尾方向に沿って生じ，発生が進むにつれてその一つひとつが，かなり違ったふうに分化してゆく．

本章では大きく分けて3つのことを述べる．まず第1に，改めて神経管の吻尾軸（長軸）に沿った区分についてまとめ，一般的なことを解説する．第2に長軸の屈曲と神経管吻側部の形態変化について述べる．ファイロタイプ段階での神経管吻側部は，この屈曲と変形のために位置関係が大きく変化するからである．最後に，最も論争の焦点となる，神経管の吻端部の構造（終脳と間脳）について述べる．

1）メダカ神経管における横向きの区分：局所的膨らみ

本節では，神経管の吻尾軸に沿った区分を概観するために，改めて脳胞についてまとめる（図5-1）．

第2章後半で述べたように，脳胞とは，神経管の吻尾軸に沿って置かれた“横向き”の「膨らみ」である．メダカの場合，ステージ19の神経索（＝初期神経管）で，最初の脳胞が確認できる（図5-1A）．すなわち吻側脳胞，中間脳胞，そして尾側脳胞である（Ishikawa，1997；Kage et al.，2004）．発生が進むと，吻側脳胞からは終脳 telencephalon と間脳 diencephalon の主要部が分化する．中間脳胞からは，中脳 mesencephalon と後脳 metencephalon が分化する．尾側脳胞は，そのまま髄脳 myelencephalon になる．こうしてステージ24以後になると，他の脊椎動物の場合と同じく，5脳胞が確立する（同図B）．なお，encephalon というのは，ギリシア語で脳を意味する．

このような吻尾方向の区分と，第4章で述

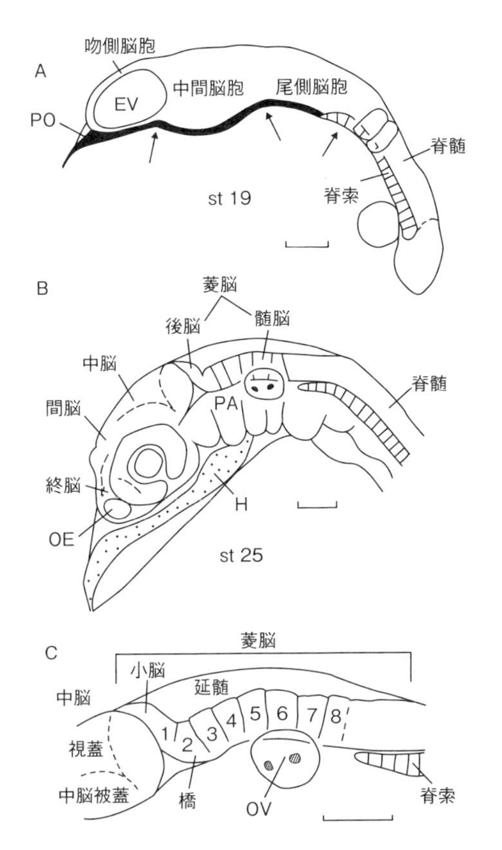

図 5-1　メダカの神経索／神経管における脳胞と神経分節
左側面から見たステージ 19 の神経索（A）とステージ 25 の神経管（B，C）の模式的スケッチ．図の上が背側，左が吻側．A の矢印は初期の脳胞の境界を示す．A の脊索の吻方に続く黒色の部分は，中軸性中内胚葉（いわゆる脊索前板）である．神経管の菱脳部の拡大図を C に示し，その菱脳分節には番号をつけた．菱脳分節の番号付け方式は研究者によって若干異なるが，本書では小脳の尾側半分を形成する分節を 1 番（rhombomere 1）とし，残りの小脳吻側半分（小脳弁など）を形成する分節を峡分節 isthmic rhombomere（図では奥に隠れて見えない）としている．略号：EV ＝眼胞，H ＝心臓，OE ＝嗅上皮，OV ＝耳胞，PA ＝鰓弓，PO ＝ポルスター．スケールバーは 100 μm.

べた背腹方向の区分によって，脳は多くの小区画に分割される．これらの小区画から，それぞれ異なる脳領域が分化してくる．終脳からは嗅球，終脳半球，そして終脳不対部が生じ，間脳からは視床上部，視蓋前域，背側視床，腹側視床，そして視床下部が分化する（本章の最後に述べる）．中脳からは脳室の背側に四丘体（真骨類では視蓋），そして腹側に中脳被蓋 mesencephalic tegmentum が分化する．後脳からは脳室の背側に小脳 cerebellum，そして腹側に橋（きょう） pons が生ずる．そして髄脳からは延髄 medulla oblongata が分化する（図 5-1C）．なお，被蓋 tegmentum というのは，「背側部（蓋 tectum）によって被われている構造」という意味である．

脳胞を詳細に見ると，多くの場合，脳胞の中にさらに小さな分節状構造が反復して存在している（図 5-1C）．その分節状構造は特に菱脳で顕著に認められ，19 世紀の胎生学者によって神経分節 neuromere と名づけられた．それぞれの神経分節は，その中央部を中心にして細胞増殖し成長するため，隣接する分節の間に溝が生じると考えられている．これらの脳胞と神経分節は，中枢神経系の発生過程における細胞増殖，細胞移動，細胞分化の基本的構造単位である．神経分節の多くは発生過程で一過性に見られるもので，神経管の吻側から前脳分節 prosomere，中脳分節 mesomere，菱脳分節 rhombomere，そして脊髄分節 myelomere とよばれている．したがって神経管は，その長軸の全長にわたって分節状に区分されている．

これらの吻尾軸に沿った区分は，発生初期の，神経板（原腸胚）あるいは神経胚の段階で，組織区画（コンパートメント）や分子的プレパターンとして，すでに準備されている（第 3 章参照）．

まず組織区画を見てみよう．図 5-2 は原腸胚（ステージ 16+）以降の組織区画の変化を示したもので，組織区画の境界の変遷は縦方向の線（細い線と太い線）で示されている．この図からまず第 1 に，神経板の吻側領域（終脳，間脳，中脳）は吻尾方向にそれほど長くならないのに対して，尾側領域（菱脳と脊髄）は非常に長く成長していることがわかる．このため，吻側領域と尾側領域の境界（同図の太い縦線）は，神経板の時期では胚体のほぼ中央に存在していたのに対して，発生が進むと次第に吻側に移動し，5 脳胞期（ステージ 24）では胚体の吻端から約 1/4 のあたりに位置するようになる（同図 D）．

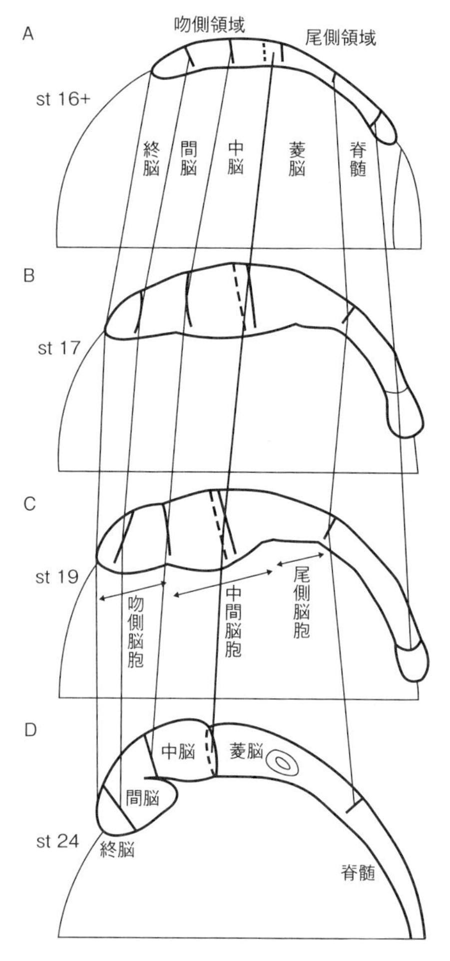

図5-2　メダカ胚における中枢神経系の組織区画（コンパートメント）

ステージ16＋（A），17（B），19（C），そして24（D）の胚における組織区画（コンパートメント）の変化を示す．卵の半分を左側面から見た模式図．図の下が腹側（卵黄側），左が吻側．菱脳区画の吻端は点線で，他の組織区画の境界は実線で示す．各発生段階における組織区画の境界を細い縦線で結んである．吻側領域と尾側領域との境界は太い縦線で結んでいる．中脳区画／菱脳区画の境界は，中間脳胞の尾側約1/3に存在することに注目（C）．Hirose et al.（2004）の図5をもとにして作図．

第2に，神経索（ステージ19）の中間脳胞と組織区画との関係を見ると（同図C），中間脳胞の中に中脳区画／菱脳区画の境界が存在するのがわかる（同図Cの点線）．要するに，メダカの中間脳胞には中脳区画だけではなく，菱脳区画の吻側部もまた含まれている．つまり第2章後半部で述べたように，組織区画の観点からも，ベーアの言う“中脳胞”はメダカでは存在しない．

次に発生遺伝子の分子的プレパターンの様子を見よう（図5-3；Kage et al., 2004）．第2章で述べたように，発生遺伝子は初期中枢神経系の様々な小区画ごとに働いて，その領域の特異性をつくってゆく．図5-3はハイブリダイゼーション組織化学によってメダカ胚を丸ごと染色した結果を示す．これによって，例えば*krox20*という遺伝子（転写因子をコードする）が早くから2つの菱脳分節に一致して発現されていることや（同図A，B），*en2*という遺伝子（転写因子をコードする）が中脳の尾側から菱脳の吻側にかけて広く連続した脳領域に発現していること（同図C，D）などが明らかである．中脳と菱脳の境界部などに発現するウィント（*wnt1*）遺伝子（同図E，F）については第2章後半で紹介した（図2-6参照）．また，*otx1*遺伝子（転写因子をコードする）は，終脳の尾側から中脳の尾端にかけて非常に広く発現している（同図G，H）．

2）コンパートメントと二次オーガナイザー

メダカの神経管がファイロタイプ段階（ステージ21から28）に到達すると，脊椎動物の脳の一般的「バウプラン」を示すので，他の脊椎動物の脳と共通するところが多くなる（第2章後半）．本節では，吻尾軸に沿った区分に関して，有羊膜類での研究結果を紹介しよう［分子的な詳細は，宮田・山本（2013）を参照されたい］．

今のところ，実験的なデータが最もよく集積されているのはニワトリなので，図5-4にニワトリの神経管を示す（Kiecker and Lumsden, 2005）．図5-4Aでは，5脳胞の状態を示している．終脳は外套 pallium と外套下部 subpallium という2つの部分に細分され，間脳の腹側には視床

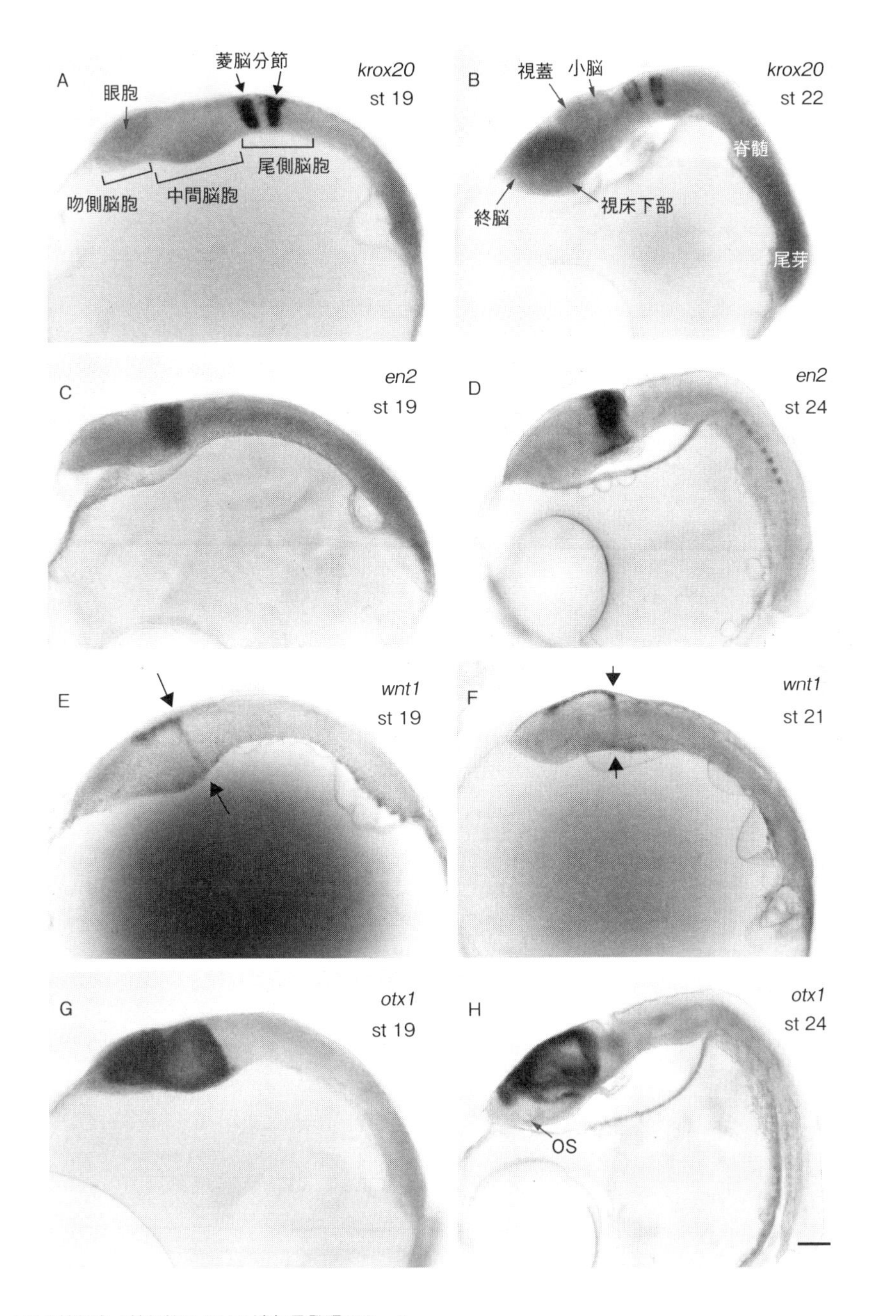

図 5-3　メダカ神経索／神経管における遺伝子発現パターン
ハイブリダイゼーション組織化学によって丸ごと染色したメダカ胚を示す．左側面から見た写真．図の上が背側，左が吻側．*krox20*（A，B），*en2*（C，D），*wnt1*（E，F），*otx1*（G，H）遺伝子の発現（黒色部）をそれぞれ示す．左側の列（A，C，E，G）は神経索＝初期神経管（ステージ 19），右側の列（B，D，F，H）は神経管（ステージ 21-24）である．図（E と F）の大きな矢印は *wnt1* の発現によって特定される中脳の尾側端を示す．略号：OS ＝眼茎基部．スケールバーは 100 μm．Kage et al.（2004）の図 9 を改変．

下部が分化している．

ニワトリでは組織区画（コンパートメント）をつくる細胞系譜制限が 5 つの場所にかかっていて（図 5-4A），それらは終脳の外套／外套下部境界，間脳の zona limitans intrathalamica（ZLI，間脳内境界ゾーン），間脳／中脳境界，中脳／

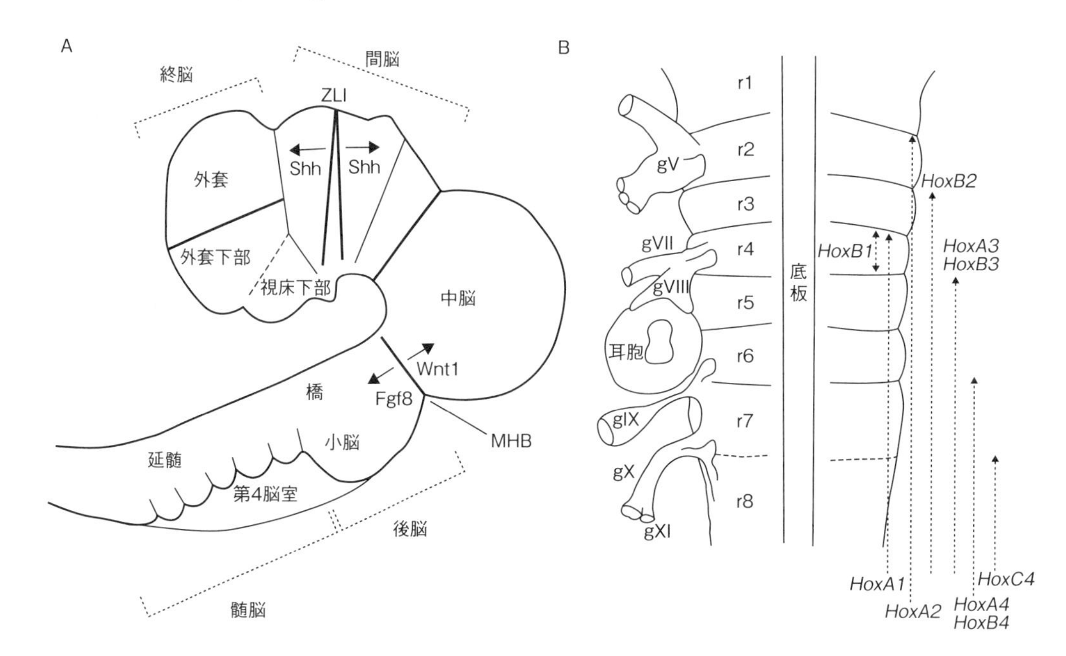

図 5-4　ニワトリ神経管における脳の境界部と菱脳分節
局所的シグナルリングセンター（A）および菱脳における分節構造（B）の模式図．A は Hamburger と Hamilton のステージ 24 のニワトリ胚の神経管を側面から見た図で，細胞系譜制限がかかっている場所を太い直線で示した．そのうちの ZLI（間脳内境界ゾーン）や MHB（中脳／菱脳境界）などは，局所的シグナルリングセンターとなっていて，そこから Shh（ソニックヘッジホッグ），Wnt1（ウィント），Fgf8（Fibroblast growth factor 8）などのシグナル分子が分泌されている（矢印）．B は蓋板（第四脳室の天井）を除去して背側から見た菱脳領域．図の上が吻側．菱脳における神経分節（r1-r8），耳胞，および脳神経の神経節（gV-gXI）を図の左側に示し，菱脳分節境界に一致した *Hox* 遺伝子の「入れ子」状の発現パターン（点線つき矢印）を右側に示す．Kiecker and Lumsden（2005）の図 1 と 2 をもとに作図．

菱脳境界 midbrain-hindbrain boundary（MHB），そして延髄の菱脳分節間の境界である．特に菱脳分節間の境界についてはよく研究されており（Pasini and Wilkinson, 2002），各菱脳分節の個性が *Hox* 遺伝子群によって決定されていることまで判明している（同図 B）．つまり，菱脳分節は真性の分節であり，ハエの前後軸に沿った体節と共通な発生遺伝子制御回路でつくられているのだ．神経管吻側部の終脳，間脳，そして中脳の形成には，やはりハエの *orthodenticle*（*otd*）および *empty spiracle*（*ems*）と相同な遺伝子 *Otx* と *Emx* が働いている．

発生が進むと，これらの境界近くの細胞は，境界細胞 border cell という細胞集団に分化する．境界細胞はそれぞれのコンパートメント所属細胞群の「しきり」になると同時にソニックヘッジホッグ，ウィント，そして Fgf8（Fibroblast growth factor 8）などをつくり出す，「シグナリング中心」として機能し，それぞれのコンパートメント所属細胞群の増殖や分化を制御する．これらのシグナルリング中心は，local signalling centers（局所的シグナルリングセンター），あるいは「シュペーマンとマンゴルトの一次オーガナイザー」に対比して「二次オーガナイザー」ともよばれている（Echevarría et al., 2003）．細胞系譜制限という「しきり」は，これらの二次オーガナイザーの位置を決め，安定化させるのに重要な役割を果たしているらしい（Kiecker and Lumsden, 2005）．

二次オーガナイザーの中でも MHB については最も研究が進んでいる（図 5-4A）．MHB は発生が進むと深い峡谷のようにくびれるので，古くから神経解剖学では峡部（きょうぶ）isthmus あるいは菱脳峡 rhombencephalic isthmus とよばれてきた．

この峡部オーガナイザー isthmic organizer は，中脳背側の視蓋を誘導し，それには Fgf8 タンパク質が働いていることが明確に示されている（Crossley et al，1996）．峡部オーガナイザーはまた，菱脳分節 1（r1）の背側の小脳も誘導する（Echevarría et al.，2003）．

3）神経管の形態変化：吻側端はどこか？

本節では，神経管吻側部の形態的変化について解説する．脳構造の理解にとって非常に重要なためである．

初期神経管（神経索）が中期神経管になり，5 脳胞の段階に達すると，神経管の吻側部に大きな形態変化が見られるようになる．例えば，図 5-1 をよく見ると，初期では脳形態が単純だったのに対して（同図 A），ファイロタイプ段階では特にその吻側部が大きく複雑になっている（同図 B）．

神経管の中でも，最も複雑なのはその吻端構造である．終脳と間脳の構造については，これまで研究者たちの激しい論争の的になってきた．論争になったのも当然なことで，この構造が脊椎動物の中枢神経系全体の「バウプラン」を理解するための最も重要な部分だからだ（スワンソン，2010）．

まず問題となるのは，脳の吻側端はどこか？という疑問である．これに対する答えは「脳の吻側端は終脳である」として一見問題なさそうに思える．実際，終脳は「終わりの脳」を意味しているし，終脳の別名は「端脳」，つまり「はしっこの脳」ともいう．しかしこの疑問を言いかえると，「境界溝，基板，そして翼板という神経管の基本構造は，吻側ではどこで終わっているのか？」という問題になる．

前章で述べたように，これらの基本構造は神経管を縦走する中間帯，腹側帯，そして背側帯という分子的プレパターンで調べることができる（図 4-4 参照；Kage et al.，2004）．そこで，中間帯と腹側帯の発生上の変化を調べたのが図 5-5 の左の列（A-C）である（口絵 1 参照）．まず神経索（＝初期神経管，ステージ 19）では，2 つの縦走する帯が比較的単純なパターンで神経管吻端まで達していることがわかる（図 5-5A）．したがってこの発生段階では，神経板の場合（図 5-2A）と同じく，神経管の吻側端は問題なく終脳である．

しかし，次第に発生が進みファイロタイプ段階になると，事態が違ってくる．終脳および視床下部（間脳）が発達し，2 つの縦走軸は間脳領域（ZLI）で背側に凸の形に鋭く折れ曲がるのだ（図 5-5B と C）．そのため，縦走軸の吻側端（同図の★）は次第に尾側に向かって後退する（同図 B，C）．言いかえると，縦走軸は途中で折れて神経管の腹側に向かい，その吻側端はある特定の領域（終脳／視床下部の腹側境界部，つまり眼茎 optic stalk の基部付近）に終わるようになる．神経管吻側部は全体として成長しながら，背側から腹側に向けて，あたかも柔道の「背負い投げ」のように前回転しているように見える（同図の矢印）．その結果，5 脳胞の時期には，もともとの神経管吻側端（同図の★）とは別に，二次的な“吻側端”（同図の矢頭）が別の場所に形成されてしまう．

念のために，この形態変化を別の発生遺伝子の発現から調べてみよう．図 5-5 の右の列（D-F）は *bf1*（転写因子をコードする）という遺伝子の発現を見たものである．*bf1* 遺伝子は様々な動物で終脳の分化に重要な役割を果たしており，将来終脳になる領域に安定して発現するので，終脳のマーカーとして用いることができる（その他，眼胞などにも発現する）．ステージ 20 から 26 の時期に，終脳と視床下部は大きく成長する．それと同時に，終脳／視床下部の腹側境界部（図 5-5D-F の★）は，神経管の尾側に向かって次第に後退する．ファイロタイプ段階の時期になると，終脳／視床下部の腹側境界部は眼茎の基部付近に位置するようになる（同

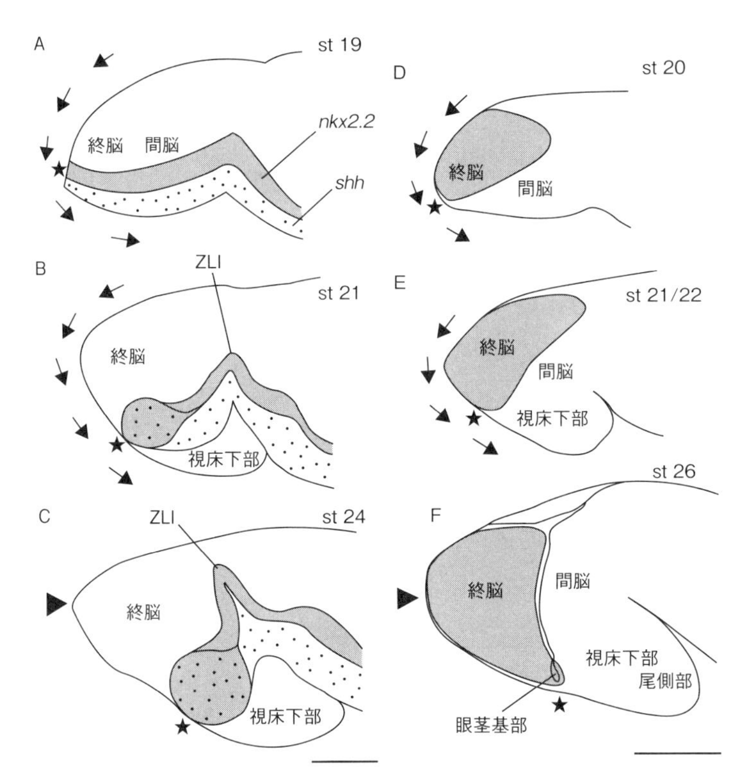

図 5-5　メダカ神経管吻端部における大きな形態的変化

左側の列（A-C）は神経管長軸の変化（ステージ 19-24）（口絵 1 参照），右側の列（D-F）は *bf1* 遺伝子の発現領域（灰色）の変化（ステージ 20-26）を示す．すべて左側面図で，図の上が背側，左が吻側．図（A-C）は，ハイブリダイゼーション組織化学によって，*shh* 遺伝子（点領域）と *nkx2.2* 遺伝子（灰色）の発現を可視化した全体標本の模式図．初期神経管では，中間帯（*nkx2.2* 発現領域）と腹側帯（*shh* 発現領域）はまっすぐに吻側端まで伸びている（A）．発生が進み終脳と視床下部が発達するにつれて，中間帯と腹側帯は ZLI で鋭く屈曲する（B, C）．中間帯の吻側端（★）は，次第に神経管の尾方に移動する．終脳の発達と前回転によって（矢印），二次的な“吻側端”（矢頭）が形成される．図（D-F）は，ハイブリダイゼーション組織化学によって *bf1* 遺伝子の発現領域（終脳：灰色の部分）を可視化してスケッチした模式図．★は終脳／視床下部の腹側境界部を示す．矢印は回転の方向，矢頭は見かけ上の二次的“吻側端”を示す．略号:ZLI = 間脳内境界ゾーン．図（A-C）のスケールバーは 50 μm，図（D-F）のスケールバーは 100 μm．Kage et al.（2004）の図 5 と 11 などより作図．

図 F)．このように，*bf1* 遺伝子の発現からも，神経管吻側部の「背負い投げ」のような回転が確認された（図 5-5D，E の矢印）．

以上のように，ファイロタイプ段階になると，神経管吻側部は回転しながら成長し，神経管の長軸は間脳領域で激しく屈曲する（コラム 13 参照）．この大きな形態的変化のために，神経管の“吻側端”は 2 つ存在することになる．つまり，本来の吻側端（図 5-5 の★）と，見かけ上の“吻側端”（同図の矢頭）である．なお，あらゆる脊椎動物で，発生中に神経管長軸の屈曲が起きる．ヒトの脳では，妊娠第 4 週までに頭屈 cephalic flexure という神経管の屈曲が前脳から中脳にかけて生じることが知られている（Langmann，1982）．

したがって，「脳の吻側端はどこか？」への答えは以下のようになるだろう．「脳の吻側端」は発生段階によって変わる．初期段階では単純で，神経板や神経索の先端が脳の吻側端である．ファイロタイプ段階以降になると，もともとの神経管吻側端は，「眼茎の基部付近」つまり「終脳／視床下部の境界腹側部」に位置する（図 5-5 の★）．一見“脳の吻側端”であるかのように見える終脳の突出部（図 5-5 の矢頭）は，本来の吻側端ではない．これは，成長の過程で終脳が二次的に突出したものにすぎない．

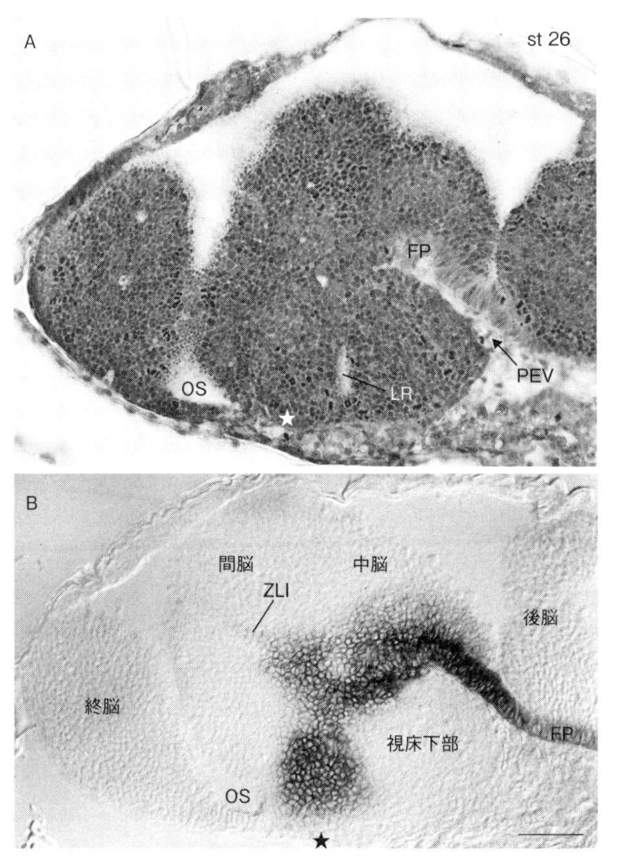

図 5-6　ファイロタイプ段階のメダカの神経管吻側部
ステージ 26 の胚の傍正中矢状断面のニッスル染色（A）と *shh* 遺伝子の発現領域（黒色部分）（B）を示す．図の上が背側，左が吻側．脳の長軸は，ZLI で急激に屈曲し腹側に向かう．脳の長軸の先端は神経管の吻側端（★）にまで達している．略号：FP ＝底板，LR ＝外側陥凹，OS ＝眼茎の基部，PEV ＝脳の腹側ひだ，ZLI ＝間脳内境界ゾーン．スケールバーは 50 μm．Kage et al.（2004）の図 6 と 12 を改変．

図 5-6 にファイロタイプ段階の神経管吻側部の写真を実際に示す．神経管吻側部は，終脳と視床下部の成長の結果，幅広くなっている．脳の長軸について見てみると，底板（同図の FP）は神経管の吻端までは伸びておらず，視床下部の背側部で終わっている．しかし，*shh* 遺伝子の発現は神経管の吻側端（眼茎基部の付近）にまで達している（同図 B の★）．この脳の長軸と終脳との位置関係に注意してほしい．つまり，終脳全体は脳長軸（境界溝に相当する）の背側側（翼板側）に存在している．言いかえると，終脳は全体として神経管の背側部（翼板）相当部である．そうだとすると，終脳には基板相当部が存在しない．そして，終脳（翼板相当部）に接している間脳および視床下部こそが，この領域の中間帯および基板に相当するということになる．

なお，神経管吻側部が発達した結果，中脳腹側部と視床下部背側部の間に「脳壁間のすきま」が形成される（同図 A の PEV）．この空間は，クッパーによって「脳の腹側ひだ plica encephali ventralis」とよばれてきた（von Kupffer, 1906）．PEV は，原索動物のナメクジウオから広範囲の脊椎動物まで，多くの動物の脳に共通して認められる構造である．後述するように（第 9 章参照），この「すきま」には動眼神経および脳へ貫入する動脈が通過するようになる．

4）前脳分節モデルと位置的用語

神経管吻側部の形態変化に関して，同様の結論が有羊膜類の神経管についても得られている（図5-7）．

Puelles（2001）および Puelles and Rubenstein（2003）は，発生遺伝子による分子的プレパターンを手がかりにして前脳分節モデル prosomeric model を提唱した（図5-7）．このモデルでは，神経管の“横方向”の分節状区分がすべて長軸に直交して配置されている．彼らは，これがあらゆる脊椎動物の脳にあてはまるとした．彼らの前脳分節モデルは，ヘリックなどが提唱した古典的分節配置（Herrick，1910）を否定し，スウェーデン学派（Bergquist and Källén，1954など）やKeyser（1972）の結果を大筋において支持している（後述）．ただしこの前脳分節モデルは，これまでに何回か改変されており，今後も改変され続けると思われる．2015年にも，前脳分節モデルの新たな改訂版が発表・解説された（Puelles and Rubenstein，2015）．

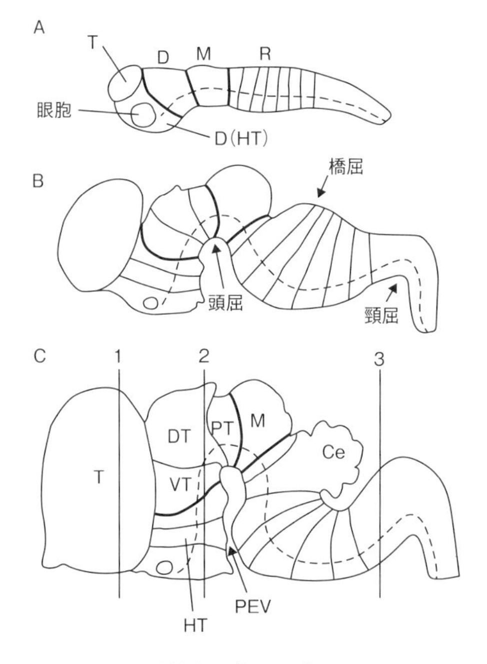

図5-7　有羊膜類の神経管の成長と屈曲

神経管の模式図を示す．図の上が背側，左が吻側．発生初期の神経管の脳胞と神経分節は，神経管長軸に沿って吻尾方向に単純に並んでいるが（A），成長に伴い長軸の屈曲（頭屈など）がはじまり（B），大きなトポロジー的変形を受ける（C）．このため，通常の意味での“横断”切片を作成すると（Cの1-3），切断面3は神経管の横断面になるけれども，1と2の切断面は神経管の水平断面になる．破線は神経管の縦走軸（長軸）を示す．略号：Ce＝小脳，D＝間脳，DT＝背側視床分節，HT＝視床下部，M＝中脳，PEV＝脳の腹側ひだ，PT＝視蓋前分節，R＝菱脳，T＝終脳，VT＝腹側視床分節．Puelles（2001）の図4を改変．

神経管の長軸が折れ曲がることは，とるに足らないささいなことに思える．しかし，頭屈によって神経管の方向角度がほとんど90度変化してしまうことに注意してほしい．本書では，一貫して「吻側，尾側，背側，そして腹側」という位置的用語を使用しているが，これはメダカのステージ19以前では特に問題とはならなかった．ところがステージ20以後では混乱を招きかねない大きな問題となる．

ステージ20以後では頭屈が起こるために，便宜的な意味での終脳の“腹側”は，「本来の意味での吻側」になってしまうし，便宜的な意味での“吻側”は「本来の意味での背側」に変化してしまうからだ（図5-5と5-6）．言いかえると，便宜的な意味での“横断面”を終脳につくると（図5-7Cの直線1），本来の意味では終脳の「水平面」になってしまう．歴史的にみると，実際に，標本断面についての誤った解釈が大きな混乱をもたらしてきたのだと思われる（Puelles，2001）．

この種の変形は，一般的にいうと位相幾何学 topology におけるトポロジー的変換 topological transformation である．トポロジー的変換では，ある構造同士の間の相対的位置関係は不変のまま，その間は引き伸ばされたり曲げられたりして変形が行われる．神経管では，個々の神経分節の相互の位置は入れ替わったり分離したりしないが，神経分節の一連の連なりは引き伸ばされたり曲げられたりして変形される．発生過程におけるこの神経管のトポロジー的変形は，比較神経解剖学の中心的問題となるので，非常に重要である（Nieuwenhuys，1998）．

5）神経管吻側部と胚全体の形態変化

以上述べてきた，神経管吻側部の形態的変化に関連して，本節で補足をしておきたい．

この大きな形態変化がなぜ起こるのか，読者は不思議に思われるかもしれない．実のところ，これは神経管単独に起きることではなく，胚の体全体の形態変化に関わることなのだ．

図 5-8 に，この時期における脊椎動物胚の巨視的な形態変化を示した．この巨視的変化では，消化管（内胚葉とそれに裏打ちされた腔所）が管状になりつつ胚の体内に受動的に取り込まれる（Langmann，1982）．つまりこの時期には，神経管の長軸方向に沿った急激な成長によって，もともと吻端にあったすべての構造が前腹側方向に回転し，「頭尾方向の折りたたみ運動」が起こるのだ．

その実例として，眼胞の発生について見てみよう（図 5-9）．この図では，眼胞における *bf1* 遺伝子と *bf2* 遺伝子の発現に着目している

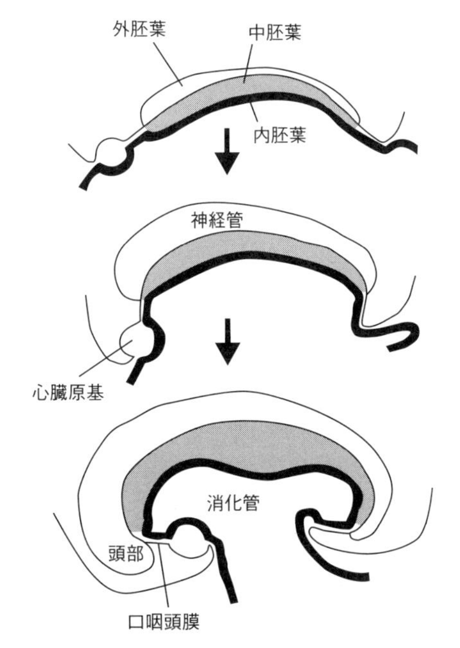

図 5-8　ヒト胚における消化管形成過程
正中矢状断面図の模式図を示す．図の上が背側，左が吻側．胚の成長に伴う頭屈 head fold と尾屈 tail fold によって，内胚葉（太い実線）が胚の体内に取り込まれて消化管が形成される．

（Kage et al.，2004）．ステージ 20 では *bf1* と *bf2* 遺伝子は眼胞の背側と腹側にそれぞれ発現しているが（図 5-9A と D），ステージ 22 になるとそれぞれ眼胞の吻側と尾側に発現するようになる（同図 B と E）．この眼胞における遺伝子発現パターンの変化も，眼胞が神経管の吻側端と一緒になって全体的に回転すると考えると，説明可能である（同図の矢印）．ゼブラフィッシュの眼胞発生に関しても，発生過程での同様な回転が報告されている（Schmitt and Dowling，1994）．

なお，脊椎動物における眼胞の発生起源は一般に間脳だといわれてきた．しかし，メダカでの遺伝子の発現パターンから，吻側の眼茎は preoptic forebrain（視索前の前脳部）に移行しており，尾側の眼茎は postoptic forebrain（視索後の前脳部）に移行していることがわかる（図 5-9C と F）．視索前の前脳部は，終脳に連続している（同図 C）．したがってメダカ（真骨類）では，間脳だけではなく，終脳もまた眼胞の形成に関与していると思われる（Ishikawa et al.，2001）．しかしこれに関しては，別の考え方も可能かもしれない．真骨類の眼茎基部を含む領域（視交叉陥凹領域 optic recess region）は，終脳および間脳とは独立している発生領域だという報告があるからである（Affaticati et al.，2015）．この領域は，他の動物とは異なり，終脳でもなく間脳でもない，真骨類独自の発生区画なのかもしれない．

神経管や眼胞などの外胚葉性器官ばかりではなく，メダカでは頭部の中内胚葉性器官にもこの時期に大きな形態的変化が起きる．例えば原腸胚では，孵化腺細胞は頭部吻端のポルスターに限局している（Inohaya et al.，1995）．しかしステージ 20 ぐらいから，孵化腺細胞は移動分散しはじめ，増殖しながら細胞集団全体としては尾側に向かって後退してゆき，ステージ 23 になると結局消化管の内壁（内胚葉）に散在するようになる（Inohaya et al.，1995）．

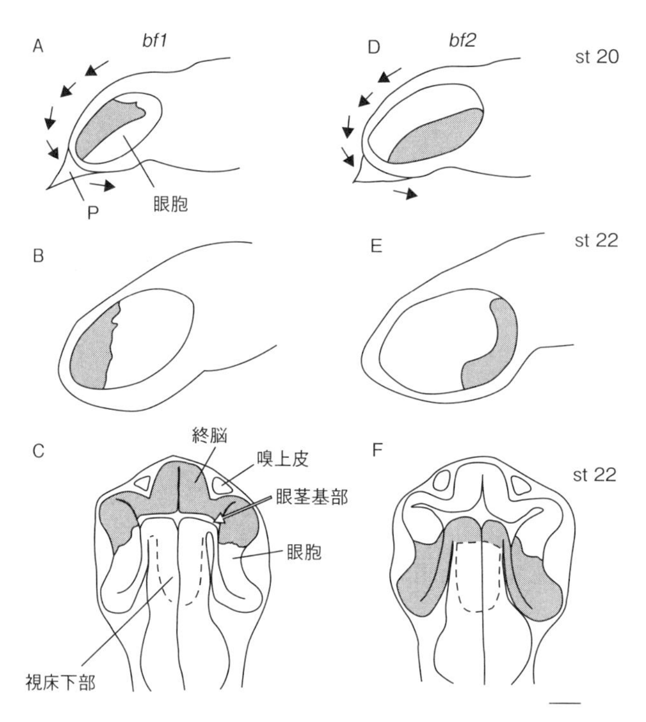

図5-9　メダカ眼胞の発生における遺伝子発現パターンの変化
ハイブリダイゼーション組織化学によって *bf1* 遺伝子（A-C，灰色）と *bf2* 遺伝子（D-F，灰色）の発現を可視化した胚の全体標本の模式図を示す．図（A，B，D，E）は側面で，上が背側，左が吻側．図（C と F）は背側面で，上が吻側．ステージ 20（A，D）でのそれぞれの発現領域が，ステージ 22（B，C，E，F）になるにつれて回転する（矢印）．眼茎が吻側では終脳に連続し，尾側では視床下部に連続していることに注目（C，F）．略号：P = ポルスター．スケールバーは 50 μm．Kage et al.（2004）の図 10 を改変．

6）終脳と間脳の一般的区分法

神経管吻側部の話にもどろう．

本章4節で述べたように，終脳と間脳は構造的理解が特に混乱しやすい場所である．それを反映して，脊椎動物における終脳と間脳の区分法については，研究者たちの間で一致した見解がない．しかし，そのうちの2人の代表的研究者を選び，その研究結果を本節で述べておく．メダカの終脳と間脳の区分法については，次節で述べる．

まず，アメリカの傑出した比較神経解剖学者であるヘリックの研究を紹介する（Herrick, 1910）．図 5-10A は，膨出方式（第3章）によって生じた両生類の終脳を示している．成体の終脳は，大きく3つに分けられる（Nieuwenhuys, 1998）．嗅球 olfactory bulb，終脳半球 telencephalic hemisphere，そして終脳不対部 telencephalon impar である．嗅球は，嗅覚受容細胞（嗅細胞）の軸索が入る（投射する）脳領域である．終脳半球は終脳の中でも最も大きな場所を占め，さらに2つに細分化される．背側の外套および腹側（基底側）の外套下部である．ヒトの大脳で言えば，外套は大脳皮質 cerebral cortex に対応し，外套下部は大脳基底核 basal ganglia に相当する（スワンソン，2010）．終脳不対部は小さい領域で，大体のところ視索前野に相当し，その尾側で間脳に連続する．なおスウェーデン学派の発生学的研究によると，終脳は背側域 area dorsalis telencephali と腹側域 area ventralis telencephali という2つの発生領域（ドイツ語で Grundgebiete，または英語で migration areas）から生ずるという（Nieuwenhuys, 1998）．

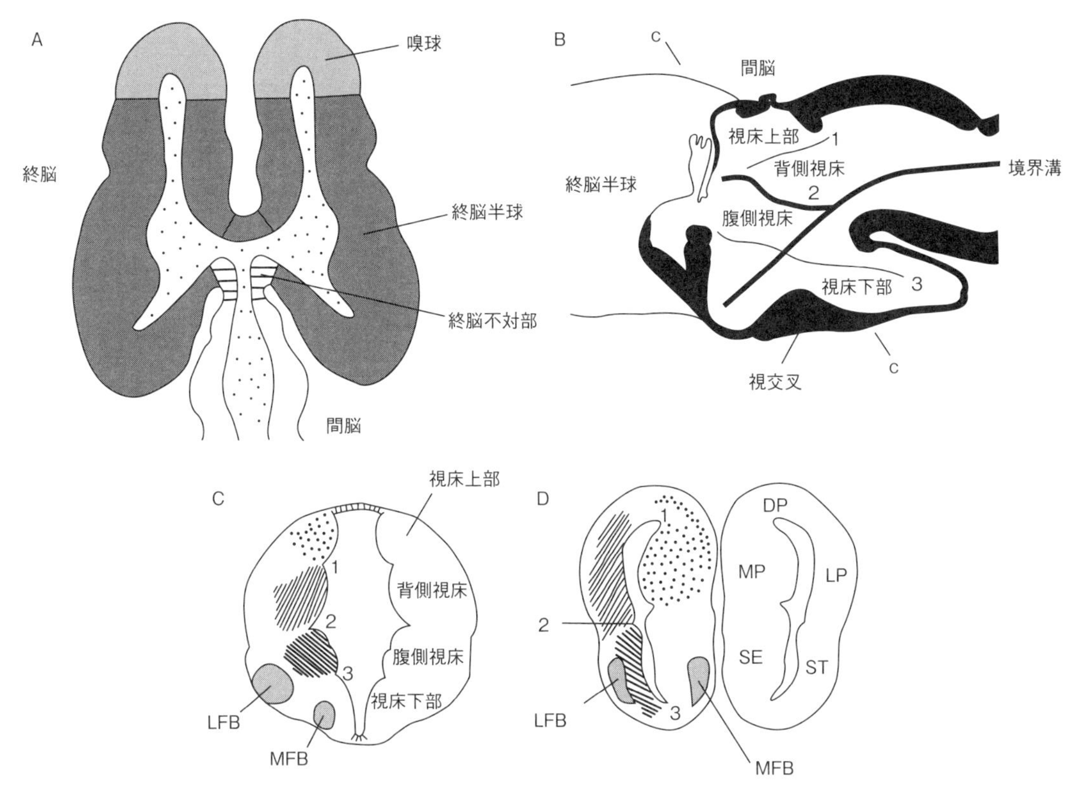

図 5-10　終脳と間脳の区分およびヘリックの機能的概念
両生類成体の終脳の水平断模式図（A），間脳の正中矢状断模式図（B），間脳の横断模式図（C），および終脳半球の横断模式図（D）を示す．A 図は上が吻側．B 図では上が背側，左が吻側（切断面は黒く塗りつぶしてある）．B 図の c は切断線で，これによる切断面が C 図である．ヘリックは間脳の脳室面の溝のうちの 1 つ（B-D 図の 2）が境界溝の二次的な延長であると考えた．図（C と D）では上が背側，下が腹側．ヘリックは間脳の 4 区画（それぞれ異なる模様で示す）が，終脳半球の各部に機能的に連続すると考えた（間脳の区画と同じ模様で示す）．間脳脳室の溝（1-3）も，それぞれ終脳半球の脳室角（1-3）に対応している．略号：DP ＝背側外套，LP ＝外側外套，MP ＝内側外套，SE ＝中隔，ST ＝線条体，LFB ＝外側前脳束，MFB ＝内側前脳束，1 ＝ sulcus diencephalicus dorsalis（間脳の背側溝），2 ＝ sulcus diencephalicus medius（間脳の中間溝），3 ＝ sulcus diencephalicus ventralis（間脳の腹側溝）．Herrick（1910；1962）の図 22，83，84，および図 102 をもとに作図．

間脳は，ヒスの時代には，視床上部 epithalamus，視床 thalamus，そして視床下部 hypothalamus の 3 つの部分に分けられていた．その後ヘリックは，両生類と爬虫類の脳の研究にもとづいて，間脳を 4 つに分けることを提案した（Herrick，1910）．つまり，視床上部，背側視床 thalamus dorsalis，腹側視床 thalamus ventralis，そして視床下部である（図 5-10B）．彼は，間脳の脳室（第三脳室）表面に 3 つの主要な溝が形成されることに着目し（図 5-10B-D の 1-3），これらの溝によって間脳を分けたのである（同図 C）．この間脳の区分法は，現代のほとんどの神経解剖学の教科書で採用されている．

ヘリックは主要な溝のうちの 1 つ（間脳中間溝）が境界溝の二次的な延長であると考えた（同図 B の 2）．つまり彼は，これらの間脳区画と溝が，初期神経管の長軸（境界溝）に沿って平行に（縦向きに）並んでいると考えた．そのため，スウェーデン学派の Bergquist and Källén（1954）などが当時発表していた，「間脳の神経分節は境界溝（長軸）に対して垂直に（横向きに）並んでいる」という，現代から見れば正当な考え方に強力に反対した．

彼は，間脳の 4 つの区画に対応して，終脳半球もいくつかの区画に細分化した（図 5-10D，外套の区分法については第7章を参照されたい）．外套は3つの小区画，DP（背側外套 dorsal pallium），LP（外側外套 lateral pallium），そしてMP（内側外套 medial pallium）に分けられた（Striedter，1997）．外套下部は2つの小区画，SE（中隔 septum）とST（線条体 striatum）に分けられた．

図5-10C，Dで示されているように，4つの間脳区画は，前脳束（図5-10C，DのLFBとMFB）という神経線維束を通じて終脳の関連した領域に機能的に連続している．彼は，間脳中間溝（同図B-Dの2）より腹側にある構造物は運動機能に関与する遠心部であり，間脳中間溝より背側にある残りの部分（特に背側視床）は体性感覚機能に関与する求心部であると提唱した（Herrick，1910）．このヘリックの機能的な考え方は，現代でも正当とされている（Nieuwenhuys，1998）．

間脳区画の並び方に関する異なる見解として，オランダのKeyser（1972）の哺乳類胚についての結果を図5-11にあげる．この論文は，組織切片の再構築および放射性チミジンを用いたオートラジオグラフィー（第7章参照）という，非常に忍耐を要する研究をまとめたもので，全部で181ページ68図版におよぶ大著である．

研究結果からKeyserは，間脳は5つの神経分節から構成されているとした（図5-11Aのs，pp，pa，po，o）．ヘリックの解釈とは異なり，この図では神経管の長軸（境界溝）は1つしかなく，5つの神経分節の大部分が軸に直交して横向きに並んでいることに注意されたい（同図A）．彼は，クッパーの用いた解剖学用語を一部採用して，これらの神経分節を命名した．背側から腹側に向かって，synencephalon（s，シネンセファロン：視蓋前域あるいは視蓋前分節にほぼ対応），parencephalon posterius（pp，後パレンセファロン：背側視床にほぼ対応），parencephalon anterius（pa，前パレンセファロン：腹側視床にほぼ対応），postoptic neuromere（po，視索後分節），そしてoptic neuromere（o，視索分節）である．

また彼は，間脳の中でも基底側（基板と底板のある側）および分節間の境界部などでは特に組織分化が早く進むことを明らかにした（図5-11Bの灰色部分）．その結果，初期神経管にみられる神経分節構造は次第に不明瞭になり変形し，特に間脳の腹側（視床下部にほぼ対応する場所）では多数の小区画を生じる（同図Cのrpr，rso，rpoなど）．また，ヘリックの視床上部に相当する場所（同図Cのet）は，間脳の吻側に縦方向に存在している小区画にすぎないことにも注意してほしい．

7）メダカ神経管の終脳と間脳

本章の最後に，筆者の研究グループによるメダカでの結果（図5-12）を紹介する［Kage et al.（2004），Alunni et al.（2004）も参照のこと］．筆者たちの研究結果は，神経管の長軸と神経分節配置の関係に関しては，Bergquist and Källén（1954），Keyser（1972），そしてPuelles（2001）の解釈を支持する（Kage et al.，2004）．

ヘリックが重要視した脳室内面の溝は，メダカ胚では不明瞭であった．そこで，筆者のグループは発生遺伝子の発現を第1の手がかりにした．*bf1*遺伝子が終脳全体に発現していることは，前述の通りである．終脳と間脳を細分化するために*zic5*，*otx1*，*dlx2*，*emx2*，*pax6*（いずれも転写因子をコードする），そしてソニックヘッジホッグ遺伝子の発現パターンを調べた（図5-12A-D）．第2の手がかりは，どの動物の脳にも共通にみられる，神経線維束の通過位置などの解剖学的目印である（神経線維の発生については第8章を参照されたい）（Ishikawa et al.，2004）．ただし，これらの解剖学的目印の多くは，発生がある程度進まないとわからない．

メダカ（真骨類）の終脳は，膨出型ではなく外翻型の形成方式をとるので（図3-14参照），

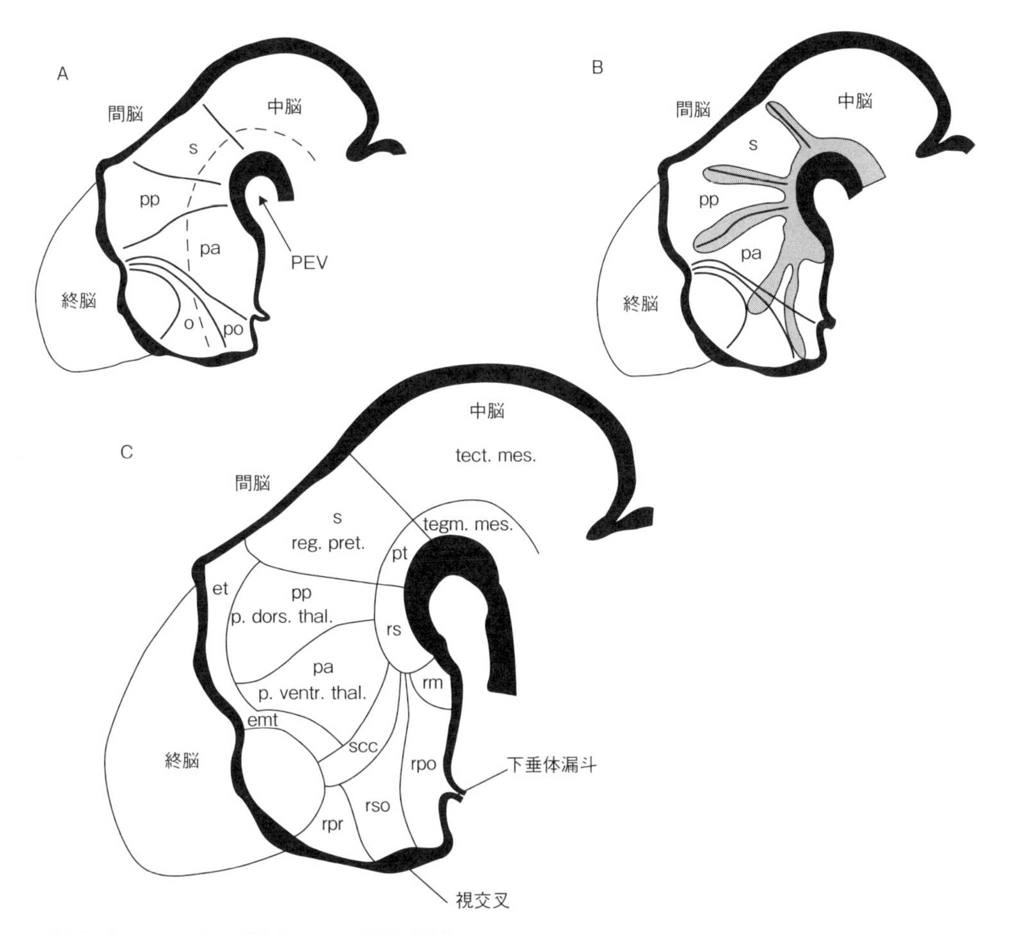

図 5-11　哺乳類（ハムスター）の神経管における間脳の区分
間脳の神経分節（A），細胞分化が早く進行する領域（B），そしてこれらを組み合わせた間脳の発生単位（C）を示す．14 日胚の神経管の矢状断模式図（切断面は黒く塗りつぶしてある）．図の上が背側，左が吻側．向こう側の終脳半球の表面が吻端にみえる．A の破線が神経管の長軸（境界溝）．B の灰色部分は，細胞分化が早く進行する領域．C は Keyser（1972）による間脳の小区画（発生単位）を示す．略号：emt ＝視床隆起 eminentia thalami，et ＝視床上部，o ＝視索分節，pa ＝前パレンセファロン，p. dors. thal. ＝背側視床部，PEV ＝脳の腹側ひだ，po ＝視索後分節，pp ＝後パレンセファロン，pt ＝前赤核領域の被蓋 prerubral tegmentum，p. ventr. thal. ＝腹側視床部，reg. pret. ＝視蓋前域領域，rm ＝乳頭体領域，rpo ＝視索後領域，rpr ＝視索上領域，rs ＝視床下領域 regio subthalamica，rso ＝視索前領域，s ＝シネンセファロン，scc ＝視床下細胞索 subthalamic cell cord，tect. mes. ＝中脳蓋，tegm. mes. ＝中脳被蓋．Keyser（1972）の図 48，49，および図 66 をもとに作図．

傍正中矢状断面では，中空性ではなく「かたまり状」の終脳が見える（図 5-12）．

まず第 1 に，終脳全体は長軸に対して垂直に（横向きに）並ぶ 2 つの神経分節から構成されている（Kage et al.，2004；図 5-12E の T1 と T2，その境界は破線）．T1（背側の分節）には，*emx2* と *pax6* 遺伝子が強く発現し，T2（腹側の分節）には，これらの遺伝子がほとんど発現しない（図には示されていない）．これらは，それぞれスウェーデン学派のいう背側域と腹側域の終脳 Grundgebiete（前節参照）に対応するものと考えられる．

第 2 に，*zic5*，*otx1*，そして *dlx2* 遺伝子の発現によって，終脳はさらに 3 つの領域に細分化される（図 5-12A-C）．嗅球には *zic5* 遺伝子が発現している（同図の BO）．この時期の嗅球は，比較的大きく，終脳吻端部に存在する．外套には *otx1* と *zic5* 遺伝子が発現している（同図の P）．外套下部（同図の SP）と終脳不対部（同図の TIP）には *dlx2* 遺伝子が発現している．外

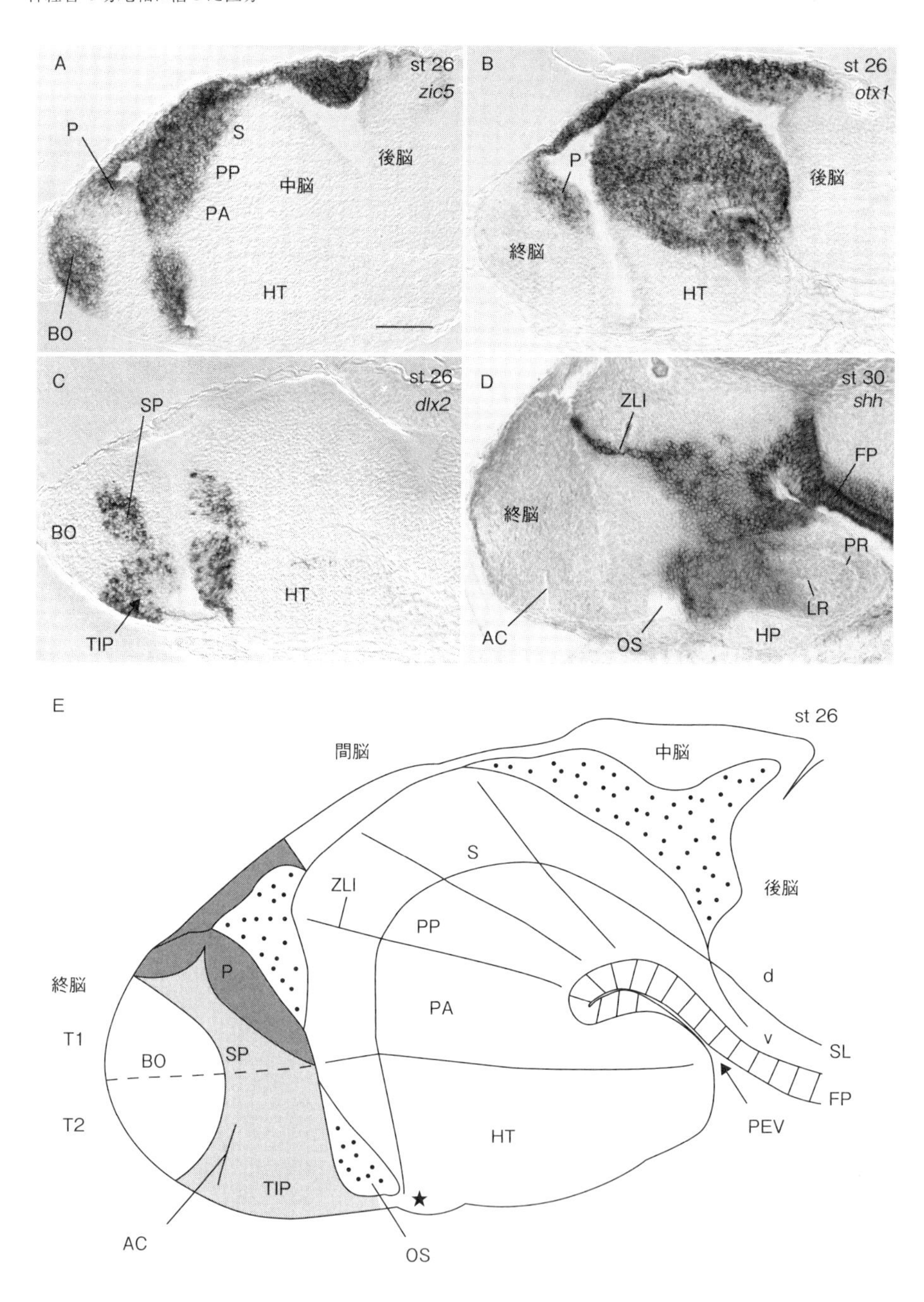

図5-12　メダカの神経管における終脳と間脳の区分

遺伝子発現を可視化（黒色部）した胚の傍正中矢状断面の写真（A-D），およびこれらの結果などから解釈した神経管吻側部の区分（E）を示す．A（*zic5* の発現），B（*otx1* の発現），C（*dlx2* の発現），そしてE（模式図）の胚はすべてステージ26．D（*shh* の発現）では，解剖学的目印を示すためにステージ30の胚を示した．図の上が背側，左が吻側．模式図（E）では，外套に相当する *zic5* と *otx1* の発現領域を濃い灰色であらわし，*dlx2* の発現領域（外套下部と終脳不対部）を薄い灰色で示す．破線は終脳分節間の境界を，間脳内の横向き実線は間脳分節間の境界をあらわす．終脳分節間の境界は，間脳分節間の境界（HT/PA）に連続している．★は境界溝（SL）の吻側端．略号：AC＝前交連，BO＝嗅球，d＝神経管の背側（翼板），FP＝底板，LR＝外側陥凹，HT＝視床下部分節，HP＝下垂体，OS＝眼茎の基部，P＝外套，PA＝前パレンセファロン分節，PEV＝脳の腹側ひだ，PP＝後パレンセファロン分節，PR＝後陥凹，S＝シネンセファロン分節，SL＝境界溝，SP＝外套下部，T1＝終脳分節1，T2＝終脳分節2，TIP＝終脳不対部，v＝神経管の腹側（基板），ZLI＝間脳内境界ゾーン．スケールバーは50 μm．Kage et al.（2004）の図12，14，16，およびIshikawa et al.（2007）の図2をもとに新たに作図．

套下部／終脳不対部の境界は，前交連 anterior commissure（同図の AC）という神経線維束の通過経路である．交連 commissure とは，左右の脳領域を結ぶ神経線維束のことをいう．このように，メダカ胚の終脳は，一般の脊椎動物と同様に，嗅球，終脳半球（外套と外套下部），そして終脳不対部の 3 部分に区分できる．ヘリックがしたように，外套と外套下部をさらに細分化することは，ここでは行わない（外套の細分化については第 10 章を参照されたい）．

メダカの間脳は，2003 年版の前脳分節モデル（Puelles and Rubenstein，2003）と同様に，4 つの神経分節に分けられる（Kage et al., 2004）．これらの分節は脳長軸（境界溝に相当）に対して直交して（横向きに）並んでいる（図 5-12E）．筆者のグループは，Keyser（1972）と Nieuwenhuys（1998）に従い，背側から腹側に向かってシネンセファロン分節（同図の S），後パレンセファロン分節（同図の PP），前パレンセファロン分節（同図の PA），そして視床下部分節（同図の HT）と命名した．

シネンセファロン分節の尾側境界は，後交連 posterior commissure という神経線維束の通過経路である．シネンセファロン分節と後パレンセファロン分節との間の境界には，反屈束 fasciculus retroflexus という神経線維束が通過して両者を分ける．後パレンセファロン分節と前パレンセファロン分節との間の境界には，ZLI（間脳内境界ゾーン）が鋭く入り込んでいる（図 5-12D）．前パレンセファロン分節と視床下部分節は，*otx1* 遺伝子の発現によって明確に区別できる（図 5-12B）．すなわち，視床下部分節には *otx1* 遺伝子が発現していないのに対して，前パレンセファロンから中脳までのすべての領域には *otx1* が発現している．重要なことに，前パレンセファロン分節／視床下部分節の境界（PA/HT）は，終脳分節間の境界（T1/T2）に連続している．

なお，これらすべての間脳神経分節は，神経管の境界溝（図 5-12E の SL）によって翼板つまり背側部（d）と，基板つまり腹側部（v）に 2 分される．そのため，間脳は全部で 8 つの小区画に分けられることになる（Kage et al., 2004）．

この小区画の背側の一部は，視床上部という領域に将来分化してゆく．次章では，この視床上部を中心にして，脳の左右軸に沿った変異について述べる．

参考文献

Affaticati P, Yamamoto K, Rizzi B, Bureau C, Peyrieras N, Pasqualini C, Demarque M, Vernier P (2015) Identification of the optic recess region as a morphogenetic entity in the zebrafish forebrain. Sci Rep 5: 8738.

Alunni A, Blin M, Deschet K, Bourrat F, Vernier P, Retaux S (2004) Cloning and developmental expression patterns of *Dlx2*, *Lhx7* and *Lhx9* in the medaka fish (Oryzias latipes). Mech Dev 121: 977-983.

Bergquist H, Källén B（1954）Notes on the early histogenesis and morphogenesis of the central nervous system in vertebrates. J Comp Neurol 100: 627-659.

Crossley PH, Martinez S, Martin GR (1996) Midbrain development induced by *fgf8* in the chick embryo. Nature 380: 66-68.

Echevarría D, Vieira C, Gimeno L, Martínez S (2003) Neuroepithelial secondary organizers and cell fate specification in the developing brain. Brain Res Brain Res Rev 43: 179-191.

Herrick CJ (1910) The morphology of the forebrain in amphibia and reptilia. J Comp Neurol 20: 413-547.

Herrick CJ (1962) Neurological Foundation ofAanimal Behavior. New York: Hafner Publishing Co. これは復刻版で，原書は 1924 年に Henry Holt and Co. から出版されている．

Hirose Y, Varga ZM, Kondoh H, Furutani-Seiki M (2004) Single cell lineage and regionalization of cell populations during medaka neurulation. Development 131: 2553-2563.

Inohaya K, Yasumasu S, Ishimaru M, Ohyama A, Iuchi I, Yamagami K (1995) Temporal and spatial patterns of gene expression for the hatching enzyme in the teleost embryo, *Oryzias latipes*. Dev Biol 171: 374-385.

Ishikawa Y (1997) Embryonic development of the medaka brain. Fish Biol J Medaka 9: 17-31.

Ishikawa Y, Yoshimoto M, Yamamoto N, Ito H, Yasuda T, Tokunaga F, Iigo M, Wakamatsu Y, Ozato K (2001) Brain structures of a medaka mutant, *el* (*eyeless*), in which eye vesicles do not evaginate. Brain Behav Evol 58: 173-184.

Ishikawa Y, Kage T, Yamamoto N, Yoshimoto M, Yasuda T, Matsumoto A, Maruyama K, Ito H (2004) Axonogenesis in the medaka embryonic brain. J Comp Neurol 476: 240-253.

Ishikawa Y, Yamamoto N, Yoshimoto M, Yasuda T, Maruyama K, Kage T, Takeda H, Ito H (2007) Developmental origin of diencephalic sensory relay nuclei in teleosts. Brain Behav Evol

69: 87-95.

Kage T, Takeda H, Yasuda T, Maruyama K, Yamamoto N, Yoshimoto M, Araki K, Inohaya K, Okamoto H, Yasumasu S, Watanabe K, Ito H, Ishikawa Y (2004) Morphogenesis and regionalization of the medaka embryonic brain. J Comp Neurol 476: 219-239.

Keyser S (1972) The development of the diencephalon of the Chinese hamster. Acta Anat (Basel) suppl 59/1 (83): 1-181.

Kiecker C, Lumsden A (2005) Compartments and their boundaries in vertebrate brain development. Nat Rev Neurosci 6: 553-564.

von Kupffer C (1906) Die morphogenie des centralnervensystems. In: Handbuch der Vergleichenden und Experimenttellen Entwicklungslehre der Wirbeltiere (Hertwig O(ed)), Vol 2, part 3, pp 1-272. Jena: Fischer.

Nieuwenhuys, R (1998) Morphogenesis and general structure. In: The Central Nervous System of Vertebrates (Nieuwenhuys R, Donkelaar HJT, Nicholson C(eds)), vol 1, pp 159-228. Berlin: Springer-Verlag.

Pasini A, Wilkinson DG (2002) Stabilizing the regionalisation of the developing vertebrate central nervous system. Bioessays 24: 427-438.

Puelles L (2001) Evolution of the nervous system. Brain Res Bull 55: 695-710.

Puelles L, Rubenstein JL (2003) Forebrain gene expression domains and the evolving prosomeric model. Trends Neurosci 26: 469-476.

Puelles L, Rubenstein JL (2015) A new scenario of hypothalamic organization: Rationale of new hypotheses introduced in the updated prosomeric model. Front Neuroanat 9: 27.

Schmitt EA, Dowling JE (1994) Early eye morphogenesis in the zebrafish, *Brachydanio rerio*. J Comp Neurol 344: 532-542.

Striedter GF (1997) The telencephalon of tetrapods in evolution. Brain Behav Evol 49: 179-213.

ラリー・スワンソン（著），石川裕二（訳）（2010）「ブレイン・アーキテクチャ」，東京大学出版会，東京.

宮田卓樹，山本亘彦（編）（2013）「脳の発生学」，化学同人，京都.

J. Langmann（著），沢野十蔵（訳）（1982），「人体発生学」（第4版），医歯薬出版，東京.

コラム 13　下垂体の発生と脳の屈曲

下垂体 hypophysis は内分泌系の中心的存在であるばかりではなく，脳の形態形成の面からも注目すべき存在である．

下垂体は 19 世紀のラトケ Martin Heinrich Rathke（1793-1860）の研究によって，まったく異なる 2 つの胚領域から発生することが明らかになっていた．2 つの領域とは，①口窩からの外胚葉性の突出物（ラトケ嚢 Rathke's pouch とよばれ，後で腺性下垂体つまり前葉となる），および②間脳の一部である漏斗 infudibulum（後で下垂体柄と神経葉つまり後葉を形成する）である．

ラトケ以来，ラトケ嚢は口窩の外胚葉由来であると 200 年近く信じられてきた．しかし両生類の実験的研究によって，Kawamura and Kikuyama（1992）はラトケ嚢が neural ridge（neural fold 神経褶；神経板の周縁部）の吻側部分に由来することを明確にした．つまりラトケ嚢は，口窩の外胚葉ではなくて，プラコード性外胚葉に由来する．

しかもこの外胚葉部分は，神経板の漏斗予定領域の吻側に位置している．したがって神経板の時期には，ラトケ嚢予定領域と漏斗予定領域は連続的に吻尾方向に並んでいることになる．その後の発生では，両者の移動経路は異なるが，両者は最終的には再び合流する．このように下垂体は，本来，外胚葉の中で連続的に存在していた組織に由来している．

下垂体は，神経管の屈曲にも重要な機能を果たしていると思われる．ヒスは，神経管を中程度の伸縮性をそなえたゴム製のチューブに例え，下垂体が固定点となって神経管の頭屈が生じると説明した（グールド，1987）．この屈曲の結果，脳の本来の最吻端部であった間脳吻側部は，脳の腹側に位置することになる（第 5 章）．

Kawamura K, Kikuyama S (1992) Evidence that hypophysis and hypothalamus constitute a single entity from the primary stage of histogenesis. Development 115: 1-9.
スティーヴン・J・グールド（著），仁木帝都，渡辺政隆（訳）（1987）「個体発生と系統発生」，工作舎，東京．

第6章
神経管の左右軸に沿った変異

言語は黒曜石の鋭く割った刃と同じ，恐ろしい道具である．……

マルグリスとセーガン（『ミクロコスモス』から；田宮信雄の訳による）

「左と右」は文化的・宗教的にしばしば問題になるうえ，自然科学の様々な分野でも大きな関心が払われてきた（ガードナー，1992；マクマナス，2006）．「左と右」という言葉は，「向かって左あるいは右」という場合のように，混乱しやすいものである．そこで，解剖学では「左」と「右」を「その動物自身から見た場合」の左右と定義している．人間の場合は，大多数の人で心臓のある側が左側となる．魚の場合は，吻側を前方に向けて，背面から見た左右ということになる．

左右相称動物とは，体の正中線（中心線）に関して左右が鏡像対称を示す動物群で，扁形動物，昆虫，そして脊椎動物などがその中に含まれる（第1章参照）．左右相称動物は巨視的には左右対称であるが，細かく見るとそうではない部分がある．例えば心臓や腹部内臓の配置などは，左右非対称なのが普通である．

脳も巨視的には左右対称であるが，微視的なレベルでは非対称の部分がある．ヒトの脳で有名なのは，言語中枢が多くの場合大脳半球の左側に存在することであろう（杉下，1983；萬年・岩田，1992）．実際，左側の側頭葉の一部は，右側の対応部よりやや大きく発達していることが多い．言語以外の機能についても左右差があることが知られているが，その差はそれほど大きくはないようである（八田，2013）．なお，ヒトばかりではなく，鳥類とイルカでは左右の大脳半球が機能的にかなり独立していることが知られている．例えばマガモなどでは，左右の半球が交替に睡眠をとるという（Rattenborg et al., 1999）．

しかし，生物学的な左右差には必ずと言っていいほど例外が存在する．約90％の人間は右手利きだが，約10％の人間は左手利きや，両手利きである．言語中枢も右側の大脳半球に存在することがあり，左右差には必ず「多くの場合」という「ただし書き」をつけなければならない．不思議なことに，左右差にはある程度の自由度があるのだ．

本章では，4つのことを述べる．まず第1に，体の左右非対称の発生についてわかってきたことを簡潔に説明する．第2に，視床上部（真骨類の脳で左右差が見られる領域）の構造について解説する．第3に，メダカの視床上部における左右差の発生について述べ，その生物学的意義を考える．最後に，神経管が巨視的には左右対称性を維持していることについて，あるメダカの突然変異体を紹介しながら考察する．

1）体の発生における左右非対称

本節では，体の左右非対称の発生について説明する．

まず体の左右対称性とそれが破れている状態について整理しておこう．脊椎動物の前肢（手）を例にとると，左手と右手は回転しない限り重ね合わせることができないので，異なることは明らかである．しかしこれは，左右が本質的に異なるからではない．左右の手は体の正中線に関して互いに鏡像対称になっているだけなので，手の発生過程そのものが左右で違うわけではない．

この鏡像的な左右対称性が破れる場合には，大きく分けて2種類ある（図6-1）．1つはヒトの脳の言語中枢や心臓などのように，左右の一方側だけに存在するような場合で「利き手非対称 handed asymmetry（または fixed asymmetry）」という（Brown and Wolpert，1990；Palmer，2009）．ヒラメやカレイなどの真骨類（異体類 flatfishes と総称する）では両眼が頭の片方側に寄っているが（図6-1A），これも「利き手非対称」の例である（Policansky，1982）．ヒトの肺のように，左右両側に存在するけれど左右で形や大きさが一貫して異なるものも，この部類に属する．一般に「利き手非対称」では，偏る方向が子孫に遺伝する．これらの場合，何らかの仕組みによって「左側性 leftness」と「右側性 rightness」が本質的に区別されていて，両者は異なるように発生する．

もう1つの種類の破れは，カニ（シオマネギ）

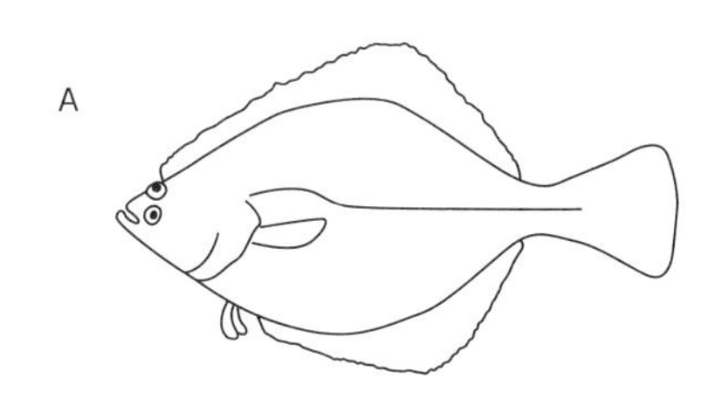

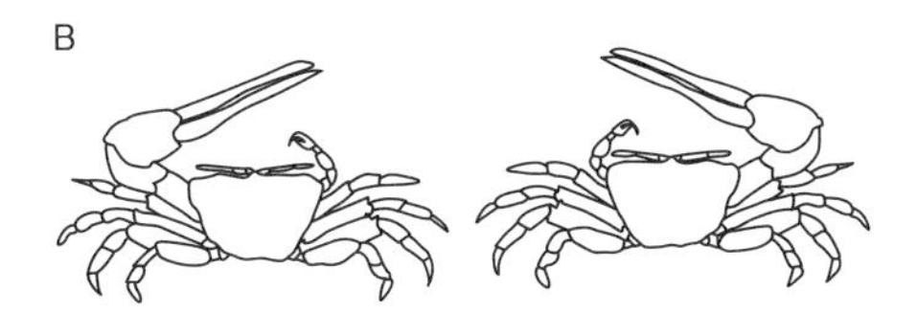

図6-1　利き手非対称とランダム非対称
ヌマガレイ（A）とシオマネギ（B）の背側面を示す．カレイなどの異体類では，左右のうちの一方側に両眼が寄る（利き手非対称）．それに対してシオマネギなどでは，左右のどちらかのハサミが大きいけれども，左側が大きくなる個体と右側が大きくなる個体は，集団中に50％ずつランダムに存在する（ランダム非対称）．

のハサミのように左右のどちらかの一方が大きくなるような場合で（図6-1B），「ランダム非対称 random asymmetry」という（Brown and Wolpert，1990）．この場合も左右非対称ではあるが，「左側性」と「右側性」という一貫した区別はなく，左右のどちらがそうなるのかは無差別で，50％ずつである．片方には偏るけれども，左側性と右側性の区別がない場合と言ってよいだろう．一般に「ランダム非対称」の場合，偏る方向は遺伝しない．つまり，左に偏った者同士を選んでかけ合わせても，子孫はまた「ランダム非対称」になってしまう．

この2種類の非対称のうちの「利き手非対称」が生じる分子的なしくみがわかりはじめたのは，20世紀の終わり頃であった（Belmonte，1999）．研究されたすべての脊椎動物で，動物種によって細かいところでは異なるが，大多数の胚で体の左側のみにノーダル Nodal などの一連のシグナル分子が発現されていることが発見された．ノーダルとは，BMP と同じく，形質転換増殖因子（TGF-β）ファミリーに属するシグナルタンパク質である．重要なことに，左側のノーダル遺伝子の発現を人為的に消失させたり（両側で発現しないことになる），右側にも発現させたりすると（両側で発現することになる），心臓などの「利き手非対称」が「ランダム非対称」になってしまう．つまり，左右非対称性には変わりないものの，偏る方向がランダム化する（randomize という）．このシグナルタンパク質の片側での発現こそが，「左右の偏り（利き手非対称）」をもたらしていることになる．

魚類の異体類は，胚の時期では他の魚と同様に左右対称であるが，発生が進み変態時になると片方の眼が反対側に移動しはじめ，頭の骨格や色素分布も変化して「利き手非対称」になる（Policansky，1982；Suzuki et al.，2009）．鈴木徹（東北大学）の研究グループによって，この非対称形成過程にもノーダルシグナルが働いていることが発見された（Suzuki et al., 2009）．他の魚と同様に，異体類の胚でもノーダルシグナルは左側に一過性に発現する．しかしユニークなことに，発生が進み変態の直前になると，異体類ではノーダルシグナルが左側に再発現する．この2回目のノーダルシグナル遺伝子の発現を人為的に消失させると，眼などの左右非対称性がやはりランダム化する（Suzuki et al., 2009）．

この「左右方向の偏り」をもたらす，一連の連鎖分子反応（カスケード cascade）については現在研究が進展中である（Gilbert, 2010）．その結果，ノーダル，ソニックヘッジホッグ，Notch（膜タンパク質のシグナル分子で Deltha タンパク質などと結合した時に，その一部が切断され，切断部分が転写因子になる），Pitx2（グースコイドに関連した転写因子），Lefty（TGF-βファミリーに属するタンパク質），そして FGFs などの多数の転写因子やシグナル分子が関わっていることが知られるようになった．このカスケードの構成分子には，動物によってかなり変異がある（Palmer, 2004）．

それでは，そもそも，なぜノーダルシグナルは左側でのみ発現するのだろうか？　廣川信隆（東京大学）の研究グループの Nonaka（野中茂紀）et al. は，この疑問に答える重要な発見をした（Nonaka et al., 1998；Hirokawa et al., 2006）．彼らは，キネシンという細胞内物質輸送に関わるタンパク質を研究していたが，この遺伝子を欠損させたマウス（ノックアウトマウス）で，意外なことに，内臓などの「利き手非対称」がランダム化したのである．その原因を探っていくと，ヘンゼンの原始結節（哺乳類の一次オーガナイザー）近傍の腹側結節 ventral node という器官の単線毛 monocilia がほとんど欠如していることがわかった．キネシンがないと，腹側結節の単線毛が形成されないのである．それでは，正常の場合腹側結節の線毛は何をやっているのだろう．調べてみると，驚いたことに，これらの線毛は一定方向に回転しており，左向きの細胞外液の流れ（ノード流）をつくりだしていたのである．ノックアウトマウスでは，ノード流がなくなってしまっていたのだ．実際，人為的にノード流を乱すと，内臓などの左右非対称がランダム化する．したがって哺乳類では，左向きのノード流が形態形成原を左側だけに集め，左右非対称形成の根本的な原因となっていると考えられた（Hirokawa et al., 2006）．

他の脊椎動物の綱でも，オーガナイザーの近傍に単線毛をもつ器官があり，左向きのノード流がつくられていることが発見された（Essner et al., 2005）．魚類では，オーガナイザーの胚盾ではなく，クッパー胞（図2-5参照）という尾部の袋状の器官がそれに相当する（Essner et al., 2005；Hirokawa et al., 2006；Hojo et al., 2007）．クッパー胞とは，神経胚に一過性に生じる構造物で，魚類に特有な胚器官である．その機能は長い間謎のままであったが，Essner et al.（2005）は体の左右非対称をつくるための器官だと考えている．

しかし，ノード流が左右非対称をつくり出すのは，哺乳類に特有な現象だという知見がある（Hirokawa et al., 2006；Levin and Palmer, 2007）．両生類と魚類などの胚では，卵割期という発生のずっと早い段階で（母性遺伝子が働いている時期で），H^+/K^+-ATPase という酵素などの分布に左右差がある（Kawakami et al., 2005）．そして，この時期に H^+/K^+-ATPase を阻害すると，後で左右軸の形成異常が生じる．したがって哺乳類とは異なり，両生類と魚類などの胚では，早期と後期の2段階の，あるいは2種類の並行的な，左右非対称形成メカニズムがあるのかもしれない（Hirokawa et al., 2006）．

2）視床上部の一般的構造

ここからは，脳についての話に入ろう．

本節では，間脳の小区画の1つである，視床上部について解説する．

メダカ（真骨類）の脳の中で，左右の「利き手非対称」が明確に見られるのは，視床上部のみである．視床上部の中でも，手綱（たづな）という領域（すぐ後で説明する）に「利き手非対称」がみられる（後出する図6-7C参照）．

このような手綱の「利き手非対称」は，真骨類だけではなく，無顎口上綱を含む広範な脊椎動物一般に存在する（Concha and Wilson, 2001）．ただし，手綱の「利き手非対称」の方向性（右か左）に関しては，系統発生的に一貫性がない（Concha and Wilson, 2001）．また，ヒトを含む哺乳類と鳥類のほとんどの種では，手綱は左右対称である．

視床上部という背側の脳領域は，脳の中でも最も変異に富む場所の1つである（図6-2）．視床上部は，間脳の神経分節のうちの後パレンセファロン分節およびシネンセファロン分節の背側部（蓋板と翼板）から発生する（同図AとB）．また，この領域からは，様々な種類の脳室周囲器官circumventricular organという構造物が形成される（同図Cのcpやpapなど）．脳室周囲器官とは，脳室空間に隣接し，脳血管系と密接に連絡している小さな脳付属構造物の総称である（Tsuneki, 1986；Vigh et al., 2004）．

蓋板は，脳の様々な場所で薄く伸展し，細胞1個の層（単層上皮という）になる．薄くなった膜状の蓋板は，上皮性脈絡板とよばれ，脳室と脳外部とを直接的にも間接的にも連絡する場所になっている．上皮性脈絡板には，多くの場合，脈絡叢choroid plexusという構造が伴う（同図Cのcp）．脈絡叢とは，上皮性脈絡板が脳を包む膜（軟膜pia mater）および血管とともに脳室中に突出した構造物で，重要な脳室周囲器官の1つである．脈絡叢からは脳脊髄液が分泌され，それが脳室腔を満たしているからである．

視床上部の重要な脳領域としては，手綱habenula，松果体pineal body，そして副松果体parapineal bodyがある（図6-2C）．松果体と副松果体を，まとめて松果体複合体pineal

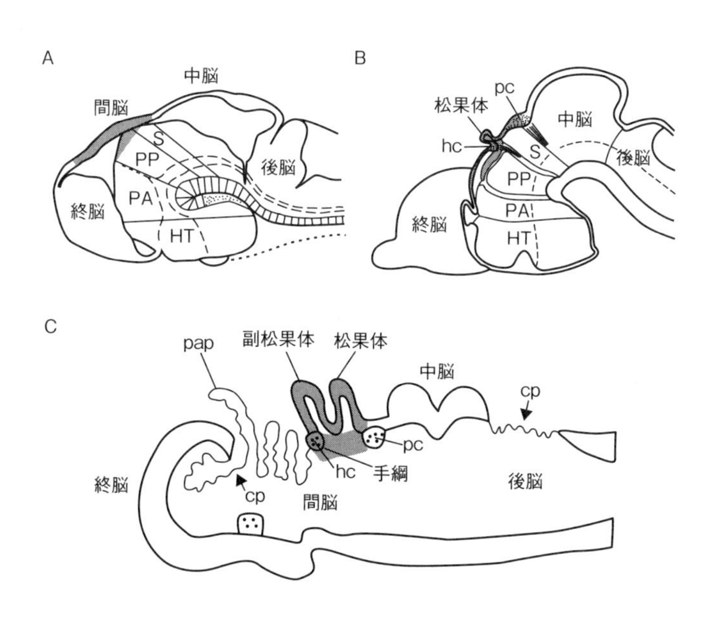

図6-2　視床上部と脳室周囲器官

ファイロタイプ段階のメダカの神経管（A）と哺乳類の神経管（B）の傍正中矢状断面を示す．一般的な脊椎動物の脳全体の正中矢状断面も概念的模式図で示した（C）．図の左が吻側，上が背側．図の灰色の部分が視床上部に相当する．略号：cp＝脈絡叢，hc＝手綱交連，HT＝視床下部，PA＝前パレンセファロン，pap＝傍生体，pc＝後交連，PP＝後パレンセファロン，S＝シネンセファロン．B図はNieuwenhuys（1998）の図4.53をもとに作図．

complex と総称する.

手綱領域はすべての脊椎動物に存在する. ヒトでは, 手綱は視床の背側に膨隆する神経線維束で, 間脳を上からのぞきこむと「馬のたずな」のように見えることから命名された（図 6-3B）. 手綱の線維の一部は反対側に向かって交叉し, 手綱交連 habenular commissure（図 6-3 の hc）を形成する. 手綱交連近傍の手綱三角という場所には, 手綱核 habenular nucleus という神経細胞集団（神経核）が存在しており, これが他の動物での手綱領域に相当する. 神経核 nucleus というのは, 集塊状の神経細胞集団のことである. 手綱核は中継核 relay nucleus の一種で, 終脳からの情報を受け取り, 反屈束という神経線維を出して, その情報を後脳の脚間核 interpeduncular nucleus に中継する. 手綱と手綱核は, 辺縁系 limbic system という機能系の一部となっている（コラム 14 参照）. 辺縁系とは, 情動行動, 性行動, そして記憶形成などに関与するもので, 終脳の大辺縁葉, 海馬 hippocampus, そして扁桃体 amygdaloid body という領域を中心に構成されている（萬年･岩田, 1992；ステュワード, 2004）.

松果体はほとんどの脊椎動物に存在するが, その機能は進化の過程で著しい変化を示す（コラム 15 参照）. 魚類, 両生類, そして爬虫類では松果体は光受容器であるが, 哺乳類では光受容性を失い, メラトニンを分泌する内分泌器官（概日リズムに関係する）となっている. ヒトの松果体は, 第三脳室の天井後部から, 四丘体槽（クモ膜下腔 subarachnoid space の一部：すなわち, 脳のクモ膜 arachnoid mater, 中脳, そして小脳吻側部などに囲まれた空間）とよばれる間隙の中にぶら下がっている（図 6-3）. 一方, 魚類などでは吻背側に向かって突出している（図 6-4）.

副松果体は松果体の近傍に存在し, これもまた単一の（不対の）器官である（図 6-4D）. 手綱および松果体とは対照的に, 副松果体は一般に退化的で, 鳥類と哺乳類には存在しない（Concha and Wilson, 2001）. また, 副松果体の存否は同じ綱の中でも不定で, 爬虫類, 両生類, そして魚類のいくつかの現生種には存在しない（Tsuneki, 1986）. 実際, 真骨類の中でも進化的に古い形質を残しているサケ類では副松果体があるが（Holmgren, 1965；図 6-4D）, メダカ成魚では独立した副松果体はない（図 6-4A-C）. ただし, 後述するように, メダカでも胚の時期には独立した副松果体が存在する.

松果体複合体（松果体と副松果体）は, 系統

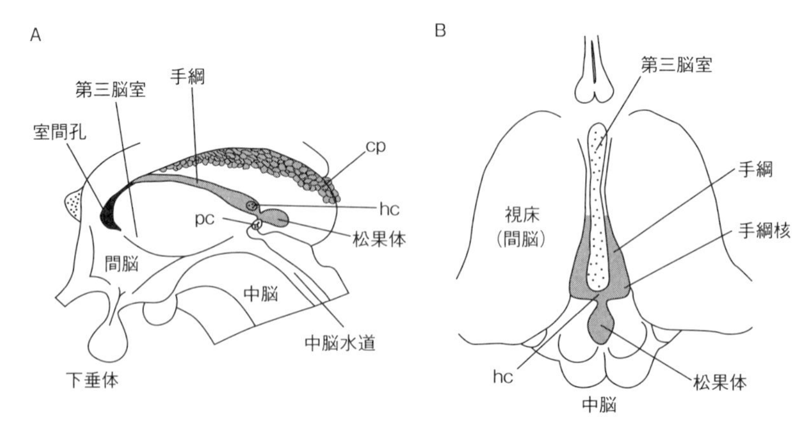

図 6-3　ヒトの視床上部
間脳の構造を模式的に示す. 大脳は取り除いてある. A は正中断面で, 図の左が吻側, 上が背側. B は間脳を真上（背側）から見た模式図で, 図の上が吻側. 手綱, 手綱核, 松果体などが視床上部に属する（灰色部）. 略号：cp ＝第三脳室脈絡叢, hc ＝手綱交連, pc ＝後交連.

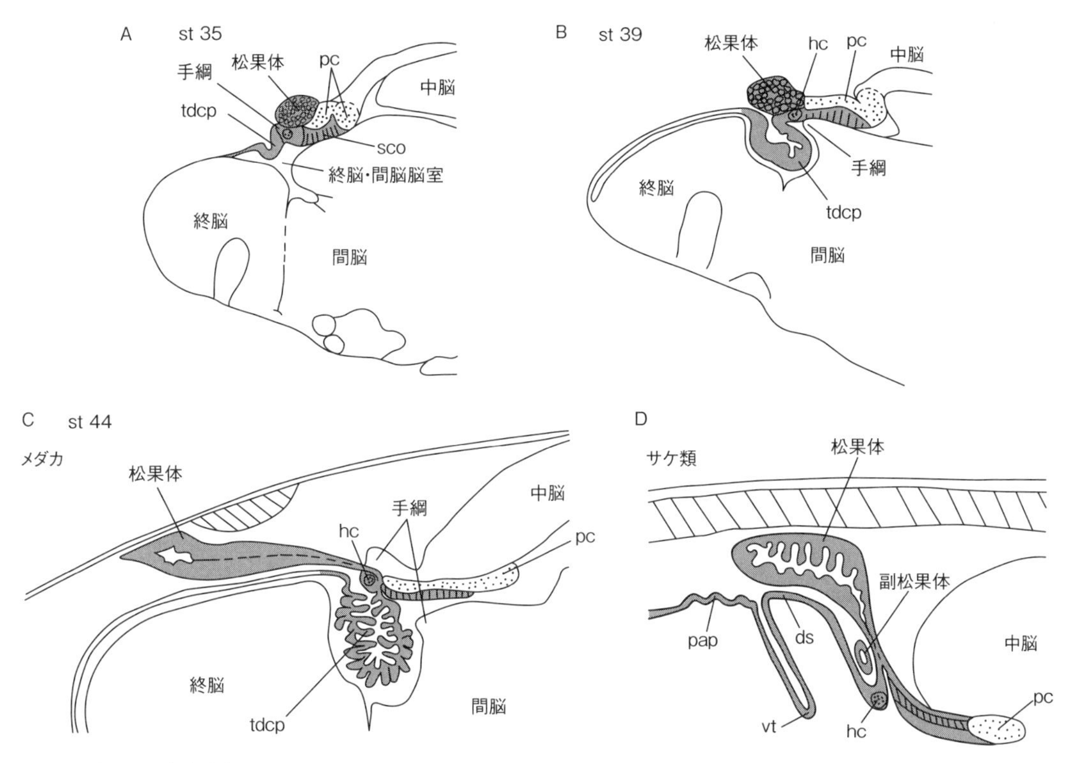

図6-4　真骨類の視床上部

メダカの視床上部の発生（A-C）とサケ成魚の視床上部（D）を模式的に示す．図はほぼ正中断面で，左が吻側，上が背側．灰色の部分が視床上部に相当する．メダカでは，サケ類の場合と異なり，薄い膜状構造物は終脳・間脳脈絡叢（tdcp）のみであり，独立した副松果体はない．メダカの松果体は，孵化時までは球状の袋であるが，その後，吻背側に向かって細長く伸長する．点を打ってある部分は，交連する神経線維の断面を示す．略号：ds ＝背嚢，hc ＝手綱交連，pap ＝傍生体，pc ＝後交連，sco ＝交連下器官，tdcp ＝終脳・間脳脈絡叢，vt ＝横帆．D は Holmgren（1965）の図 6 をもとに作図．

発生的には光受容に深く関係している．私たちヒトを中心に考えると，光は左右一対の眼（外側眼）からのみ受けとられるのが当たり前に思える．しかし，非哺乳類では脳や体の様々な場所に光感受性の細胞群が多数存在し，それらが実際に機能している．動物は，いわば全身全脳で光を受容して季節や概日リズムを感じるのだ．これらの細胞群は網膜外光受容系 extraretinal photoreceptive system と総称される（Hartwig and Oksche，1982）．この系が最もよく発達している部位の 1 つが，この松果体複合体である．驚くことに，松果体複合体の一部が実際に第 3 の眼になっている現生動物までいる（コラム 16 参照）．

なお視床上部の構造は，同じ真骨類の中でもかなり違いがある．副松果体の存否もそうだが，膜状の脳室周囲器官の様相が特に異なる．例えば，サケ類では背側に突出した背嚢（図 6-4D の ds），傍生体（同図の pap），そして腹側に落ち込んだ横帆（同図の vt）が存在するが，これらのすべてはメダカには存在しない．メダカの膜状の脳室周囲器官は，終脳・間脳脈絡叢（図 6-4A-C の tdcp）のみである．

コラム14　ブロカと辺縁系

辺縁系という名称は，19世紀のフランスの外科医，ブロカ Pierre Paul Broca（1824-1880）による［以下，萬年・岩田（1992）による］．彼は，脳幹に近い大脳半球の領域を，脳幹辺縁部の大脳皮質という意味で大辺縁葉 le grand lobe limbique とよんだ．

この概念は，様々な哺乳類（とくに中心となったのはカワウソ）の脳の比較解剖学から得られた．彼は，ネズミからヒトまで，大脳皮質には共通して大辺縁葉の構造が見られることを発見した．彼は大脳皮質全体を大きく2つの領域に分け，嗅覚などを担当する大辺縁葉を「下等な部分」，残りのすべての大脳皮質を「知的な部分」と考えた．このように大辺縁葉とは，もともとは大脳皮質の一部分であった．しかしその後，情動 emotion などに関与する構造として概念が拡張され，現在では辺縁系という構造には，大脳皮質以外の手綱や手綱核なども含まれるようになった．

ブロカというと，大脳皮質の運動性言語中枢の発見で有名だが，実に多才な人で，外科医でもあり人類学者でもあった．人類学者としては，頭蓋とその内容（脳）の計測を精密に行い，人種差や男女差について研究した．彼は，白人の男性の脳が一番大きく，したがって知能が一番高いと主張した．

この彼の主張については，グールド S.J. Gould が『人間の測りまちがい』（1989）という著書で厳しく批判している．グールドによると，ブロカは自分自身の先入観に沿った結論を証明するために，彼自身の計測数字を巧妙に操作しながら結論を導いたという．

萬年 甫，岩田 誠（編訳）（1992）「神経学の源流（3）ブロカ」，東京大学出版会，東京．
スティーヴン・J・グールド（著），鈴木善次，森脇靖子（訳）（1989）「人間の測りまちがい」，河出書房新社，東京．

3）メダカにおける松果体複合体と手綱の発生

本節では，神経管の左右差がつくられる実際の過程を述べる．つまり，真骨類の視床上部の発生を紹介する．

視床上部の動的で詳細な発生過程は，通常の方法で調べることは困難である．幸いなことに，メダカでは，ある特別の系統を利用することができるので，松果体複合体と手綱の発生を実際に追求することができた（Ishikawa et al., 2015）．その系統とは，発光クラゲからとれる緑色蛍光タンパク質 green fluorescent protein（GFP）の遺伝子を組み込んだ形質転換（トランスジェニック transgenic）メダカである．このトランスジェニックメダカ系統では，松果体複合体が発生初期から GFP 蛍光を発して光ってくれる（口絵 2）．

この系統は正式には Cab-Tg（*foxd3*-EGFP）といい，*foxd3* という遺伝子（フォークヘッド遺伝子ファミリーに属する転写因子）のプロモーター領域に GFP 遺伝子を人工的に組み込んだものである．そのため，*foxd3* の発現に応じて GFP が光る．この系統を用いると，生きている同一個体で，蛍光によって組織の形態的変化や動きをリアルタイムで追跡することができる．このような GFP 技術は，動的に変化する発生を研究するうえで画期的に有用なものである．

図 6-5A-D は，この系統のファイロタイプ段階の間脳領域を蛍光顕微鏡で背側から見た写真である（口絵 2 参照）．ステージ 26 から，神経管の終脳・間脳脳室（図の tdv）の蓋板正中に光る組織が現れはじめるのがわかる（同図 A-C）．これらが松果体と副松果体である．この観察によって，メダカの胚では，副松果体が存在するのがわかった．松果体と副松果体の両者は，左右翼板の一部の組織が正中線に集まってそれぞれ単一器官になるようである（同図 B, C）．古くから Hill（1891）が指摘しているように，副松果体と松果体は正中線上に，吻側と尾側に並んで発生してくる（同図 A-C）．両者からは脳の他の領域に向けて神経線維が投射する（同図の矢印）．このようにステージ 27 までの神経管では，すべてが左右対称的な形態を示す．

ところがステージ 28 になると，突然のように大きな形態的変化が生じる（図 6-5D と E）．松果体は正中線上にとどまるが，副松果体は投射線維を出したまま，大部分の胚では，左側の尾側に移動しはじめるのだ（図 6-5D，図 6-6A）．ここではじめて，神経管の左右対称性が破れ，左側に偏った「利き手非対称」が生ずる．「大部分の胚では」と言ったのは，「利き手非対称」の通例に従って，少数の胚では副松果体が右側に移動したり（図 6-6B），あるいは左右両側に向かって左右対称に移動する場合があるからである（同図 C）．その比率は，26℃では，左側が 88%，右側が 9%，そして両側（左右対称）が 3% であった．これら 3 種類の胚は，その後それぞれ正常に発生し，孵化し，成魚になる．温度の影響については後で改めて述べるが，今ここでは，大多数の胚（左側）のその後の発生をたどることにしよう．

大部分の胚ではその後，副松果体はさらに左尾側に移動し続ける（図 6-7）．切片を作成して調べると，副松果体は左側の手綱に重なってくるのが判明した（同図 A と B）．それと同時に，脳の成長によって，これまで広く開いていた終脳・間脳脳室は狭くなりはじめる．そして左側の間脳吻側端に GFP を発現する神経細胞群が新しくあらわれる（同図 A と B の矢印）．これらの新たに出現した神経細胞からは細い軸索が出て（同図 A と B の矢頭），集合した軸索は左側の反屈束を形成する．孵化時期になると，終脳・間脳脳室は完全に閉じ，副松果体は左側の手綱の一部に取り込まれてしまう（同図 B）．つまりこの段階で，副松果体は独立した単独器官ではなくなるのだ．副松果体は，左側の手綱の

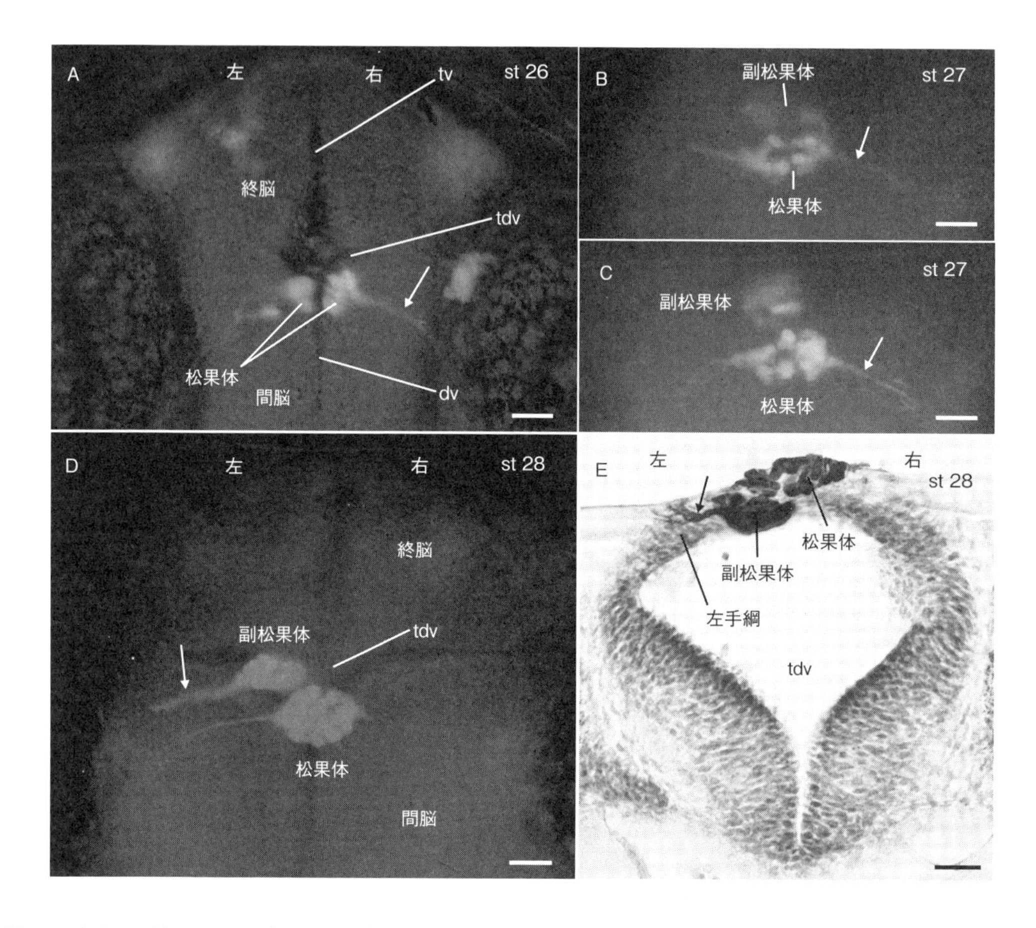

図 6-5　トランスジェニックメダカにおける松果体複合体の発生
背側からみたトランスジェニックメダカ胚の蛍光顕微鏡写真（A-D，口絵 2 参照）と横断切片の抗 GFP 抗体による免疫組織化学染色の顕微鏡写真（E）を示す．蛍光写真（A-D）は上が吻側，切片の写真（E）は上が背側．A と D では脳室の様子を見せるために明視野の像と重ね合わせている．E の切片は，免疫組織化学染色をほどこした後，ニッスル染色をしている．矢印は投射神経線維．略号：dv = 間脳脳室，tdv = 終脳・間脳脳室，tv = 終脳脳室．スケールバーは 20 μm．Ishikawa et al.（2015）の図 2 を改変．

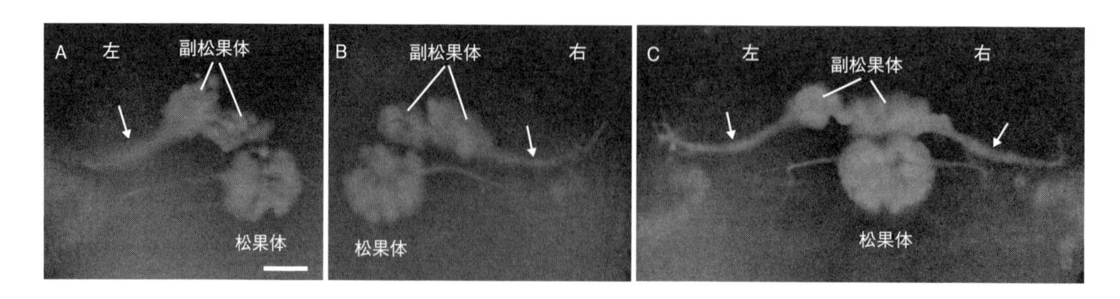

図 6-6　トランスジェニックメダカ胚の副松果体（形態に 3 型ある）
背側からみたステージ 28-29 のトランスジェニックメダカ胚の蛍光顕微鏡写真を示す．上が吻側．松果体は正中線上にある．他方，副松果体は個々の胚によって左右の位置が違う．26℃の孵卵温度では大部分の胚で正中線の左側にある（A）が，少数の胚では右側（B）や両側（C）に位置する．矢印は副松果体から投射する神経線維束．スケールバーは 20 μm．Ishikawa et al.（2015）の図 3 を改変．

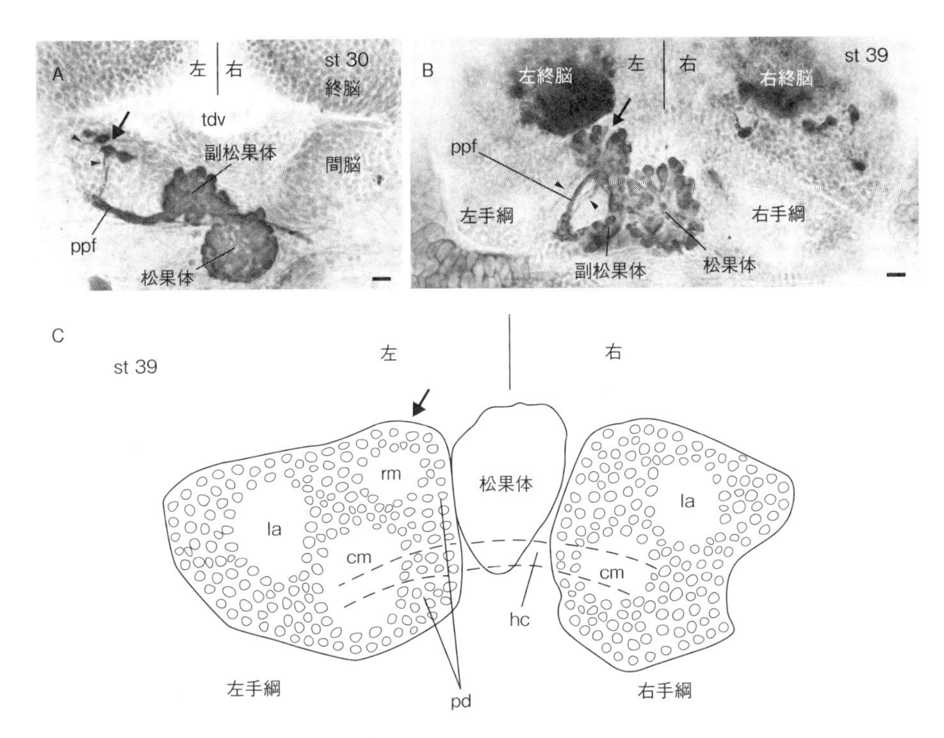

図 6-7　メダカの副松果体は発生の後期で手綱に合体する
ステージ 30（A）と 39（B，C）のトランスジェニックメダカの水平断切片を示す．切片は抗 GFP 抗体による免疫組織化学染色をほどこした後，ニッスル染色をしている．C は連続水平切片の一枚をスケッチした模式図．上が吻側．垂直線は正中線．新しく GFP を発現しはじめた神経細胞集団が出現し（矢印），これらの神経細胞からは軸索（反屈束）が出ている（A と B の矢頭）．副松果体はステージ 39 までには，左の手綱に融合してしまう（B と C）．C では，左側の手綱がやや大きく，亜核の数が多いことに注目．略号：cm ＝尾内側亜核，hc ＝手綱交連，la ＝外側亜核，pd ＝左手綱の副松果体ドメイン，ppf ＝副松果体からの投射線維，rm ＝吻内側亜核，tdv ＝終脳・間脳脳室．スケールバーは 10 μm．Ishikawa et al.（2015）の図 4 を改変．

一部，つまり左手綱の内側領域（同図 C の pd）になってしまう．また，左の反屈束を投射している神経細胞集団は，左側の手綱の吻内側領域に位置するようになる（同図 B と C の矢印と rm）．

したがって，孵化したメダカの仔魚では，独立した副松果体は見えない（図 6-7C）．また，手綱をよく見ると，左右で明らかに違う．左側の手綱が右側より大きく，細胞分布の様子も左側の方がやや複雑である（同図）．手綱の水平切片を調べると，細胞がほとんどない部分（ニューロピル neuropile という）がある．その分布をもとにして，手綱を数個の亜核に分けることができる．左右両側の手綱には共通して尾内側亜核（同図 C の cm）と外側亜核（同図 C の la）がある．ところが左側の手綱には，左右共通の 2 つの亜核の他に，1 つ余計に吻内側亜核（同図 C の rm）が加わっている．同図 B と比較すると，この吻内側亜核は左反屈束を投射する神経細胞集団に対応している．また，左側の手綱の内側領域（同図 C の pd）は右側より大きいが，この領域は副松果体が左手綱に取り込まれた領域に対応している．筆者のグループは，この左手綱の小領域を副松果体ドメイン parapineal domain と新たによぶことにした（Ishikawa et al., 2015）．

図 6-8 は，メダカにおける松果体複合体と手綱の発生をまとめたものである．最初はすべてが左右対称であるが，発生が進むにつれて，「利き手非対称」が始まる．その最初のきっかけは，副松果体が左側に移動することである．副松果体が左手綱に取り込まれ，左手綱に吻内側亜核が 1 つ余分に発達することにより，左の手綱が

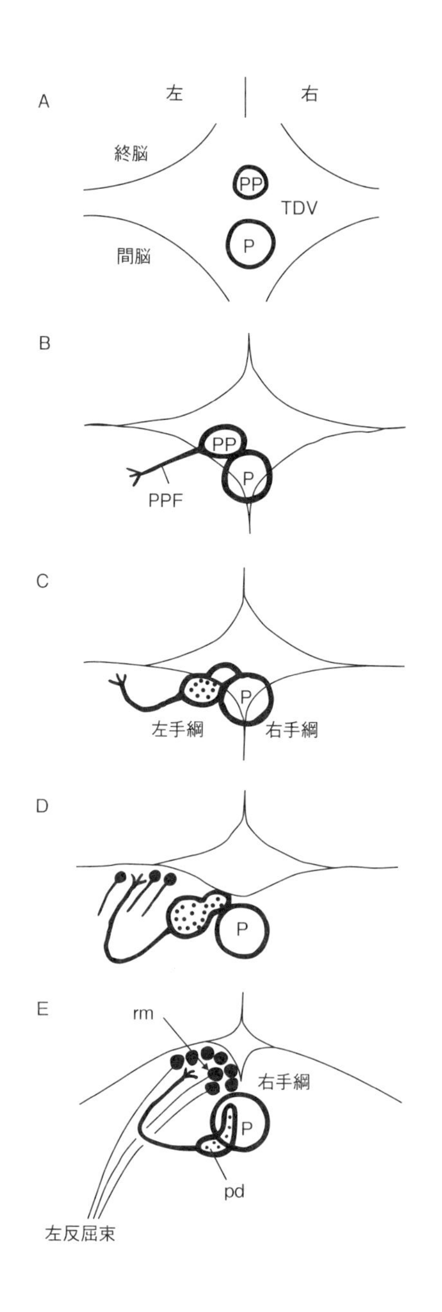

図6-8　メダカにおける松果体複合体と手綱の発生（まとめ）
ステージ27（A），28（B），28-29（C），30（D），そして39（E）のメダカ視床上部を背側からみた模式図．上が吻側．A図の垂直線は正中線を示す．発生の過程で副松果体は左側の手綱に取り込まれてしまう（点状領域）．終脳・間脳脳室の天井の蓋板は，発生が進むと，終脳と間脳の成長によって狭くなる．略号：P＝松果体，pd＝左手綱の副松果体ドメイン，pp＝副松果体，PPF＝副松果体からの投射線維，rm＝左手綱の吻内側亜核，TDV＝終脳・間脳脳室．Ishikawa et al.（2015）の図6を改変．

大きく複雑になる．その結果，手綱にも「利き手非対称」が生じる．さらに，副松果体からの投射線維は左手綱だけに入るので，手綱の神経回路にも「利き手非対称」が生じる．このように，視床上部とその関連場所に限られるけれども，脳とその神経回路に「利き手非対称」がもたらされる．

副松果体は真骨類の多くの種類では存在するが，少数の種類では存在しないことが報告されてきた（Borg et al., 1983）．上に述べたように，メダカの場合，副松果体は胚には存在するが，仔魚以後になると手綱に取り込まれて独立した副松果体は存在しなくなる．これまで副松果体が存在しないとされてきた真骨類あるいは別の綱の動物でも，同様の退化的な発生が起こっている可能性がある．

ゼブラフィッシュ成魚では，メダカとは違い，独立した副松果体が存在するようである．しかし，メダカの場合と同様に，副松果体からの神経線維は左手綱のみに投射し，左手綱が右より大きいことが報告されている（Bianco and Wilson, 2009）．さらに，左手綱からの左反屈束は，その投射先が右反屈束のそれとは異なることも報告されている（Bianco and Wilson, 2009）．視床上部の「利き手非対称」に関しては，ゼブラフィッシュで分子的なメカニズムがよく調べられた．その結果，やはりノーダルシグナルが「利き手非対称」の方向性に決定的な役割を果たしていることが判明した（Bianco and Wilson, 2009）．ノーダルシグナル遺伝子の発現を人為的に乱すと，視床上部の「利き手非対称」の方向性がランダム化し，「ランダム非対称」になるのである．

それでは体の「利き手非対称」と脳のそれとの関係はどうなっているのだろうか？　ゼブラフィッシュで調べられた限り，両者にはいくつか共通のシグナル分子が使われているものの，両者の分子的カスケードは，まったくの同一ではないらしい（Bisgrove et al., 2000）．つまり，視床上部の「利き手非対称性」を決めている一連の分子的反応と心臓や他の内臓におけるそれとは，違いがあると考えられている．

4）左右非対称の発生：生物学的意義

前節で述べたように，副松果体は，もともとは脳の正中部に位置していた．発生が進むと，左右のどちらかに向けて移動するが，その方向性は100％には決まってはいない．これはなぜなのか？　また，多数派では左に向かうが，そのことに何か適応的利点があるのか？　本節では，これら2つの疑問に関して考察する．

メダカの副松果体の発生について，付加的なデータを述べておこう（Ishikawa et al.，2015）．前述の通り，26℃では，副松果体原基の移動方向は明確に「利き手非対称」であった．メダカは温度耐性が高く，広範囲の孵卵温度で発生が正常に進むことが知られている．そこで，例のトランスジェニックメダカ胚を厳密に22℃と34℃で孵卵して温度の影響を調べてみた．その結果，22℃では26℃の場合と同様であったが（左側が約90％），意外なことに，34℃では左側が約60％，非左側（右側と左右対称）が約40％となった．この34℃での比率は，0.025の有意水準で統計学的に検定すると，「ランダム非対称」であった．

したがって，発生経路における「左側」方向づけと「非左側」方向づけの間の「垣根」は低く，温度上昇という環境変化によって簡単に乗り越えられてしまう．要するに，メダカ胚における副松果体原基の移動方向は，わずかなことで変化し，その発生過程は強く設定されていない（robustではない）．この発生プログラムの弱い設定が複数の異なる表現型を生み出す原因なのではないだろうか．なお異体類についても，眼の偏向方向の比率が飼育条件によって影響されることが報告されている（Palmer，2009）．

また，進化的な側面から考えると，副松果体原基が右ではなく，左に向かうことに，どんな適応的利点があるのだろうか？　さらに言えば，比較的低温（22～26℃）では副松果体が左側に偏ることに適応的利点があり，比較的高温（34℃）では適応的利点が小さくなるのだろうか？

しかし特に後者の疑問に対して，「その通り」と答えるには躊躇をおぼえる．そこで，改めて考え直してみよう．この「副松果体原基が右ではなく，左に向かうことに，どんな適応的利点があるのか？」という前者の疑問の背後には，暗黙のうちに，「ある特定の生物形質は，適応の結果生じたものだけである」という前提がある．この暗黙の前提は，何時でも，どんな場合でも，本当に成立しているのだろうか？　第1章で述べたように，数多くの遺伝的変異の中で“淘汰”をくぐり抜けて，「持続する」ものが生物形質なのだから，この前提は一般的には確かに成立していると思われる．

しかし，表現型の変異が起こった“瞬間”ではどうだろうか？　ここでの“瞬間”とは，例えば数百万年間といった，地質学的時間のスケールの意味での“短い”時間のことである．ある時，ある生物集団に，環境や発生過程のわずかな変動によって，いくつかの種類の「利き手非対称」の表現型が生じたとする．この表現型多型に対する新しい淘汰圧が生じるまでは，この生物集団は，その状態のまま放っておかれるのではないだろうか．言いかえると，表現型多型が生じた後，そのうちのどの多型もまだ自然選択されない地質学的期間があり得る．この期間の長さは，新しい淘汰圧がどれだけ早く生じるかに依存している．新しい淘汰圧が“永遠”に生じない場合さえも，あるかもしれない．

要するに，私たちは今現在，第1章で述べたような「表現型が遺伝子型に先行する」進化様式の初期段階にまさに立ち会っているのかもしれない．もっと一般的にいうと，副松果体原基が偏る方向は，ある地質学的期間，適応に関してほぼ「中立」な形質であり続けたのではないかと考えられる（Ishikawa et al., 2015）.

Palmer という研究者は，約 50 の「利き手非対称」の様々な生物形質について，それらの系統樹を収集した（Palmer, 2004；2009）．その結果によると，約半分の形質では，左右対称→利き手非対称の順に進化が起こったという．彼は，これは通常の「遺伝子型が表現型に先行する」進化様式であろうと推定した．残りの約半分の形質では，左右対称→ランダム非対称→利き手非対称の順番で進化が起こっていた．実際，異体類の先祖でも，眼の偏る方向はランダム非対称であったと報告されている（Friedman, 2008）．ランダム非対称の方向性は遺伝しないので，Palmer は，後者の形質の場合は「表現型が遺伝子型に先行する」進化様式であっただろうと推定している（Palmer, 2004；2009）.

5）神経管の左右対称性の維持：*Oot* 突然変異

本章の最後に，神経管の「左右対称性の維持」に関するメダカの突然変異体について紹介したい（Ishikawa, 1997；2000；Takashima et al., 2008）.

これまで述べてきたように，ノーダルシグナルが働いて心臓，他の内臓，そして視床上部の「利き手非対称性」が形成されるならば，なぜ体は全体として左右対称性を示すのだろうか？　むしろ，こちらの方が今度は不思議に思えてきてしまう．しかし多くの発生学者は「胚の“デフォルト（初期設定状態）”は左右対称だ」と考えていたため，問題にはしていなかった.

ところが 2005 年になって，体節 somite の発生を研究している人たちが「体の左右対称性は，デフォルトではなく，発生過程で積極的につくり出されている」と言い出した（Kawakami et al., 2005；Vermot et al., 2005；Vermot and Pourquié, 2005）．体節というのは，体幹の筋肉や骨格などの原基で，これらは胚の正中線の左右に対称的に形成される．彼らが発見したのは「体節の左右対称的形成のためには，左右非対称をつくろうとするシグナルを防ぐメカニズムが存在する」ということであった．この「利き手非対称」を形成する力に抗して働いているのは，レチノイン酸（第 3 章参照）であった．レチノイン酸の活性を実験的に弱めると，正常ならば左右対称なのに，「利き手非対称」な体節ができてしまうのである.

このような事実がわかってくると，体の左右対称性と非対称性を形成する分子カスケードは，それぞれが無関係とは考えられない．体節の左右対称形成のための分子カスケードにも，内臓の左右非対称を決めているそれにも，それぞれ共通の分子が使われている．したがって，両者を連絡調整する何らかのメカニズムがないと，体の形成全体に混乱が生じてしまうだろう．左右対称性と非対称性を決めている分子カスケードは，1 つの大きな発生遺伝子ネットワークを構成していると考えられる.

脳についてはどうだろうか？　前節で述べたように，発生の過程で視床上部は「利き手非対称」になるが，他の大部分の神経管領域は左右対称性を維持したまま発生を続ける．神経管の大部分が左右対称を維持するのは，神経管発生のデフォルトなのだろうか？　それとも体節の場合と同じように，対称性と非対称性をコントロールする大きな発生遺伝子ネットワークがあって，積極的に神経管の左右対称性がつくり出されているのだろうか？

このうちの後者を支持する証拠が，メダカの突然変異体の研究から得られた（Ishikawa, 1997；Takashima et al., 2008）．この自然発生突然変異は，1997 年 11 月に放射線医学総合研究所の屋外飼育池で HO4C という近交系メダカの集団から見つかったものである．この突然変異では，神経管の中でも視蓋（中脳の背側部）だけが一過性に左右非対称になる（図 6-9B）.

正常なメダカでは，ステージ 23 になると視蓋が左右対称に膨れ出すのに対して（図 6-9A），この突然変異では左右の視蓋は左右どちらかにランダムに偏って膨れる（図 6-9B）．そのためこの突然変異（遺伝子）には，*One-sided optic tectum*（*Oot*）という名前がつけられた（Ishikawa, 1997；2000）．つまり，*Oot* 遺伝子が何らかの原因で働かないと，「ランダム非対称」な視蓋ができてしまうのだ．要するに，左右対称の神経管は，デフォルトではなく，むしろ積極的に維持されていると考えられる．

この形態変異の発生学的原因については，筆者と武田洋幸の研究グループの Takashima（高島茂雄）et al. が調べた（Takashima et al., 2008）．その原因は，菱脳峡（MHB）の二次オーガナイザー（第 5 章 2 節）にあった．菱脳峡の菱脳側には *fgf8* が発現しているのだが，この発現の時間・空間的変化が左右でずれていたのだ（図 6-9B'）．実際，*fgf8* をしみ込ませた微小なビーズを左右の片側の菱脳だけに植えつけておくと，*Oot* の表現型を再現できたのである（Takashima et al., 2008）．つまり，視蓋が左右

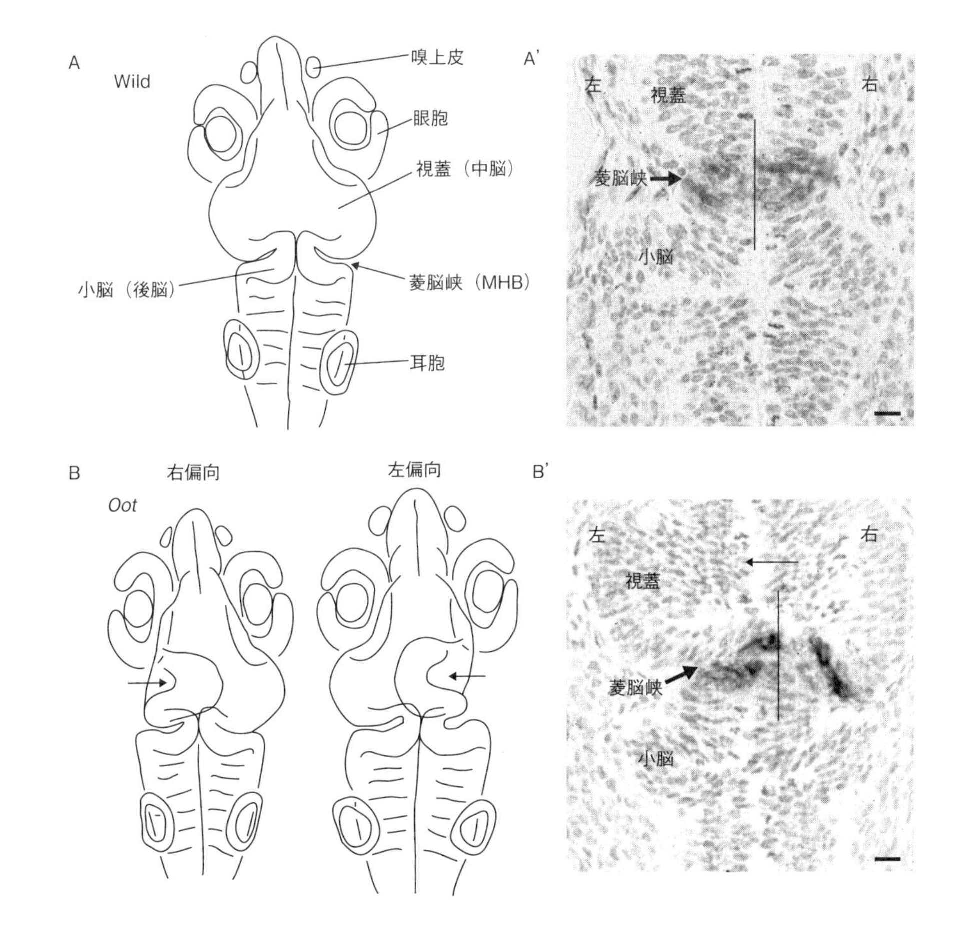

図 6-9　メダカの *Oot* 突然変異体
野生型（Wild：A，A'）と *Oot* 突然変異体（*Oot*：B，B'）の胚の背側観を示す．上が吻側．A と B はステージ 24 の胚のスケッチ，A' と B' はステージ 22/23 の水平断切片の写真．突然変異体では，視蓋が左右対称ではなく，左右のうちのどちらかに偏って膨れている（B の矢印）．この表現型はほとんどの場合一過性で，その後正常にもどる．突然変異体の胚は孵化して成魚まで正常に成長する．A' と B' では，菱脳峡における *fgf8* 遺伝子の発現（黒色部分）を示している．垂直線は神経管の正中線を示す．B' で，*fgf8* 遺伝子の発現部位が左右非対称であることに注目．*fgf8* 遺伝子の発現が異常な側の視蓋は，正常とは逆向きに膨れる（B 図の細い矢印）．略号：MHB ＝中脳／菱脳境界．スケールバーは 10 μm．A' と B' は Takashima et al.（2008）の図 3 を改変．

対称に形成されるためには，菱脳峡の菱脳側における *fgf8* の発現変化が時間・空間的に正確に左右で一致している必要がある．そして，そのための発生メカニズムが存在する．したがって，体節の場合と同じように，神経管の場合にもまた，左右対称性を積極的に維持するメカニズムがあると考えざるを得ない．

この *Oot* の遺伝子同定は，筆者，木村哲晃（基礎生物学研究所），そして成瀬 清（同研究所）が数年間努力したのだが，結局成功しなかった．この遺伝子の同定は，脳の対称性と非対称性を理解するうえで重要だと考えられる．*Oot* は基礎生物学研究所に精子保存されているので（NBRP Medaka ナショナル・バイオリソース・メダカ，寄託番号 MT953），今後これを活用した研究が期待される．

第4章から本章まで，3つのデカルト座標に沿って神経管をみてきた．残る神経管の座標軸は，中心・遠心軸（同心軸）のみである．次章ではこの軸からみた神経管を紹介したい．

参考文献

Belmonte JCI (1999) How the body tells left from right. Scientific American 280: 46-51.

Bianco IH, Wilson SW (2009) The habenular nuclei: A conserved asymmetric relay station in the vertebrate brain. Philos Trans R Soc Lond B Biol Sci 364: 1005-1020.

Bisgrove BW, Essner JJ, Yost HJ (2000) Multiple pathways in the midline regulate concordant brain, heart and gut left-right asymmetry. Development 127: 3567-3579.

Borg B, Ekstöm P, Veen TV (1983) The parapineal organ of teleosts. Acta Zoologica 64: 211-218.

Brown NA, Wolpert L (1990) The development of handedness in left/right asymmetry. Development 109: 1-9.

Concha ML, Wilson SW (2001) Asymmetry in the epithalamus of vertebrates. J Anat 199: 63-84.

Essner JJ, Amack JD, Nyholm MK, Harris EB, Yost HJ (2005) Kupffer's vesicle is a ciliated organ of asymmetry in the zebrafish embryo that initiates left-right development of the brain, heart and gut. Development 132: 1247-1260.

Friedman M (2008) The evolutionary origin of flatfish asymmetry. Nature 454: 209-212.

Gilbert SF (2010) Developmental Biology, 9th Edition. Sunderland: Sinauer Associates, Inc.

Hartwig HG, Oksche A (1982) Neurobiological aspects of extraretinal photoreceptive systems: Structure and function. Experientia 38: 991-996.

Hill C (1891) Development of the epiphysis in *Coregonus albus*. J Morphol 5: 503-510.

Hirokawa N, Tanaka Y, Okada Y, Takeda S (2006) Nodal flow and the generation of left-right asymmetry. Cell 125: 33-45.

Hojo M, Takashima S, Kobayashi D, Sumeragi A, Shimada A, Tsukahara T, Yokoi H, Narita T, Jindo T, Kage T, Kitagawa T, Kimura T, Sekimizu K, Miyake A, Setiamarga D, Murakami R, Tsuda S, Ooki S, Kakihara K, Naruse K, Takeda H (2007) Right-elevated expression of *charon* is regulated by fluid flow in medaka Kupffer's vesicle. Dev Growth Differ 49: 395-405.

Holmgren U (1965) On the ontogeny of the pineal- and parapineal organs in teleost fishes. Progress Brain Res 10: 172-182.

Ishikawa Y (1997) Embryonic development of the medaka brain. Fish Biol J Medaka 9: 17-31.

Ishikawa Y (2000) Medakafish as a model system for vertebrate developmental genetics. Bioessays 22: 487-495.

Ishikawa Y, Inohaya K, Yamamoto N, Maruyama K, Yoshimoto M, Iigo M, Oishi T, Kudo A, Ito H (2015) Parapineal is incorporated into habenula during ontogenesis in the medaka fish. Brain Behav Evol 85: 257-270.

Kawakami Y, Raya A, Raya RM, Rodriguez-Esteban C, Belmonte JC (2005) Retinoic acid signalling links left-right asymmetric patterning and bilaterally symmetric somitogenesis in the zebrafish embryo. Nature 435: 165-171.

Levin M, Palmer AR (2007) Left-right patterning from the inside out: Widespread evidence for intracellar control. Bioessays 29: 271-287.

Nieuwenhuys R (1998) Morphogenesis and general structure. In: The Central Nervous System of Vertebrates (Nieuwenhuys R, Donkelaar HJT, Nicholson C (eds)), vol 1, pp 159-228. Berlin: Springer-Verlag.

Nonaka S, Tanaka Y, Okada Y, Takeda S, Harada A, Kanai Y, Kido M, Hirokawa N (1998) Randomization of left-right asymmetry due to loss of nodal cilia generating leftward flow of extraembryonic fluid in mice lacking kif3b motor protein. Cell 95: 829-837.

Palmer AR (2004) Symmetry breaking and the evolution of development. Science 306: 828-833.

Palmer AR (2009) Animal asymmetry. Curr Biol 19: R473-477.

Policansky D (1982) The asymmetry of flounder. Scientific American 246: 96-102.

Rattenborg NC, Lima SL, Amlaner CJ (1999) Half-awake to the risk of predation. Nature 397: 397-398.

Suzuki T, Washio Y, Aritaki M, Fujinami Y, Shimizu D, Uji S, Hashimoto H (2009) Metamorphic *pitx2* expression in the left habenula correlated with lateralization of eye-sidedness in flounder. Develop Growth Differ 51: 797-808.

Takashima S, Kage T, Yasuda T, Inohaya K, Maruyama K, Araki K, Takeda H, Ishikawa Y (2008) Phenotypic analyses of a medaka mutant reveal the importance of bilaterally synchronized expression of isthmic *fgf8* for bilaterally symmetric formation of the optic tectum. Genesis 46: 537-545.

Tsuneki K (1986) A survey of occurrence of about seventeen circumventricular organs in brains of various vertebrates with special reference to lower groups. J Hirnforsch 27: 441-470.

Vermot J, Pourquié O (2005) Retinoic acid coordinates somitogenesis and left-right patterning in vertebrate embryos. Nature 435: 215-220.

Vermot J, Llamas JG, Fraulob V, Niederreither K, Chambon P, Dollé P (2005) Retinoic acid controls the bilateral symmetry of somite formation in the mouse embryo. Science 308: 563-566.

Vigh B, Manzano e Silva MJ, Frank CL, Vincze C, Czirok SJ, Szabo A, Lukats A, Szel A (2004) The system of cerebrospinal fluid-contacting neurons. Its supposed role in the nonsynaptic signal transmission of the brain. Histol Histopathol 19: 607-628.

マーテイン・ガードナー（著），坪井忠二，藤井昭彦，小島弘（訳）（1992）「新版 自然界における左と右」，紀伊国屋書店，東京.

杉下守弘（1983）「右脳と左脳の対話」，青土社，東京.

オズワルド・ステュワード（著），伊藤博信，内山博之，山本直之（訳）（2004）「機能的神経科学」，シュプリンガー・フェアラーク東京，東京.

八田武志（2013）「「左脳・右脳神話」の誤解を解く」，株式会社化学同人，京都.

クリス・マクマナス（著），大貫昌子（訳）（2006）「非対称の起源」，ブルーバックス B-1532，講談社，東京.

萬年 甫，岩田 誠（編訳）（1992）「神経学の源流（3）ブロカ」，東京大学出版会，東京.

コラム15　デカルトと松果体

『人間論』の冒頭で，デカルト R. Descartes (1596-1650) は，人間は「(非物質的な) 精神」と「身体」の2つから構成されているという．一方彼は，動物には「精神」はなく「身体」のみしかないとした (動物機械論)．人間の「身体（これには脳も含まれる)」の説明を読むと，その機能が機械的運動として説明可能なことが詳細に述べられている．例えば，血液から生じる，動物精気の運動によって脳の機能が説明される．動物精気は松果体で熱い血液からつくられ，脳の様々な方向に流れ，神経を通じて筋肉に達し「身体」を運動させる．逆に，匂いや音などの外部感覚刺激は神経の髄を構成している細糸を動かし，その細糸につながっている脳の部分を動かす結果，「精神」に感情を抱かせる．

それでは人間の「身体（脳を含む)」と「精神」との関係について彼はどう考えたのだろうか？1649年の『情念論』の第一部からそれをうかがうことができる．それによると，「精神」は「身体」全体に密接に結合しているが，特に直接的にその機能を働かせている場所は，松果体だという．大脳半球をはじめ，眼や耳などが左右2つあるのに対して，松果体は不対（唯一つ）の器官であること．そして松果体が脳の“中心”に存在すること．これらがその理由となっている．また，「精神」は松果体のうちに起こる多様な運動を受けとる性質があるという．つまり松果体は，「精神」と「脳を含む身体」との仲介場所だと彼は考えた．

これらの説明は現代から見るとまったく間違っており，デカルトほどの慎重で聡明な人が，これほど誤って生理学的事実を解説しているのは驚きではある．動物精気なるものは存在しないし，彼が重要視した松果体はメダカにもあるような脳領域の1つである．しかし事実はともかくとして，彼の提起した一般的概念，つまり人間のほとんどの生理的機能は身体の機械的な反射で説明できるとする生命観（機械的生命観）は，後世の医学・生物学に広く受け入れられていった．

ルネ・デカルト（著)，伊東俊太郎，塩川徹也（訳）(2001)「人間論」，増補版デカルト著作集4，白水社，東京．

コラム 16　三つ目の動物

「自然は実に豊穣なものだ！」と感嘆するのは，奇想天外な生物たちが実際に生きて生活しているのを知る時である．第 3 の眼をもつ動物もそのうちの 1 つである．

この眼球は，ある種のトカゲなどに存在し，頭頂眼 parietal eye とよばれる．文字通り，頭頂に存在する単一で不対の上向きの眼である．皮膚に覆われているものの，頭骨の対応する場所には穴(眼窩）までもが開いている（下図，本文図 6-4D と対比されたい）．

頭頂眼は，古生代の魚類や初期陸生動物では，ごくありふれたものであった（A. S. ローマー，T. S. パーソンズ，1983）．この上向きの眼は，海底や地上を這う動物にとって，上から襲ってくる外敵を見つけるために非常に有用であったと思われる．しかしどういうわけか不思議議なことに，頭頂眼は進化の過程で退化的になり，多くの脊椎動物では副松果体に変化してしまった．現在では，頭頂眼は，ごく少種類の動物のみに残存するだけである．

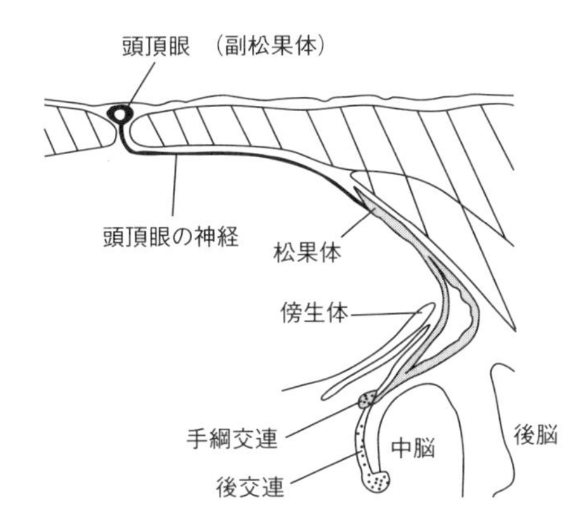

A. S. ローマー，T. S. パーソンズ（著），平光厲司（訳）（1983）「脊椎動物のからだ」第 5 版，法政大学出版局．

第7章
神経管の同心軸に沿った区分

……科学とは専門家の無知を信じることです．

リチャード・ファインマン （『ファインマンさんベストエッセイ』から；大貫昌子と江沢 洋の訳による）

……その結果，エレベーター運動を基にする予想は，完璧に観察事実と一致したのである．わずかのデータから人間が合理性を頼りに考え予測したことが，完全に観察事実と一致したということは，私にとって神秘を感じるほどの感動であった．

藤田哲也（『脳の履歴書』から）

神経管の最後の軸として，本章では同心軸をとりあげる．ここでいう同心軸とは，神経管の脳室側 ventricular side（管腔側，組織学では上皮組織の自由表面側 apical side という）と外表面側（脳の軟膜側 pial side，組織学では上皮組織の基底側 basal side という）を結ぶ軸で，この軸に沿って神経管の壁は次第に肥厚してゆく．

これまでは神経管を巨視的に述べることが多かったが，本章では細胞レベルで神経管を見る．細胞だけを見れば，発生というのは，受精卵という1個の細胞が有糸分裂（体細胞分裂）をくり返し，細胞の数を増やし（細胞増殖），その後それぞれの細胞がそれぞれの特異性を獲得してゆく（細胞分化），という一連の過程である．

細胞分裂でできた1つの細胞が，次の体細胞分裂を経て2つの子孫細胞（娘細胞）になるまでのサイクルを細胞周期 cell cycle という．細胞周期は，大きく分けると間期 interphase と分裂期（M期）の2つの期間からなる．細胞は通常は間期の状態にあり，分裂期は非常に短い．しかし，外見上静かに見える間期の細胞の中では，次の細胞分裂に備えて忙しく準備が行われている．最も重要なのは，染色体（DNA＋タンパク質）の複製のために，これらをあらかじめ2倍量合成しておくことである．そこで，DNA量に着目して，間期をさらに3つの期間に分けることができる．DNA合成準備期（ギャップ1期G1，DNAは相対量1），DNA合成期(S期，DNAは相対量2に向かって増加中)，そして分裂準備期（ギャップ2期G2，DNAは相対量2）である．分裂すると，DNA相対量1をもつ娘細胞が2つ生じる．要するに細胞は，G1 → S → G2 → M の4期からなる細胞周期を正確にくり返して増殖してゆく．

細胞周期をくり返している細胞には分化は見られないので，これを未分化の細胞 undifferentiated cell という．細胞分化は細胞周期を外れる時点から始まり，一度分化した細胞はその後分裂しないのがふつうである．細胞分化というのは，遺伝子発現という面から見ると，特定の遺伝子が細胞種ごとに選択的に発現されるようになることである．分化能力 potency という面から見ると，多くの潜在的可能性が次第に制限されてゆき，最終的にはただ1つの分化方向に特化してゆく過程である．その初期過程は「運命拘束 commitment」とよばれる．分化過程は，分化がまだ不安定分な状態 specification から次第に元にもどれなくなる不可逆的な状態 determination に移行すると考えられている（Gilbert，2010）．

当然ながら，神経管においても細胞の増殖・分化が起こっている．藤田哲也(京都府立大学)は，神経管における細胞の増殖・分化の動態を現代的な方法（オートラジオグラフィー）で調べ，脳の発生についての新しい概念的枠組みを提出した（藤田，2002）．

本章では，大きく分けて3つのことを述べる．まず第1に，神経管の細胞増殖と細胞分化について，藤田の研究を紹介しながら説明する．第2に，分化した神経細胞の移動という観点から，神経管および終脳の層形成について述べる．そして最後に，細胞増殖（実体の生成）とは反対の変化（実体の消滅）である，細胞の死についてふれる．

1）神経管の幹細胞（マトリックス細胞）

初期の神経管は，核が横方向に3～6列並んで見える多列円柱上皮（単層上皮の一種）である（図7-1A）．この組織全体を神経上皮とよぶことはすでに述べた（第3章5節）．神経上皮をよく見ると，脳室側には球形の細胞核をもつ細胞が多く存在し，分裂しているM期の細胞も見える（同図の矢頭）．それとは対照的に外表面側には，分裂期の細胞は見えず，むしろ横方向に細長い細胞核をもつ間期（G1，SおよびG2期）の細胞が数多く存在する．

神経上皮を構成している細胞群は，幹細胞stem cellの一種である（藤田，2002）．そのため，これらの細胞は神経幹細胞neural stem cellともよばれる．幹細胞とは，「比較的未分化で，長い間（時には個体の一生の間）分裂する能力を保持し，生じた子孫細胞のうち一部は分化し，残りは幹細胞のままであるような細胞」と定義される．大づかみに言えば，「幹細胞→幹細胞＋幹細胞」または「幹細胞→幹細胞＋分化細胞」のような分裂様式をもつ細胞のことである．

一般に幹細胞は胚に存在するが，成体にも存在する．成体になっても，成熟した器官の一部の組織に幹細胞が存続する場合があって，これを成体幹細胞adult stem cellとよぶ．成体幹細胞は，皮膚，骨髄，そして腸管の上皮など，様々な器官に存在している．そこでは，常に新しい細胞が補給されて古い細胞に置きかわっている．そのため，これら成体幹細胞の存在する成体組織のことを細胞再生系という（補遺の第15章参照）．

神経幹細胞は，神経系の細胞にコミットメントした神経系前駆細胞neural progenitor cellを産み出す．神経組織はニューロンとグリア細胞という2つの細胞種のみからできているので，理論的には神経系前駆細胞には次の3種類があり得る．①ニューロンとグリア細胞の両方と

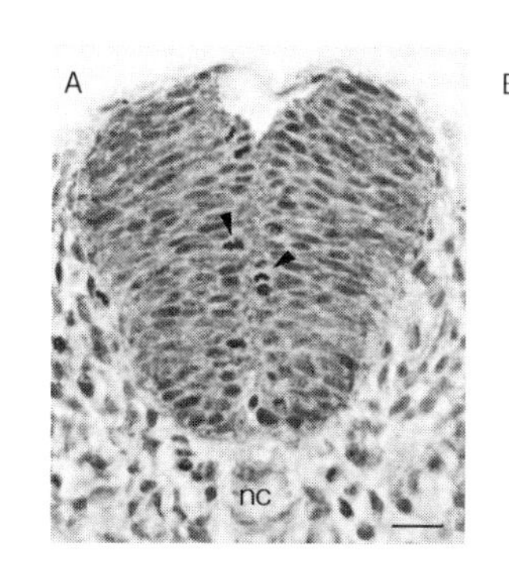

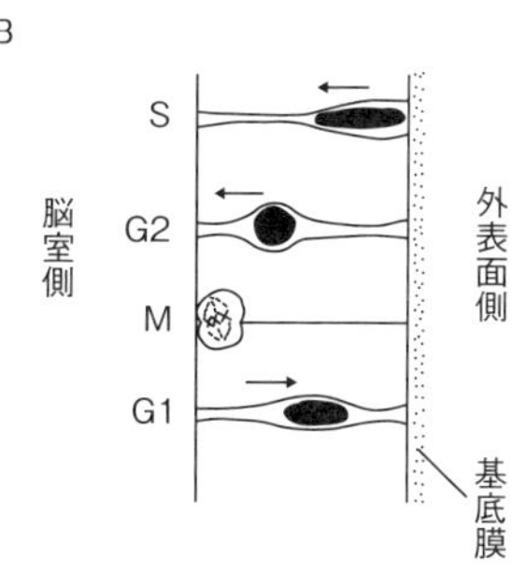

図7-1　メダカ胚の神経管における核のエレベーター運動

神経管の顕微鏡写真（A）と細胞核のエレベーター運動の模式図（B）を示す．Aは，メダカ胚（ステージ24）の髄脳（延髄）の横断面で上が背側．脳室に面した場所に分裂中の細胞が見える（矢頭）．Bでは，Aの右側半分の神経管壁における細胞の動態を示す．細胞は，核のエレベーター運動（矢印）を伴いつつ，S（DNA合成期）→G2（ギャップ2期）→M（分裂期）→G1（ギャップ1期）の細胞周期をくり返して増殖する．略号：nc＝脊索．スケールバーは10 μm．BはTsuda et al.（2010）の図6Cをもとに作図．

もつくる未分化神経系前駆細胞 undifferentiated neural progenitor cell，②ニューロンだけをつくるニューロン前駆細胞 neuronal progenitor cell（グリア細胞はつくらない），そして③グリア細胞だけをつくるグリア前駆細胞 glial progenitor cell（ニューロンはつくらない）である．現在のところ，後述するように，初期の神経系前駆細胞は①の未分化神経系前駆細胞だと考えられている（宮田・山本，2013）．

神経管における細胞の増殖・分化の動態を述べるために，以下に藤田の一連の実験を紹介しよう（藤田，2002）．彼の駆使したオートラジオグラフィーとは，細胞に取り込ませた放射性同位元素を写真用乳剤で検出する方法である．

放射性チミジン（DNA の材料の 1 つチミジンを放射性同位元素で標識したもの）をニワトリ胚に短時間（30 分から 3 時間）投与すると，その期間中に S 期にあった細胞のみが，その核に放射性チミジンを取り込む．S 期の細胞だけが DNA を合成しているためである．こうして放射性標識された細胞の核はその後どこへ移動しようとも，オートラジオグラフィーによって追跡できる．その結果，細胞核が細胞周期に合わせて細胞の中を移動しているのが判明した（図 7-1B）．神経管は単層上皮なので（第 3 章 5 節），それを構成する細胞は脳室側から外表面側までの全長にわたって突起を細長く伸ばしている．その細長い細胞の中で，核のみが動いているのに注意されたい（同図）．30 分間で標識された核は，もっぱら細胞の外表面側に存在していた（S 期）．次第に標識時間を延ばしてゆくと，標識された核は脳室側にも見られるようになり（G2 期），しまいには脳室側で有糸分裂している核（M 期）にも標識が見られた．

神経管に限らず，一般に消化管や乳腺などの円柱上皮では，細胞が分裂する時には細胞核が必ず管腔側に移動してくることが普遍的に観察される（藤田，2002）．藤田はこれを核のエレベーター運動と名づけた．この核のエレベーター運動は，メダカなど真骨類の神経管でも確認されており，細胞間接着物質，細胞内骨格，リン酸化酵素，そして細胞外基質（特にラミニン）などの様々な分子がこの過程に関与していることが判明している（Tsuda et al.，2010）．

彼は，今度は，短時間ではなく，長時間にわたって放射性チミジンを投与してみた．この場合には，投与した瞬間には S 期ではなかった細胞も，細胞周期が進めばいつかは S 期に入る．したがって，増殖を続けている細胞は，すべて放射性標識されるはずである．実際，このような飽和的な連続標識実験によって，初期の神経管（藤田の第 I 期）の神経上皮細胞のすべてが標識された（図 7-2 の拡張相）．つまり，初期の神経管のすべての細胞が分裂をくり返して自己複製している．言いかえると，この早い時期では「幹細胞→幹細胞＋幹細胞」の分裂様式である．要するに，第 I 期の神経上皮細胞は，すべて未分化細胞であった．

前述したように，分化した細胞は細胞周期からはずれて，その後分裂しない．分化した細胞の核は DNA を合成しないので，放射性チミジンを取り込まない．つまり，放射性チミジンをいくら大量かつ長期にわたって投与しようとも，分化した細胞は決して標識されない．このため，未分化細胞から分化細胞に切り替わった細胞を，この方法によって同定することができる．実際，さらに発生が進んだ段階の神経管を調べたところ，決して標識されない細胞が神経管壁の外表面側に初めて出現してきた（図 7-2 の神経細胞産生相）．これは，形態からみて分化したニューロンであった．つまり，この時点になって初めて「幹細胞→幹細胞＋ニューロン」の分裂様式が現れた．彼は，ニューロンがつくられてくる時期を中枢神経系細胞発生の第 II 期と名づけた．ニューロンの産生が終わると，直ちにグリア細胞の共通の幹細胞であるグリオブラストの分化が始まった（「幹細胞→幹細胞＋グリオブラスト」）．この時期を彼は第 III 期

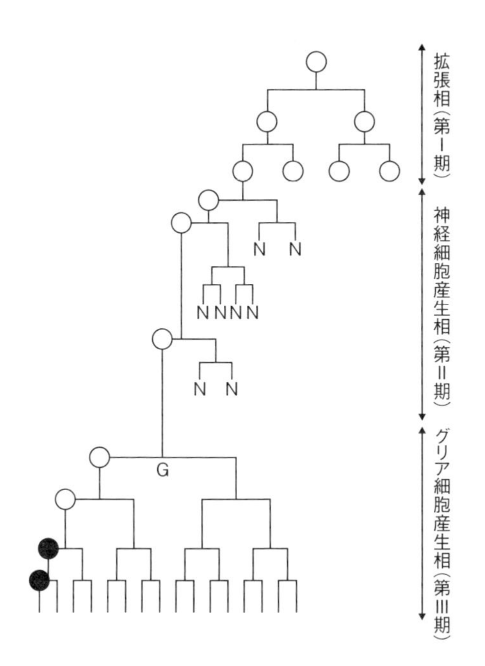

図 7-2　哺乳類の神経幹細胞の増殖と分化
神経幹細胞の増殖・分化の時間的経過を上から下に向かって模式的に示した．神経幹細胞（○）は自己増殖（拡張相，第 I 期）を経た後，神経細胞（N，第 II 期，神経細胞産生相），次いでグリア細胞（G，第 III 期，グリア細胞産生相）に分化してゆく．黒丸は成体幹細胞を示す．Temple（2001）の図 2 をもとに作図．

とよんだ（同図のグリア細胞産生相）．

以上の長期投与実験の結果から，神経管の細胞増殖・分化には 3 段階があり（図 7-2 の第 I 期，第 II 期，そして第 III 期），そのうちの初期段階（第 I 期）の神経幹細胞は将来ニューロンとグリア細胞の両方をつくる未分化神経系前駆細胞であることが判明した．彼はこの未分化細胞群が，後になると，あらゆるニューロンとグリア細胞を生み出すという意味を強調して（一元説），この細胞群をマトリックス細胞 matrix cell と名づけた（マトリックスはラテン語で「母性の」を意味する）．

2）マトリックス細胞説の棄却とその後

この藤田の一元説（マトリックス細胞説）と神経管発生・分化の 3 段階説は，当時の教科書に掲載されていた定説をくつがえすものであった．19 世紀の偉大な神経発生学者ヒス（第 4 章参照）は，ニューロンの系列とグリアの系列は初期から分かれているとしていたからである（二元説）．この「教科書の二元説」は，発生中の細胞の形態のみから推定されたもので，細胞周期を実験的に調べることができない時代に提出された学説であった．科学の世界では，どんな偉大な研究者も間違いを避けることはできない．芸術の世界では，「間違い」や「失敗」はただの「駄作」となる．しかし，芸術と科学との大きな違いは，科学の世界では「間違い」はむしろ大切で生産的な場合すらあることだ．それは，間違いをきっかけに事実が入念に見直され，確固たる事実が確認され，新しい概念が発展する場合が多いからである．

しかし一般には，偉大な学者による「権威ある学説」が教科書に載っていると，その定説をその後変更するのは容易なことではない．1963 年～ 1967 年にかけて発表された藤田の学説は，いったんは学会に受け入れられそうになったが，英米のそうそうたる神経科学者たちが拒否したのである．彼らは 1969 年にアメリカのコロラド州，ボールダー Boulder で自己指名の委員会を開催して，神経発生学における用語法について議論した（Angevine et al., 1969）．この目的自体は，ヒス以来の概念的枠組みを改革するという時期に適ったものであった．しかしこの委員会は，マトリックス細胞（層）という用語は不満足 unsatisfactory なものだとし，その代わりに脳室帯 ventricular zone という地理的 geographical な用語を推奨した．また，脳室下帯 subventricular zone という場所では細胞分裂が盛んで，しかもグリア細胞を産生しているとした（後に，ニューロンが産生されていることが判明した）．

このマトリックス細胞（層）という用語をしりぞけた新命名法と概念は，一見ささいなことのように見えるが，実は大きな科学（政治）上の意味をもっていた．科学の世界では，論文を公表しなければ，研究したことにならない（コラム17参照）．具体的には，ピアレビュー（科学者仲間からの審査）を受けた論文を学術雑誌に公表することが重要で，そのような論文が発表されなければ，科学の世界には何の影響も与えることができない．学術雑誌の編集長や審査員は一般的には定評のある科学者たちであるが，別面から見れば論文の採否を決定し得る権力者でもある．ボールダー委員会はこの権力を握っていた．1970年代以後，マトリックス細胞説の論文を学術雑誌に投稿しても，ボールダー委員会の命名法と概念に従っていないという理由で，論文審査に入る前に門前払いを受けたという（藤田，2002）．

追い打ちをかけるように，藤田の第II期早期にグリア系の細胞が多数現れてくるというデータがアメリカの研究者から提出された．これは「発生初期からニューロン系の幹細胞とグリア系の幹細胞が併存する」という主張で，二元説の20世紀版に他ならない．アメリカのRakic（1972）は，幼弱なニューロンがradial glial cell（放射状グリア）を足場にして移動するという論文を出した．放射状グリアというのは，神経管壁の脳室側から外表面側の全長にわたって非常に細長く伸びた細胞のことである．後述するように「グリア」という用語に問題があるものの，この研究自体はゴルジ染色（次章参照）と電子顕微鏡を用いた立派な仕事である．しかしこれもまた二元説で，ニューロン系とグリア系の細胞を初期から併存させたものである．このRakicの二元説は，20世紀の終わり頃にはほとんどの神経発生学の教科書に掲載されるようになり，その状態がその後約30年間続いた．

しかしこのボールダー委員会の命名法と概念は，アメリカ以外の国では評判がよくなかった．例えば，オランダの著名な比較神経学者であるNieuwenhuys（1998）は「私はこれらの変更（ボールダー委員会の命名法のこと）は改良とは考えない」と述べている．はたして，未分化神経系前駆細胞の詳細な研究が進展するにつれて，Rakicとボールダー委員会の二元説が混乱をもたらすようになってきた．放射状グリアは分裂・増殖し，その後ニューロンとグリア細胞の両方を生み出すことが実験的にはっきりしてきたからである（Tamamaki et al., 2001；宮田・山本，2013）．要するに，これは未分化神経系前駆細胞であった．Rakicの放射状グリアとは，藤田のマトリックス細胞の一種で，非常に細長い形態が特異なだけだったのである．

現代の発生学の代表的教科書では，放射状グリアは括弧つきで説明されていて，括弧内には「放射状グリアは実際にはグリア細胞ではなく，そのようにみえる傾向がある」と書かれている（Gilbert，2010）．21世紀になると，そのままではないにせよ，藤田の一元説と神経管発生・分化の3段階説は大枠においては認められるようになってきた（Temple，2001など，図7-2）．マトリックス細胞（層）という用語も，論文で再びよく使われるようになった．なお現在のところ，「放射状グリア」という間違った専門用語について，正式な見直しは行われていない．細胞発生神経学の専門家たちは「放射状グリア」という用語は温存し，「放射状グリア」＝未分化神経系前駆細胞と頭の中で読み代えてそのまま使用しているようである（宮田・山本，2013）．少なからぬ神経科学者たちは，筆者も含めて，このような状態は自然科学としては不合理だと考えている．

コラム 17　科学論文の出版

研究と論文の公表（出版）は一体のものである．梅棹忠夫に即していうと，科学とは，知的情報（新しい事実，発見，ものの見方）の生産業である．細かくいうと，これは次のような生産工程を経る．

1）研究：すなわち観察実験と考察
2）論文作成：専門学術雑誌への論文投稿，その雑誌の編集長が指名する数名の研究者（匿名）による査読（ピアレビュー），批判，および判定
3）その批判と判定を受けて再実験，書き直し，再投稿，再判定
4）もし論文判定に通過した場合は，論文の校正，別刷り注文，出版
5）出版社へ出版費と別刷り費用の支払い

この風変わりな仕事には，ヨーロッパの学問の伝統が深く染み込んでいる（現在は，インターネットの普及によって，論文出版方法は大きく変貌しつつある）．

その様子を明らかにするために，伊藤博信先生（日本医科大名誉教授）の文章から許可を得て改変して以下に引用する．

「ある日，医学部の学生が図書館で私の論文を見つけて大いに喜び，お祝いに来てくれた．学生は小説家の本の出版と同じに思ったらしく，『お金が入ったら何かおごって下さい』と言った．私は，お金は一銭も入らぬどころか，論文掲載料や別刷り代，国内外からの別刷り請求に対する郵送料，などなどすべて自費で賄わなければならないことを説明した．しかし，学生はその仕組みがどうしても理解出来ぬようであった．

考えてみると，論文をつくり，出版する事ほど資本主義経済と矛盾したものはあまりないだろう．最近私は 1 編の論文をつくるのにいくらかかるかを概算してみた．実験動物，実験器具，設備，試薬，技術員などの人件費，文献検索，雑誌社との通信，別刷り，など合計 150 ～ 200 万円ほどであった．論文が出版された後，はがき 1 枚の別刷り請求に応じて，郵送料はこちら持ちで別刷りを国内外に送るのである．

これは研究者の仲間の間で成立している好意と善意を土台とした，きわめて特殊な仕組みである．……」

3）神経細胞の分化と移動：マトリックス層，外套層，および辺縁層

ここで，細胞分化から神経管そのものに話をもどし，脳発生のファイロタイプ段階を過ぎたばかり（ステージ30）のメダカの神経管の状態をみてみよう（図7-3）．

この時期になると，これまで上皮状だった神経管（図7-1A）の様相が変化してくる．神経管の壁は明確に3層になる．脳室のすぐ近くには，初期神経管と同じような神経上皮の層がみられるが，これは前節で述べたマトリックス細胞の集団である．この層のことを，マトリックス層 matrix layer という（Nieuwenhuys，1998）．この層に外接している2番目の層は，細胞周期から脱して分化した幼弱なニューロンの集団からなり，外套層 mantle layer とよばれる．幼弱なニューロンは，神経管の脳室側から外表面側に向かって移動し，外表面側に集積してゆくのである（「放射方向の radial」または「垂直方向の vertical」細胞移動という）．集積した神経細胞は次第に軸索や樹状突起などの神経線維を外表面側に向かって伸ばすので，外套層の外側に辺縁層 marginal layer という，ほとんど線維集団からなる3番目の層が形成される．なおボールダー委員会の用語法では，これらの層はそれぞれ脳室帯 ventricular zone，中間帯 intermediate zone，そして辺縁帯 marginal zone に相当する．

図7-4には，哺乳類の間脳での組織形成 histogenesis の様子を示した（Keyser，1972）．基本的には，メダカ胚の神経管の場合と同様であるが，哺乳類では特に外套層が非常に厚くなる（図7-4d-i）．外套層が厚くなるのと並行して，それを産み出したマトリックス層は次第にやせて薄くなってゆく（同図f-i）．マトリックス層は，ニューロンと大部分のグリア細胞の産生が終わる頃には，グリア細胞の一種の上衣細胞 ependymal cells からなる薄い組織，つまり上衣層 ependymal layer になってしまう（同図i）．したがって哺乳類では，成体になると中枢神経系の成長は，基本的には停止する．しかし非哺乳類では，マトリックス層は成体になっても多くの場所に残存し，中枢神経系は成長し続ける（Zupanc，2001）．また哺乳類でも，場所によっ

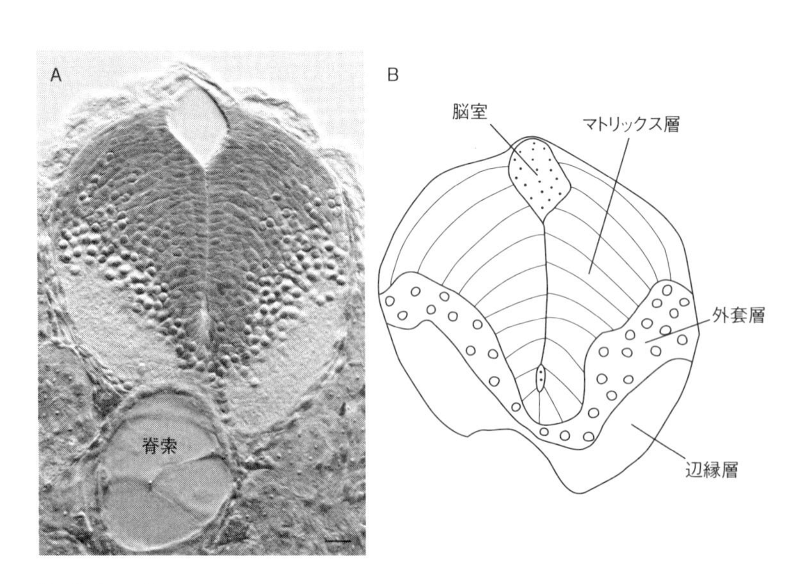

図7-3　メダカ胚の神経管壁の分化
メダカ胚（ステージ30）の延髄の微分干渉顕微鏡像（A）とその模式的スケッチ（B）．図の上が背側．脳室を中心にして同心状にマトリックス層（脳室帯ともいう），外套層（中間帯ともいう），そして辺縁層（辺縁帯ともいう）の3層が分化している．スケールバーは10 μm．

ては（嗅球や海馬など），マトリックス細胞（成体幹細胞）が残存することが知られるようになってきた（島崎・岡野，2008；宮田・山本，2013）．

このように，組織形成の進んだ大部分の脳領域では，脳室のまわりの薄いマトリックス層または上衣層，その周縁部に厚い外套層，そして外表面側の辺縁層（そこに移動してきた神経細胞も含む）という脳室側→外表面側の軸に沿った同心状の3層構造を呈するようになる（図7-5）．古くから知られていたことだが，成体の中枢神経系を解剖すると，辺縁層はその神経線維の光沢によって肉眼的に白色にみえ，外套層は線維がないためにやや暗くみえる．これらは，それぞれ白質（はくしつ）white matterと灰白質（かいはくしつ）gray matterとよばれてきたものである．おおまかに言えば，白質とは神経線維の束で，灰白質とはニューロン＋グリア細胞の集団に他ならない．

一般に組織形成の過程で，幼弱なニューロンは長い距離を細胞移動することが知られている．その移動方向は，これまで述べてきたように，脳室側から外表面側へ「垂直方向」に離れるのが基本であるが，脳の領域によって相当異なる．脳外表面と平行方向（「接線方向のtangential」細胞移動という）に動く幼弱なニューロン集団もある．特に小脳と終脳では，独特の細胞移動様式があることがよく知られている（Altman and Bayer，1997；宮田・山本，2013）．

4）哺乳類大脳皮質の発生と終脳外套について

上述の細胞移動様式のうち，哺乳類終脳における細胞移動は重要な研究主題なので，本節で解説する．

ヒトでは，終脳（大脳）が巨大に膨出・発達し，脳重量全体の80％以上を占めるようになる．大脳半球の外套では，通常の脳領域とは逆

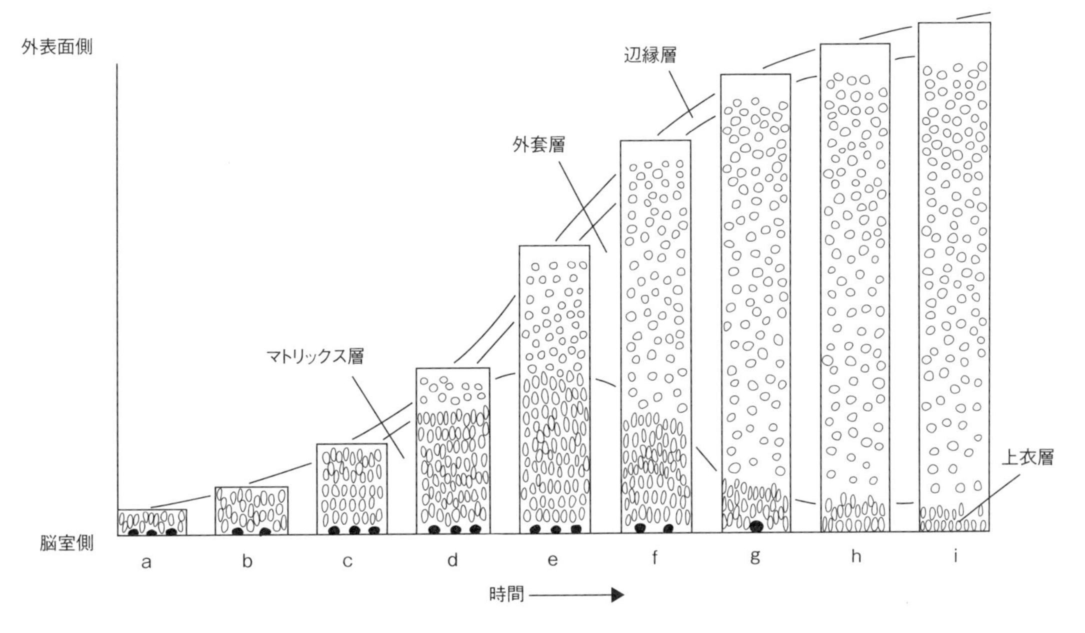

図7-4　哺乳類の神経管（間脳）の分化
神経上皮の発生・分化の様子を模式図で示した．Keyser（1972）は神経管における組織形成の状態を9段階（a-i）に分けた．マトリックス細胞は，増殖をくり返し神経管の壁は次第に厚みを増す（a-e）．マトリックス細胞から神経細胞が分化すると外套層と辺縁層が現れ（d），以後外套層が発達するとともに（e-i），マトリックス層は次第に減少し（f-h）最終的には薄い上衣層になる（i）．黒丸は分裂細胞を示す．Keyser（1972）の図33aをもとに作図．

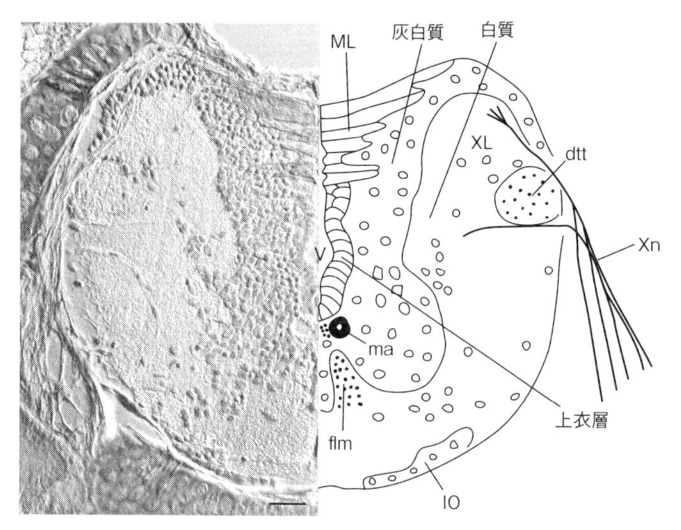

図 7-5　メダカ仔魚の脳における同心状の 3 層構造
メダカ仔魚（体長約 8 mm，ステージ 41）の延髄の微分干渉顕微鏡像（左半分）とその模式的スケッチ（右半分）．図の上が背側．迷走葉のレベルを示す．図 7-3 と比較されたい．脳室（V）の近くのマトリックス層（ML）は小さくなり，一部は上衣層に分化している．外套層は厚い灰白質となり，多数のニューロンが辺縁層（白質）に移動している．移動した神経細胞集団によって下オリーブ核（IO）が形成されている．略号：dtt ＝三叉神経下行路，flm ＝内側縦束，IO ＝下オリーブ核，ma ＝マウスナー神経の巨大軸索，ML ＝マトリックス層，V ＝脳室，XL ＝迷走葉，Xn ＝迷走神経．スケールバーは 20 μm.

転して，脳室側に厚さ数 cm の厚い白質が存在し，その外表面側に数 mm の薄い灰白質が存在する（図 7-6A と B）．この灰白質には，顕著な層構造が存在する（同図 C）．前章でふれたように，集塊状の灰白質のことを神経核とよぶが，これとは対比的に，層構造をもち表層側に存在する灰白質のことを皮質 cortex という．そのため，ヒトなどの哺乳類では，終脳半球の外套のことを大脳皮質という．ヒトの大脳皮質は，言語活動や人格など，いわゆる高次機能をもつため，脳の中でも最も注目される領域である（コラム 18 参照）．

図 7-6C には，ヒトの大脳皮質の層構造を示した（Brodmann, 1909；Garey, 1999）．大脳（終脳）は脳のうちでも発生・分化が最も遅い領域で，このような層構造が見られるようになるのは，6 カ月から 8 カ月目の胎児になってからである．したがってこの時期には，神経管はファイロタイプ段階を過ぎ，すでにヒトの脳に固有な発生段階に入っている．

ブロードマンは，細胞構築の様相から大脳皮質を大きく 2 つの種類に分けた（Brodmann, 1909；Garey，1999）．1 つの種類は，発生の過程ではっきりとした 6 層構造の段階を経るもので，彼はこれを同型発生皮質 homogenetic cortex とよんだ．現在では等皮質 isocortex という用語が使われている．等皮質のことを新皮質 neocortex とよぶ人も多い．もう 1 つの種類は発生過程で 6 層構造の段階を経ないもので，彼はこれを異型発生皮質 heterogenetic cortex と名づけた．現在では，不等皮質 allocortex とよばれている．ヒトでは等皮質が大脳皮質の 90％以上を占め，不等皮質は嗅覚に関連した大脳領域（古くは嗅脳とよばれていた領域）に限られる（図 7-6A と B；新見，1976）．

等皮質の各層には，外表面側から脳室側に向かってそれぞれ番号が I から VI までふられている（図 7-6C）．層ごとに細胞密度，細胞の大きさ，そして細胞の形などに違いが見られる．このうちの第 IV 層（内顆粒層 internal granular layer）の細胞は間脳の視床などからの入力を受け，大脳皮質の“感覚”機能を受けもっている

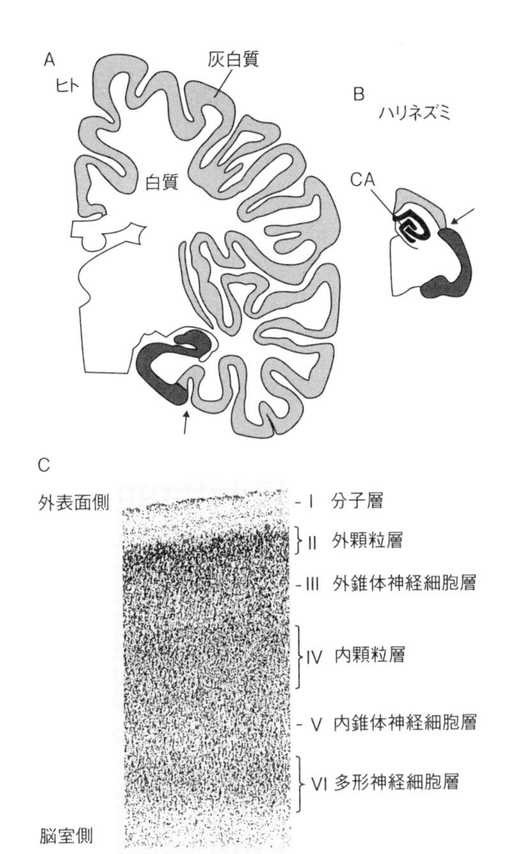

図 7-6　哺乳類の大脳皮質
ヒト（A）およびハリネズミ（B）の大脳半球の前額断模式図，そしてヒト胎児（妊娠 6 カ月目）の等皮質の層構造（C）を示す．A と B では，それぞれの脳は実際の大きさに比例させてある．灰色の部分は等皮質をあらわし，黒色の部分は不等皮質（海馬領域と梨状葉）を示す．その境界は矢印で示した．ヒトでは，等皮質が大脳皮質の大部分を占めている．C では，第 I 層（分子層 molecular layer），第 III 層（外錐体神経細胞層），そして第 V 層（内錐体神経細胞層）では細胞が比較的疎に分布し，明るく見える．略号：CA ＝アンモン角（固有海馬）．A と B は Brodmann（1909）の図 147 と 148 をもとに作図．C は Brodmann（1909）の図 1 を複製．

（スワンソン，2010）．その一方，第 III 層（外錐体神経細胞層 external pyramidal layer）の細胞からは他の皮質部位への出力（投射）がある．さらに，第 V 層（内錐体神経細胞層 internal pyramidal layer）と第 VI 層（多形神経細胞層 multiform layer）の細胞からは，大脳基底核，視床，脳幹，そして脊髄などへの下行性投射が出ている．そのため，第 V 層と第 VI 層は大脳皮質の“運動性”部分だと考えられている（スワンソン，2010）．

哺乳類大脳皮質の発生には，リーリン reelin（分泌性タンパク質），ネトリン netrin（タンパク質），あるいは細胞骨格タンパクなど，数十の生体分子のネットワークが関わっていることが知られている（Ayala et al., 2007）．ここでは等皮質の形態形成過程について概略を述べる（図 7-7，Ogawa et al., 1995；宮田・山本，2013）．

まず最初の段階は，神経管の表層（外表面側）にプレプレート preplate という薄い層が形成されることである（図 7-7A の PP）．この層には，神経線維および最も初期に分化したニューロンが存在している．その中の代表的なニューロンには，人名がついており Cajal-Retzius（カハール・レツィウス）細胞という［カハールについては次章でふれるが，レツィウス（G.M. Retzius，1842-1919）はスウェーデンの著名な組織学者である］．小川正晴（理化学研究所）らは，この細胞が分泌するタンパク質のリーリンが正常な層形成に決定的な役割を果たしていることを明らかにした（Ogawa et al., 1995）．この分子が働かないと，正しい順番にニューロン層が並ばなくなるのである．

第 2 段階では，プレプレートの中央部に脳室帯で産生されたニューロンが入り込み，プレプレートを表層と深層とに 2 分する（図 7-7B）．入り込んだニューロン集団のことを皮質板 cortical plate（図 7-7 の CP）といい，この場所に皮質（灰白質）の大部分（第 II 層から VI 層）が将来形成される．2 分されたプレプレートの表層側は辺縁帯（カハール・レツィウス細胞を含み，その後第 I 層になる；同図の MZ）となり，深層側はサブプレート subplate（同図の SP）とよばれる．

これ以降の発生段階では，脳室帯あるいはその表面側に連続している脳室下帯 subventricular zone でニューロンが盛んに産生される（図 7-7C と D）．次々と産生されたニューロンは，順次，脳室側から「垂直（放射）方向」に離れ，

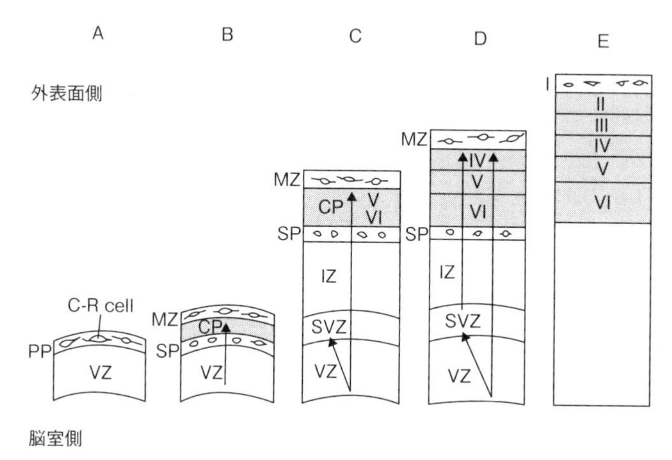

図7-7　哺乳類の等皮質（新皮質）の発生
等皮質の発生を概念的模式図で示す．上が脳の表面側，下が脳室側．AからEに向けて発生が進行する．最初，神経管の表層（外表面側）にプレプレート（PP）という層が形成される（A）．ここには，カハール・レツィウス細胞C-R cellが存在し，リーリンを分泌している．次にプレプレートは，脳室帯（VZ）から移動してきたニューロン集団によって2分される（B）．このニューロン集団を皮質板（CP）という（灰色の部分）．発生がさらに進むと，脳室帯あるいは脳室下帯（SVZ）で産生されたニューロンが順次「inside-out」様式で皮質板に加わり（C, D），成熟した皮質が形成される（E）．I-VIは皮質の各層を示す．その他の略号：IZ＝中間帯，MZ＝辺縁帯（I層），SP＝サブプレート．

中間帯とサブプレートを通過し，皮質板の辺縁帯直下まで移動して停止する．これがくり返される結果，初期に生まれたニューロンほど深層に，後期に生まれたニューロンほど浅層に局在するようになる．これが等皮質形成の独特な点で，「後のものが先になり，先のものが後になる」方式，あるいは「inside-out」様式とよばれている．皮質板に出入りする神経線維は，外表面側ではなく，主として脳室側（中間帯など）を通過する．

このような独特な発生様式のために，哺乳類の大脳皮質では，通常の脳領域とは逆転して，脳室側に白質が存在し外表面側に灰白質が存在することになる．なお，等皮質形成過程には哺乳類の中でも種差があり，ヒトなどの霊長類では脳室下帯が格段によく発達しているという（宮田・山本，2013）．ヒトの等皮質は非常に厚く，独特な構造を発達させる．脳発生のファイロタイプ段階を過ぎた時期では，ヒトに特徴的な構造が数多く出現してくるのだろう．

哺乳類の大脳皮質は，非哺乳類では終脳半球の外套に相当する．哺乳類の大脳皮質に関連して，脊椎動物一般の外套区分法についてここで述べておこう．歴史的には様々な名称（古外套や原始外套など）が使われてきたが，現在では，外套は次の3つ（Striedter，1997）あるいは4つ（Puelles et al.，2000；Puelles，2001）に区分されるのが一般的である［本書ではPuelles（2001）の4区分法を採用している］．哺乳類における等皮質に対応する小区分は，背側外套という．また，哺乳類における不等皮質に相当する小区分は，内側外套（ほぼ海馬に相当）および外側外套（ほぼ梨状皮質つまり一次嗅皮質に相当）である．この3番目の小区分である外側外套は，発生遺伝子の発現パターンの違いによって，さらに背腹2つに細分化することができる（Puelles et al.，2000；Puelles，2001；その改訂版としてはWatson and Puelles，2017）．つまり，背側に存在する「狭義の外側外套」，そして腹側に存在する腹側外套 ventral palliumである．したがって，「広義の外側外套」から腹側外套を新しく独立させた場合には，外套は4小区分に分けられる．つまり，背側外套，内側外套，外側外套（狭義の），そして腹側外套の

4つである．

なおWatson and Puelles（2017）によると，従来の「狭義の外側外套」は島皮質insular cortexと前障claustrumに相当し，従来の腹側外套はさらに2つ（梨状皮質と外套扁桃体）に分けられるという．この改訂版によると，外套は5つに区分されることになる（用語集参照）．

5）神経管における細胞死

本章の最後に，発生中の細胞死について述べる．

体は発生によって「建設」されるので，発生過程では一般に細胞の産生が注目されがちである．しかし発生過程では，それと逆方向の変化，つまり細胞死も頻繁に起きている．発生過程というのは，いわば破壊しつつ建設するようなところがある．

発生学の分野では，古くからプログラム細胞死programmed cell deathという現象が知られてきた．たぶん最も有名なのは，手足の指の形成過程であろう．発生中の肢の先端（肢芽）は野球のミットのように全体的に膨らんでいるが，指ができる特定の時期には，将来の指と指の間の細胞集団は死滅する．逆に言うと，これらの細胞集団が死ななければ正常な指は形成されない．

現代ではこの種の細胞死は，アポトーシスapoptosis（「離れ落ち」または自死）とよばれ，「遺伝子によって高度にコントロールされた，エネルギーを消費する細胞死（DNAの断片化）」として概念的に拡張された（田沼，1998）．つまり，アポトーシスとは細胞（とそのDNA）自身による自己消去のメカニズムである．この過程の分子メカニズムもよく理解されるようになってきた［田沼（1998）を参照されたい］．

アポトーシスに関与する遺伝子とタンパク質の研究は，線虫の一種の*Caenorhabditis elegans*を利用することによって飛躍的に進んだ（Gilbert，2010）．この線虫は，Sydney Brenner（1927-）によって「モデル生物」として遺伝発生学に導入された（コラム19）．この動物は，遺伝学的実験がやりやすく，成体での体細胞の数はたったの959個しかない．体は透明なので，発生中の細胞を生きたまま顕微鏡で直接観察できる．そのため，発生過程での細胞（神経系を含む）の挙動を詳細にわたって網羅的に調べあげることができた．その結果，発生過程では，131個の細胞が一定の順番と様式をもってプログラム細胞死することが判明した．

このような無脊椎動物でのアポトーシスの様相は，脊椎動物のそれと共通する面（遺伝子機能など）もあるが，異なる面もある．そもそも無脊椎動物と脊椎動物とでは，細胞の数がまったく異なる．ヒトの終脳（大脳）の，しかも皮質だけでも約136億個のニューロンがあるとされ，身体全体ではほぼ1兆個の細胞があるとされている（Gilbert，2010）．この細胞数は，*C. elegans*成体の体細胞数の実に約100億倍である．

図7-8はメダカ神経管における，アポトーシスによって死んだ細胞の分布を調べたものである．この写真でわかるように，どの発生段階においても多数の細胞がアポトーシスを起こしている．特に，脳発生のファイロタイプ段階より早い時期の神経索では，どの場所にも均等に単独の細胞死が多数みられる（同図A）．このことは，初期神経管では，アポトーシスによる細胞死が一様に起こることを示唆している．このようにメダカでは，線虫の場合とは異なり，アポトーシスによる細胞死は一定の順番と様式を示さない．ニワトリなどの発生過程でも，分化した神経細胞の半数以上がアポトーシスによって消去される（Gilbert，2010）．メダカあるいは脊椎動物では，その発生過程で細胞をおそろしいほど“浪費”しながら神経系をつくっているのだ．

エネルギーを使ってせっかく増やした細胞を

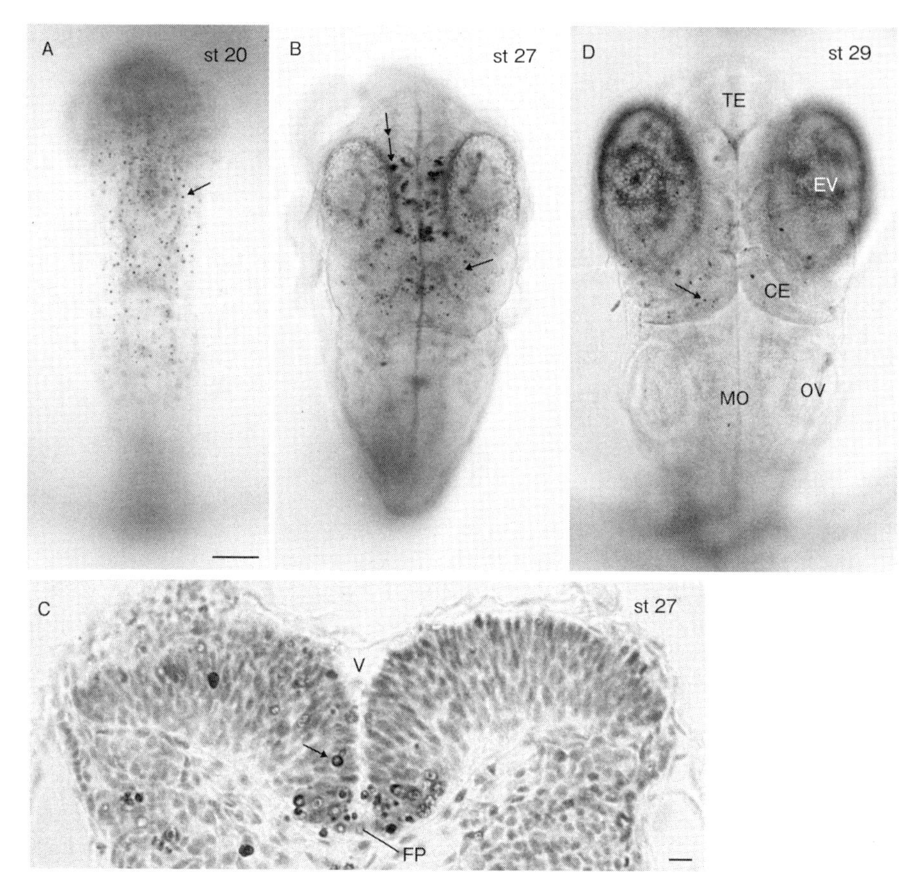

図7-8　正常発生における細胞死（アポトーシス）
メダカ胚におけるアポトーシスを示す（黒い斑点）．アポトーシスはTUNEL（TdT-mediated dUTP-biotin Nick End Labeling）反応によって可視化した．TUNELをほどこしたステージ20（A），27（B），そして29（D）の胚全体の背側観およびその横断切片像（C, ステージ27, 延髄の高さ）を示す．横断切片は薄くニッスル染色してある．A, B, Dでは上が吻側．Cでは上が背側．アポトーシスを起こしている細胞が黒い斑点状に見える．単一の細胞死（単独矢印）と集団的な細胞死（二重矢印）の両方があるのに注目．底板（FP）の近辺には，多数の死んだ細胞が存在する（C）．略号：CE＝小脳，EV＝眼胞，FP＝底板，MO＝延髄，OV＝耳胞，TE＝終脳，V＝脳室．スケールバーは，100 μm（A，B，D），10 μm（C）．Ishikawa et al.（2007）の図2と3Cを改変．

自分で殺してしまうのは，個体にとっていかにも無駄のように思える．なぜ必要十分な数の細胞を発生させないのだろうか？　現在のところ，この疑問に対して確固とした回答ができないが，このような発生様式が進化の過程で選ばれてきたからには，何か生物学的意味があるに違いない．最も単純な考え方は，「細胞増殖過程での“失敗細胞”を当初から見込んで細胞を過剰に生産しておく」というものである．細胞にとって細胞周期を正確に何回もくり返すことは実は容易なことではなく，その過程で突然変異や障害をもつ異常な細胞が少なからず生まれてしまうのかもしれない．その場合アポトーシスによって，異常な細胞とDNAを積極的に消去した方が，個体の適応的生存にとっては有利だった可能性がある．

メダカの神経管に話をもどしたい（図7-8）．脳発生のファイロタイプ段階の神経管では，集団的な細胞死が目立つようになる（同図B）．組織切片を作成して調べると，底板などの局所的シグナルリングセンターに多くの集団的細胞死がみられる（同図C）．発生過程で誘導機能を果たし終えた細胞集団は，それ以上の影響を与えないために，ある段階でアポトーシスによって除去されるのだろう．ファイロタイプ段階の終わり頃になると，集団的細胞死は見られなくなり，細胞死の全体数も減少する（同図D）．

細胞死を伴いつつ組織形成が進むと，分化したニューロンからは神経線維が生じてくる．神経線維が回路をつくることによって，脳は機能しはじめる．次章では，脳発生のファイロタイプ段階での神経回路形成をみる．

参考文献

Altman J, Bayer SA (1997) Development of the cerebellar system: In relation to its evolution, structure, and functions. Boca Raton: CRC Press Inc.

Angevine JBJr, Bodian D, Coulombre AJ, Edds MJJr, Hamburger V, Jacobson M, Lyser KM, Prestige MC, Sidman RL, Varon S, Weiss PA (1969) Special Communuation. Embryonic veretebrate central nervous system: Revised terminology. Anat Rec 166: 257-262.

Ayala R, Shu T, Tsai LH (2007) Trekking across the brain: The journey of neuronal migration. Cell 128: 29-43.

Brodmann K (1909) Vergleichende lokalisationslehre der großhirnrinde. Leipzig: Verlag von Johann Ambrosius Barth.

Garey LJ (1999) Brodmann's 'localization in the cerebral cortex'. London: Imperial College Press.

Gilbert SF (2010) Developmental Biology, 9th Edition. Sunderland: Sinauer Associates, Inc.

Ishikawa Y, Yasuda T, Maeda K, Matsumoto A, Maruyama K (2007) Apoptosis in neural tube during development of medaka. Fish Biol J Medaka 11: 23-30.

Keyser S (1972) The development of the diencephalon of the Chinese hamster. Acta Anat (Basel) suppl 59/1 (83): 1-181.

Nieuwenhuys R (1998) Histogenesis. In: The Central Nervous System of Vertebrates (Nieuwenhuys R, Donkelaar HJT, Nicholson C (eds)), vol 1, pp 229-271. Berlin: Springer-Verlag.

Ogawa M, Miyata T, Nakajima K, Yagyu K, Seike M, Ikenaka K, Yamamoto H, Mikoshiba K (1995) The *reeler* gene-associated antigen on cajal-retzius neurons is a crucial molecule for laminar organization of cortical neurons. Neuron 14: 899-912.

Puelles L (2001) Thoughts on development, structure and evolution of the mammalian and avian telencephalic pallium. Philos Trans R Soc Lond B Biol Sci 356: 1583-1598.

Puelles L, Kuwana E, Puelles E, Bulfone A, Shimamura K, Keleher J, Smiga S, Rubenstein JL (2000) Pallial and subpallial derivatives in the embryonic chick and mouse telencephalon, traced by the expression of the genes Dlx-2, Emx-1, Nkx-2.1, Pax-6, and Tbr-1. J Comp Neurol 424: 409-438.

Rakic P (1972) Mode of cell migration to the superficial layers of fetal monkey neocortex. J Comp Neurol 145: 61-83.

Striedter GF (1997) The telencephalon of tetrapods in evolution. Brain Behav Evol 49: 179-213.

Tamamaki N, Nakamura K, Okamoto K, Kaneko T (2001) Radial glia is a progenitor of neocortical neurons in the developing cerebral cortex. Neurosci Res 41: 51-60.

Temple S (2001) The development of neural stem cells. Nature 414: 112-117.

Tsuda S, Kitagawa T, Takashima S, Asakawa S, Shimizu N, Mitani H, Shima A, Tsutsumi M, Hori H, Naruse K, Ishikawa Y, Takeda H (2010) FAK-mediated extracellular signals are essential for interkinetic nuclear migration and planar divisions in the neuroepithelium. J Cell Sci 123: 484-496.

Watson C, Puelles L (2017) Developmental gene expression in the mouse clarifies the organization of the claustrum and related endopiriform nuclei. J Comp Neurol 525: 1499-1508.

Zupanc GK (2001) A comparative approach towards the understanding of adult neurogenesis. Brain Behav Evol 58: 246-249.

島崎琢也，岡野栄之（2008）「哺乳類の神経幹細胞」，蛋白質 核酸　酵素，53，311-317.

ラリー・スワンソン（著），石川裕二（訳）（2010）「ブレイン・アーキテクチャ」，東京大学出版会，東京.

田沼靖一（1998）「アポトーシス」（第5刷），UPバイオロジー，東京大学出版会，東京.

新見嘉兵衛（1976）「神経解剖学」，朝倉書店，東京.

藤田哲也（2002）「脳の履歴書」，岩波書店，東京.

宮田卓樹，山本亘彦（編）（2013）「脳の発生学」，化学同人，京都.

コラム18　ブロードマンの脳地図

ブロードマン Korbinian Brodmann（1868-1918）はスイスに近い南西ドイツの Liggersdorf の農家に生まれた［以下，Garey（1999）による］.

彼はミュンヘン大学などで医学を学び，各地で修業した後，1901年から1910年にかけてベルリンのフォークト O. Vogt の研究室に入室した．その研究室で彼は，様々な哺乳類の大脳皮質を顕微鏡で丹念に調べた．細胞構築の様相にもとづいて，彼は哺乳類の大脳皮質の層構造を包括的に明確にした．層構造のパターンは大きく2種類に分けられた．6層構造をもつ等皮質 isocortex と非6層構造の不等皮質 allocortex である．彼はヒトの大脳皮質をそれぞれの層構造の特徴にもとづいて約50の領域に分類した．これが1909年に出版された，今では有名なブロードマンの脳地図である.

しかし，このような純粋に基礎医学的な研究結果が出てきた時，その意義については誰にもわからなかった．そのためか，当時彼が「大学教授資格 Habilitation」獲得のために提出した論文（原猿類の大脳皮質に関する論文）は却下されてしまった．その後，彼は独立した研究室を主宰することができず，不遇の時代を過ごした.

彼は軍医として第一次世界大戦に出征し，帰還後の1916年に精神科病院の解剖士 prosector になり，ようやく生活を安定させることができた．ところが2年後，感染症のために急逝してしまった．満50歳になる数カ月前のことであった.

しかし，後になって脳の生理学的な研究が進むと，この地図と「脳機能の局在部位」がぴったりと対応していることに人々は驚くことになった．ブロードマンの場合のように，後になってその意義が初めてはっきりした研究の例は，医学の歴史では無数といってよいほどたくさんある.

Garey LJ (1999) Brodmann's 'Localization in the Cerebral Cortex'. Imperial College Press, London, 1999.

コラム 19　クローの原理と「モデル生物」

ある生物・医学的問題を解明しようとする場合，大いに悩むのが研究対象生物の選択である．これに関して，クローというデンマークの生理学者が面白いことを言った．生化学者のクレブスがそれを紹介しているのだが，ある学会でクローは「多くの生物学上の問題には，それを解き明かすために最適な生物が必ずいるものだ」という主旨を述べた（Krebs，1975）．クレブスはこれを「クローの原理」とよぶ．言うまでもなく，「クローの原理」の背後には，生物のもつ異様なまでの多様性がある．

「研究にとって都合の良い」生物は，様々な研究分野に数多く見つかっている．別のコラムで紹介したように（コラム 5），遺伝学ではショウジョウバエが最適であった．神経科学で有名なのは，ヤリイカであろう．ヤリイカの場合，その直径 1 mm もある巨大な神経線維（軸索）を利用することによって，神経伝導の原理が解明された．生物の多くに共通な原理は，適切な生物を用いると，比較的容易に研究できる．

これに関連することだが，分子生物学では，大腸菌やファージなどの少数の限られた「モデル生物」が使われて，大成功をおさめてきた．「モデル」には，ある系の代表という含意がある．この研究戦略では，「モデル生物」とされた特別の生物が集中的に研究される．この戦略のもつ利点は数多い．しかし一方，ある「モデル生物」が本当にその系の「代表（標準）」である保証はどこにもない．実際，線虫の *Caenorhabditis elegans* で得られた結果は，普遍的に他の線虫にもあてはまるとは限らなかった．

特に脳のように，「共通な生命原理」というよりは，「進化によって特殊化してきた生命現象」を対象とする場合には，「モデル生物」による研究は有効ではないと思われる．個々の動物種の脳を深く調べることは，むろん必要不可欠なことである．しかしそれだけでは十分ではない．進化的な理解がなければ，脳の全体像が見えてこないのだ．

Krebs HA (1975) The August Krogh principle: "For many problems there is an animal on which it can be most conveniently studied". J Exp Zool 194: 221-226.

第8章
神経回路の発生と発達

……我々日頃脳を見慣れたものでも，ゴルジ染色で美しく染まった神経細胞を見ると思わず息をのみ，その不可思議な姿に打たれ，自然の匠の存在を直接膚に感ぜずにはいられない．……

萬年 甫（『脳地図への道』から

ゴルジ染色とは，少数の神経細胞の全体像を「透明な日本紙の上に描かれた細密な墨絵のように」染め出すことができる，ほとんど奇跡のような組織染色法である（図 8-1）．イタリアのカミロ・ゴルジ Camillo Golgi（1844-1926）によって創案され，1873 年に発表された．当時から現代に至るまで，この方法を用いて多数の重要な研究がなされてきた．例えば現代でも，萬年 甫（1923-2011，東京医科歯科大学）はゴルジ染色を用いて 1 個のニューロン全体の広がりを数値的に計測することに世界で初めて成功した（萬年，1992）．

当時では，スペインの解剖学者サンチァゴ・ラモニ・カハール Santiago Ramón y Cajal（1852-1934）がこの方法を活用した．カハールは 1887 年に初めてこの方法に出会った（Cajal, 1989）．彼は若い頃画家を目指していたほど美術好きだったので，ゴルジ染色された神経細胞の美しさに心底から魅了されたのだと思われる（萬年，1991；1992）．彼は頑健な闘士でもあった．この染まり方が不定な染色法について粘り強く実験して習熟し，得られた染色像をペンとインクで何時間もスケッチし続けた．彼の著作には，これらの美しいスケッチ群が多数掲載されている．スケッチというのは，写真技術が発展する以前の原始的な記録方法である．しかし実は，今もなお形態学にとっては，きわめて重要な研究手段である．まず第 1 に，いやでも詳しく観察することになる．第 2 に，どうしても像の解釈をつけざるを得なくなる．手と目が忙しく働いている間，頭は必死に考えをめぐらすことになるのだ．

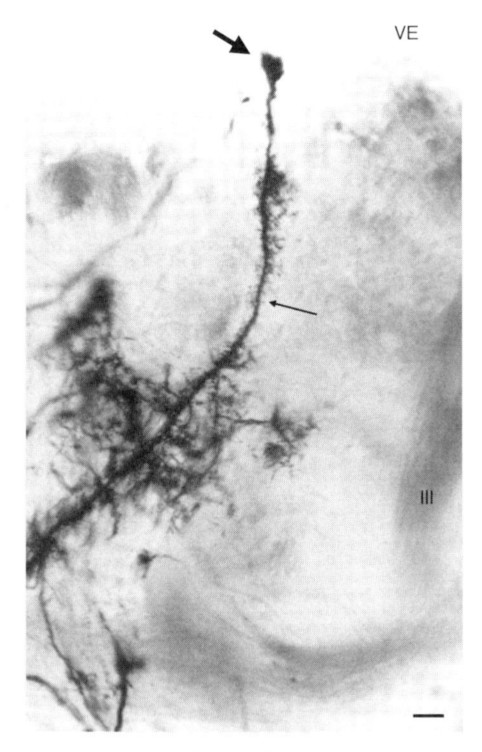

図 8-1　ニューロンのゴルジ染色像
ゴルジ染色によって染められたメダカのニューロン．左の中脳被蓋の横断切片の写真を示す．上が背側，左が外側．細胞体（太い矢印）と樹状突起（細い矢印）が見える．樹状突起には多数の棘が存在している．略号：VE = 中脳脳室，III = 動眼神経．スケールバーは 20 μm.

多くの様々なニューロンをスケッチしているうちに，彼は一般的規則がありそうなことに気づいた（Cajal, 1989）．図 8-2 は視覚と嗅覚に

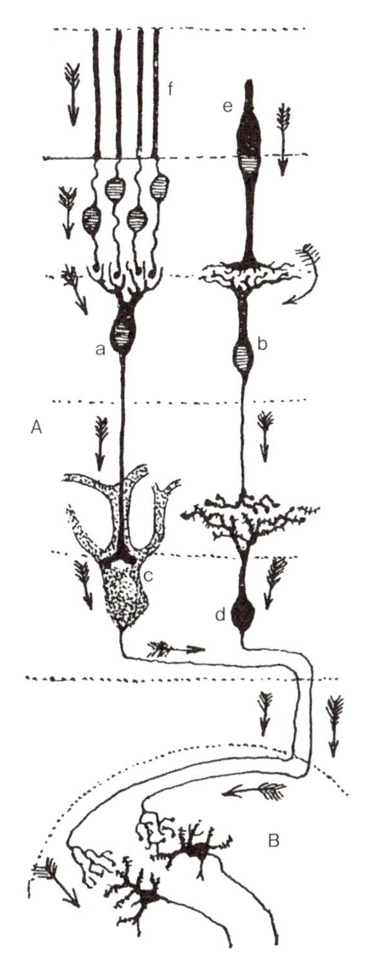

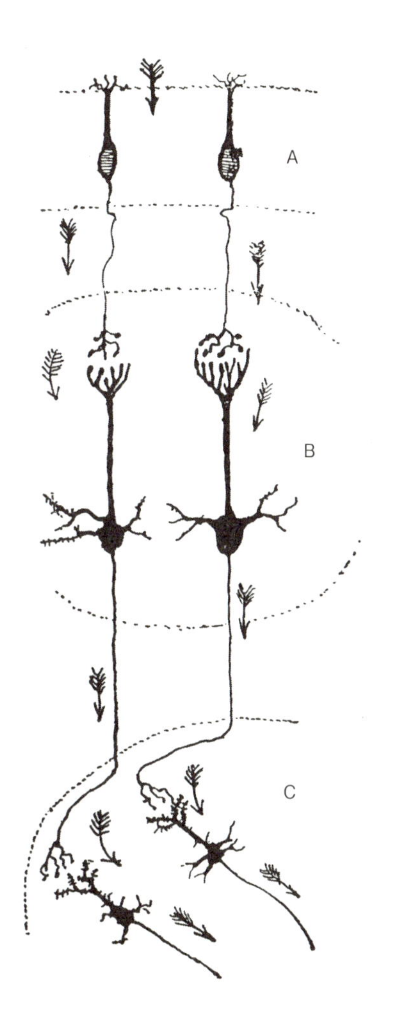

図 8-2　カハールによる神経回路図
脊椎動物の視覚路（左）と嗅覚路（右）における神経回路の模式図．矢印は情報の伝わる方向を示す．左側の図の略号：A ＝網膜，B ＝外側膝状体，a ＝杆状体双極細胞，b ＝錐状体双極細胞，c，d ＝網膜神経節細胞（視神経細胞），e ＝錐状体，f ＝杆状体．右側の図の略号：A ＝嗅粘膜，B ＝嗅球，C ＝脳の梨状葉（嗅覚皮質）．ラモニ・カハールの原図を複製．

関わる感覚細胞とニューロン群である．これらの感覚の場合，情報の流れる方向はあらかじめわかっている．どちらの場合も外界から脳（中枢側）に向かうはずである．感覚細胞を含めてすべての神経細胞の形をよく見ると，どちらの場合も細胞体の外界側に太く短い突起（樹状突起）が存在し，中枢側に細長い突起（軸索＝神経線維）が存在している．彼はこれを「感覚刺激あるいは神経の興奮が樹状突起から軸索に向かって一定の方向性をもって伝わるのだ」と解釈した．彼はこれを「向軸索的極性の理論 theory of axipetal polarization」とよんだ．つまりは，情報がニューロンの突起の形に沿って一定の方向に伝達されることを提唱したのだ．1897 年のことであった．これが神経回路 neural circuit あるいは神経回路網 neural network の概念の始まりである．

現代では，樹状突起－軸索の間のみならず，場所によっては軸索－軸索や樹状突起－樹状突起の間などにも情報の流れがあることが知られるようになった．また，嗅球などでは双方向性に情報が流れることもわかった．しかし脳の大部分の場所では，この機能的極性の原則は正しいことが生理学的研究によって確認されている．純粋に形態のみから推測した，カハールの理論が正しく的を射抜いたのは，驚くべきことである．ニューロンの本質的機能は，情報の受容，処理，そして方向性をもった伝達である．要するに，神経系の働きは神経回路の機能に帰せられる（スワンソン，2010）．

本章では，脳発生のファイロタイプ段階における神経回路の発生について紹介する（Ishikawa et al., 2004）．最初に神経回路発生の全体的概要を示し，次にその詳細について順番を追って述べる．最後に，できあがった神経回路と行動の発達について考察する．

1）神経回路発生の概要

成体の神経回路網は，大きな国の鉄道網のように巨大で複雑なので，その理解は容易ではない．しかし，神経回路の初期発生過程は単純である．鉄道網が地域ごとに少しずつ建設されて結局全国的につながるように，神経回路もまた局所的に少しずつ形成されて完成するからである（図8-3）．前章で述べたように，神経細胞は分化すると突起を伸ばし，外套層の外表面側に辺縁層を形成する．したがって，神経回路は基本的には辺縁層の中に，つまり神経管の最表層につくられてゆく．

神経回路は無秩序に形成されるのではなく，第4章と第5章でみた背腹軸と吻尾軸に沿った区画と関連しながら，神経路 tract のセットが次々とつくられてゆく（Ishikawa et al., 2004）．つまり神経路のセットには，縦走するものと，横走するものとの2種類がある．縦走する神経路は，第4章で出てきた感覚区そして運動区の神経路セットとして順次出現してくる．縦走神経路に直交する横走神経路セットは，第5章で述べた脳の横方向の区分に従って順次出現してくる．言いかえると，分化した神経細胞集団が一定の時期に一定の場所に現れ，そこからの軸索群は特定のパターンをとりながら伸長する．

成長する軸索の先端には，成長円錐 growth cone という構造があり，これが軸索の伸長パターンを決めている（宮田・山本，2013）．成長円錐は周囲の微小環境を探り，案内 guide するような分子（軸索ガイダンス分子）あるいは先行する軸索に対する親和性にもとづいて適切な道筋を選択する．この過程に関する分子的研究は，近年大きく進展した．その結果，軸索ガイダンス分子は多種類存在し，分泌型タンパク質と膜タンパク質の2つに大別されることが明らかになった（宮田・山本，2013）．そのそれぞれに，誘因作用と反発作用をもつものが知られている．有名な分子としては，反発因子のセマフォリン semaphorin や分泌性誘因因子のネトリンなどがあり，それらの受容体も同定されている．

神経細胞体と軸索はゴルジ法によっても可視化できるが，現代では免疫組織化学染色法などを用いて染色することが多い．様々な抗体を用いて行われる免疫組織化学染色法は，安定かつ確実な染色結果をもたらす方法である．そのうえ，メダカの胚は小さいので，切片をつくることなくそのまま免疫組織化学染色して全身 whole mount 標本として神経回路を直接観察できる（口絵6，8参照）．

メダカにおける神経路発生の全体像を把握するために，図8-3にステージ24から26までの結果をまとめた．最初に単純な背腹の神経路セットが形成され（図8-3A），次第に新規の神経路が追加され（同図B，C），最終的には複雑な神経回路がつくられる（同図D）のがわかる．

メダカでは，ステージ22（受精後38時間，9体節期）から27（受精後58時間，24体節期）までの，わずか20時間の間に基本的な神経回路がすべて形成されてしまう（Ishikawa et al., 2004）．この時期は，脳発生のファイロタイプ段階（ステージ21から28）の期間にちょうど入っている．以下では，ファイロタイプ段階の

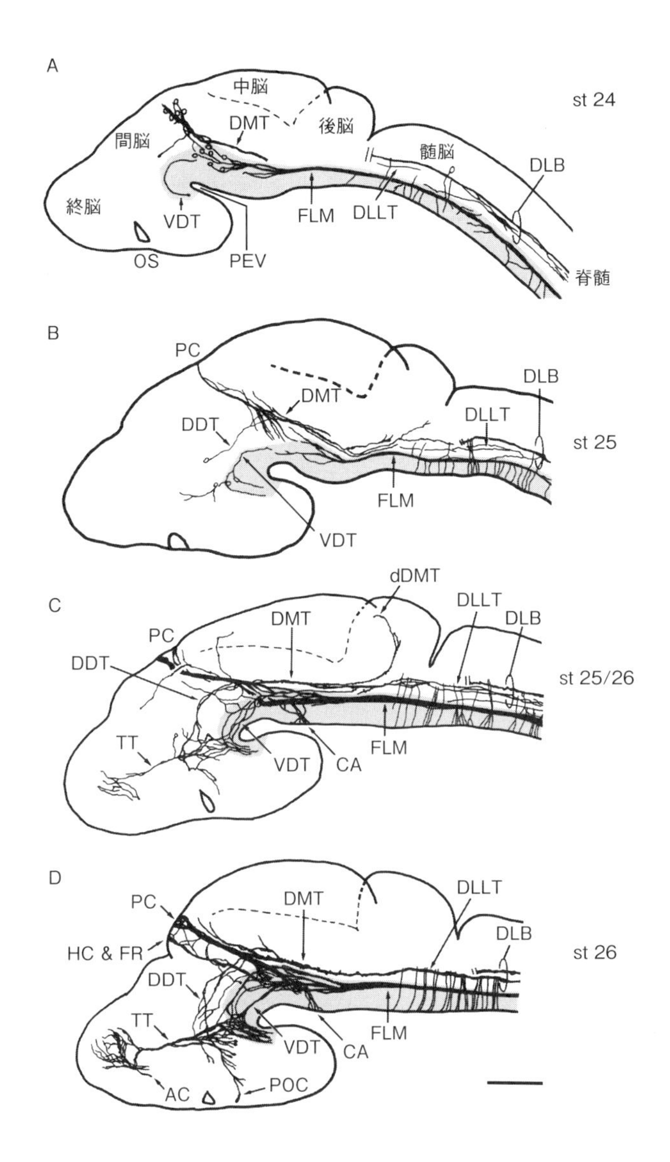

図 8-3　メダカ胚における神経回路の発生（まとめ）
ステージ 24 から 26 における神経路の形成．抗アセチル化チュブリン抗体で軸索を免疫組織化学染色したメダカ胚全身標本の模式的スケッチ．左側面図で，左が吻側，上が背側．三叉神経と DLB の吻側は，他の線維路を明瞭にするために省略してある（A と B の 2 重線）．神経管の腹側帯（運動区：底板の見える領域）を灰色で示した．最初の単純な背腹神経路セットは，次第に複雑になる．略号：AC ＝前交連，CA ＝アンスレート交連，dDMT ＝背側中脳路の背枝，DDT ＝背側間脳路，DLB ＝背外側束，DLLT ＝背外側縦走路，DMT ＝背側中脳路，FLM ＝内側縦束，FR ＝反屈束，HC ＝手綱交連，OS ＝眼茎基部，PC ＝後交連，PEV ＝脳の腹側ひだ，POC ＝後視索交連，TT ＝終脳路，VDT ＝腹側間脳路．スケールバーは 50 μm．Ishikawa et al.（2004）の図 8 を改変．

初期（ステージ 22，23），中期（ステージ 24，25），そして後期（ステージ 26，27）の 3 段階に分けて，神経回路発生の実際の様子を順次述べる．

2）最初の神経路：背腹の縦走神経路

まず初期の様子をみてみよう．図 8-4A は，脳の中で最も早く可視化されたニューロンを示

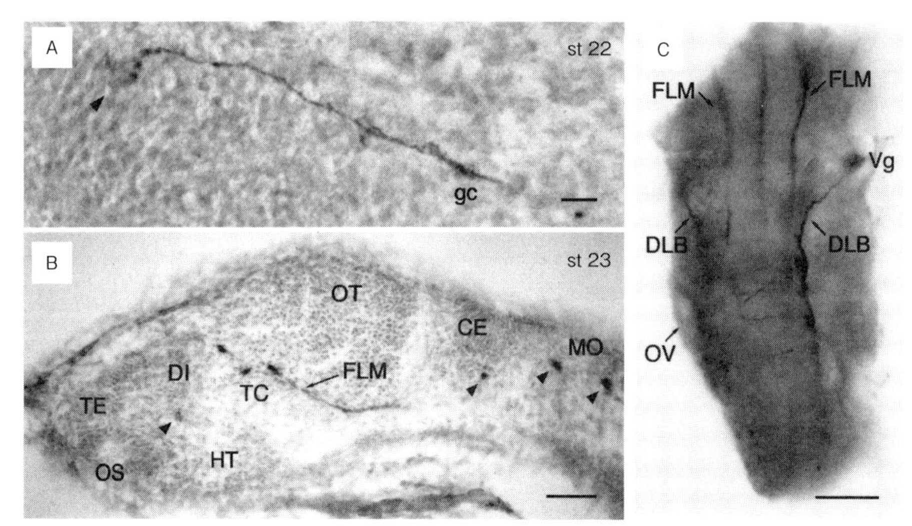

図 8-4　メダカ胚における最初の神経路

ステージ 22（A）と 23（B と C）における最初の神経路を示す．CD57（HNK-1 ともいう．細胞表面の糖タンパク質を認識する）抗体で神経細胞を免疫組織化学染色した切片の写真（A と B）および抗アセチル化チュブリン抗体で軸索を免疫組織化学染色した全身標本の写真（C）．A と B では左が吻側，上が背側．C では上が吻側．A では，FLM の細胞体（矢頭）と軸索の成長円錐（gc）が見える．B の矢頭はニューロンの細胞体をさす．略号：CE ＝小脳，DI ＝間脳，DLB ＝背外側束，FLM ＝内側縦束，gc ＝成長円錐，HT ＝視床下部，MO ＝延髄，OS ＝眼茎基部，OT ＝視蓋（中脳），OV ＝耳胞，TC ＝内側縦束核，TE ＝終脳，Vg ＝三叉神経神経節．スケールバーは，A では 10 μm，B と C では 50 μm．Ishikawa et al.（2004）の図 1 を改変．

している（ステージ 22）．脳の中でも間脳の尾側部・中脳・後脳・髄脳は早くから発生・分化が進む場所であるが，この単一のニューロンは間脳尾側部（シネンセファロン）の腹側帯，すなわち運動区に存在する（第 4 章）．その軸索は尾方に伸びていて，その末端には前述の成長円錐が見える．カハールの理論によって，このニューロンを伝わる情報は間脳から尾側に向かうはずである．ステージ 23 になると神経細胞が 3 個ほどに増えるが，その軸索は 1 つの束になって神経管の腹側帯を尾側に向かい後脳まで達する（図 8-4B，C）．これが脳の中で最初にできる神経路あるいは線維路 fiber tract である．

この線維路とそれをつくる神経細胞集団は，成体では，それぞれ内側縦束 fasciculus longitudinalis medialis（FLM）という線維束および内側縦束核 nucleus of FLM という神経核に相当する．このように，メダカの脳で最初に形成される神経路は，情報を間脳から尾方へ伝える運動系の縦走神経路である．吻側から尾側に情報を運ぶ神経路のことを下行路 descending tract とよぶので（その反対向きは上行路 ascending tract という），運動性下行路である．

背側の神経路としては，背外側束 dorsolateral bundle（DLB）という縦走神経路がステージ 23 で最初に形成される（図 8-4C）．DLB は，三叉神経節からの中枢側軸索（感覚情報を運ぶ）からなる感覚性神経線維束で，菱脳の背側帯を下行する．これは成体の三叉神経下行根 descending trigeminal root に相当する．また，メダカの脊髄では，Rohon-Beard 細胞という，皮膚の機械刺激を感知するニューロン群が最初に軸索を伸ばす（Kuwada，1986）．この Rohon-Beard 細胞から吻尾の両方向に伸びる軸索が，脊髄における最初の感覚性縦走路を形成する．前述の DLB は，下行して脊髄まで下り，脊髄の Rohon-Beard 細胞由来の感覚性（上行性）縦走路と合流する．なお Rohon-Beard 細胞は，発生段階が進むと退化・消失してしまい，成魚では見られない．つまり，この Rohon-Beard 細胞は発生の初期だけに出現する一過性のニューロン群である．

このように最初の脳の神経路セットとして，運動性下行路のFLMおよび感覚性線維束のDLBが辺縁層を縦走するようになる．

3）縦走神経路と交連神経路の追加

本節では，ステージ24と25の状態を，全体図（図8-5），吻側部の拡大図（図8-6），そして尾側部の拡大図（図8-7）で示す．

メダカの神経管では，ステージ24で5脳胞が確立する（第3章参照）．ステージ24以降では，最初に形成された2つの縦走神経路（FLMとDLB）に新規の縦走神経路が追加されて合流し，また脳の左右を連絡する交連神経路や横走する神経路などが新たに形成されてゆく．

図8-5はステージ24の神経管全体の様子を示している．新規に追加される運動性下行路

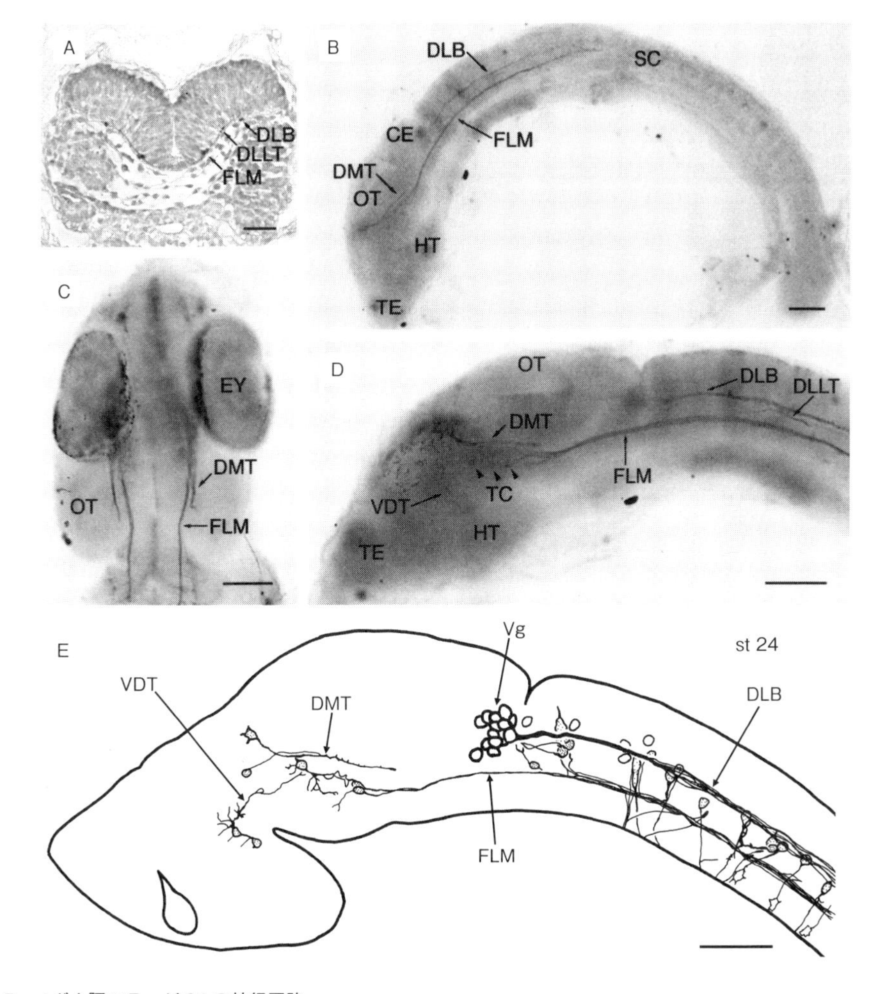

図8-5　メダカ胚ステージ24の神経回路
抗アセチル化チュブリン抗体で軸索を免疫組織化学染色した延髄の高さの横断切片（A），同様にして染色した全身標本の写真（B-D），およびCD57（HNK-1）抗体で免疫組織化学染色した全身標本の模式的スケッチ（E）を示す．A（切片）では上が背側．C（背面観）では上が吻側．他の図（側面観）では左が吻側，上が背側．一部の標本（B，D，E）では神経路を明瞭にするために眼球を取り去ってある．DLB，DLLT，そしてFLMが神経管の最表層（辺縁層）を走っていることに注目（A）．略号：CE＝小脳，DLB＝背外側束，DLLT＝背外側縦走路，DMT＝背側中脳路，EY＝眼胞，FLM＝内側縦束，HT＝視床下部，OT＝視蓋（中脳），SC＝脊髄，TC＝内側縦束核，TE＝終脳，VDT＝腹側間脳路，Vg＝三叉神経神経節．スケールバーは，Aで20 μm，B-Eでは50 μm．Ishikawa et al.（2004）の図2を改変．

としては，腹側間脳路 ventral diencephalic tract（VDT）がある．この細胞体は前パレンセファロンの腹側帯（運動区）にあり，下行性の軸索を内側縦束核に向けて伸ばしている（図 8-5E）．つまり，VDT は FLM に連結して合流する．この神経細胞集団（VDT 核）の存在位置は，哺乳類の胚の後結節領域あるいは乳頭体領域（図 5-11 参照）に相当している．メダカ胚の VDT 核は，成魚の赤核 nucleus ruber of Goldstein という大型細胞集団に相当するものと思われる．

ステージ 24 で新規に追加される背側の縦走神経路としては，背側中脳路 dorsal mesencephalic tract（DMT）と背外側縦走路 dorsolateral longitudinal tract（DLLT）がある（図 8-5D）．DMT はおそらく成体の三叉神経中脳路 mesencephalic tract of trigeminal nerve に相当する．DMT の細胞体はシネンセファロンの背側帯（感覚区）にあり，下行性の軸索を DLB に向けて伸ばしステージ 25 で合流する．DLLT の細胞体は延髄吻側部の背側帯（感覚区）にあり，上行性あるいは下行性の軸索を DLB のすぐ腹側に伸ばし，ステージ 25 で DLB と DMT に合流する．

ステージ 25 では，さらに背側間脳路 dorsal diencephalic tract（DDT）が新規に形成され，DMT と合流するようになる（図 8-6B）．DDT の細胞体は前パレンセファロンと後パレンセファロンの背側帯あるいは中間帯に存在し，上行性あるいは下行性の軸索を伸展させる（同図）．このようにしてステージ 25 になると，腹側では VDT → FLM という一連の大きな運動性下行縦走路が，背側では DDT → DMT → DLLT → DLB という一連の長

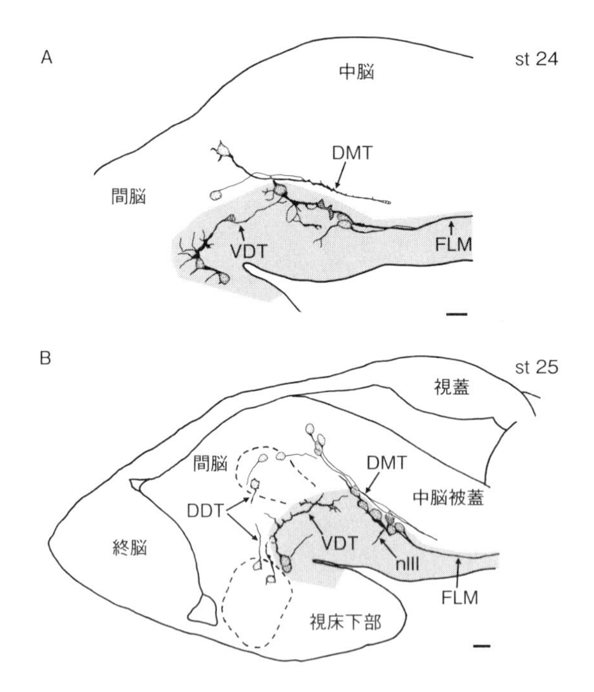

図 8-6　間脳の縦走路の発生（ステージ 24 から 25）
ステージ 24（A）から 25（B）における間脳の縦走路の発達を示す．CD57（HNK-1）抗体で神経細胞を免疫組織化学染色した全身標本の模式的スケッチ．左が吻側，上が背側．神経路を明瞭にするために眼球を取り去ってある．ニューロンの細胞体は点を打って示し，成長円錐は斜線で示した．神経管の腹側帯（運動区）の，底板の見える領域を灰色にしている．ステージ 25 になると，間脳の中間帯あるいは背側帯に神経細胞が分化し（破線で囲んだ領域），その軸索が DDT を形成して DMT に合流する（B）．略号：DDT ＝背側間脳路，DMT ＝背側中脳路，FLM ＝内側縦束，nIII ＝動眼神経，VDT ＝腹側間脳路．スケールバーは 10 μm.

大な感覚性縦走路（下行路と上行路の両方を含む）が間脳から脊髄にかけてほぼ完成する（図8-3B，C）．

脳の発生・分化が早い後脳と髄脳（延髄）では，ステージ24で網様体脊髄ニューロン reticulospinal neuron が菱脳分節ごとに多数現れる（図8-7）．その軸索は分節ごとに左右交叉（交連）したあとFLMに合流しながら脊髄に下る．このようにして，交連神経路および横走神経路が脳に初めて形成される．

背側からこの領域を全体的にみると，縦に走る線維と横に走る線維が格子状を呈している（図8-7B）．このような神経路の構成は，ミミズなどの無脊椎動物の「はしご状神経系」のそれらに酷似している．これらの神経路とニューロンは，成体では，延髄の網様体 reticular formation に相当する．網様体とは，線維網と細胞体が複雑に入り組んでいる構造のことである．

網様体脊髄ニューロンの中には，一対のとび抜けて大きな神経細胞がある（図8-7のM）．これはマウスナー細胞 Mauthner cell という巨大神経細胞で，ヤツメウナギ，サメ類，両生類の

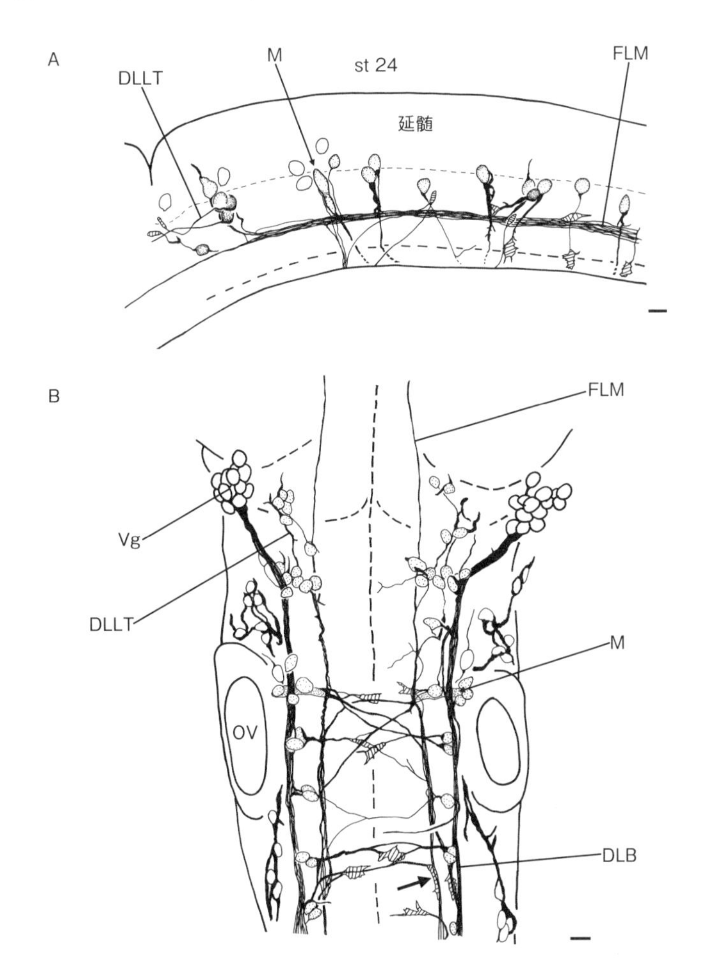

図8-7　延髄における網様体脊髄ニューロン（ステージ24）
ステージ24の延髄（髄脳）における網様体脊髄ニューロンなどの分化を示した．CD57（HNK-1）抗体で免疫組織化学染色した全身標本の側面観（A）と背面観（B）の模式的スケッチ．Aでは左が吻側，上が背側．Bでは上が吻側．Aでは，細い破線でDLBの走る位置を示し，太い破線で腹側正中線を示す．また，軸索が追跡できた神経細胞体は点を打って示し，軸索の成長円錐は斜線で示した．Bでは，脳内の神経細胞体には点を打ち，脳外の（脳神経の）細胞体は白抜きにしてある．Bの太い矢印の成長円錐がFLMの線維に接触しているのに注目．略号：DLB＝背外側束，DLLT＝背外側縦走路，FLM＝内側縦束，M＝マウスナー細胞，OV＝耳胞，Vg＝三叉神経神経節．スケールバーは10 μm.

オタマジャクシ，硬骨魚類などの有尾の水棲動物に存在するものである（小田・中山，2002）.

網様体脊髄ニューロンの細胞体と軸索をよく見ると，細胞体はDLBに隣接しているのに対して，軸索は反対側のFLMを目指して伸長し接触している（図8-7B下方の太い矢印）．これはDLBを通る感覚性の情報が網様体脊髄ニューロンによって反対側の運動性下行路に運ばれていることを意味している．つまり，網様体脊髄ニューロンは脳の左右を機能的に連絡するばかりではなく，受けた感覚情報を反対側の運動性回路に伝えている．このような情報伝達経路によって，例えば接触刺激が反対側の運動性回路に伝わる．これによって，刺激された側とは反対側の胴部の筋肉が収縮し，局所的に体が曲がる（C字型になる）．その体勢のまま急速に遊泳すれば，刺激元を避けるような方向に逃避することができる．この反射的逃避運動に最も重要な役割を果たしているのがマウスナー細胞である．キンギョとゼブラフィッシュの成魚では，聴覚，視覚，そして側線感覚がマウスナー細胞の樹状突起に入力していることが知られている（小田・中山，2002）.

4）終脳の神経路

本節では，発生・分化が特に遅い終脳領域などについて，ステージ25を中心にして述べる．

図8-8はステージ25と26の神経管を示している．ステージ25になると，後脳と髄脳以外の脳領域にも新規の横走神経路と交連神経路が追加される．終脳の領域では，終脳路telencephalic tract（TT）という神経路が出現する（図8-8A）．これは終脳の背腹境界部を走り，

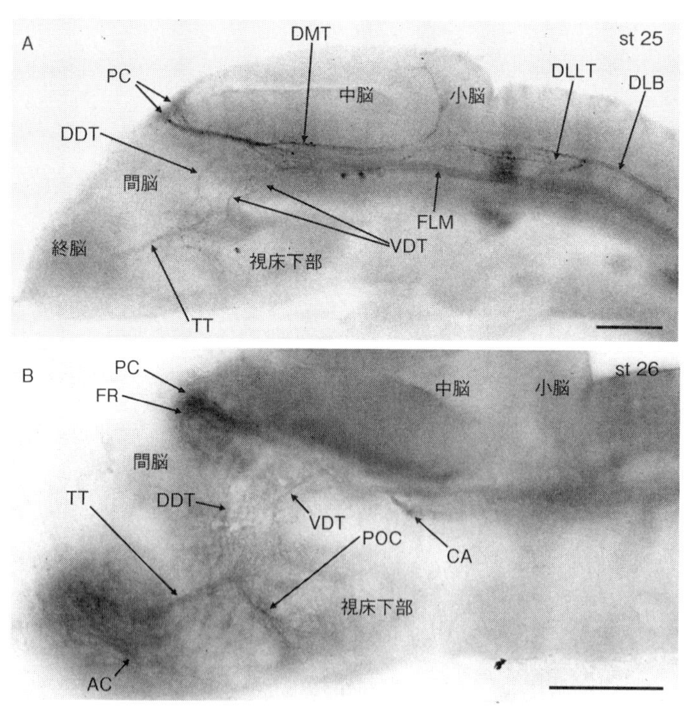

図8-8　終脳路などの発達（ステージ25と26）
ステージ25（A）から26（B）における神経路の発達．抗アセチル化チュブリン抗体で軸索を免疫組織化学染色した全身標本の写真を示す．神経路を明瞭にするために眼球を取り去ってある．左の側面観で，左が吻側，上が背側．終脳路（TT）が急激に発達している．略号:AC＝前交連，CA＝アンスレート交連，DDT＝背側間脳路，DLB＝背外側束，DLLT＝背外側縦走路，DMT＝背側中脳路，FLM＝内側縦束，FR＝反屈束，PC＝後交連，POC＝後視索交連，TT＝終脳路，VDT＝腹側間脳路．スケールバーは50 μm. Ishikawa et al.（2004）の図3Aと6Aを改変.

間脳に入り，前パレンセファロンと視床下部の境界部を走行する．第5章で述べたように，ファイロタイプ段階以降の神経管の長軸は鋭く屈曲するので，TTは神経管の最吻側部を横走する神経路に相当する．

TTの細胞体は終脳半球と嗅球に存在し，その軸索はDDTに直交してからVDT核（前パレンセファロンの運動区）に向かって下行性に走っている．したがってTTのニューロン群は，終脳からの情報を感覚性縦走路（DDT）と運動性縦走路（VDT）の両方に伝えている．ひと言でいえば，TTは終脳の最初期の出力線維（投射線維）である．TTは，成体では外側前脳束 lateral forebrain bundle（LFB）および内側前脳束 medial forebrain bundle（MFB）という太い神経路(下行性線維と上行性線維の両方を含む)として発達する．

さらにステージ25で，間脳と中脳の境界部には後交連（PC）が（図8-8A），そして中脳被蓋の尾端にはアンスレート交連 ansulate commissure（CA）がそれぞれ発達する（図8-8B）．PCの細胞体はFLM核のすぐ吻背側，つまりシネンセファロンの中間帯に存在し，軸索を上行性に伸ばし神経管の背側で左右に交叉（交連）する．CAの細胞体と軸索の走行については不明であるが，発生が進むと，視蓋からの下行性の出力線維（視蓋延髄路の十字部 tractus tectobulbaris cruciatus）がこの神経路に合流して左右交叉（交連）するようになる（Ishikawa and Hyodo-Taguchi，1994）．これら2つの交連神経路（PCとCA）は成体では強大に発達する．

5）ファイロタイプ段階の後期における神経回路

本節では，ファイロタイプ段階の後期の神経路について述べる．

発生が進みステージ26から27になると，神経線維の数が急激に増加しそれぞれの神経路に加わる（図8-8Bと8-9B）．そのため，これまで比較的単純だった神経回路は複雑なものになってくる．例えば，ステージ25まではDDTとVDTは背腹にそれぞれ分離して走行していた．しかしステージ26以降になると，DDTとVDTとの間に新たな神経線維が挿入されるため，両者は一緒になって太い線維群を形成するようになる（図8-8B）．

終脳には前交連（AC）が追加される（図8-8B）．ACは，この時期では，嗅球と終脳半球からの下行性線維が左右交叉（交連）する場所である（成体では，上行線維も交叉するようになる）．

さらに，神経管の吻側端（第5章参照），つまり間脳の最吻側（眼茎基部付近）には後視索交連 postoptic commissure（POC）が追加される（図8-8Bと8-9B）．POCの細胞体は視床下部に存在し，軸索を上行性（眼茎基部の方向）に伸ばし視床下部腹側で左右交叉（交連）する．POCはDDTに連絡するので，背側の一連の大きな感覚性縦走路は，POC → DDT → DMT → DLLT → DLBという構成になる．こうして神経管吻側端（眼茎基部付近）から尾端（脊髄）までを縦走する長大な感覚性神経路が完成することになる（図8-3D）．

成体になると，POC近傍には横交連 commissure transversa，水平交連 horizontal commissure，そして小交連 commissure minorなどのいくつかの交連神経路が発達するようになる（Ishikawa et al.，1999）．

視床上部では，第6章で述べた手綱が発達し，手綱交連（HC）と反屈束（FR）が形成される（図8-9B）．

6）基盤的神経回路と行動の発達

以上のようにして形成されたメダカ胚の神経回路を図8-10に模式的に示した（Ishikawa

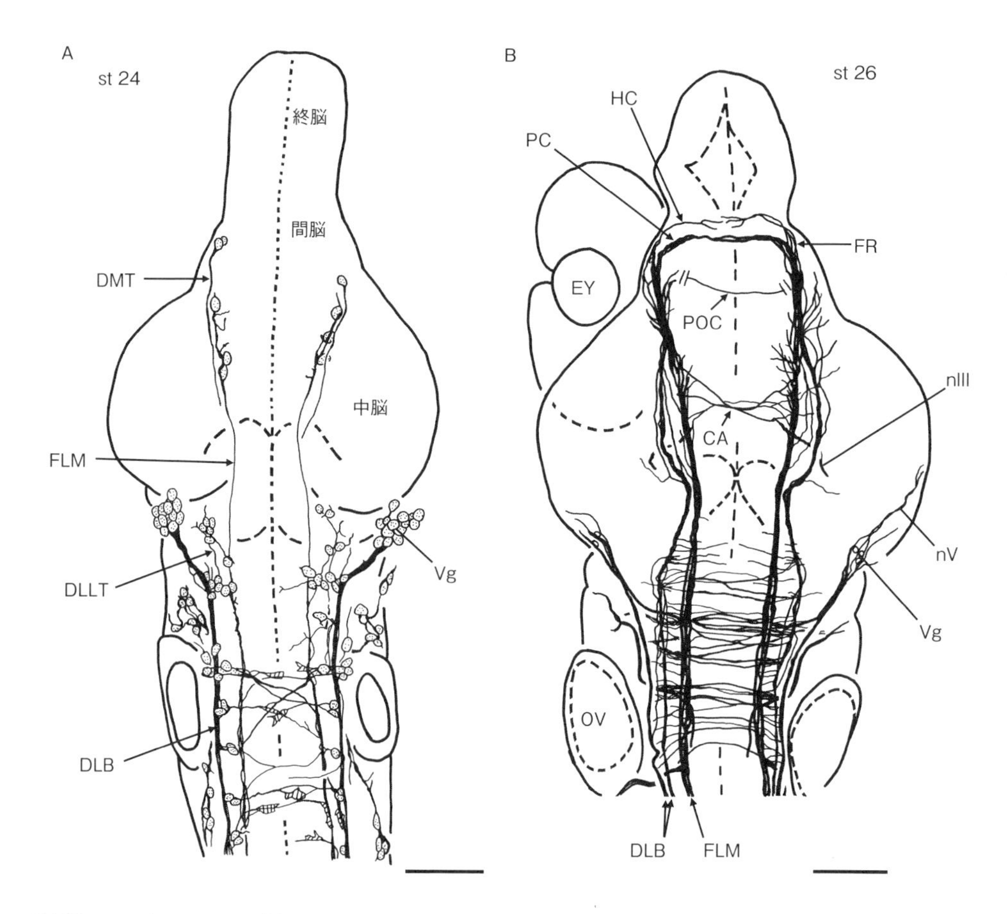

図 8-9　メダカ胚ステージ 26 における神経回路

右側にステージ 26 の神経回路（背面観）を示す（B）．上が吻側．対比のためにステージ 24 の胚も左側に示した（A）．CD57（HNK-1）抗体で（A）あるいは抗アセチル化チュブリン抗体で（B）免疫組織化学染色した全身標本の模式的スケッチ．神経路を明瞭にするために眼球を一部取り去ってある．A では，神経細胞体（点を打ってある）と軸索の成長円錐（斜線）を示している．略号：CA ＝アンスレート交連，DLB ＝背外側束，DLLT ＝背外側縦走路，DMT ＝背側中脳路，EY ＝眼胞，FLM ＝内側縦束，FR ＝反屈束，HC ＝手綱交連，nIII ＝動眼神経，nV ＝三叉神経，OV ＝耳胞，PC ＝後交連，POC ＝後視索交連，Vg ＝三叉神経神経節．スケールバーは 50 μm．Ishikawa et al.（2004）の図 2E と 6C を改変．

et al.，2004）．運動性縦走路は，腹側帯のうちの底板の存在する場所（図 5-12E 参照）からはじまり，VDT → FLM と腹側帯を下行している．感覚性縦走路（下行路と上行路の両方を含む）は，神経管吻側端からはじまり，POC → DDT → DMT → DLLT → DLB という経路で中間帯あるいは背側帯を通過する．TT，FR，PC，そして延髄網様体の線維などの横走神経路は，神経管の横向き区分（神経分節）の境界部を走る．前述したように，最吻側の横走神経路が TT である．前パレンセファロンと後パレンセファロンの境界部（間脳内境界ゾーン ZLI）には，ステージ 26 では横走神経路が存在しない．しかしステージ 28 頃から，この境界には ZLI 神経路 ZLI tract という横走神経路が発達してくる（図 9-5A 参照）．

比較のために，図 8-11 には一般的脊椎動物の胚における基本的神経回路を示した（Nieuwenhuys，1998）．メダカの場合と比較してみると，細部では異なる点が多数あるけれども，両者はおおむね類似している．メダカ胚のステージ 26 は，脳発生のファイロタイプ段階

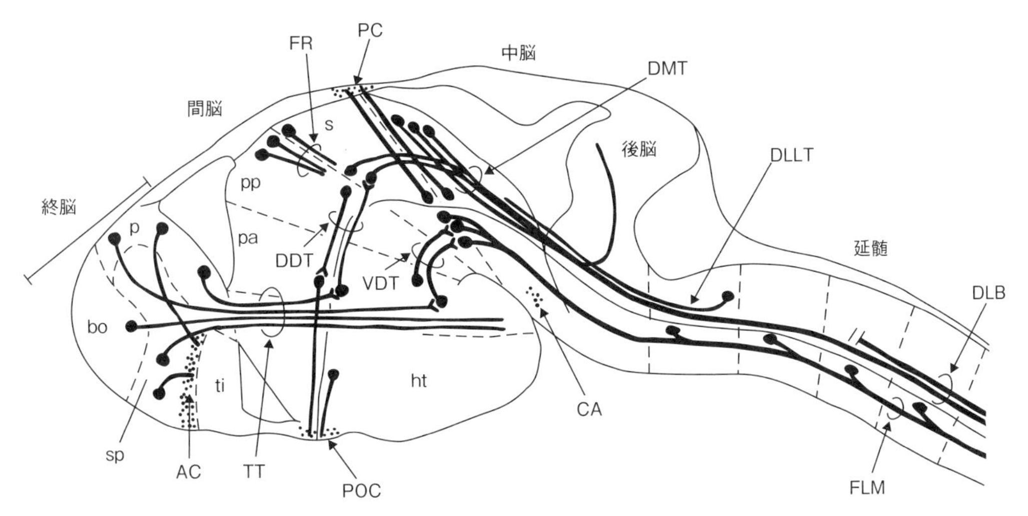

図 8-10　メダカにおける基盤的神経回路

ステージ 26 における基盤的神経回路を模式的に示した．左が吻側，上が背側．胚の傍正中矢状断面図上に神経細胞体（黒丸）と軸索（太い実線）を表示した．神経路は大文字と矢印で，軸索末端は二分岐で，交連線維は点でそれぞれ示す．各脳領域の大区分は日本語で，小区分は英語の小文字で，小区分の境界は破線であらわす．略号：AC ＝前交連，bo ＝嗅球，CA ＝アンスレート交連，DDT ＝背側間脳路，DLB ＝背外側束，DLLT ＝背外側縦走路，DMT ＝背側中脳路，FLM ＝内側縦束，FR ＝反屈束，ht ＝視床下部，p ＝外套，pa ＝前パレンセファロン，PC ＝後交連，POC ＝後視索交連，pp ＝後パレンセファロン，s ＝シネンセファロン，sp ＝外套下部，ti ＝終脳不対部，TT ＝終脳路，VDT ＝腹側間脳路．

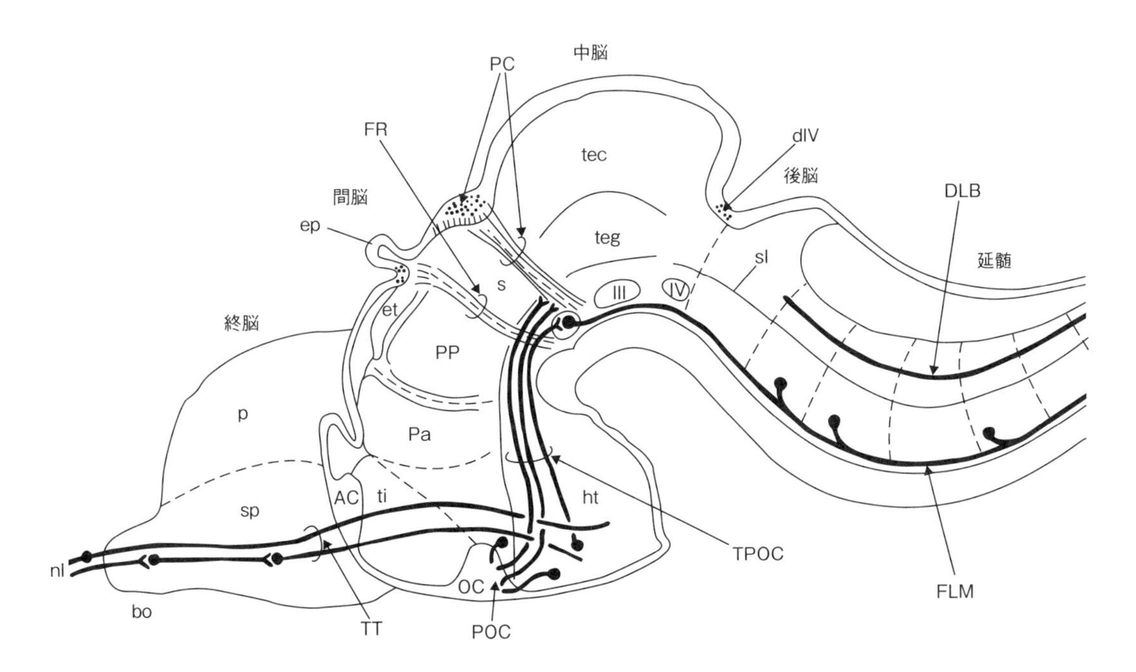

図 8-11　一般的脊椎動物における基盤的神経回路

一般的脊椎動物胚における神経線維束の走行を模式的に示した．脳の正中矢状断面図．左が吻側，上が背側．右の終脳半球が図の奥側にみえる．神経細胞体（黒丸），軸索（太い実線），および軸索末端（二分岐）を模式的に表示した．各脳領域の大区分は日本語で，小区分は英語の小文字で，境界は破線であらわす．略号：AC ＝前交連，bo ＝嗅球，DLB ＝背外側束，dIV ＝滑車神経交叉，et ＝視床上部，ep ＝松果体，FLM ＝内側縦束，FR ＝反屈束，ht ＝視床下部，nI ＝嗅神経，OC ＝視交叉，p ＝外套，pa ＝前パレンセファロン，PC ＝後交連，POC ＝後視索交連，pp ＝後パレンセファロン，s ＝シネンセファロン，sl ＝境界溝，sp ＝外套下部，tec ＝中脳蓋，teg ＝中脳被蓋，ti ＝終脳不対部，TPOC ＝後視索交連神経路，TT ＝終脳路，III ＝動眼神経核，IV ＝滑車神経核．Nieuwenhuys（1998）の図 5.30 をもとに作図．

なので，その神経回路は哺乳類などの他の動物の脳のそれらに類似しているのは当然なのであろう．したがって，図8-10と8-11に示したような神経路パターンこそが，脊椎動物の最も基本的な神経回路と考えられる．その後，これを基盤として，成体の神経回路網が次第に形成されてゆくことになる．

メダカ胚の最初の自発的運動も，ファイロタイプ段階の中～後期にはじまる．すなわち，ステージ25から26（受精後52時間，20-21体節期）に体幹を屈曲させるような胚の運動がみられる（Ishikawa，1997；Ishikawa et al.，2004）．メダカの体幹の筋肉系は，ステージ24から分化しはじめ，ステージ31には尾端まで分化する（Ishikawa, 1990）．つまり基盤的神経回路は，体幹の筋肉系とほとんど同時に，あるいは若干早く完成し，それとほぼ同時に胚が自発的に運動しはじめる．

その後のメダカ胚における運動の発達についても，ここでまとめておこう．ステージ30（受精後82時間，35体節期）以降では，光をあてたり，ピンセットで卵殻を圧迫すると，胚は激しく体をくねらせる．ある程度の神経系の完成によって，視覚や触覚などの情報が筋肉系に適切に伝達されるのであろう．胸鰭が時たま動くようになるのはステージ32（受精後101時間）で，ひらひらと常時動くのはステージ34（受精後121時間）である（Iwamatsu，2004）．卵殻を取り除いた裸の胚は，ステージ37になると，特別の刺激なしに自発的に遊泳を開始する（Iwamatsu，1983）．卵殻をそのままにした場合では，ステージ38（受精後192時間）で，両眼と口や体が非常に活発に動く．この頃になると，孵化酵素の働きによって卵殻は薄くなってくる．ステージ39（受精後216時間）になると，メダカは体を激しく動かし，薄くなった卵殻を破り，卵殻の外に脱出する．つまり孵化する．

基盤的神経回路の発達順序，発達速度や発達程度などは動物によってある程度異なる．例えばマウスでは，三叉神経中脳路などの感覚性縦走路の方が運動性縦走路より早く発生することが知られている（Mastick and Easter，1996）．ゼブラフィッシュの神経回路の発生は，一般にメダカのそれより早い（Ross et al.，1992）．また多くの脊椎動物の神経管吻側部では，運動区と感覚区の両者の神経路がはじめから合併して太い後視索交連神経路 tract of postoptic commissure（TPOC）を形成していることが報告されている（Nieuwenhuys，1998）．

本章までで，脳発生のファイロタイプ段階の話を終わる．次章からは，真骨類に特有の発生段階に次第に入っていきたい．

参考文献

Cajal S.R, translated by E.H. Craigie with the assistance of J. Cano (1989) Recollection of My Life, 1st MIT Press paperback ed. Cambridge, Massachusetts USA: The MIT Press.

Ishikawa Y (1990) Development of a morphogenetic mutant (*Da*) in the teleost fish, medaka (*Oryzias latipes*). J Morphology 205: 219-232.

Ishikawa Y (1997) Embryonic development of the medaka brain. Fish Biol J Medaka 9: 17-31.

Ishikawa Y, Hyodo-Taguchi Y (1994) Cranial nerves and brain fiber systems of the medaka fry as observed by a whole-mount staining method. Neurosci Res 19: 379-386.

Ishikawa Y, Yoshimoto M, Ito H (1999) A brain atlas of a wild-type inbred strain of the medaka, *Oryzias latipes*. Fish Biol J Medaka 10: 1-26.

Ishikawa Y, Kage T, Yamamoto N, Yoshimoto M, Yasuda T, Matsumoto A, Maruyama K, Ito H (2004) Axonogenesis in the medaka embryonic brain. J Comp Neurol 476: 240-253.

Iwamatsu T (1983) A new technique for dechorionation and observations on the development of naked egg in *Oryzias latipes*. J Exp Zool 228: 83-89.

Iwamatsu T (2004) Stages of normal development in the medaka *Oryzias latipes*. Mech Dev 121: 605-618.

Kuwada JY (1986) Cell recognition by neuronal growth cones in a simple vertebrate embryo. Science 233: 740-746.

Mastick GS, Easter SS, Jr. (1996) Initial organization of neurons and tracts in the embryonic mouse fore- and midbrain. Dev Biol 173: 79-94.

Nieuwenhuys R (1998) Histogenesis. In: The Central Nervous System of Vertebrates (Nieuwenhuys R, Donkelaar HJT, Nicholson C (eds)), vol 1, pp 229-271. Berlin: Springer-Verlag.

Ross LS, Parrett T, Easter SS Jr. (1992) Axonogenesis and morphogenesis in the embryonic zebrafish brain. J Neurosci 12: 467-482.

小田洋一，中山寿子（2002）「逃避運動の制御と学習を担うマウスナー細胞」, 魚類のニューロサイエンス（植松一眞, 岡 良隆, 伊藤博信 編）, pp.22-37, 恒星社厚生閣, 東京.
ラリー・スワンソン（著）, 石川裕二（訳）（2010）「ブレイン・アーキテクチャ」, 東京大学出版会, 東京.
萬年 甫（1991）「脳の探究者ラモニ・カハール」, 中公新書 1027, 中央公論社, 東京.
萬年 甫（編訳）（1992）「［増補］神経学の源流（2）ラモニ・カハール」, 東京大学出版会, 東京.
宮田卓樹, 山本亘彦（編）（2013）「脳の発生学」, 化学同人, 京都.

第9章
神経管から脳へ：血管，細胞増殖帯，間脳について

……この珍しい魚の育児は，こうした愛情の問題よりはるかに興味ぶかく，見ていてもはるかに感動的である．巣の中に卵あるいはまだごく小さい小魚が入っている間，彼らは巣に誠実に『奉仕』する．トゲウオがやるように，水をあおってたえず新鮮な水を巣に送り込む．一定の時間ごとに，軍隊のような正確さで交替する．やがて小魚たちが泳げるようになると，親は注意深く彼らをひきつれて泳ぎ，小魚の群れはいとも従順に親のあとからついてゆく．すべて一度見たら忘れられぬ，絵のような光景である．だがいちばん可愛らしいのは，もう泳げるようになった小魚たちが夕方になって寝かしつけられるときだ．小魚たちは生後数週に達するまで，毎晩日暮れどきになると，幼い時代をすごした巣穴に連れもどされる．……

コンラート・ローレンツ（『ソロモンの指環』から；日高敏隆の訳による）

ローレンツ Konrad Lorenz（1903-1989）の紹介した魚は，南米産の淡水真骨類でシクリッド（カワスズメ）の仲間 *Herichthys cyanoguttatus* である（ローレンツ，1984）．ローレンツは動物行動学の創始者のひとりであるばかりでなく，動物たちの“言葉”を私たち人間に伝えてくれる，まれにみる通訳でもある．冒頭の文章はさらに続き，彼が「私は魚が思案するのを見た！」という，驚くべき事件を紹介して終わる．読者に楽しみをとっておくため，筆者はその結末部をわざと省いた．

自然の豊穣さには限りがなく，卵の保護や口内保育をする魚の種類は多い（桑村・狩野，2001）．種の永続にとって，生殖の成功は死活的に重要であるのは言うまでもない．卵を多数産むだけではなく，さらにそれらを保護・保育すれば，進化的にさらに繁栄するだろう．

しかしメダカの場合は，卵の数は多いものの，産みっぱなしなので，胚は水草などに付着したまま勝手に育つ．それどころか飼育条件下では，孵化した仔魚を親が食べてしまうので，親と卵は隔離する必要がある．自然環境では，孵化した仔魚は水流によって親から離れるので，そのようなことはあまりないだろうが……．

卵の中で，胚は卵黄を栄養源にしながら成長を続ける．本章以降は，脳発生のファイロタイプ段階（ステージ21から28）を過ぎた時期，つまりステージ29以後の発生が主題となる．当然ながらこの時期には，真骨類あるいは条鰭類に特有の構造が現れてくることになる．本章と次章では，神経管が次第に発達していく様子を紹介する．発達後にみえてくるものは，もはや神経管ではない．ささやかながら立派な魚の脳・脊髄である．

本章では，ファイロタイプ段階以降の発達に関連して，全般的な事項および間脳について解説したい．大きく分けて3つのことを述べる．まず第1に，脳の動脈系の発達について紹介する．血流は，脳の発生・成長を推進する大きな原動力となるからである．第2に，間脳を含む神経管吻側部を例として，細胞増殖の盛んな領域（細胞増殖帯 cell proliferation zone）の発生的変化について述べる．神経管の中で，その特定の領域に細胞増殖帯が存続することこそが，脳の形態を決定するからである．最後に，細胞増殖帯に関連して真骨類の間脳とその視床下部について解説する．

なお以下では，間脳の位置関係の用語として，便宜的な意味での“腹側”（本来は吻側）と“吻側”（本来は背側）を用いることにする（第5章参照）．

1）血管の形成

脳の血管形成という観点からは，血管発生は大きく2つの時期に分けることができる．初期の血管形成期および脳血管の形成期である．脳血管形成期では，脳実質の中を通過する動脈が形成される．この時期は，脳発生のファイロタイプ段階以降の時期に相当する．本節では，前者の初期血管形成期について述べる．

メダカ胚に血流が生じるのは，ステージ25（受精後50時間，18-19体節期）である．動脈血は，卵黄からの栄養および酸素を体の各部に供給し，メダカ胚を成長させる．この時期までは血液供給はなかったから，遺伝子の働きが発生を駆動する原動力であった．しかしステージ25以降は，栄養と酸素という外部的な要素もまた，発生·成長をおし進める大きな力となる．中枢神経系は，全身の中でも最も代謝的に活性の高い器官系であり，その代謝はグルコースの好気的酸化に全面的に依存している．したがって，動脈血の供給は脳・脊髄の発達・成長に大きな影響をおよぼす．実際，何らかの原因で血流が障害されると，脳や体は発達しない．その結果，胚は形態異常になり，ほとんどは孵化することなく，卵殻の中で死亡する（Ishikawa, 1996；2000）．

メダカ胚の初期血管発生（ステージ24から30まで）は，磯貝純夫（岩手医科大学）と工藤 明（東京工業大学）の研究グループのFujita（藤田深里）らによって詳細に調べられた（Fujita et al., 2006）．以下の本節および次節では，彼女らの研究結果にもとづいて血管形成を記述する．

Fujita et al.（2006）によると，血液循環の開始に先立って，ステージ24ですでに主要な動脈系の形成がみられる（図9-1A）．心臓はすでに拍動を開始している．心臓から尾方に向けて一本の大動脈が出ており，これは腹側大動脈 ventral aorta（VA）とよばれる．腹側大動脈は最初の鰓弓（第1咽頭弓）部位で体内に入り，その後左右に分かれ，第1大動脈弓 first aortic arch（AA1）となって背側に向かう．左右それぞれの第1大動脈弓は，背側に達するとすぐに2つに分かれ，枝を吻尾の両方向に伸ばす．このうち吻側に向かうのが，原始内頸動脈 primitive internal carotid artery（PICA）で，尾側に向かうのが外側背側大動脈 lateral dorsal aorta（LDA）である．原始内頸動脈は，頭部に達すると，吻部 cranial division（CrDI）と尾部 caudal division（CaDI）に分かれる．これらの動脈系は胚体の腹側に形成され，まだ血液は流れていない．むろん，脳内にはまだ血管が形成されていない．

ステージ25になると，静脈系が形成され，これによって全身に血液が循環するようになる（図9-1B；静脈系は白く描かれている）．頭部の血液は，原始内頸動脈のCrDIとCaDIを通って最初背側に向けて流れ（原始中脳導管 primordial midbrain channel：PMBC），その後大きく反転して尾側に向けて流れる．尾側へ向かう血管は，静脈系に属するもので，原始菱脳導管 primordial hindbrain channel（PHBC）とよばれる．PHBCを流れる血液は，耳胞の尾側でほぼ直角に腹外側方向に曲がり，前主静脈 anterior cardinal vein（ACV）を流れ，最後に総主静脈 common cardinal vein（CCV）に入り，心臓（同図のH）にもどる．

ステージ26になると，原始内頸動脈の尾部（CaDI）の左右それぞれから枝が内側方向に伸び，両者は正中で連結し，脳底交通動脈 basal communicating artery（BCA）が形成される（図9-1C）．BCAは，脳の腹側（脳底部）の左右を横切るように形成されるが，これが横切る場所は第5章3節で述べた「脳の腹側ひだ」という空間である（図5-6参照）．この空間は，中脳と視床下部との間の狭い「すきま」なので，BCAは脳に隣接して形成されることになる．すぐ後で述べるように，BCAは脳にとって非

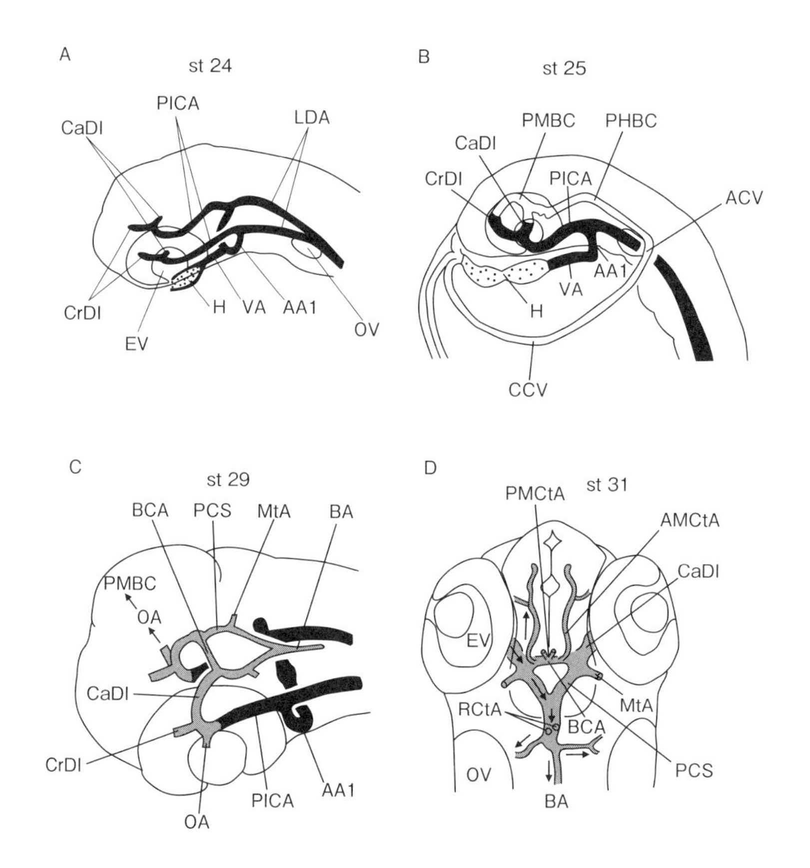

図 9-1　メダカ胚の初期血管系

ステージ24（A），25（B），29（C），そして31（D）におけるメダカ胚の血管系を模式的に示す．A は胚を左背側からみた図で，初期動脈系（黒色）を示す．この時期では，血管はあるが血流はない．B は左側面図で，静脈系（白色）が形成されて血液循環が開始されたところ．C は胚を左背側からみた図で，脳底動脈系（灰色）が形成されている．CrDI や CaDI からの血管枝は，眼動脈（OA）を経て静脈系（PMBC など）に連結するが，脳底動脈系をはっきりさせるために，図では省略している．D 以外は，すべて左側が吻側，上が背側．D は，水平切片での脳動脈系（灰色）の模式図．上が吻側．推定された血流の方向を矢印で示した．略号：AA1 ＝第1大動脈弓，ACV ＝前主静脈，AMCtA ＝前中脳中心動脈，BA ＝脳底動脈，BCA ＝脳底交通動脈，CaDI ＝原始内頚動脈の尾部，CCV ＝総主静脈，CrDI ＝原始内頚動脈の吻部，EV ＝眼胞，H ＝心臓，LDA ＝外側背側大動脈，MtA ＝後脳動脈，OA ＝眼動脈，OV ＝耳胞，PCS ＝後交通分節，PHBC ＝原始菱脳導管，PICA ＝原始内頚動脈，PMBC ＝原始中脳導管，PMCtA ＝後中脳中心動脈，RCtA ＝菱脳中心動脈，VA ＝腹側大動脈．A-C は Fujita et al.（2006）の図 1A，C および図 5A をもとに作図．D は筆者の標本をもとに作図．

常に重要な動脈となる．

ステージ27で，原始内頚動脈の尾部（CaDI）の左右はさらに尾側方向に伸び，BCA の分岐点を通り越し，後交通分節 posterior communicating segments（PCS）が形成される（図 9-1C）．ステージ28になると，この左右の PCS が尾内側方向にさらに伸長し，両者は体の正中部で合一する．合一した血管は，脳底部を縦走する単一の動脈，つまり脳底動脈 basilar artery（BA）となる（同図）．このBAも，脳にとって非常に重要な動脈である．このようにして，BCA，PCS，そしてBAという，特異な形のリング状の動脈が脳底部に接するように形成される（同図）．つまり，最初に形成された主要な初期動脈系（図 9-1 で黒く描かれている）のすぐ背側に，もう1つの動脈系（同図で灰色で示す）が脳底部に新たに形成される．

2）胚における脳血管の発達

本節と次節では，ステージ 30 以降，ステージ 39 までの脳血管形成について述べる．

ステージ 30 以降になると，図 9-1 で灰色に描かれた動脈系から，脳実質の中を貫通する脳動脈が発達する（図 9-1D）．BCA の正中部からは，1 対の動脈が背側に向かって脳の中に伸びる（後中脳中心動脈 posterior mesencephalic central artery：PMCtA）．BCA の外側部からは，吻側に向かって 1 対の動脈が伸びて，脳に貫入する（前中脳中心動脈 anterior mesencephalic central artery：AMCtA）．これらの 2 対の脳動脈の名称は Fujita et al.（2006）による．一方，正中を縦走する BA からは，1 対の動脈が背側に向けて垂直に生じ，延髄の実質を貫通し，主として菱脳領域（後脳と延髄）を走行する（同図）．筆者は，この動脈を菱脳中心動脈 rhombencephalic central artery（RCtA）と名づけた．

初期の血管形成期でも，脳の内部に浅く入る血管は存在する．ステージ 26 に原始中脳動脈 primitive mesencephalic artery（PMsA）（本書の図には示されていない）と後脳動脈 metencephalic artery（MtA）という動脈が形成されることが報告されているからである（Fujita et al., 2006）．しかしこれらの初期の脳血管は，ステージ 30 以降に PMCtA，AMCtA，そして RCtA という，本格的な脳動脈によってとって代わられるようである．これら 3 系統の脳動脈（PMCtA，AMCtA，そして RCtA）を図 9-2 に写真で示した（口絵 3 参照）．

BCA から発する PMCtA は，背側に向かって垂直に脳実質に入り，中脳背側部に達した後，さらに吻尾および外側に分かれて間脳背側尾部，中脳，後脳，そして延髄を養う（図 9-2A, B）．同じく BCA から発する AMCtA は，視床下部の乳頭体背側部から吻側方向に伸びて脳実質に入り，さらに背側枝 dorsal branch of AMCtA（DB）と腹側枝 ventral branch of AMCtA（VB）に 2 分して走行する（同図 C，D）．背側枝は主として間脳の吻背側部を養い，腹側枝は視床下部の背側を走行したあと，終脳に入り，これらを養う（同図 D）．腹側枝は，終脳の前交連背側部でさらに背腹の 2 つの枝に分かれる（同図 D）．一方，BA から発する RCtA は，背側に向かって垂直に延髄実質に入り，菱脳背側部に達した後，さらに吻尾の両方向および外側方向に向けて広範な領域に分岐する（同図 C）．これらの枝は小脳を含む菱脳領域（後脳と延髄）全体を養う．RCtA の枝は，前述の後脳動脈（MtA）と連結する．

3）仔魚の脳血管

図 9-3 には孵化したばかりのメダカ仔魚（ステージ 39）の脳血管の様子を示した．脳動脈の貫入場所はこれまでと基本的に変わらないが，動脈の分岐はさらに数多くなり，血管の間の連結パターンも複雑になっている．

このようにメダカ仔魚の脳は，脳の基底側（底板と基板のある側）から入る動脈によってすべて養われていた．これはヒトなどの哺乳類での脳動脈の流入経路とまったく同様である．哺乳類でも，脳動脈は脳底部から入り込むからである．しかしメダカの脳動脈は，すべて原始内頚動脈（特にその枝の BCA と BA）に由来している．この点では，ヒトなどの哺乳類の場合とは異なる．哺乳類の脳は，内頚動脈からだけではなく，椎骨動脈からも動脈血を受けるからである．したがって，メダカ胚と仔魚にみられた BCA, PCS, そして BA によるリング状動脈（図 9-1C，D）は，形態的には似ているものの，ヒトの「Willis の大脳動脈輪」とは異なる（Fujita et al., 2006）．

なお，ヒトなどの脈管系の形態には個体による変異が大きい．メダカ仔魚の脳血管の走行や分岐にも，個体差がしばしばみられた．同一個

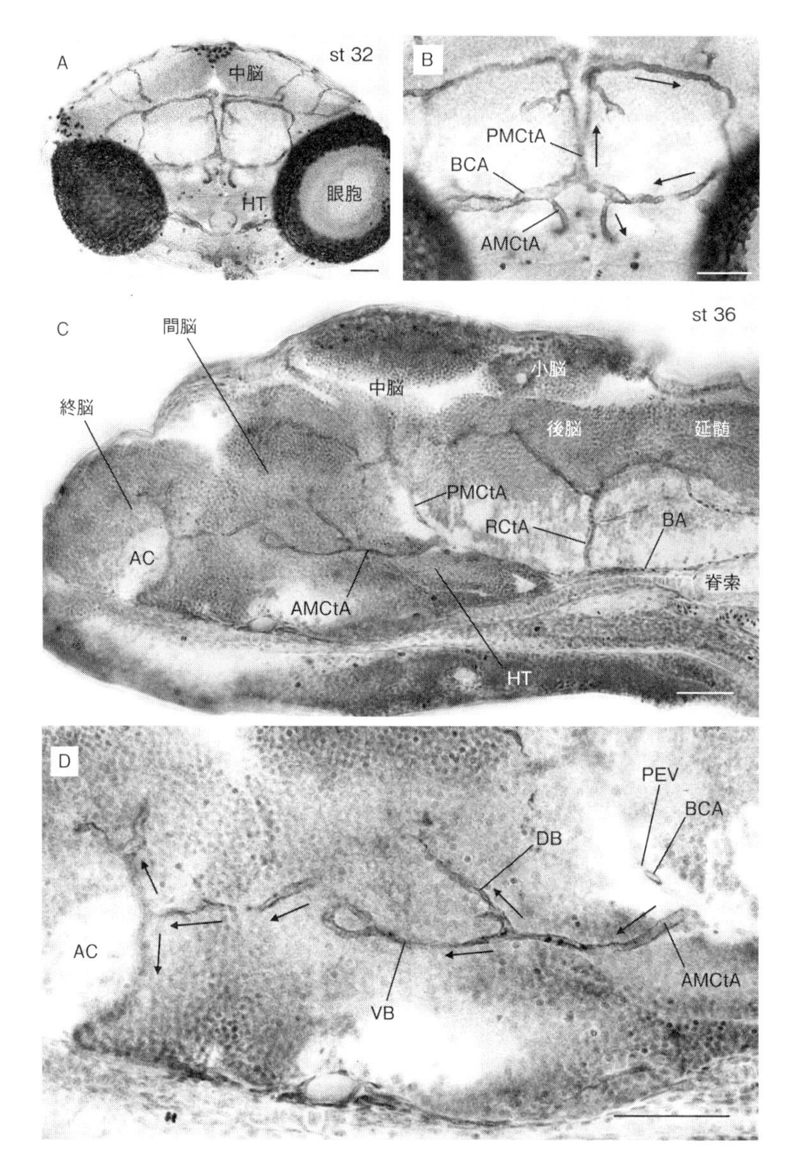

図9-2　メダカ胚の脳血管
脳血管の顕微鏡写真を示す．ステージ32（A，その拡大はB）およびステージ36（C，その拡大はD）の標本（口絵3参照）．抗リン酸化ヒストンH3抗体 anti-phospho-histone H3（ser10）は，分裂細胞の核のマーカーであるが，幼若な血管にも結合する．この抗体を用いて厚い胚の切片を免疫組織化学染色した．血管は管状に黒く染まっている．AとBは横断切片で，上が背側．CとDは傍矢状断切片で，左が吻側，上が背側．脳領域がわかるように，ニッスル染色をほどこしてある．丸く黒く染まっているものは，分裂細胞の核である．推定される血流の方向を矢印で示した（B，D）．略号：AC＝前交連，AMCtA＝前中脳中心動脈，BA＝脳底動脈，BCA＝脳底交通動脈，DB＝AMCtAの背側枝，HT＝視床下部，PEV＝脳の腹側ひだ，PMCtA＝後中脳中心動脈，RCtA＝菱脳中心動脈，VB＝AMCtAの腹側枝．スケールバーは50 μm．

体でも，体の左右で走行が異なることもあった．仔魚から成魚になる過程で，動脈の走行と分岐が大きく変化することも十分あり得ることだろう．脈管系の形態を決定している要因は単純ではなく，脈管系はダイナミックに変化し続けることが示唆される．

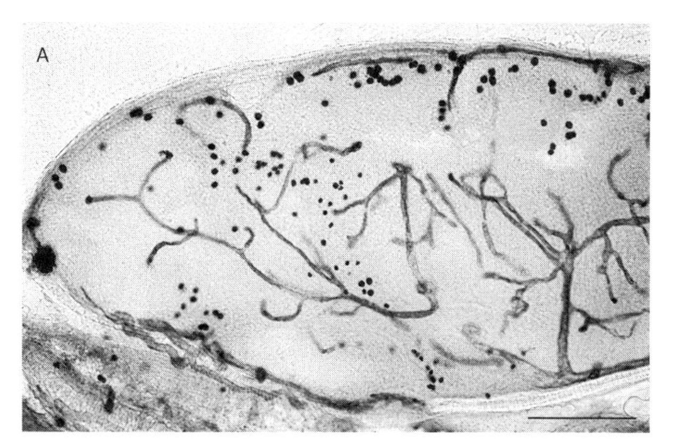

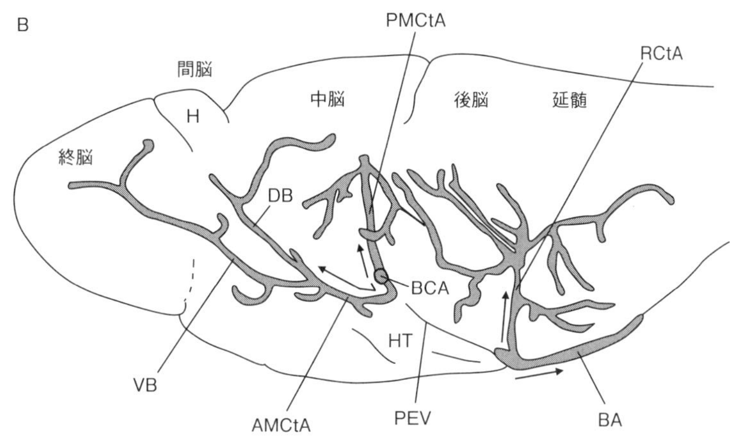

図 9-3　メダカ仔魚（ステージ 39）の脳血管

脳血管を顕微鏡写真（A）とその模式的スケッチ（B）で示す．正中に近い矢状断切片を抗リン酸化ヒストン H3 抗体によって免疫組織化学染色したもの．左が吻側，上が背側．血管は管状に黒く染まっている．丸く黒く染まっているものは，分裂細胞の核である．推定される血流の方向を矢印で示した（B）．略号：AMCtA ＝前中脳中心動脈，BA ＝脳底動脈，BCA ＝脳底交通動脈，DB ＝ AMCtA の背側枝，H ＝手綱，HT ＝視床下部，PEV ＝脳の腹側ひだ，PMCtA ＝後中脳中心動脈，RCtA ＝菱脳中心動脈，VB ＝ AMCtA の腹側枝．スケールバーは 100 μm.

4）神経管吻側部における細胞増殖帯

本節と次節では，間脳を含む神経管吻側部を例として，細胞増殖帯の発生的変化について述べる．

成長しつつある胚では，第 7 章で述べた過程によって神経管の壁が厚くなり，それに圧迫されて脳室は次第に狭くなる．哺乳類の脳室でも同じようなことが起こるが（脊髄の中心管など），真骨類の場合，これが顕著である（Ishii, 1967）．それと同時に様々な場所で「くびれ」や屈曲などの変形が生じてくる．これら成長に伴う脳の変容は，多くは細胞増殖の結果である．

第 7 章で述べたように，細胞増殖は一般的には神経管の管腔側（マトリックス層または脳室帯）で起こる．しかし細胞増殖は，発生の全期間を通じて，マトリックス層のすべての場所で均等に起こるのではない．発生がある程度進むと，ある特定の場所では細胞分裂・増殖が継続し，また別な場所では細胞分裂・増殖がほぼ終了する．細胞分裂・増殖が終わった場所では，その細胞群は分化の方向に進む．そのため，細胞分裂が継続する領域の壁は厚く大きくなり，そうでもない場所の壁は薄く小さくなる．そしてその境界に「くびれ」や屈曲が生じることになる．したがって，脳の形態的変容を調べるためには，神経管のどの特定部位で細胞増殖が続くかを知る必要がある．言いかえると，知るべき問題は「マトリックス層あるいは細胞増殖帯は,脳のどの場所に長く継続的に存続するか？」である．

実例として，ステージ30から34にかけての神経管吻側部の様子を示した（図9-4と9-5B）．増殖している細胞のマーカーの1つにサイクリン，別名「増殖細胞の核抗原 proliferating cell nuclear antigen（PCNA）」というタンパク質がある．この抗体を用いて染色すると，細胞増殖帯を特異的に染め出すことができる．図9-4（口絵4参照）と9-5Bはこの抗体を用いて，メダカ胚神経管の吻側部を免疫組織化学染色したものである．

図9-4には，脳発生のファイロタイプ段階を過ぎたばかりの胚（ステージ30）の正中に近い矢状断面が示されている．神経管吻側部の全体的構造をみると，ファイロタイプ段階のそれ（図5-12E）と基本的には類似している．しかし中脳以下では，辺縁層（白質；図のWM）が底板（図のFP）の腹側によく発達している．神経上皮の全体的様子をみると，全般的にPCNA陽性である．言いかえると,神経線維（第8章参照）と白質（辺縁層）とが発達するのと同時進行的に,神経管の広範な領域で細胞分裂・増殖が起こっている．

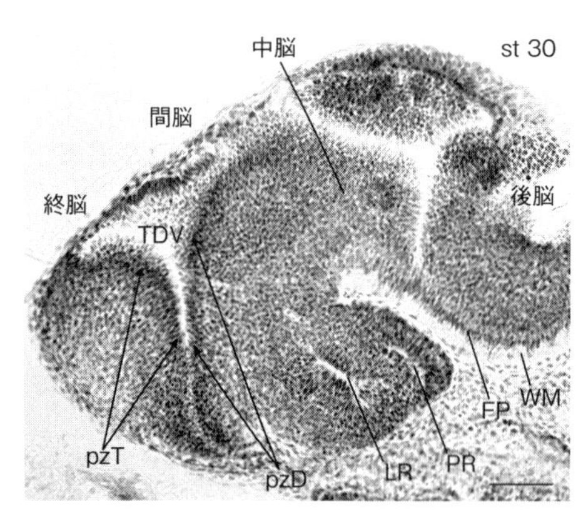

図9-4　メダカ胚神経管の細胞増殖帯（ステージ30）
ステージ30のメダカ胚の顕微鏡写真を示す（口絵4参照）．傍矢状断切片を抗PCNA抗体で免疫組織化学染色した．左が吻側，上が背側．脳領域がわかるように，ニッスル染色を薄くほどこしてある．黒色の強い部分がPCNA抗体強陽性の領域．終脳・間脳脳室（TDV）を囲んで，終脳尾端壁の細胞増殖帯（pzT）と間脳吻端壁の細胞増殖帯（pzD）が存在する（矢印）．略号：FP＝底板，LR＝外側陥凹，PR＝後陥凹，TDV＝終脳・間脳脳室，WM＝白質（辺縁層）．スケールバーは50 μm.

特に終脳・間脳脳室（TDV）に面した領域は，PCNA強陽性である（図9-4の矢印；pzTとpzD）．この終脳・間脳脳室に面している終脳尾端壁と間脳吻端壁の細胞増殖帯は，後に，終脳と間脳の発生にとって重要な意味をもつようになる（次章で述べる）．

図9-5Aは，ステージ32で神経線維群と白質が発達しつつある様子を示す．さらに発生が進みステージ34になると，細胞増殖帯の様相がステージ30とはかなり異なってくる（図9-5B）．脳動脈系の発達とともに脳は全体的に大きく成長する.その中でも特に間脳が発達し，視床下部（HT）が尾側に向かって長く伸びる．神経上皮の様子をみると，いくつかの場所で特にPCNA強陽性である．これらの細胞増殖の激しい領域は，終脳，視索前野（POA），間脳（PP，PA，そして視床下部HT），そして視蓋などである（図9-5B）．その一方,神経線維群（図9-5A）や動脈が通過する領域（図9-2と9-3）は，一般にPCNA陰性である．これらの領域の細胞群は，分裂・増殖段階から分化段階に移行しつつある．言いかえると，これらの領域では細胞分化がより早いペースで進行している．間脳の前パレンセファロン分節（図のPA）は，前述の脳動脈（AMCtAの背側枝）によって，背側部と腹側部の2部に分割されるようになる（図9-5BのPAと★）．

5）仔魚の間脳における細胞増殖帯

さらに発生が進み，孵化したメダカ（ステー

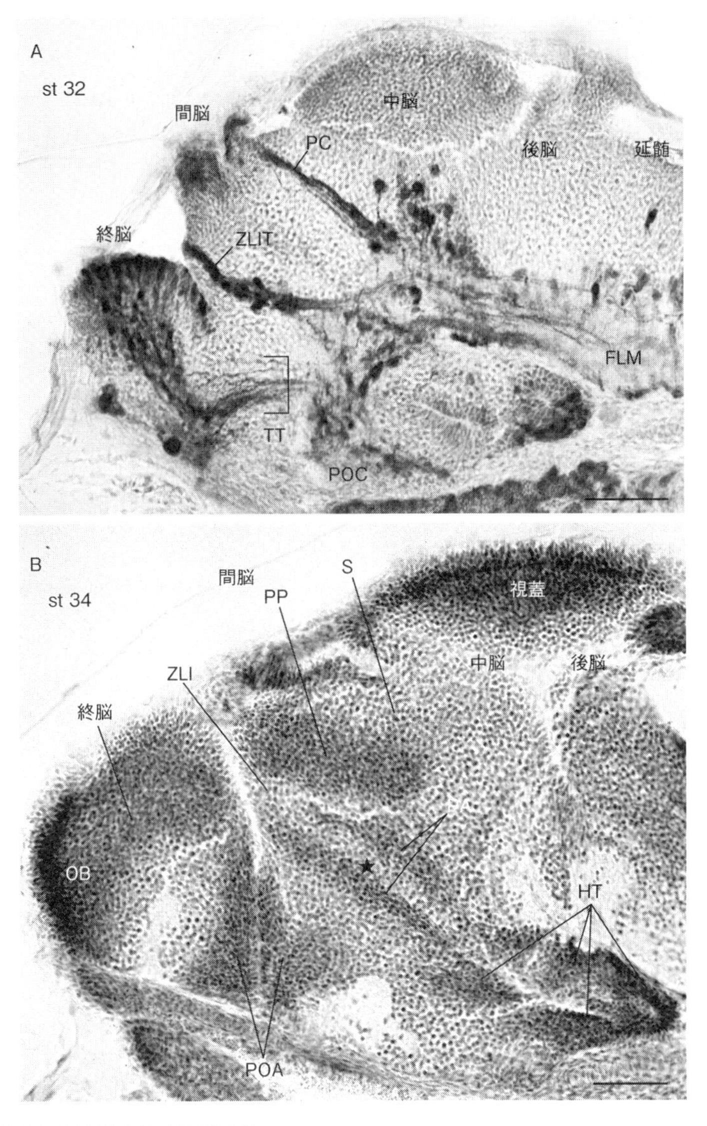

図 9-5　メダカ胚神経管の神経線維群と細胞増殖帯
ステージ 32（A）と 34（B）のメダカ胚の傍矢状断切片の顕微鏡写真を示す．左が吻側，上が背側．A では Cab-Tg(*shh*-EGFP) という GFP トランスジェニックメダカの胚（神経細胞などが GFP で光る）の切片を抗 GFP 抗体で免疫組織化学染色している．ニューロンと神経線維が黒く染まっている．B では抗 PCNA 抗体で免疫組織化学染色している．黒色の部分が強陽性の領域．脳領域がわかるように，ニッスル染色を薄くほどこしてある．ステージ 34 で，間脳の前パレンセファロン（PA）は，前中脳中心動脈の背側枝によって，背側部と腹側部の 2 部に分割される（★）．略号：FLM ＝内側縦束，HT ＝視床下部，OB ＝嗅球，PA ＝前パレンセファロン，PC ＝後交連，POA ＝視索前野，POC ＝後視索交連，PP ＝後パレンセファロン，S ＝シネンセファロン，TT ＝終脳路，ZLI ＝間脳内境界ゾーン，ZLIT ＝間脳内境界ゾーン神経路 ZLI tract．スケールバーは 50 μm.

ジ 39）での結果を図 9-6 に示した（口絵 4 参照）．神経上皮の中で PCNA 強陽性の領域と，陰性の領域がさらに明確になってくる．終脳では，その背側部分と尾側部分が主要な細胞増殖帯になっている．間脳では，細胞増殖帯が特徴あるパターンで分布する．後パレンセファロン分節（図の DT）は，大きく発達し，尾側のシネンセファロン分節の背側部に連続するようになる．前パレンセファロン分節の背側部（図の TP）は，尾側に向かって大きく三角形状に広がって発達する．そのため，前パレンセファロン分節の腹側部（図の VT）は，後パレンセファ

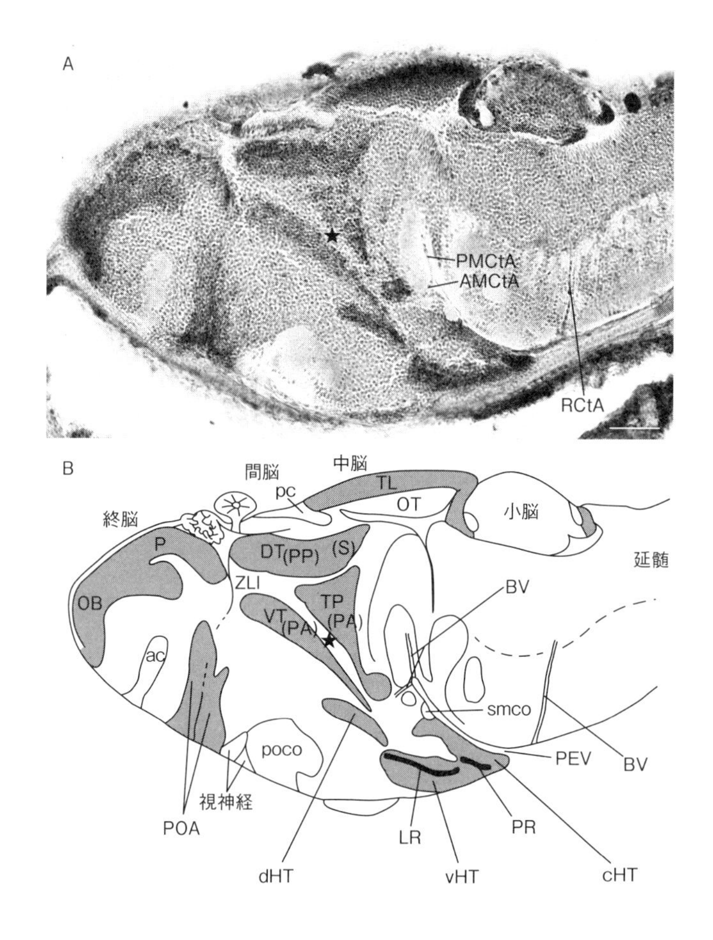

図 9-6　メダカ仔魚（ステージ 39）の細胞増殖帯
顕微鏡写真（A，口絵 4 参照）とその模式的スケッチ（B）．A では，傍矢状断切片を抗 PCNA 抗体で免疫組織化学染色している．黒色の強い部分が強陽性の領域．左が吻側，上が背側．脳領域がわかるように，ニッスル染色をほどこしてある．B では，強陽性の領域を灰色で示している．間脳の前パレンセファロン（PA）は，前中脳中心動脈（AMCtA）の背側枝によって，背側部と腹側部に 2 分される（A と B の★）．その背側部は尾方に大きく発達し，後結節（TP）となる．写真には，脳動脈の一部がみえている．略号：ac ＝前交連，AMCtA ＝前中脳中心動脈，BV ＝血管，cHT ＝視床下部尾側ゾーン，dHT ＝視床下部背側ゾーン，DT ＝背側視床，LR ＝外側陥凹，OB ＝嗅球，OT ＝視蓋，P ＝終脳背側野（外套），PA ＝前パレンセファロン，pc ＝後交連，PEV ＝脳の腹側ひだ，PMCtA ＝後中脳中心動脈，POA ＝視索前野，poco ＝後視索交連，PP ＝後パレンセファロン，PR ＝後陥凹，RCtA ＝菱脳中心動脈，S ＝シネンセファロン，smco ＝上乳頭体交連 supramamillary commissure，TL ＝縦走堤，TP ＝後結節，vHT ＝視床下部腹側ゾーン，VT ＝腹側視床，ZLI ＝間脳内境界ゾーン．スケールバーは 50 μm.

ロン分節（DT）に接してすぐ腹側に並ぶようになる．

以上のように，脳発生のファイロタイプ段階以降の時期には，脳の血管系と神経線維群がよく発達すること，そして細胞増殖帯の分布が大きく変化することがわかる．その結果，ファイロタイプ段階でみられた神経分節は形態的に変容し，もとの分節形態とは異なる形の脳領域（細胞増殖帯）が生じる（図 5-12E と比較されたい）．これは，第 5 章で紹介した，哺乳類（ハムスター）の神経管の領域変容（図 5-11 参照）の場合とまったく同じことである．むろん，メダカでは真骨類の脳の形態へ，そしてハムスターでは哺乳類の脳の形態へと，それぞれの変容方向は異なる．

6）真骨類の間脳の区分法

このように，仔魚の発生段階になると，間脳の正中部（間脳脳室に近い，深部の間脳），つまり間脳内側部の基本的な形態がみえてくる（図 9-7A）．要するに，仔魚の間脳の構造は成魚のそれに近づく．そのため，本節では，成魚における間脳全体の区分法について解説しておきたい．

ヒトなどの哺乳類の間脳には，視床と視床下部という重要な構造物が含まれている．視床は，哺乳類では感覚情報を終脳に運ぶ経路（感覚性上行路）の中継核群である．視床下部は，体の恒常性（ホメオスタシス）維持やホルモン分泌制御など，個体と種の維持にとって必要不可欠な脳領域である．

真骨類を含む条鰭類の間脳は，哺乳類のそれと類似しているところもあるが，異なるところもある．条鰭類の間脳には，哺乳類には見られない，独自の神経構造がいくつか存在するからである．例えば，視床下部の外側部には下葉という特別な領域が発達する（次節参照）．また真骨類では，視床ではなく，むしろ間脳の糸球体前核複合体 preglomerular complex という神経核群が終脳へ向かう感覚性上行路の主要な中継核群である（山本・伊藤，2002；次章参照）．この独自性のために，真骨類の間脳の区分法と相同性については，終脳の場合と同じく，研究者たちの間で大きな不一致がある．実のところ，真骨類の間脳は，形態学的な解釈が最も難しい脳領域の 1 つである．本節では，Braford and Northcutt（1983）による条鰭類の間脳区分法に大体のところ準拠して解説する．

条鰭類の間脳は，内側部（間脳脳室に近い，深部の領域）と外側部（間脳脳室から離れた，表層側の領域）の 2 つに大きく分けることができる（Braford and Northcutt，1983）．両者の形態学的様相は，かなり異なる（図 9-7）．

間脳内側部は，他の脊椎動物と同じく（第 5 章参照），視床上部（ET；第 6 章参照），背側視床（DT；狭義の視床），腹側視床（VT），そして視床下部（HT）に分けられるが，条鰭類では，もう 1 つ，視床の後結節 posterior tuberculum of the thalamus（TP）という領域が

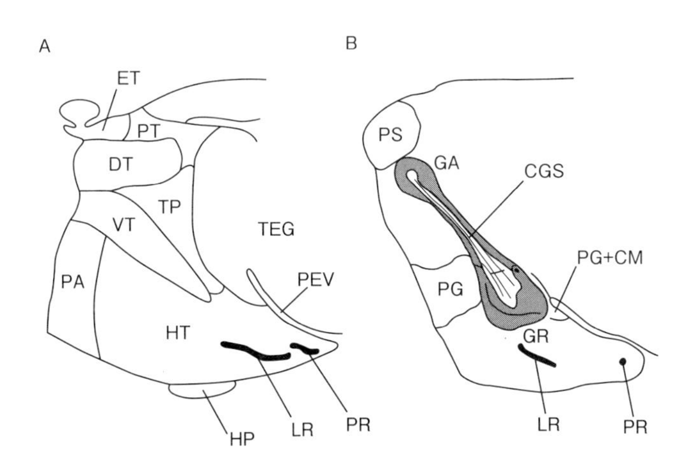

図 9-7　メダカ仔魚（ステージ 39）の間脳の構造
間脳内側部（A）と間脳外側部（B）の矢状断面を模式的に示す．左が吻側，上が背側．A では，条鰭類の一般的な間脳区分を示す．B では，細胞移動によって形成された主要な神経核あるいは細胞集団を示す．このうち，糸球体核系（CGS；灰色の部分）はメダカなどの現代的な真骨類で著しく発達する．略号：CGS ＝糸球体核系，CM ＝乳頭体 corpus mammillare または mammillary body，ET ＝視床上部，DT ＝背側視床，GA ＝糸球体核系の前部 pars anterior，GR ＝糸球体核系の円形部 pars rotunda，HP ＝下垂体，HT ＝視床下部，LR ＝外側陥凹，PEV ＝脳の腹側ひだ，PA ＝視索前野，PG ＝糸球体前核複合体，PR ＝後陥凹，PS ＝浅視蓋前域核，PT ＝視蓋前域，TEG ＝中脳被蓋，TP ＝視床の後結節，VT ＝腹側視床．

加わる（図9-7A）．要するに，間脳内側部は5領域に大きく区分される．図9-6の結果から，背側視床は，後パレンセファロン分節の吻側部から発生し変形したものと考えられる．腹側視床は，前パレンセファロン分節の腹側部から由来したものと思われる．そして視床の後結節は，前パレンセファロン分節の背側部から変形したものと考えられる．

関連するものとして，その他に2つの領域が存在する（図9-7A）．視索前野 area preopticus（または preoptic area）（同図の PA）および視蓋前域 area pretectalis（同図の PT）である．このうちの視索前野（PA）は，視神経交叉より吻側部分で，終脳と間脳の移行部である（図9-6参照）．視索前野は，伝統的には視床下部の一部と考えられており，自律神経系（第11章で説明する）の神経核を含む．他方，視蓋前域（PT）は間脳と視蓋（中脳）の移行部で，視覚系の領域である．この領域は，瞳孔の収縮などの自律神経系の機能に関わる．視蓋前域は，発生的にはシネンセファロン分節に由来すると考えられる．

一方，条鰭類の間脳外側部は，次章に述べるように，移動してきた神経細胞集団が数多く存在する領域である（図9-7B）．また間脳外側部には，魚種によって大きな変異があることが知られている．特にメダカなどの現代的な真骨類では，糸球体核系 corpus glomerulosum system（同図の CGS）という顕著な神経核系が存在する（発生については次章参照）．この核系には視蓋前域の皮質核 nucleus corticalis（視覚に関与）と中間核 nucleus intermedius（視覚に関与）という神経核からの情報が入力し，この核系自身は下葉に軸索を送っている（伊藤・吉本，1991）．したがって糸球体核系は，視覚情報を下葉へ向けて処理していると考えられている．糸球体核系は，視覚のよく発達したベラ類やフグ類などで特に著しく発達する（伊藤・吉本，1991）．これとは対照的に，この核系は，チョウザメ類などの原始的な条鰭類，およびニシン類，サケ類，そしてコイ類（ゼブラフィッシュを含む）などの比較的古い系統の真骨類には存在しない（鴨井，1953；伊藤・吉本，1991）．

7）間脳の視床下部

本節では，間脳の中でも重要な視床下部について，胚と仔魚の時期の構造について紹介する（図9-8）．

真骨類の視床下部は，脳発生のファイロタイプ段階を過ぎた時期の水平断面で見ると，内側部（正中部または正中葉；図9-8A の m）と表面側の外側部（同図の l）に大きく2つに分けられる．外側部には，外側に向かって膨出した隆起が2つあり，吻側は外側堤 torus lateralis（TL），尾側は下葉 inferior lobe（IL）とよばれる．下葉は，軟骨魚類および条鰭類に存在する（Johnston，1909；Nieuwenhuys et al.，1998）．外側堤には味覚情報が，下葉には視覚などの多種類の感覚情報が，それぞれ入力している（Ahrens and Wullimann，2002）．

両者の隆起部の間の溝（くぼみ）は，脳底部の「脳の腹側ひだ」（脳底交通動脈 BCA が通る場所）に連続的に移行するものである．この溝と「脳の腹側ひだ」は，脳神経の1つである動眼神経（第11章参照）の通路になっている．というのは，動眼神経の経路は次のようなものだからである．この神経は，中脳腹側から脳外に出て，「脳の腹側ひだ」の空間に入り，外側方向に向かって走り，両隆起部の間の溝を通過し，通過後に角度を約90度変えて吻側に向かう．動眼神経は，最終的には眼筋などに達してこれらを神経支配している．

また，真骨類の視床下部には，図3-11にも示したように，哺乳類には見られない脳室が2つ存在する（図9-8B）．吻外側のものは外側陥凹 lateral recess of diencephalic ventricle（LR），尾側のものは後陥凹 posterior recess of

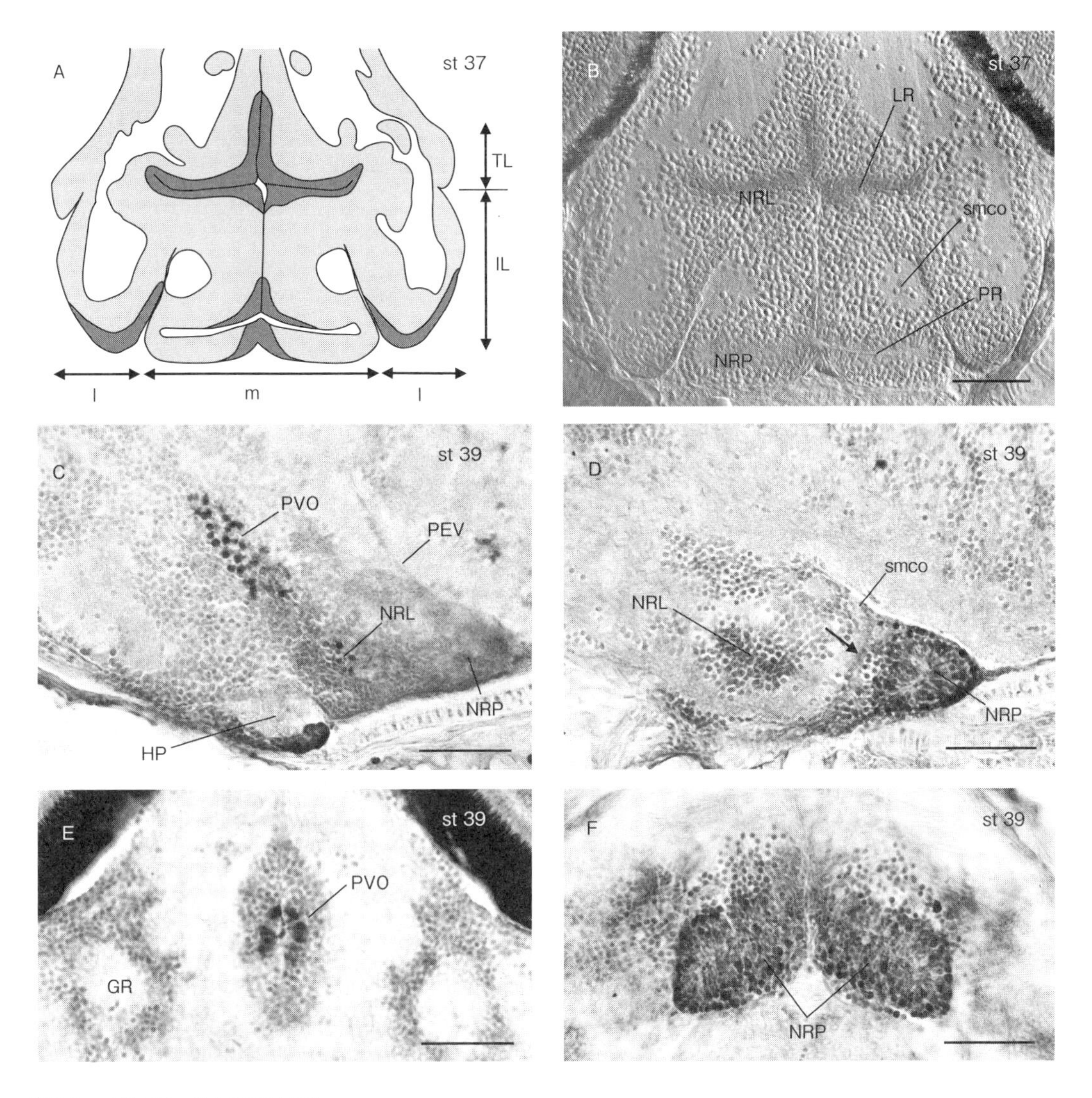

図 9-8　メダカ胚と仔魚の視床下部
ステージ 37 胚（A, B）およびステージ 39 の仔魚（C-F）の視床下部を示す．B はプラスチック包埋切片の微分干渉顕微鏡写真，A はその模式的スケッチ．A と B は水平断面で，上が吻側．模式図の黒い部分は細胞増殖帯（マトリックス層）の領域，灰色の部分は主として灰白質の領域，そして白い部分は主として白質の領域を示す．C-F は，抗セロトニン抗体を用いた免疫組織化学染色標本の写真で，特異的な領域が黒く染まっている．C と D は，傍矢状断面で，上が背側，左が吻側．E と F は水平断面で，上が吻側．脳領域がわかるように，ニッスル染色を薄くほどこしてある．D の矢印はセロトニン陽性神経線維．略号：GR ＝糸球体核系の円形部，HP ＝下垂体，IL ＝下葉，l ＝視床下部の外側部，LR ＝外側陥凹，m ＝視床下部の内側部（正中葉），NRL ＝外側陥凹核，NRP ＝後陥凹核，PEV ＝脳の腹側ひだ，PVO ＝脳室傍器官，PR ＝後陥凹，smco ＝上乳頭体交連，TL ＝外側堤．スケールバーは 50 μm.

diencephalic ventricle（PR）である．これらの脳室の周囲には，視床下部の細胞増殖帯が広く存在している（図 9-6 参照）．視床下部の 3 つの細胞増殖帯（図 9-6 の dHT, vHT, そして cHT）は，Braford and Northcutt（1983）の視床下部背側ゾーン dorsal hypothalamic zone，視床下部腹側ゾーン ventral hypothalamic zone，そして視床下部尾側ゾーン caudal hypothalamic zone にそれぞれ対応している．この中でも，視床下部腹側ゾーンおよび視床下部尾側ゾーンの細胞増殖帯は長期間存続し，視床下部を大きく発達・成長させる（第 12 章参照）．

真骨類の視床下部には，セロトニン serotonin 作動性ニューロン集団がいくつか存在する．セロトニンはインドールアミン indoleamine の一種で，重要な神経伝達物質の1つである．セロトニン作動性ニューロンは，哺乳類を含むあらゆる脊椎動物で，中脳，橋，そして延髄のそれぞれの正中部の縫線核群 raphe nuclei という神経核群に存在している（Meek and Nieuwenhuys, 1998）．しかし両生類や真骨類などでは，中脳以下の縫線核群ばかりではなく，間脳にもセロトニン作動性ニューロンが数カ所存在するのである（Meek and Nieuwenhuys, 1998）．

メダカの間脳でセロトニン作動性ニューロンが存在する領域は，松果体および視床下部である（口絵9，図9-8C-F）．最もセロトニン強陽性なニューロン集団は，後陥凹の周囲の核（後陥凹核 nucleus recessus posterior：NPR）で（同図DとF），ここに出入力するセロトニン陽性神経線維もみることができる（同図の矢印）．外側陥凹の周囲の核（外側陥凹核 nucleus recessus lateralis：NRL）も陽性である．脳室周囲器官については第6章で解説したが，そのうちの1つに脳室傍器官 paraventricular organ（PVO）がある．脳室傍器官には，セロトニン作動性ニューロン集団が存在する（同図CとE）．脳室周囲器官には必ず血管が伴うが，この脳室傍器官に入る動脈は，前述のAMCtAの腹側枝である（図9-2D参照）．視床下部の腹側正中部には，下垂体 hypophysis（HP）（または pituitary gland）という重要な内分泌器官が付属している［魚類の内分泌器官については，会田ら（1991）を参照されたい］．下垂体の腹側部にもセロトニン強陽性の細胞集団が存在している（同図C）．

最後に，脳室傍器官などの脳室周囲器官について若干補足しておきたい．第6章で述べたように，動物は全身全脳で光を感受して季節変化や概日リズムを感知する．鳥類では，前述の脳室傍器官に網膜外光受容系が存在し，光の季節的変化を感知することが知られている（Nakane et al., 2010）．魚類では，血管嚢 saccus vasculosus とよばれる脳室周囲器官が光の季節的変化を感知していることが最近判明した（Nakane et al., 2013）．血管嚢とは，視床下部の正中尾側部に存在する，血管に富む袋状組織のことであり，軟骨魚類と硬骨魚類の多くの魚種にみられる．メダカには血管嚢は存在しないので，松果体がその役割を果たしているのかもしれない．現代的真骨類における血管嚢については，今後の詳細な比較生物学的研究が待たれる．

以上本章では，脳動脈と細胞増殖帯について前半部で述べ，間脳（特に内側部）と視床下部について後半部で紹介した．次章では間脳外側部に関して解説し，終脳，中脳，そして後脳の発達について述べる．

参考文献

Ahrens K, Wullimann MF (2002) Hypothalamic inferior lobe and lateral torus connections in a percomorph teleost, the red cichlid (*Hemichromis lifalili*). J Comp Neurol 449: 43-64.

Braford Jr. MR, Northcutt RG (1983) Organization of the diencephalon and pretectum of the ray-finned fishes. In: Fish Neurobiology (Davis RE, Northcutt RG(eds)), vol 2, pp 117-163. Ann Arbor: The University of Michigan Press.

Fujita M, Isogai S, Kudo A (2006) Vascular anatomy of the developing medaka, *Oryzias latipes*: A complementary fish model for cardiovascular research on vertebrates. Dev Dyn 235: 734-746.

Ishii K (1967) Morphogenesis of the brain in medaka, *Oryzias latipes*. I. Observations on morphogenesis. Sci Rep Tohoku Univ, Ser IV (Biol) 33: 97-104.

Ishikawa Y (1996) A recessive lethal mutation, tb, that bends the midbrain region of the neural tube in the early embryo of the medaka. Neurosci Res 24: 313-317.

Ishikawa Y (2000) Medakafish as a model system for vertebrate developmental genetics. Bioessays 22: 487-495.

Johnston JB (1909) The morphology of the forebrain vesicle in vertebrates. J Comp Neurol 19: 457-539.

Meek J, Nieuwenhuys R (1998) Holosteans and teleosts. In: The central nervous system of vertebrates (Nieuwenhuys R, Donkelaar HJT, Nicholson C(eds)), vol 2, pp 759-937. Berlin: Springer-Verlag.

Nakane Y, Ikegami K, Ono H, Yamamoto N, Yoshida S, Hirunagi K, Ebihara S, Kubo Y, Yoshimura T (2010) A mammalian neural tissue opsin (opsin 5) is a deep brain photoreceptor in birds. Proc Natl Acad Sci USA 107: 15264-15268.

Nakane Y, Ikegami K, Iigo M, Ono H, Takeda K, Takahashi D, Uesaka M, Kimijima M, Hashimoto R, Arai N, Suga T, Kosuge K, Abe T, Maeda R, Senga T, Amiya N, Azuma T, Amano M, Abe H, Yamamoto N, Yoshimura T (2013) The saccus vasculosus of fish is a sensor of seasonal changes in day length. Nat Commun 4: 2108.

Nieuwenhuys R, Ten Donkelaar HJ, Nicholson C (1998) The central nervous system of vertebrates 1-3. Berlin: Springer-Verlag.

会田勝美, 小林牧人, 金子豊二（1991）「内分泌」, 魚類生理学（板沢靖男, 羽生 功 編）, pp.167-241, 恒星社厚生閣, 東京.

伊藤博信, 吉本正美（1991）「神経系」, 魚類生理学（板沢靖男, 羽生 功 編）, pp.363-402, 恒星社厚生閣, 東京.

鴨井康雄（1953）「硬骨魚類視床の比較解剖学的研究」, 京都大学医学部解剖学教室第一講座論文集, 1-43（付図 1-5）, 昭和 28 年 12 月 1 日, 京都.

桑村哲生, 狩野賢司（編）（2001）「魚類の社会行動 1」, 海游舎, 東京.

山本直之, 伊藤博信（2002）「硬骨魚類の糸球体前核」, 比較生理生化学, 19, 198-202.

K・ローレンツ（著）, 日高敏隆（訳）（1984）「ソロモンの指輪」, 早川書房, 東京.

第10章
神経管から脳へ：各領域の発達

……そこで私は，先頭から最後部へと並んだ5つの脳胞を，ここで次のように命名する．Vorderhirn（前方脳），Zwischenhirn（間脳），Mittelhirn（中脳），Hinterhirn（後方脳），そしてNachhirn（後続脳）．これらは脳の5つの形態学的要素をなしており，発生の2番目の時期に入ってもなお単なる脳胞のままである．……

カール・エルンスト・フォン・ベーア（『動物の発生誌について，第2部』から）

ベーアがドイツ語で命名した5脳胞は，第2章後半部で述べたように，あらゆる脊椎動物に共通して存在する．約200年前に彼が明確にした脳の区分法は，現在も神経科学の基本的枠組みの1つになっている．

彼の命名した用語自体は，その後ギリシア語の専門用語にとって代わられ，最近では英語が頻繁に使用されるようになった．スワンソンが推奨する英語は次のようなものである（Swanson, 2012）．吻側から尾側に向かってendbrain（終脳），interbrain（間脳），midbrain（中脳），hindbrain（後脳），そしてafterbrain（髄脳）．なお括弧内に記した日本語は，日本解剖学会による解剖学用語である．

本章では，脳発生のファイロタイプ段階を過ぎた時期における，メダカの終脳，間脳（外側部の移動細胞集団），中脳（視蓋），そして後脳（小脳）の発達について述べる．なお以下，終脳と間脳の位置的用語としては，便宜的な意味での"腹側"（本来は吻側）と"吻側"（本来は背側）を用いる（第5章参照）．

1）終脳の発達：吻尾区分，細胞移動，そして外翻

本節と次節では終脳の発生・発達について紹介する．

終脳の発生・発達は非常に長期間続く（孵化後も続く）ので，本章では孵化時（ステージ39）までの経過を述べることにする．終脳の発生の全体像は，第12章でまとめる．

図10-1にはメダカ成魚の終脳を示した．第3

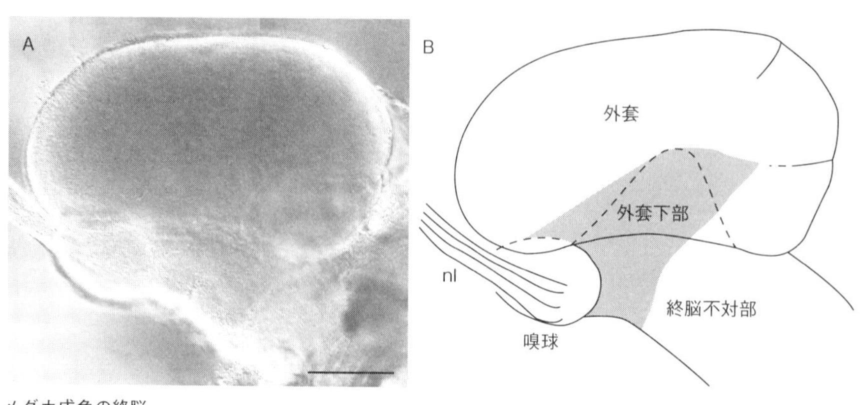

図10-1　メダカ成魚の終脳

終脳全体の左側面写真（A）とその模式的スケッチ（B）．上が背側，左が吻側．外套下部は，模式図の灰色の領域で示されている．略号：nI＝嗅神経．スケールバーは300 μm．

章6節（図3-14）で述べたように，メダカなどの条鰭類の終脳は，哺乳類などの中空の終脳とは異なり，充実性である．しかし第5章で述べたように，この終脳も他の脊椎動物のそれらと同じく，3つに大きく区分される（嗅球，終脳半球，そして終脳不対部）．終脳半球は，さらに外套（＝終脳背側野 dorsal telencephalic area）と外套下部（＝終脳腹側野 ventral telencephalic area）に分けられる．成魚の終脳は横に寝かせた卵のように吻尾方向に長く，嗅球は吻腹側に，外套は背側に，そして外套下部は腹側に存在する．

真骨類の終脳における大きな問題は，外套と外套下部をさらに細分化して小領域を区別しようとする場合に起きる．終脳の発生様式が異なるために，他の脊椎動物の終脳小領域（第7章4節参照）と比較しようとすると，対比が困難なためである（吉本・伊藤，2002）．この終脳の相同対比問題については，過去100年間以上の論争の主題となっており，未だに決着がついていない（Yamamoto et al.，2007；Mueller et al., 2011；Nieuwenhuys, 2011）．例えば外套では，内側外套（海馬に相当），背側外套（等皮質に相当），外側外套（一次嗅皮質に相当），そして腹側外套（嗅覚と味覚が入力する，いわゆる外套扁桃体に相当）が真骨類終脳のどこに相当するのか，完全には解決されていない．研究者間で合意のある場所は，数少ないけれども，存在することは存在する．そのうちの1つは，一次嗅覚皮質（外側外套）で，真骨類では終脳背側野の後部 posterior part of the dorsal telencephalic area（Dp）だと考えられている（Nieuwenhuys, 2011）．

この問題の解決のためには，真骨類の終脳の個体発生を調べることが必要不可欠である（Folgueira et al.，2012）．そのため筆者らは，メダカの終脳の個体発生を調べた（Ishikawa et al.，論文投稿中）．まだ不十分ではあるが，2018年4月までに得られた結果を紹介する．

まず脳発生のファイロタイプの段階にもどり，終脳における発生遺伝子の発現をあらためてみてみよう（Kage et al.，2004；図5-12も参照されたい）．図10-2A-Cは，ステージ26の終脳の横断切片のスケッチで，発生遺伝子の発現領域を示したものである．この時期では終脳はほとんど神経上皮の状態で，その脳室はスリット状を呈する．*zic5* 遺伝子は，吻側部では嗅球全体に発現し，尾側部では蓋板および外套領域の最背側部分に発現している（図10-2A）．*otx1* 遺伝子は，吻側部には発現せず，尾側部では蓋板と外套領域に発現している（同図B）．*otx1* 遺伝子が発現していない外套下部領域には，それに相補するように *dlx2* 遺伝子が強く発現している（同図C真ん中）．*dlx2* 遺伝子は，尾側の終脳不対部にも弱く発現している（同図C右端）．

外套領域は，遺伝子の発現の違いから，少なくとも2つに細分化される．すなわち，*zic5* と *otx1* の両方が発現している最背側部の小区画，そして *otx1* のみが発現している尾側部の小区画である．その後の発生から考えて，前者は「内側外套＋背側外套」に相当し，後者は「外側外套＋腹側外套」に相当すると考えられる（図10-2DとE）．外套の小領域は，神経管の時期では，背側から腹側に向かって内側外套→背側外套→外側外套→腹側外套の順に並んでいるからである（Yamamoto et al.，2007）．なお，最背側部の内側外套には，蓋板も含まれる．実際，外套の一部は，終脳・間脳脳室の蓋板の少数の細胞に由来することがゼブラフィッシュで報告されている（Dirian et al.，2014）．一方，外套下部領域をさらに細分化するのは，これらの遺伝子発現のみでは難しい．

ステージ26胚の終脳の形態は，成魚のそれと非常に異なることに注意してほしい（図10-2Dと10-1を比較されたい）．まず胚の終脳の形は，立てた卵のように吻尾方向に短く，背腹方向に長い（図10-2D）．次に嗅球，外套下部，

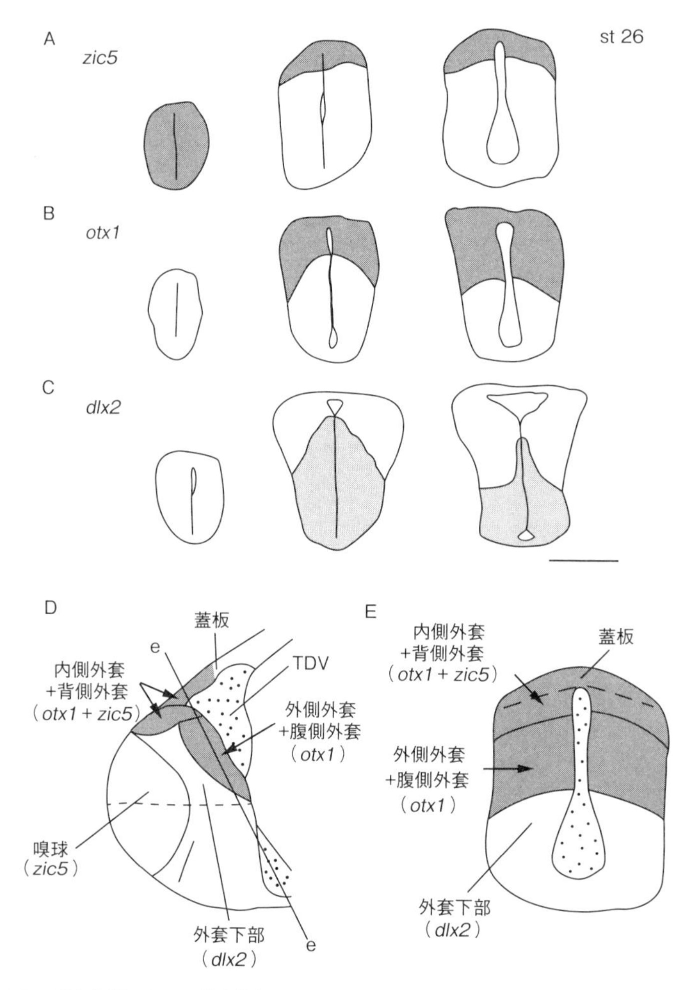

図 10-2　ステージ 26 のメダカ終脳における発生遺伝子の発現
遺伝子発現を可視化した終脳の横断面の模式的スケッチ（A-C），およびこれらの結果から解釈した終脳の細区分（D, E）を示す．A（*zic5* の発現），B（*otx1* の発現），C（*dlx2* の発現）では，吻側部，中間部，そして尾側部の横断切片を左から右の順に並べており，上が背側．遺伝子 *zic5* および *otx1* が強く発現している領域を濃い灰色であらわし，*dlx2* の発現領域を薄い灰色で示す．D は傍正中矢状断面の模式図で，上が背側，左が吻側．E は，D の e-e で切断した横断面の模式図で，上が背側．D と E では，外套領域を濃い灰色で示す．スケールバーは 50 μm で，A-C に適用される．Kage et al.（2004）の図 13 と 14 をもとに新たに作図．

そして外套は，腹背方向ではなく，ほぼ吻尾方向に並んでいる. 嗅球は吻側部に大きく存在し，外套下部は中央部にある．外套は，終脳背側部全体ではなく，その尾背側部分に小さく存在している．そして外套の大部分は，終脳・間脳脳室（同図の TDV）に接した終脳尾側端にある．このことから，終脳構造はステージ 26 以降の発生段階で大きく変容することが予想される．

終脳の変容を調べるためには，終脳のニューロン群が追跡できると都合がよい．これに役立つのが，第 6 章で紹介した GFP 蛍光を発するトランスジェニックメダカ系統，Cab-Tg（*foxd3*-EGFP）である．このメダカは，視床上部に GFP 蛍光を発するが，ステージ 28 以降になると終脳ニューロンもまた GFP 陽性になる．GFP 陽性ニューロンを手がかりとして，終脳の発生をみてみよう．

図 10-3 には，ステージ 28 と 29 の GFP 陽性のニューロンを示している．GFP 陽性ニューロンは大型で（細胞体の長さ約 10 μm），外套

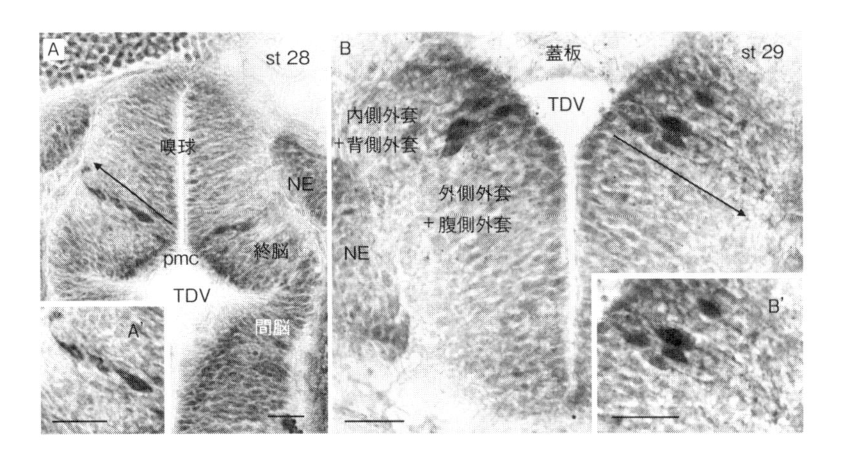

図 10-3　メダカ胚の終脳ニューロン

ステージ 28（A, A'）および 29（B, B'）の GFP トランスジェニックメダカの胚の顕微鏡写真を示す．背側部の水平断切片（A）と尾側部の横断切片（B）を抗 GFP 抗体で免疫組織化学染色した．水平断切片では上が吻側，横断切片では上が背側．GFP 陽性ニューロンが黒く染まってみえる．A' と B' は，それぞれの拡大図．脳領域がわかるように，ニッスル染色をほどこしてある．紡錘型のニューロンが矢印の方向に突起を伸ばしていることに注意（A' と B'）．B では，ニューロンの細胞体が「内側外套＋背側外套領域」に存在していること，そして外翻のために脳室（TDV）が T 字形になりつつあることに注目．略号：NE＝嗅上皮，pmc＝終脳の尾内側の角 posteromedial corner of the telencephalon，TDV＝終脳・間脳脳室．スケールバーは 20 μm.

の尾内側の角（図 10-3A の pmc）に存在し，矢印の方向に突起を伸ばしている（同図 A，A' と B，B'）．これは，この方向に神経細胞が移動していることを示唆する．すなわち，分化したニューロンは外套領域（「内側外套＋背側外套」）のマトリックス層から吻腹側方向に脳表面側に向かって移動している．また，終脳の形態変化も進行している（同図 B）．ステージ 26 の終脳横断図（図 10-2E）と比較するとわかるように，背側の蓋板が外側に向けて広がっている．つまり，ステージ 29 以降には終脳の外翻が進む．

2）終脳の発達：孵化（ステージ 39）まで

前章で述べたように，ある脳領域の発達は，その細胞増殖帯の継続的存在に依存している．本節では終脳の細胞増殖帯を確認し，孵化（ステージ 39）までの終脳の発達について述べる．

図 10-4 は，脳のファイロタイプ段階を過ぎたステージ 30 の胚を PCNA 抗体によって免疫抗体染色したものである．ステージ 30 になると，背側の蓋板が大きく外側に向けて広がり，T 字型の脳室が吻側部から尾側部まで広く生じている（図 10-4 の TV と TDV）．つまりステージ 26 から 30 の間で，終脳が完全に外翻している．外翻は，主として「内側外套＋背側外套」の領域に起こる（同図 C）．一方，「外側外套＋腹側外套」の領域はそれほど外翻せず，外套下部はまったく外翻しない（同図 C）．分裂・増殖している細胞を見ると，終脳脳室に接しているマトリックス層（図 10-4 の mz と dz 吻側部）および終脳・間脳脳室に面したマトリックス層（図の pz と dz 尾側部）が PCNA 強陽性である．つまり内側（mz），背側（dz），そして尾側（pz）という，連続した 3 つのマトリックス層が終脳の細胞増殖帯と考えられる．このうちの，尾側細胞増殖帯（pz）は終脳尾側壁に存在することに注意されたい．

ステージ 31 から 34 にかけて，トランスジェニックメダカ系統では GFP 陽性ニューロンの数が増加してくる（図 10-5）．多数の GFP 陽性ニューロンが細胞増殖帯から分化し，終脳外套の主として尾内側の角（図 10-5A の pmc）か

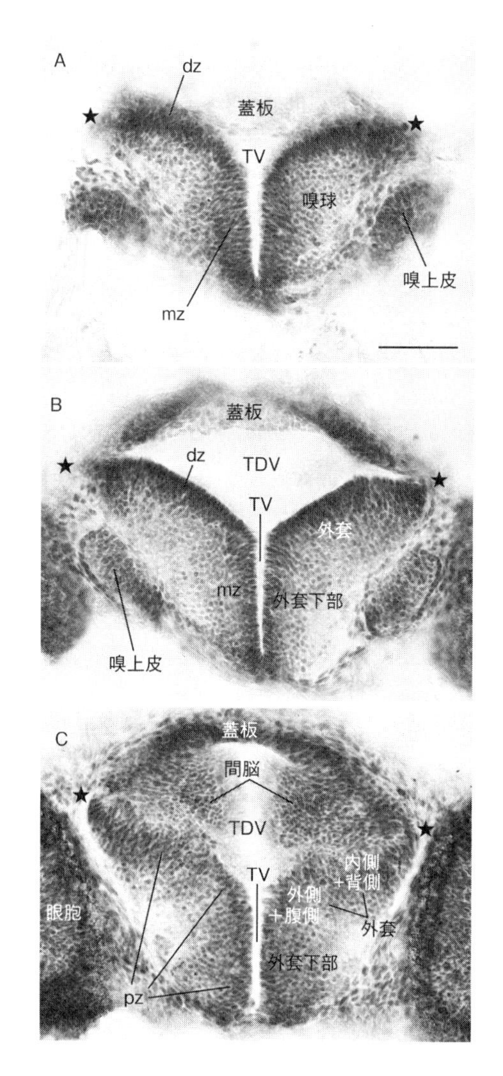

図10-4　ステージ30のメダカ胚終脳における細胞増殖帯
横断切片の顕微鏡写真を示す．終脳の吻側部（A），中間部（B），そして尾側部（C）の横断切片を抗PCNA抗体で免疫組織化学染色した．黒色の強い部分が強陽性の領域である．上が背側．脳領域がわかるように，ニッスル染色を薄くほどこしてある．蓋板が脳に付着している場所を★で示す．尾側細胞増殖帯（pz）が終脳尾側端壁に存在している．終脳の外翻が進行していることに注目．略号：dz＝背側細胞増殖帯，mz＝内側細胞増殖帯，pz＝尾側細胞増殖帯，TDV＝終脳・間脳脳室，TV＝終脳脳室．スケールバーは50 μm．

ら吻外側部に向かって長く移動している（同図の矢印）．外套下部では，GFP陽性ニューロンが内側細胞増殖帯（同図Bのmz）から分化し，外側に向けて短距離移動し，全体的に菱形を呈して分布している（同図B）．

外翻および細胞の増殖・移動によって，外套の左右幅はステージ28で約170 μmだったのが，ステージ31では約230 μmと大きく増加する．ステージ34以降，幅広くなった外套では，内側部（m），中間部（i），そして外側部（l）の終脳領域が区別できるようになる（図10-5B）．外側部と内側部にはGFP陽性ニューロンが密に分布し，中間部では少ない．この分布パターンから，外套領域では少なくとも3つ（aDl，Vl，そしてDm）の神経細胞集団cell massが区別可能になる（図10-5B-E）．

外套の外側部では，aDlとVlという2つのGFP陽性の神経細胞集団が識別可能である（図10-5B-E）．aDlは，終脳尾側壁（「内側外套＋背側外套」）から吻側方向に長く移動してきた細胞群である（同図A，D）．aDlと命名されたのは，成魚近くになると，この神経細胞集団が終脳背側野外側部の吻側（前部）領域anterior region of the lateral part of dorsal telencephalic area（aDl）として発達するからである（第12章参照）．Vlは，aDlのすぐ腹側に連続的に分布する（同図B，C）．Vlは，成魚近くになると，終脳腹側野外側部lateral part of the ventral telencephalic areaとして発達する（第12章参照）．これらの神経細胞集団からは，多くの軸索や樹状突起が伸び，前交連（ac）および終脳路（tt）の構成成分となっている（同図B，C）．一方外套の内側部には，内側細胞増殖帯（mz）のすぐ外側および尾側細胞増殖帯（pz）のすぐ吻側に，GFP陽性のDm（終脳背側野内側部medial part of the dorsal telencephalic area）が分化する（同図B，D）．Dmは，背側からみると，右半球でL字型の形態を示す（同図D右側）．

さらに発生が進み孵化時（ステージ39）になると，終脳の神経細胞集団の分化がさらにはっきりしてくる（図10-6）．水平断面で目立つのは，頭を吻側に向けて横たわっているような「ダルマ」のような形の神経核である（図10-6AのDN）．この神経核は外套外側部の尾

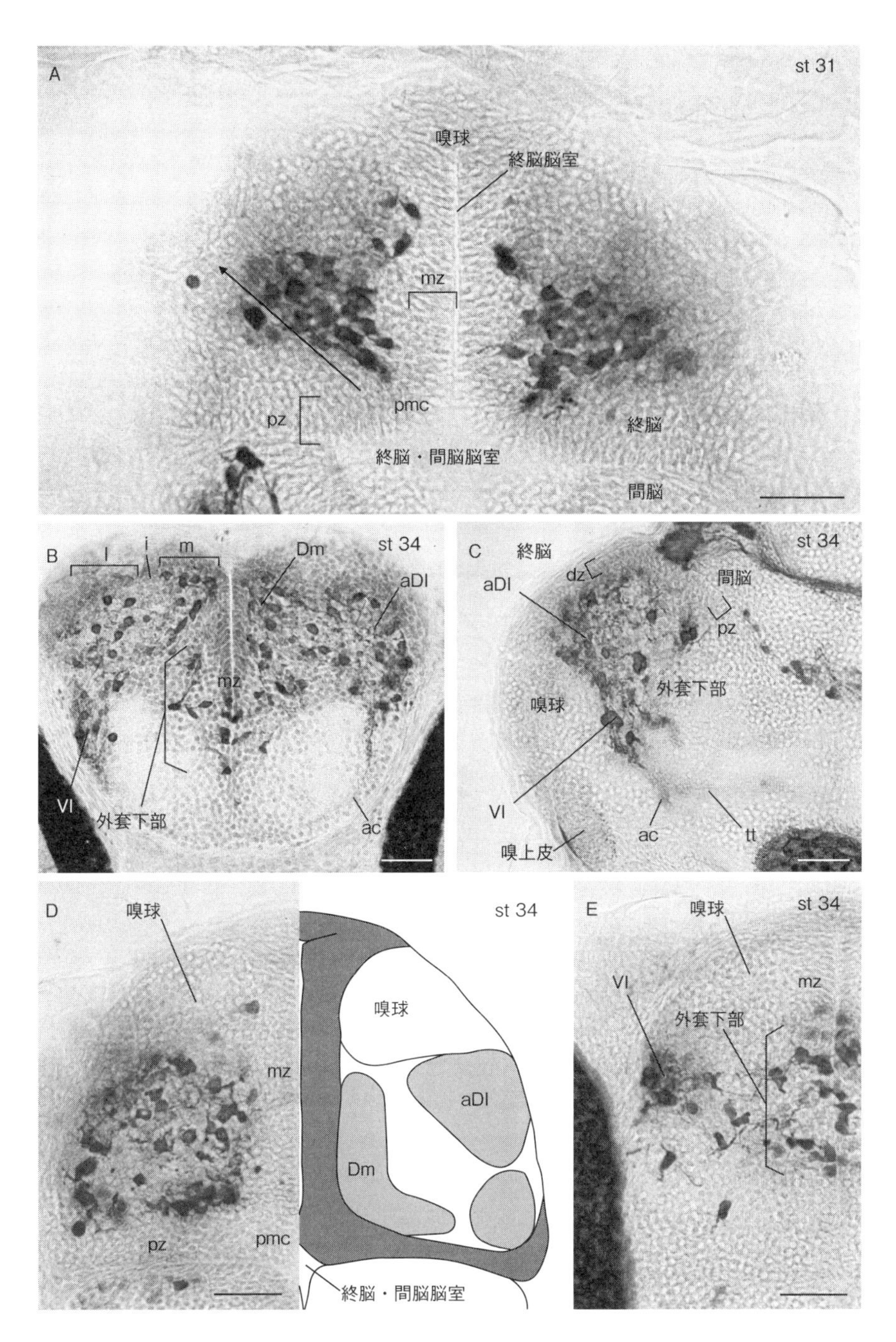

図 10-5　ステージ 31 から 34 のメダカ胚における終脳

GFP トランスジェニックメダカのステージ 31(A)と 34(B-E)の胚の切片の顕微鏡写真を示す. 水平断切片(A, D, E), 横断切片(B), そして外側部の矢状断切片(C)を抗 GFP 抗体で免疫組織化学染色した. GFP 陽性神経細胞が黒く染まってみえる. 脳領域がわかるように, ニッスル染色を薄くほどこしてある. A, D, E では上が吻側. D の左側は顕微鏡写真で, 右側はその模式図. 模式図では, 細胞増殖帯を濃い灰色であらわし, GFP 陽性神経細胞の集団を薄い灰色で示す. E は, D 標本の腹側隣接切片の左半分を示す. B は, 前交連のレベルで, 上が背側. C では上が背側, 左が吻側. ステージ 34 になると, 終脳の幅が増加し, 外套は内側部(m), 中間部(i), そして外側部(l)に 3 区分される. 4 つの神経細胞集団(aDl, Dm, Vl, そして外套下部)に注目. 略号：ac ＝前交連, aDl ＝終脳背側野外側部の吻側(前部)領域, Dm ＝終脳背側野の内側部, dz ＝背側細胞増殖帯, i ＝中間部, l ＝外側部, m ＝内側部, mz ＝内側細胞増殖帯, pmc ＝終脳の尾内側の角, pz ＝尾側細胞増殖帯, tt ＝終脳路, Vl ＝終脳腹側野の外側部. スケールバーは 20 μm（A), 30 μm（B-E).

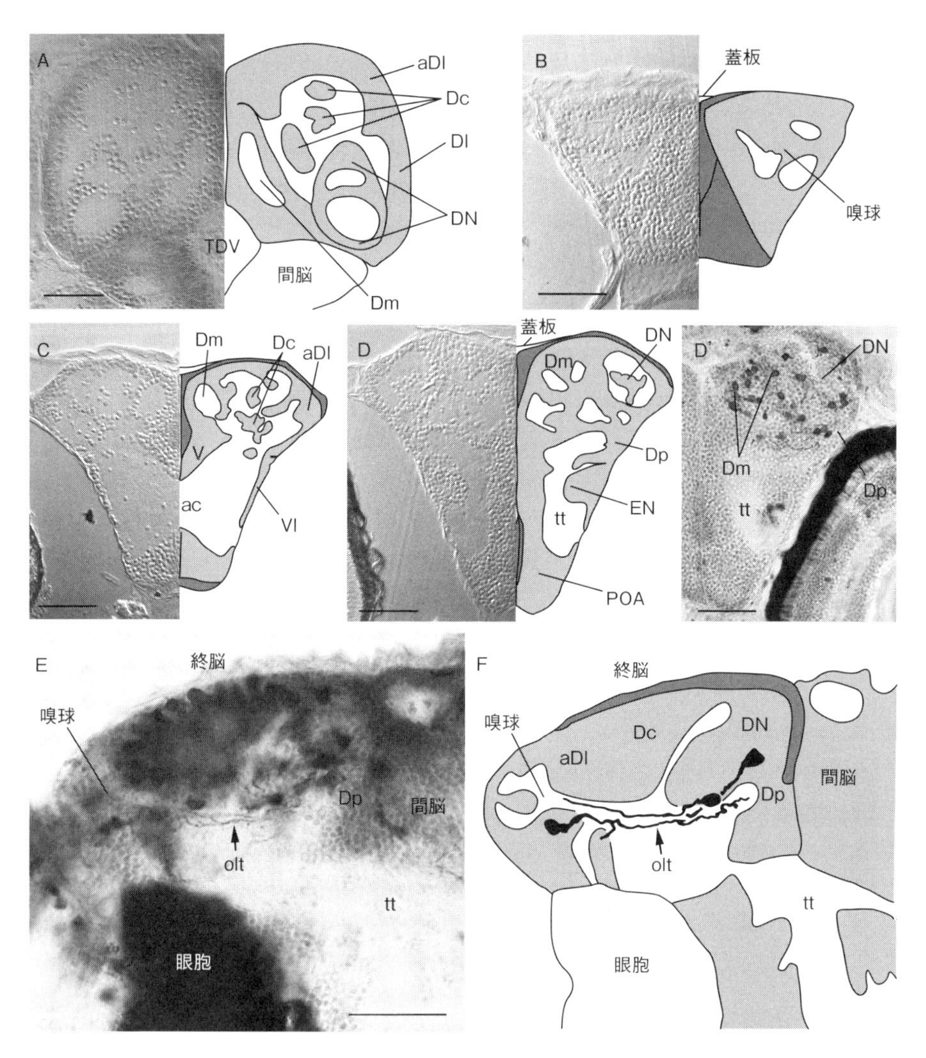

図 10-6　メダカ仔魚（ステージ 39）における終脳

A-D には，プラスチック包埋切片の微分干渉顕微鏡写真（左）とその模式的スケッチ（右）を示す．A は背側の水平断面で，上が吻側．B-D は，終脳の吻側部（B），中間部（C），そして尾側部（D）の横断切片で，上が背側．D' と E には，GFP トランスジェニックメダカの尾側部横断切片（D'）と矢状断切片（E）を抗 GFP 抗体で免疫組織化学染色した標本を示す．GFP 陽性神経細胞が黒く染まってみえる．脳領域がわかるように，ニッスル染色をほどこしてある．横断切片（D'）では，上が背側．矢状断切片（E）では上が背側，左が吻側で，その模式的スケッチを F に示した．このスケッチでは 3 つのニューロンが黒色で描かれている．スケッチの濃い灰色部分はマトリックス層（細胞増殖帯）の領域，薄い灰色の部分は主として灰白質の領域，そして白い部分は主として白質の領域を示す．E と F で，GFP 陽性の神経線維（olt：嗅覚路）の存在に注目．略号：ac ＝前交連，aDl ＝終脳背側野外側部の吻側（前部）領域，Dc ＝終脳背側野の中心部，Dl ＝終脳背側野の外側部，Dm ＝終脳背側野の内側部，DN ＝終脳背側野のダルマ核，Dp ＝終脳背側野の尾側（後）部，EN ＝脚内核 nucleus entopeduncularis，olt ＝嗅覚路，POA ＝視索前野，TDV ＝終脳・間脳脳室，tt ＝終脳路，V ＝終脳腹側野（外套下部），Vl ＝終脳腹側野の外側部．スケールバーは 50 μm.

側に存在する（同図）．この特異な形の神経核は，成魚の終脳でも同様の形態で存在し，以前の論文では Dd（終脳背側野の背側部 dorsal part of the dorsal telencephalic area）とされていたものである（Ishikawa et al., 1999）．しかし，いくつかの点で Dd とは異なるので，本書では終脳背側野のダルマ核 Daruma nucleus（DN）と新たによぶことにした．ダルマ核は視覚に関係する神経核で，Dl（終脳背側野の外側部 lateral part of the dorsal telencephalic area）の一部が特殊化したものと考えられる．また水平断面では，終脳脳室と終脳・間脳脳室に接する場所に，L字型あるいは直角三角形状のDmがみえている（同図）．

横断面では，終脳が背側に向かって全体として成長し，蓋板と接近し，脳室が狭小になる（図10-6B-D）．同じく横断面では，終脳背側野の中心部 central part of the dorsal telencephalic area（Dc）と尾側（後）部（Dp）が識別可能になってくる（同図CとD）．

トランスジェニックメダカ系統を用いて調べると，これらの神経細胞集団にはGFP陽性のニューロンが存在していた（図10-6D′，E，F）．重要なことに，嗅球のGFP陽性ニューロンはDpに向かって，またDpのGFP陽性ニューロンは嗅球に向かって，それぞれの軸索を伸ばして嗅覚路 olfactory tract（olt）を形成していた（同図EとF）．このことから，早くもステージ39でDpが一次嗅皮質となっていることがわかる．このDpの場所は，ステージ26での「外側外套＋腹側外套」の位置とほぼ一致している（図10-2D参照）．この結果は，Dpが「外側外套＋腹側外套」に由来していることを支持している．

以上のように，孵化時までには，終脳は外翻し，外側方向および背側方向に成長し，いくつかの神経細胞集団が識別可能になる．しかし孵化後も終脳の発達は続く．その後の発達の様子と，個体発生の全体的まとめは，第12章で述べることにする．

3）間脳の移動細胞集団の発達

間脳については，視床上部（第6章）および間脳内側部と視床下部（前章）をすでに述べた．本節では，間脳の外側部に発達してくる移動神経細胞集団 migrated cell groups について解説する．

間脳の外側部の中でも，メダカなどの現代的真骨類で顕著なのは，前章で述べたように，糸球体核系である．この核系は，脳発生のファイロタイプ段階を過ぎたステージ34から識別可能になる（図10-7）．この核系は，間脳の背外側部の細胞集団が腹尾側方向に向けて約80 μm集団的に移動して形成される（同図B）．この系は，神経線維を含み，全体としてはヒョウタン形の構造をしている．移動の出発場所には小さな神経細胞集団が残り，糸球体前部 pars anterior（GA）とよばれる．到着場所には大きな円形の神経細胞集団が形成され，これを糸球体円形部 pars rotunda（GR）という．

平澤 興（京都大学）の研究室の鴨井康雄は，34種類の真骨類を調べ，間脳背外側部の核（鴨井の nucleus anterior）の発達程度と，糸球体核系円形部の発達程度との間に逆相関があることを報告した（鴨井，1953）．つまり，神経細胞集団が移動しない魚種の場合には，鴨井の nucleus anterior がよく発達し，円形部は発達しない．逆に，神経細胞集団が移動する魚種の場合には，鴨井の nucleus anterior は発達せずに円形部がよく発達する．Yang et al.（2004）は線維連絡の解析結果から，現代的真骨類の糸球体前部（GA）は，コイ目真骨類の浅視蓋前域核大細胞部 nucleus pretectalis superficialis pars magnocellularis と相同であることを明らかにした．鴨井の nucleus anterior は，現代的真骨類では糸球体前部（GA）に相当し，コイ目真骨類では浅視蓋前域核大細胞部に相当するものと考えられる．したがって現代的な真骨類では，進化の過程で，この核の神経細胞が集団的に移動するようになったのだと思われる．

間脳の外側部には，糸球体核系の他にも，重要な構造物が含まれる．それは，糸球体前核複合体 preglomerular nuclear complex（PG）あるいは糸球体前核 preglomerular nucleus と総称される核群である（山本・伊藤，2002）．魚種によって様相が異なるが，糸球体前核複合体は複数の亜核から構成される．糸球体前核複合体は，真骨類に広くみられる間脳の構造である（山本・

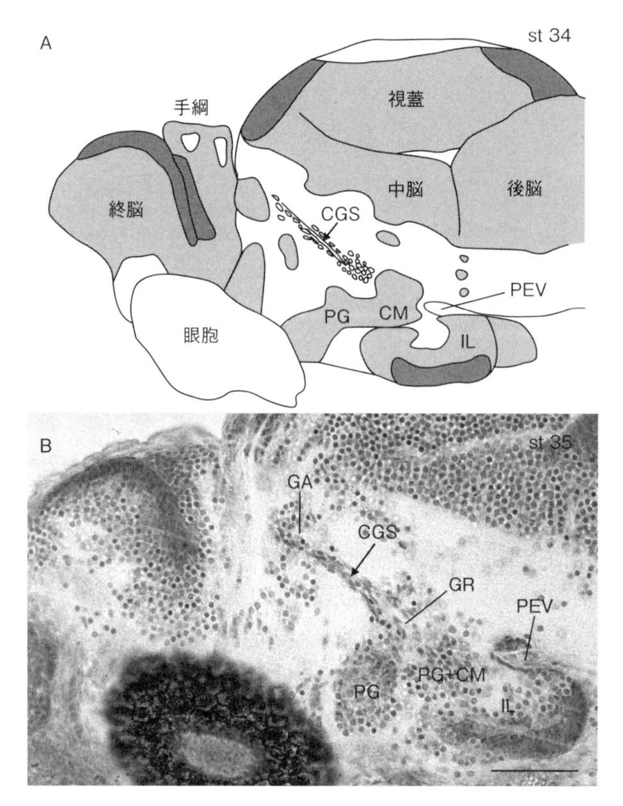

図 10-7　メダカ胚の糸球体核系
ステージ 34 胚の切片の模式的スケッチ（A）およびステージ 35 胚のプラスチック包埋切片の顕微鏡写真（B）を示す．両図は間脳の外側部を通る矢状断面で，左が吻側，上が背側．スケッチの濃い灰色の部分は細胞増殖帯（マトリックス層）の領域，薄い灰色の部分は主として灰白質の領域，そして白い部分は主として白質の領域を示す．写真の標本は，ニッスル染色してある．糸球体核系（CGS，矢印）はステージ 34 から識別可能である．略号：CGS ＝糸球体核系，CM ＝乳頭体，GA ＝糸球体核系の前部，GR ＝糸球体核系の円形部，IL ＝下葉，PEV ＝脳の腹側ひだ，PG ＝糸球体前核複合体．スケールバーは 50 μm.

伊藤，2002）．

哺乳類では，視床が感覚情報を終脳外套（大脳皮質）に運ぶ経路（感覚性上行路）の中継核群である．真骨類にも，「視床（背側視床）」と名づけられた部位は存在するけれども（図 9-7A 参照），この領域は中継核としてはあまり機能していない（山本・伊藤，2002）．真骨類では，むしろ糸球体前核複合体が感覚性上行路（視覚，聴覚，側線感覚，一般体性感覚，そして味覚）の主要な中継核群である（山本・伊藤，2002；Yamamoto and Ito，2008）．重要なことに，糸球体前核複合体には感覚の種類による区分（機能局在）があり，それぞれの区分は終脳外套のそれぞれの担当領域との間に双方向性の強い線維連絡がある．これは，哺乳類の視床と大脳皮質感覚野の間の双方向性の線維連絡と酷似している．

哺乳類の視床は，発生学的には翼板由来であり，したがって感覚性領域由来である．真骨類の糸球体前核複合体は，視床の後結節（TP）の外側部に位置する（図 9-7 参照）．そのため，糸球体前核複合体は基板由来，つまり運動性領域由来ではないか，と以前には誤って考えられていた．

筆者たちのグループは，メダカの間脳の発生を追うことによって，そうではないことを示した（図 10-8；Ishikawa et al.，2007）．メダカなどの真骨類では，大きく広がった終脳・間脳脳

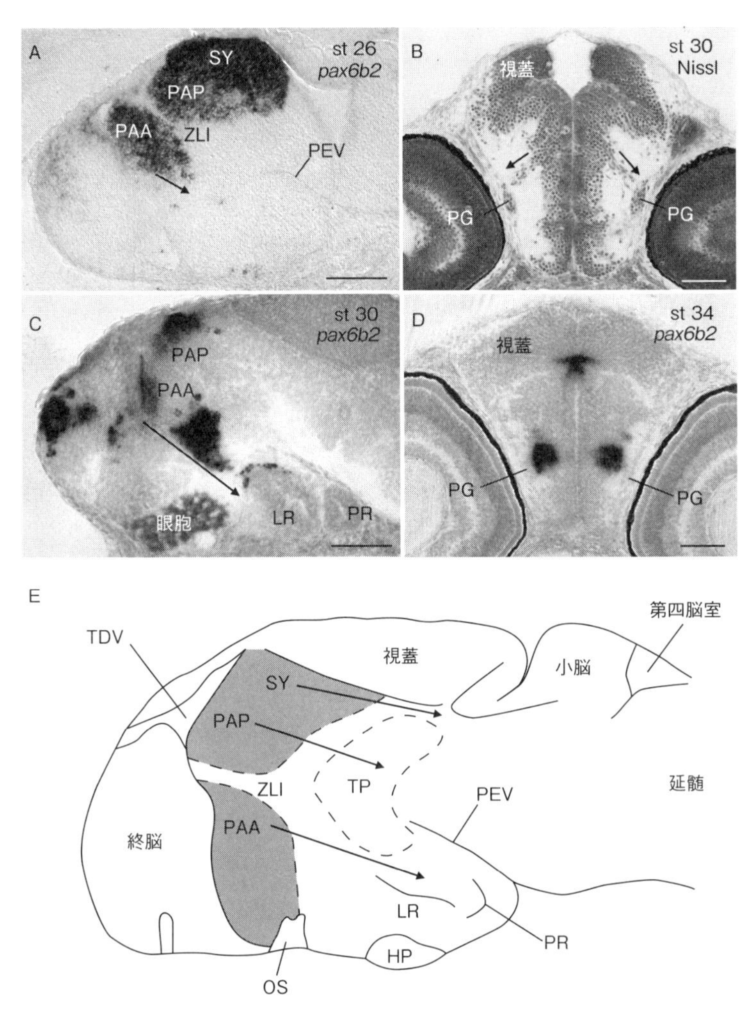

図 10-8　メダカ胚の間脳における細胞移動と糸球体前核複合体
ハイブリダイゼーション組織化学によって遺伝子（*pax6b2*）発現を可視化した胚の矢状断切片（A と C）および横断切片（D）の写真，胚横断面のニッスル染色（B），そしてこれらの結果から解釈した矢状断面の模式図（E）を示す．ハイブリダイゼーション組織化学では，遺伝子発現部位が黒く染まっている．脳領域がわかるように，ニッスル染色を薄くほどこした．A はステージ 26，B と C は 30，そして D は 34 の胚．矢状断面では，上が背側，左が吻側．横断面では上が背側．模式図では間脳の翼板（感覚性）の領域を灰色に示してある．推定される細胞移動の方向は矢印で示した．ステージ 30 から 34 になると，*pax6b2* を発現している細胞集団が PG のすぐ近傍まで到達しているのに注目（C と D）．略号：LR ＝外側陥凹，HP ＝下垂体，OS ＝眼茎基部，PAA ＝前パレンセファロン，PAP ＝後パレンセファロン，PEV ＝脳の腹側ひだ，PG ＝糸球体前核複合体，PR ＝後陥凹，SY ＝シネンセファロン，TP ＝視床の後結節，TDV ＝終脳・間脳脳室，ZLI ＝間脳内境界ゾーン．スケールバーは 50 μm．Ishikawa et al.（2007）の図 2-4 を改変．

室（図 10-8E の TDV）が存在し，間脳の吻側端壁には細胞増殖帯が存在する（図 9-4 参照）．この細胞増殖帯で産生された細胞は，神経細胞に分化して尾外側方向に移動すると考えられる（図 10-8 の矢印）．Ishikawa et al.（2007）は，間脳吻側壁，つまり翼板の細胞（*pax6* が発現している）が腹尾側方向に向けて約 100 μm 移動して，糸球体前核複合体のすぐ近くまで到達していることを明らかにした（図 10-8A, C, D）．要するに，真骨類の糸球体前核複合体もまた，哺乳類の視床と同じく，起源としては翼板の感覚性領域由来であろう（Ishikawa et al., 2007）．線維連絡の結果と総合すると，真骨類の糸球体前核複合体は，哺乳類の視床と相同だと考えられる（山本・伊藤，2002；Yamamoto and Ito, 2005；2008）.

この糸球体前核複合体のつくられ方は，糸球体核系の形成方法とそっくりである．このように，間脳吻側から尾側方向に向かう細胞移動によって，間脳外側部の様々な移動神経細胞集団が形成されると思われる．つまり細胞移動は，間脳の神経核の形成にとって決定的に重要な意味をもっている．間脳における細胞移動の詳細な経路や，その移動メカニズムについては，今後の重要な研究課題として残されている．

4）中脳（視蓋）の発達

本節では，メダカの脳の中でも特によく発達する，視蓋の発生について紹介する．

メダカなどの条鰭類の中脳は，大きく 4 つに区分される（図 10-9 上図）．まず中脳は，中脳脳室（哺乳類の中脳水道に相当）を境界にして，背側の視蓋（OT；哺乳類の上丘に相当），腹側の中脳被蓋（TG；哺乳類の同名構造に相当），そして同じく腹側だが外側に存在する半円堤 torus semicircularis（TS；哺乳類の下丘に相当）に分けられる．さらに，左右の視蓋半球の間には，縦走堤 torus longitudinalis（TL）という，条鰭類特有の脳構造が存在する（Nieuwenhuys et al., 1998）．魚類の半円堤と哺乳類の下丘は，内耳側線感覚に関与する．なお，哺乳類の下丘は脳外表面に隆起しているが，条鰭類の半円堤は視蓋に覆われて外表面からは見えない．

中脳の中でも，縦走堤は最も小さな構造物である．その微細構造は小脳のそれに類似しており，機能的には水深の調節または姿勢の維持に関与していると考えられている（伊藤・吉本，1991）．縦走堤は条鰭類における進化的新規形質の 1 つだが，その発生については未解明である．今後の研究が望まれる．

一方視蓋は，中脳の中でも大きな部分を占め，胚の時期からよく発達する．しかもメダカの脳の中では，ここだけに明瞭な層構造がみられる（図 10-9 下図）．つまりは，視蓋は中脳皮質である．視蓋皮質は視覚の一次中枢であるが，その他にも内耳側線感覚や一般体性感覚なども入力する．視蓋皮質は，この意味では感覚統合中枢である．メダカの視蓋の発生・発達については，フランスの研究グループの Nguyen et al.（1999）がよく調べているので，この節では彼らの発生研究を中心にして紹介する（図 10-10）．

第 7 章で，放射性チミジンを用いて細胞核を標識すると，増殖している細胞の動態を追跡できることを紹介した．Nguyen et al.（1999）は，同じくチミジン類似体の 5-bromo-2'-deoxyuridine（BrdU）を用いて視蓋細胞の発生動態を調べた．その結果によると，脳発生のファイロタイプ段階の前半（ステージ 24）までは視蓋のすべての領域で細胞分裂がある（図 10-10A）．要するに，視蓋のすべての領域が細胞増殖帯（マトリックス層）である．ところがファイロタイプ段階の後半になると，視蓋の中央吻側部で分化が進み，ここでは細胞の分裂・増殖がみられなくなる（同図 B）．言いかえると，視蓋の中で発生・分化状態が異なる 2 つの領域が生じ，特異な形態の細胞増殖帯が生じる．特異な形態というのは，視蓋の内側と尾側の辺縁を取り巻くようなリング状を呈するからである（同図 B，C の mpz）．Nguyen et al.（1999）は，これを辺縁部細胞増殖帯 marginal proliferating zone（mpz）とよんだ．

Nguyen et al.（1999）は，この辺縁部細胞増殖帯が視蓋の発生・発達に中心的な役割を果たしていることを明らかにした．この辺縁部細胞増殖帯で次々と神経細胞がつくられ，同じ時期に産生された神経細胞群は，ブロック状になって次々と移動し，視蓋の辺縁部に加わるのだ（図 10-10D の矢印）．言いかえると，神経細胞の柱状ブロックが中央部に向けて水平方向に移動する方式で層構造が形成される．そのため，視蓋の成長に伴い，細胞増殖帯自身は相対的に小さ

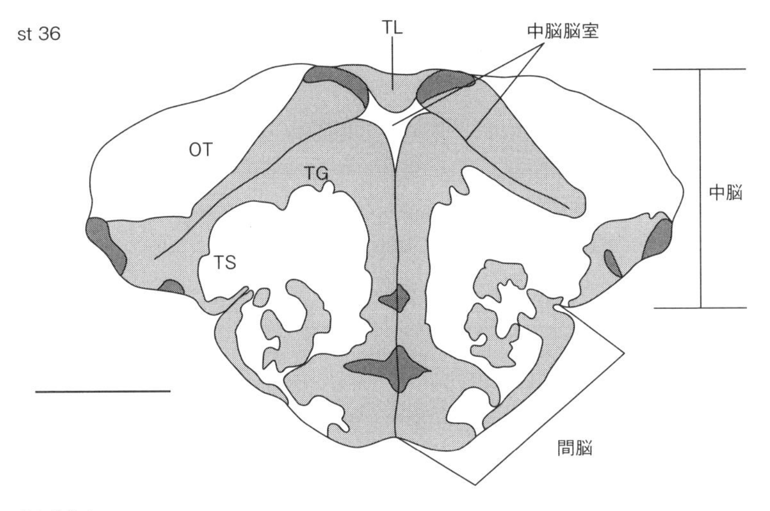

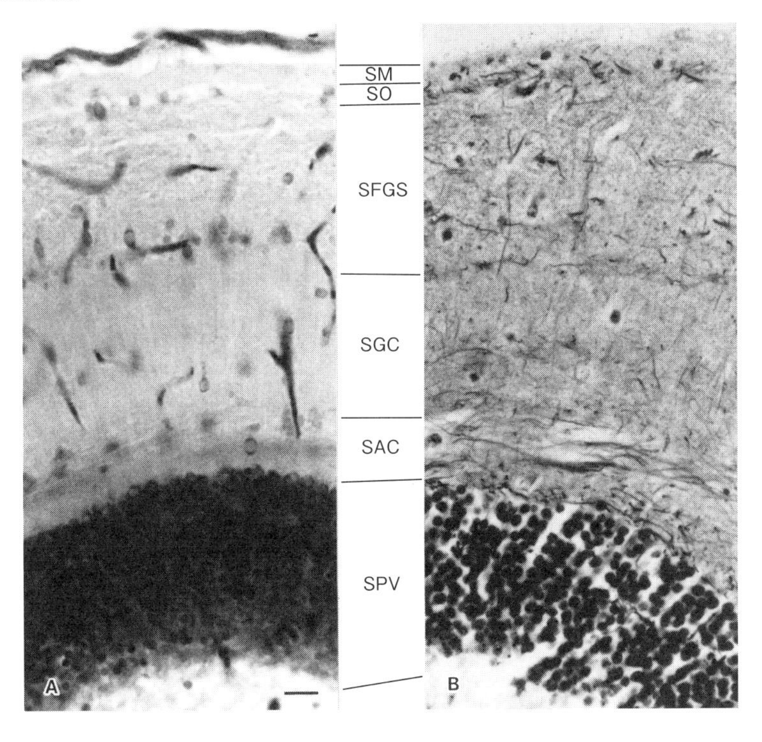

図 10-9　メダカ中脳の構造

ステージ 36 の胚の中脳横断切片の模式図（上）と成魚の視蓋の層構造の写真（下）を示す．上が背側．上の図で，濃い灰色の部分は細胞増殖帯の領域，灰色の部分は主として灰白質の領域，そして白い部分は主として白質の領域を示す．下の図は視蓋の横断切片で，左の A はニッスル染色，右の B はボディアン染色をほどこしてある［Ishikawa et al.（1999）のプレート 20 より］．略号：OT = 視蓋，TG = 中脳被蓋，TL = 縦走堤，TS = 半円堤．視蓋の各層は表層から深層の順に，SM = 辺縁層 stratum marginale，SO = 視神経線維層 stratum opticum，SFGS = 浅線維灰白層 stratum fibrosum et griseum superficiale，SGC = 中心灰白層 stratum griseum centrale，SAC = 中心白質層 stratum album centrale，SPV = 脳室周囲層 stratum periventriculare．スケールバーは 100 μm（上），10 μm（下）．

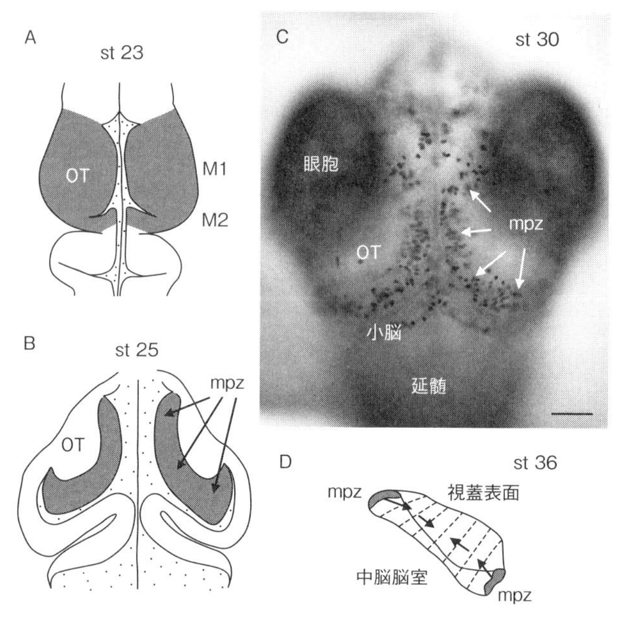

図10-10　メダカ視蓋の発生・発達
ステージ23（A, 模式図）, 25（B, 模式図）, そして30（C, 写真）の胚の背側面, およびステージ36胚の右側視蓋の横断模式図（D）を示す．A-Cでは上が吻側, Dでは上が背側で右が外側．視蓋は第1中脳分節（M1）の翼板から発生分化する（AとB）．A, B, Dの模式図の黒い部分は視蓋の細胞増殖帯（mpz）を示す．Cは，抗リン酸化ヒストンH3抗体anti-phospho-histone H3（ser10）を用いて免疫組織化学染色した全身標本写真．分裂している細胞が視蓋の辺縁領域で黒く染まっている（mpz）．Dの矢印は，柱状の神経細胞群の移動方向を示す．略号：M1＝第1中脳分節，M2＝第2中脳分節，mpz＝辺縁部細胞増殖帯，OT＝視蓋．写真のスケールバーは100 μm.

くなり端に追いやられていく．このように，視蓋の脳室に面した場所のうち，腹側部（視蓋のSPV）ではなくて，辺縁部（mpz）のみに細胞増殖帯が存続する．この辺縁部細胞増殖帯は，胚のみならず，成魚でも存続する（図10-11）．したがって，成魚になっても視蓋は成長を続け，視蓋は魚が死ぬまで大きくなり続ける．

このような視蓋皮質の形成様式は，メダカのみならず，サケやキンギョなど，真骨類一般にもあてはまる．この辺縁部から中央部へ水平方向に向かう皮質形成方式は，ヒトなどの哺乳類の大脳皮質における層形成方式とは大いに異なる．哺乳類の大脳皮質では，細胞増殖帯は大脳の深部に存在し，同じ時期に産生された神経細胞群は，集団的に脳室側から脳の表面に向かって垂直方向に移動するからである（第7章参照）．

このように，脊椎動物の脳の皮質構造というものは，まったく違う発生様式で形成され得る

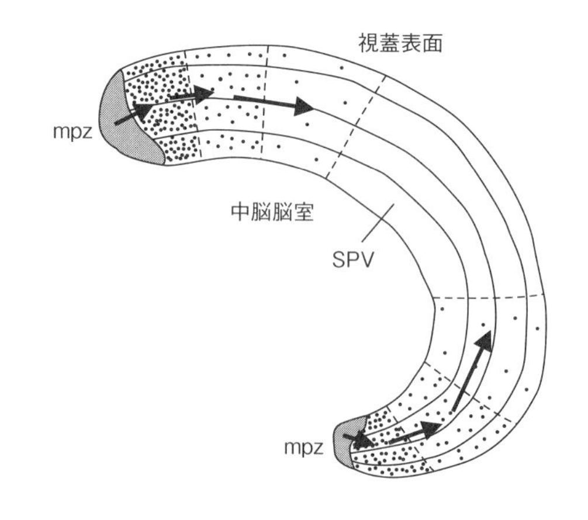

図10-11　メダカ成魚の視蓋の横断面
右側の視蓋横断面の模式図を示す．上が背側，右が外側．同時期に産まれた神経細胞群は，辺縁部細胞増殖帯（mpz, 灰色）から柱状ブロック（破線）となって，視蓋中央部に向かって移動しつつ（矢印）層状構造（実線）を形成する．点の密度が高い領域には，最近産まれた神経細胞が存在する．点密度が疎な領域，あるいは空白の領域には早い時期に産生されていた神経細胞が存在する．腹側（深部）の脳室周囲層（SPV）には細胞増殖能がないことに注目．略号：mpz＝辺縁部細胞増殖帯，SPV＝脳室周囲層．Nguyen et al.（1999）の図11Aをもとに作図．

のだ．これもまた，神経管形成の場合と同じく，異なる制作過程によって類似した構造物がつくられる実例である．

5）後脳（小脳）の発達

本章最後の本節では，メダカの小脳の発生・発達について解説したい（Ishikawa et al., 2008；2010）．

小脳は運動の調節などに関わる脳領域で，ヒトでは大脳に次いで大きく発達する．ヒトの小脳は，大きく左右に広がる小脳半球 hemisphere と正中部の小脳虫部 vermis におおまかに区分されるが，真骨類を含む条鰭類の小脳の構造は，哺乳類のそれとはやや異なる（伊藤･吉本, 1991）．

メダカなどの条鰭類の小脳は，吻側から尾側への順で，小脳弁 valvula cerebelli（VC），小脳体 corpus cerebelli（CC），そして尾葉 caudal lobe（CL）の3部に区分される（図 10-12）．これらのうちの小脳弁は，他の脊椎動物には見られないので（Nieuwenhuys et al., 1998），条鰭類における進化的新規構造物である．小脳弁は，魚種によってその発達の程度と形態がかなり異なる（Shimamura, 1963）．弱発電魚のモルミルス目では，小脳弁が驚異的に発達し，脳表面の大部分を覆ってしまうので有名である（Meek and Nieuwenhuys, 1998；菅原, 2002）．なお，小脳体の尾外側には顆粒隆起 eminentia granularis（EG）および小脳稜 crista cerebelli（CEC）という構造が連続して存在する（同図D）．これらは，脳区分としては後脳と髄脳の移行部に属しているが，小脳の一部と考えられている．また，小脳のすぐ尾方には，哺乳類と同じく，第四脳室の脈絡叢（髄脳脈絡叢 myelencephalic choloid plexus，図 10-12 の mcp）が存在する（Tsuneki, 1986）．

脊椎動物の小脳は，後脳の最吻側部の背側部

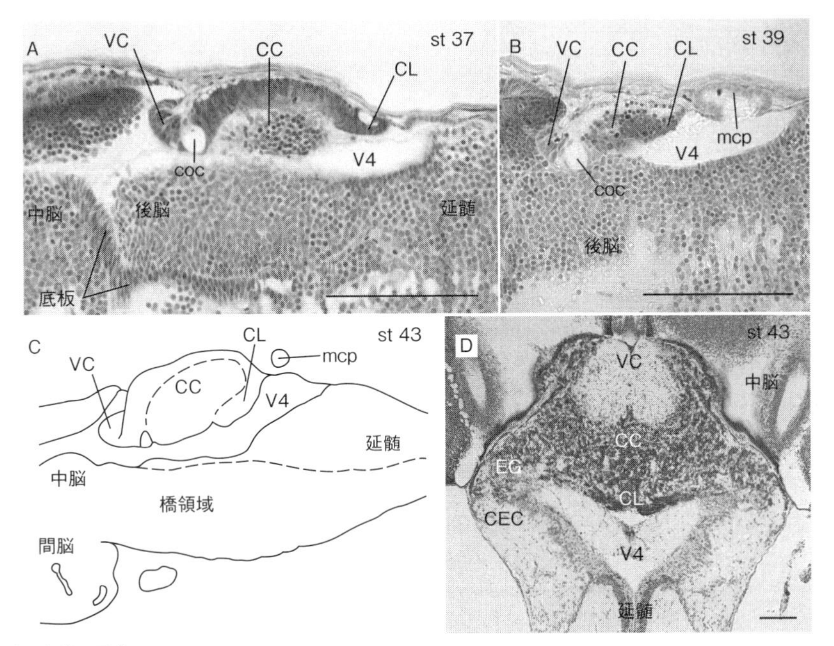

図 10-12　メダカ小脳の区分
ステージ 37 の胚（A），39 の孵化した仔魚（B），そして 43 の稚魚（C，D）の小脳を示す．A，B，D はニッスル染色したプラスチック包埋切片の写真で，C は線画による模式図．D は水平断面で，上が吻側．その他の図すべては傍正中矢状断面で左が吻側，上が背側．略号：CC = 小脳体，CEC = 小脳稜，CL = 尾葉，coc = 小脳交連，EG = 顆粒隆起，mcp = 髄脳脈絡叢，VC = 小脳弁，V4 = 第四脳室．スケールバーは 100 μm.

分から発生する（Altman and Bayer，1997）．小脳の発生はユニークで，左右の神経分節の背側部が神経管正中部で完全に融合する．そのため，小脳部の神経腔（小脳脳室または小脳管）は小脳の腹側に形成されることになる．なぜ脳の中でも，小脳領域でのみ左右の脳の完全融合が起こるのだろうか？　この疑問は，未解決なままに残されている．

メダカにおける小脳の発生を実際にみてみよう（Ishikawa et al.，2008；2010）．まず，ステージ 24 の神経管の菱脳峡を示す（図 10-13A）．この発生段階では，形態的な「峡のくびれ」を境界線にして吻側に *wnt1*（白丸）が発現し，尾側に *fgf8*（黒点）が発現している（同図）．後脳側で *fgf8* が発現している主な場所は，峡分節 isthmic rhombomere（ir）という最吻側の菱脳分節である．このようにステージ 24 では，メダカの菱脳峡は他の脊椎動物のそれらと同じような形態と遺伝子発現を示す．

ところがステージ 26 になると，様相が一変する（図 10-13B）．後脳（小脳）の吻側端（*fgf8* が発現）が中脳脳室の中に一部突出してしまうのである（同図の★）．それに応じて中脳の尾側端（*wnt1* が発現）も少し吻側にずれる（同図の矢印）．つまり，小脳吻側端は形態的な「峡のくびれ」より少し吻側に移動する．見方を変えると，形態的な「峡のくびれ」が少し尾側にずれてしまった，と言ってもよい．これは一見ささいな「ずれ」だが，進化発生的には重要なできごとである．なぜなら，この小脳の吻側端突出部こそが，将来，条鰭類に特有な小脳部分，つまり小脳弁になるからである．言いかえると，発生における遺伝子発現が場所的にほんの少しずれることによって，進化的新規構造物（小脳弁）が生ずるのだ（Ishikawa et al.，2008）．

この「峡のくびれ」がずれた様子を図 10-14A と B に示した．小脳原基と小脳蓋板は，吻側で中脳尾壁と中脳蓋板にそれぞれ連続する（図 10-14B の曲がった矢印）．小脳原基は，中脳尾壁を経て，半円堤，そして視蓋へと続く

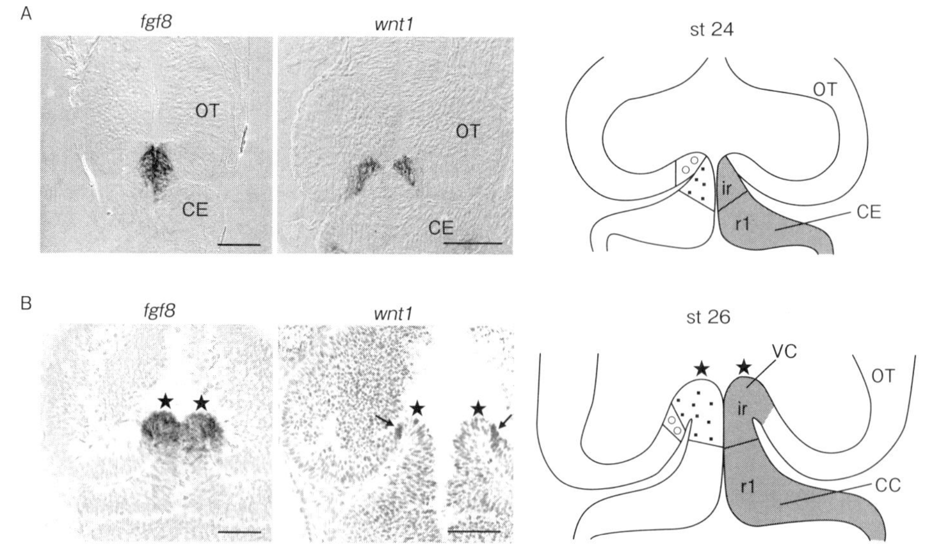

図 10-13　メダカ胚の菱脳峡における遺伝子の発現
ステージ 24（A）と 26（B）の胚における遺伝子の発現を写真（左側 2 列）と模式図（右端）で示す．写真は，ハイブリダイゼーション組織化学によって *fgf8* と *wnt1* の発現（黒色部分）を水平断切片で示したもの．上が吻側．模式図では，*fgf8* 発現部位を白丸で，*wnt1* 発現部位を黒点で示した．将来小脳になる領域を灰色で表示した．ステージ 26 になると，中脳脳室に小脳弁が突出し（★），形態的な「峡のくびれ」は尾側にずれる．略号：CC ＝小脳体，CE ＝小脳，ir ＝峡分節，OT ＝視蓋，r1 ＝第 1 菱脳分節，VC ＝小脳弁．Ishikawa et al.（2008）の図 2，4，5 などを改変．スケールバーは 50 μm.

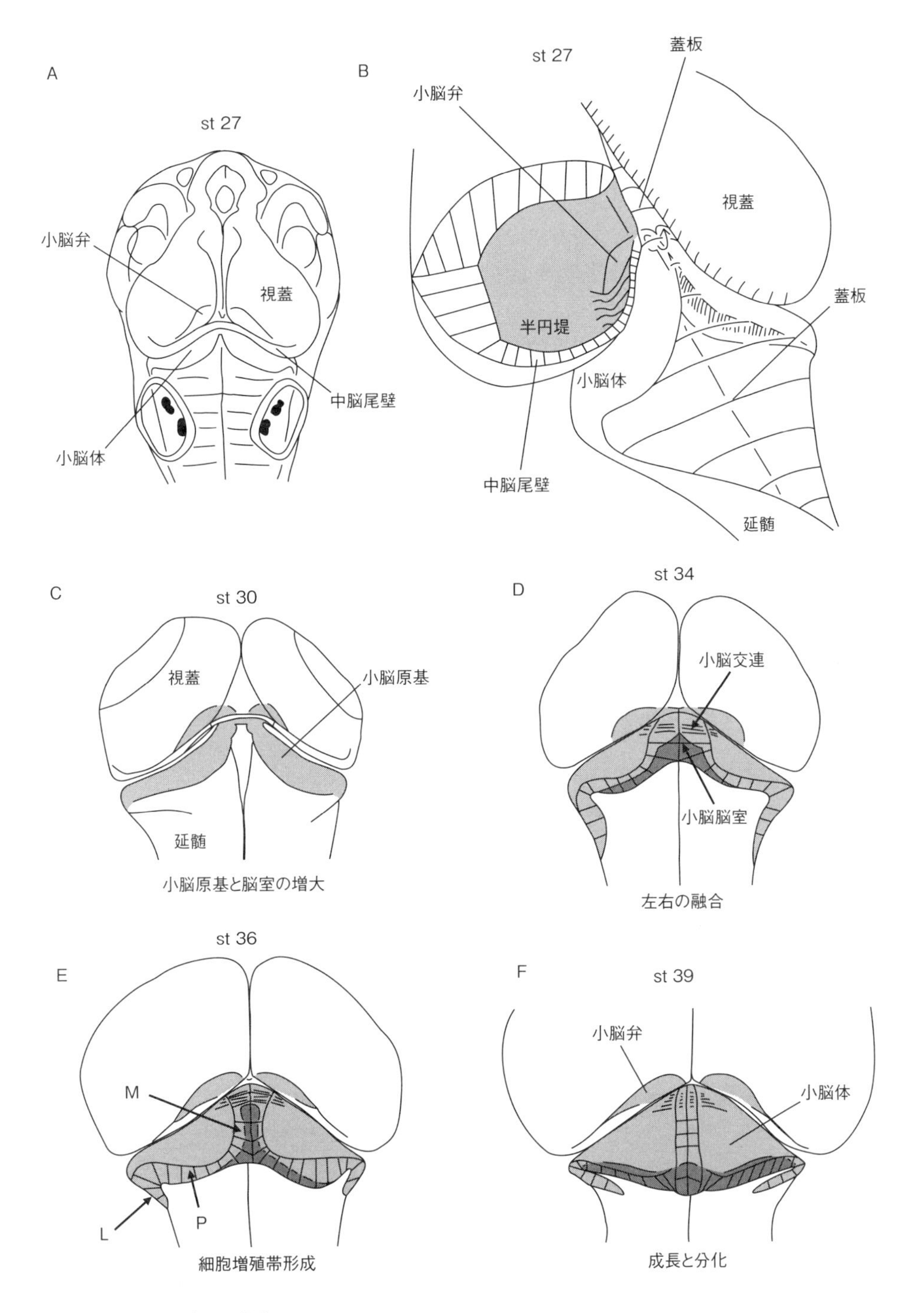

図 10-14　メダカ胚における小脳の発生
ステージ 27 の胚の全体像（A）と菱脳峡部の 3 次元的模式図（B），およびステージ 30 以後の小脳の発生（C-F）を示す．すべて背側から見た模式図で，上が吻側．B では，左側の視蓋を一部取り除いて内部の中脳脳室（灰色部分）がみえるようにしてある．細い曲がった矢印は，小脳から中脳に向けて蓋板が一度折れ曲がって連続していることを示す．小脳弁が中脳脳室内部に突出していること，そして中脳の尾側端の壁（＝中脳尾壁または中脳シート）が薄くなりつつあることに注目．C-F では，小脳領域を灰色で，小脳脳室を濃い灰色で表示している．小脳の発生は，連続した 4 段階（小脳原基と脳室の増大→左右の融合→細胞増殖帯形成→成長と分化）で進行することに注意．略号：L ＝小脳の外側細胞増殖帯，M ＝小脳の正中細胞増殖帯，P ＝小脳の尾側（後部）細胞増殖帯．Ishikawa et al.（2008）の図 5 および Ishikawa et al.（2010）の図 2 を改変．

（図10-15参照）．中脳尾壁は第2中脳分節（M2）に由来するもので（図10-10A参照），発生が進むと，シート状に薄くなってしまう．筆者のグループは，この薄くなった中脳尾壁を中脳シートmesencephalic sheetと命名した．中脳シートは，哺乳類の上髄帆anterior medullary velumの吻外側部と相同な構造物である（Ishikawa et al., 2010）．

小脳の発生は，他の脳領域のそれと同じように，細胞増殖帯と密接に関連しながら進行する（図10-14C-F）．その発生は，連続した4つの発生段階（図10-14C，小脳原基と脳室の増大→同図D，左右の神経分節の融合→同図E，小脳の細胞増殖帯形成→同図F，成長と分化）で進行する（Ishikawa et al., 2010）．小脳の発生は，他の菱脳領域に比べると一般に遅い（Altman and Bayer, 1997）．メダカでも左右の菱脳分節が融合しはじめるのは，脳発生のファイロタイプ段階を過ぎたステージ34になってからである．融合は吻側から尾側方向に進み，孵化時（ステージ39）には左右の神経分節は完全に融合する（同図F）．

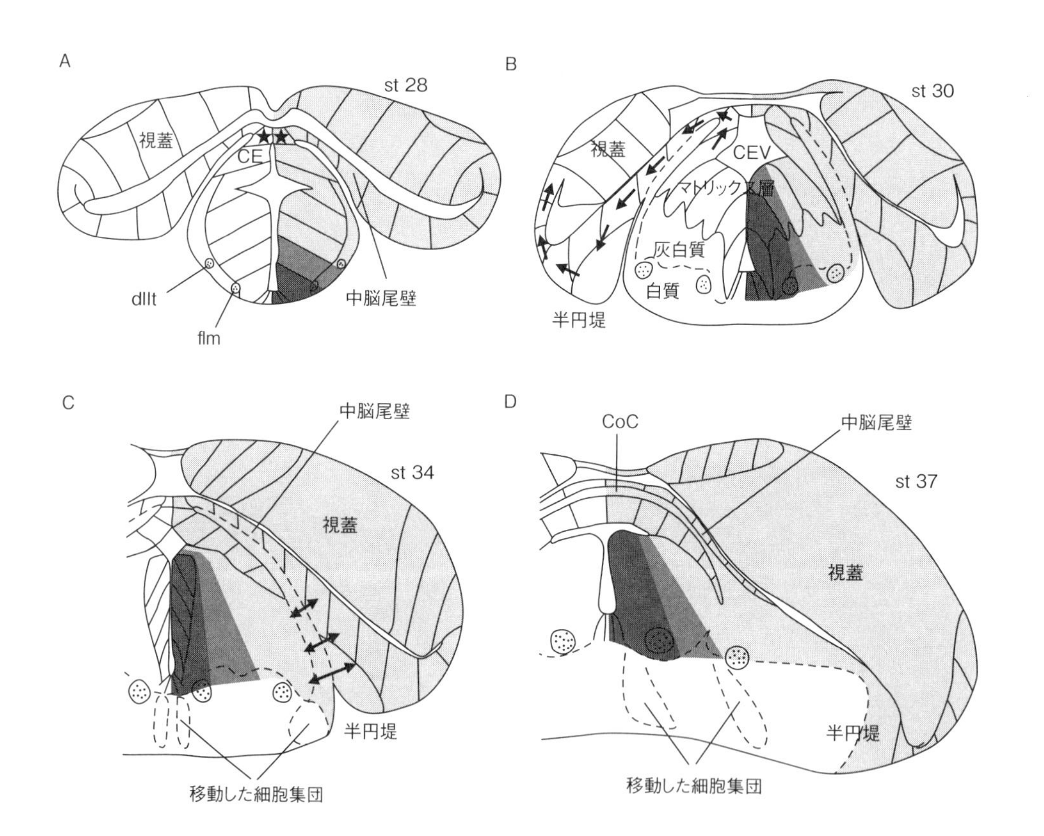

図10-15　メダカの後脳領域の発達

脳発生のファイロタイプ段階をほぼ過ぎた時期の後脳を小脳体の高さの横断面の模式図で示す．上が背側．それらの発生段階は，ステージ28（A），30（B），34（C），そして37（D）である．しま状の領域は，マトリックス層（神経上皮，細胞増殖帯）を示し，その周縁部の外套層（灰白質）と辺縁層（白質）の部分は無模様にしてある．灰白質と白質の境界は細い破線で表示した．図の右半分では，神経管の3つの縦走する帯状領域（腹側帯，中間帯，そして背側帯）をそれぞれ濃い灰色，中間の灰色，そして薄い灰色で表示した．Aの★は小脳の吻端をあらわし，Bの矢印は小脳が中脳尾壁を経て中脳へ移行している様子を示す．中脳では，腹外側の半円堤を経て視蓋に連続することに注目．ステージ34になると，中脳尾壁が後脳外側部と融合しはじめ（Cの両矢印），ステージ37になると（D），中脳尾壁（＝中脳シート）は独立した組織として認められなくなる．Aのステージ28で背腹に存在していた縦走神経路は，白質の発達とともに，次第に外側と内側に水平に並ぶようになる（B-D）．略号:CE＝小脳，CEV＝小脳脳室，CoC＝小脳交連，dllt＝背外側縦走路，flm＝内側縦束．

小脳の細胞増殖帯（マトリックス層）は正中部（M），尾側部（P），そして外側部（L）に存在する（図 10-14E）．これらのうちの外側部細胞増殖帯（L）は，前述の顆粒隆起および小脳稜を形成する．これらすべての小脳の細胞増殖帯は，視蓋の辺縁部細胞増殖帯と同様に，成魚になっても存続する．したがって小脳もまた，生涯大きくなり続ける．

成魚の後脳（小脳と橋領域）は，構造的にわかりにくい脳領域の 1 つである．それは図 10-15 で示すように，脳発生のファイロタイプ段階の終わり頃から二次的な形態変化が生じるからである．

第 1 の変化は，後脳腹側で白質が顕著に発達し，横断面の形が円形から台形に変化することである（図 10-15A，B）．このため，3 つの縦走する帯状領域（濃い灰色の腹側帯，中間の灰色の中間帯，そして薄い灰色の背側帯）は，はじめは背腹方向に並んでいたのが，次第に外側内側方向に並ぶようになる（図 10-15 の A と B を比べられたい）．つまり，背側が外側に，腹側が内側に，それぞれ再配置するようになる．縦走する神経路（dllt と flm）も，背腹方向だったのが水平方向に外側と内側に並ぶようになる．もう 1 つは，中脳シート（＝中脳尾壁）が後脳の外側表面と二次的に融合することである（図 10-15C の両矢印）．このため，ステージ 37 以降では後脳と中脳との連続性が不明瞭になってしまう．

前章と本章で述べたような発生･発達の結果，胚の神経管は仔魚の脳・脊髄に次第に変容してゆく．発達した胚は孵化に至る．次章では，孵化したメダカ仔魚の神経系全体を紹介したい．

参考文献

Altman J, Bayer SA (1997) Development of the cerebellar system: In relation to its evolution, structure, and functions. Boca Raton: CRC Press Inc.

Braford Jr. MR, Northcutt RG (1983) Organization of the diencephalon and pretectum of the ray-finned fishes. In: Fish Neurobiology (Davis RE, Northcutt RG (eds)), vol 2, pp 117-163. Ann Arbor: The University of Michigan Press.

Dirian L, Galant S, Coolen M, Chen W, Bedu S, Houart C, Bally-Cuif L, Foucher I (2014) Spatial regionalization and heterochrony in the formation of adult pallial neural stem cells. Dev Cell 30: 123-136.

Folgueira M, Bayley P, Navratilova P, Becker TS, Wilson SW, Clarke JD (2012) Morphogenesis underlying the development of the everted teleost telencephalon. Neural Dev 7: 32.

Ishikawa Y, Yoshimoto M, Ito H (1999) A brain atlas of a wild-type inbred strain of the medaka, *Oryzias latipes*. Fish Biol J Medaka10: 1-26.

Ishikawa Y, Yamamoto N, Yoshimoto M, Yasuda T, Maruyama K, Kage T, Takeda H, Ito H (2007) Developmental origin of diencephalic sensory relay nuclei in teleosts. Brain Behav Evol 69: 87-95.

Ishikawa Y, Yasuda T, Kage T, Takashima S, Yoshimoto M, Yamamoto N, Maruyama K, Takeda H, Ito H (2008) Early development of the cerebellum in teleost fishes: A study based on gene expression patterns and histology in the medaka embryo. Zoolog Sci 25: 407-418.

Ishikawa Y, Yamamoto N, Yasuda T, Yoshimoto M, Ito H (2010) Morphogenesis of the medaka cerebellum, with special reference to the mesencephalic sheet, a structure homologous to the rostrolateral part of mammalian anterior medullary velum. Brain Behav Evol 75: 88-103.

Kage T, Takeda H, Yasuda T, Maruyama K, Yamamoto N, Yoshimoto M, Araki K, Inohaya K, Okamoto H, Yasumasu S, Watanabe K, Ito H, Ishikawa Y (2004) Morphogenesis and regionalization of the medaka embryonic brain. J Comp Neurol 476: 219-239.

Meek J, Nieuwenhuys R (1998) Holosteans and teleosts. In: The central nervous system of vertebrates (Nieuwenhuys R, Donkelaar HJT, Nicholson C (eds)), vol 2, pp 759-937. Berlin: Springer-Verlag.

Mueller T, Dong Z, Berberoglu MA, Guo S (2011) The dorsal pallium in zebrafish, *Danio rerio* (cyprinidae, teleostei). Brain Res 1381: 95-105.

Nguyen V, Deschet K, Henrich T, Godet E, Joly JS, Wittbrodt J, Chourrout D, Bourrat F (1999) Morphogenesis of the optic tectum in the medaka (*Oryzias latipes*): A morphological and molecular study, with special emphasis on cell proliferation. J Comp Neurol 413: 385-404.

Nieuwenhuys R (2011) The development and general morphology of the telencephalon of actinopterygian fishes: Synopsis, documentation and commentary. Brain Struct Funct 215: 141-157.

Nieuwenhuys R, Ten Donkelaar HJ, Nicholson C (1998) The central nervous system of vertebrates 1-3. Berlin: Springer-Verlag.

Shimamura H (1963) A study on the comparative anatomy of the valvula cerebelli in japanese teleost. Bull Japan Sea Regional Fisheries Res Lab 12: 1-218 (in Japanese).

Swanson LW (2012) Brain Architecture, 2nd ed. Oxford: Oxford University Press.

Tsuneki K (1986) A survey of occurrence of about seventeen circumventricular organs in brains of various vertebrates with special reference to lower groups. J Hirnforsch 27: 441-470.

Yamamoto N, Ito H (2005) Fiber connections of the anterior preglomerular nucleus in cyprinids with notes on telencephalic connections of the preglomerular complex. J Comp Neurol 491: 212-233.

Yamamoto N, Ishikawa Y, Yoshimoto M, Xue HG, Bahaxar N, Sawai N, Yang CY, Ozawa H, Ito H (2007) A new interpretation on the homology of the teleostean telencephalon based on hodology and a new eversion model. Brain Behav Evol 69: 96-104.

Yamamoto N, Ito H (2008) Visual, lateral line, and auditory ascending pathways to the dorsal telencephalic area through the rostral region of lateral preglomerular nucleus in cyprinids. J Comp Neurol 508: 615-647

Yang CY, Yoshimoto M, Xue HG, Yamamoto N, Imura K, Sawai N, Ishikawa Y, Ito H (2004) Fiber connections of the lateral valvular nucleus in a percomorph teleost, tilapia (*Oreochromis niloticus*). J Comp Neurol 474: 209-226.

伊藤博信, 吉本正美（1991）「神経系」, 魚類生理学（板沢靖男, 羽生 功 編）, pp.363-402, 恒星社厚生閣, 東京.

鴨井康雄（1953）「硬骨魚類視床の比較解剖学的研究」, 京都大学医学部解剖学教室第一講座論文集, 1-43（付図 1-5）, 昭和 28 年 12 月 1 日, 京都.

菅原美子（2002）「弱電気魚の電気感覚」, 魚類のニューロサイエンス（植松一眞, 岡 良隆, 伊藤博信 編）, pp.137-159, 恒星社厚生閣, 東京.

山本直之, 伊藤博信（2002）「硬骨魚類の糸球体前核」, 比較生理生化学, 19, 198-202.

吉本正美, 伊藤博信（2002）「終脳（端脳）の構造と機能」, 魚類のニューロサイエンス（植松一眞, 岡 良隆, 伊藤博信 編）, pp.178-195, 恒星社厚生閣, 東京.

第11章
孵化した仔魚の神経系

……最も卑小な生きものでも，われわれの足もとの無機物の塵に比べれば，はるかに高等なものである；どんな生きものでも，たとえ卑小なものであれ，偏見のない精神で研究するならば，その驚くべき構造と性質を発見して熱烈に心を打たれない人はいないのだ．

チャールズ・ダーウィン（『人間の由来，および性に関係した選択』から）

メダカの卵が産みつけられ，やがてその卵に黒い点のような眼ができ，そしてある日，私たちは孵化したメダカを水面に見つける．全長約4 mmの，まるで微小なゴミのような仔魚も，立派に泳ぎ，餌をとり，振動があると逃げ，仲間と喧嘩すらできる．しっかりと生きている一匹の動物が，ここに誕生したのだ．

仔魚は鰭などの形態が変化すると稚魚（ちぎょ）になり，稚魚はその後成長して成魚になる．メダカの成魚は脊椎動物の中でも最小の部類に属し，その脳の大きさも米粒のように小さい（次章参照）．仔魚の脳は，もっと小さく，最大幅は0.4～0.5 mmで，ゴマ粒より小さい（図11-1，口絵5参照）．しかし，メダカの仔魚のごく微小な脳でも，その所有者に遊泳，摂食，逃避，そして闘争，という複雑な行動をとらせることができる．この脳は，生殖機能を除いては，機能的には完成しているのだ．いわば，少年少女の

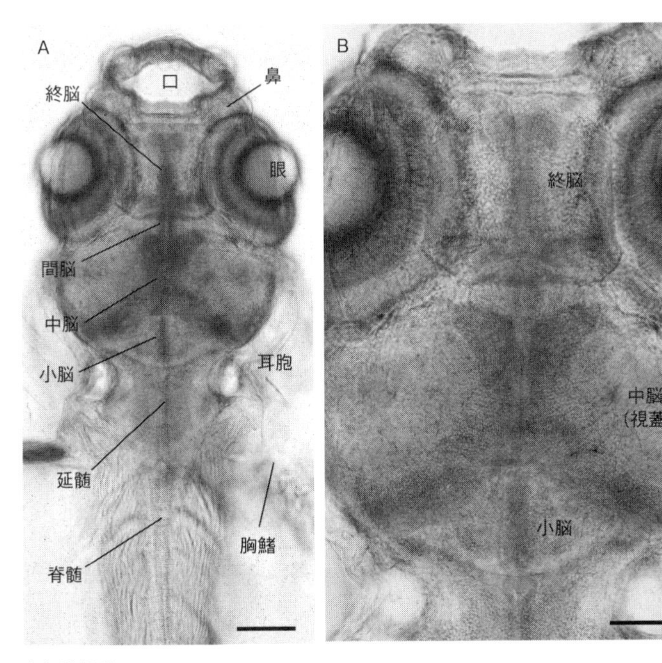

図11-1　メダカ仔魚の中枢神経系

ニッスル染色したメダカ仔魚（ステージ39）の全身標本の写真．アルビノのメダカなので，眼の色素がなく，眼球内部の様子がわかる．背側からの写真．上が吻側．Aは仔魚の吻側部．その頭部を拡大してBに示す（口絵5参照）．スケールバーは100 μm.

脳である．孵化したばかりのメダカ仔魚の脳は，機能する最小の脊椎動物脳といってよいだろう．

本章では，この孵化直後（ステージ 39）のメダカの脳・脊髄について紹介する．また，末梢神経系に属する脳神経と脊髄神経についても解説する．体と脳自身を機能させるためには，末梢神経系が不可欠だからである．そして，機能可能になったメダカの神経系全体を概観する．

1）仔魚の脳・脊髄の概観

まず仔魚の脳・脊髄全体をみてみよう．メダカをホルマリン固定後，そのまま組織染色（ニッスル染色）して全身標本にすると，脳・脊髄の全体の様子をみることができる．図 11-1 に，その標本の写真を示した．孵化時には，成魚の神経系の「ひな形」が十分できあがっていることがわかる．

図 11-2 には，仔魚の神経線維系の全体像を示した（口絵 6 と 8 参照）．第 8 章で紹介した基盤的神経路と比べて，中枢神経系内の線維も，

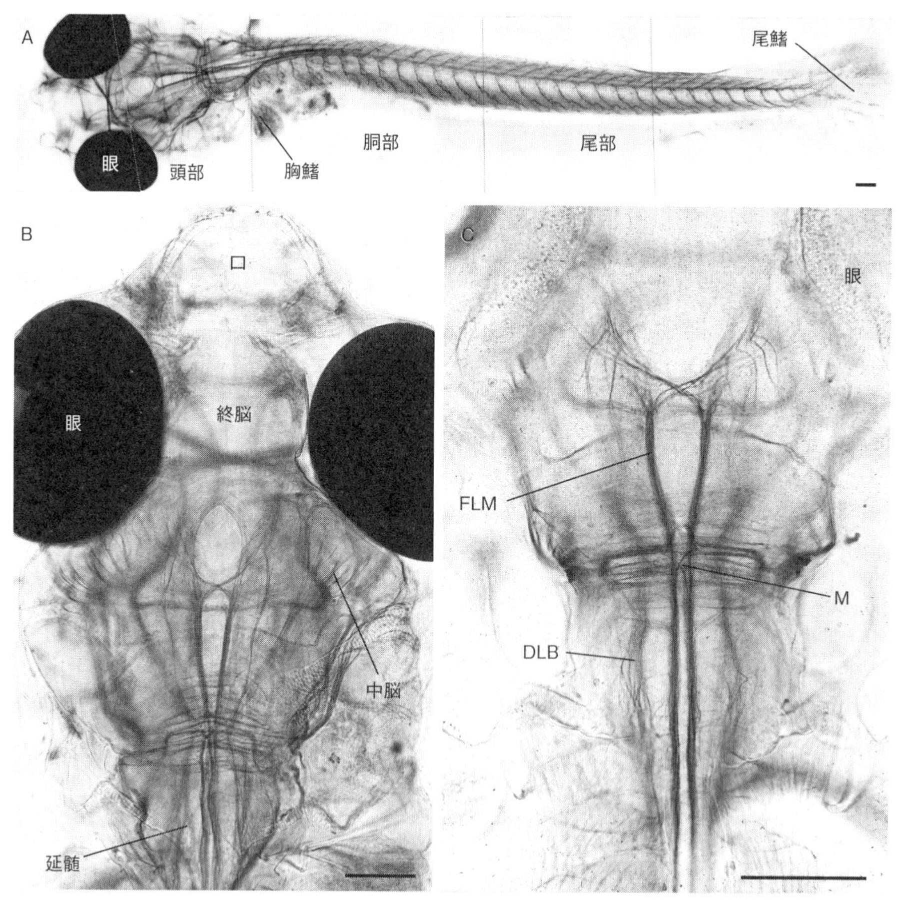

図 11-2　メダカ仔魚の神経回路網
神経線維を抗ニューロフィラメント抗体で免疫組織化学染色したメダカ仔魚（ステージ 39）の全身標本（口絵 6 と 8 参照）．神経線維が黒く染まっている．眼はもとから存在する網膜色素上皮層によって黒く見える．A は全身の写真を示し，左が吻側．体が途中でねじれているので，頭部は背側，体幹部は側面をみせている．B は頭部全体の背側からの写真．C は，脳内神経路の背側観の拡大写真．B と C では上が吻側．略号：DLB ＝背外側束，FLM ＝内側縦束，M ＝マウスナー細胞軸索の交連．C は Ishikawa and Hyodo-Taguchi（1994）の図 3A を改変．スケールバーは 100 μm.

そして末梢の神経も，格段によく発達しているのがわかる．

2）末梢神経系の概要

本節では，末梢神経系全体の概略を紹介する（図 11-3）．

第 1 章で簡単に説明したように，神経系全体は中枢神経系と末梢神経系の 2 つに大別することができる（図 11-3A と B）．中枢神経系は脳と脊髄からなる．中枢神経系は体の中軸部に存在するので，感覚情報を受け入れ，運動指令を送り出すためには，体の末梢部との連絡が必要である．この連絡用の神経束と神経節から構成されているのが末梢神経系である．

末梢神経系の神経束は，脳に出入りする脳神経 cranial nerve と脊髄に出入りする脊髄神経 spinal nerve の 2 つに大別できる．そしてさらに，自律神経 autonomic nerve という 3 番目のものを区別するのが一般的である（Swanson,

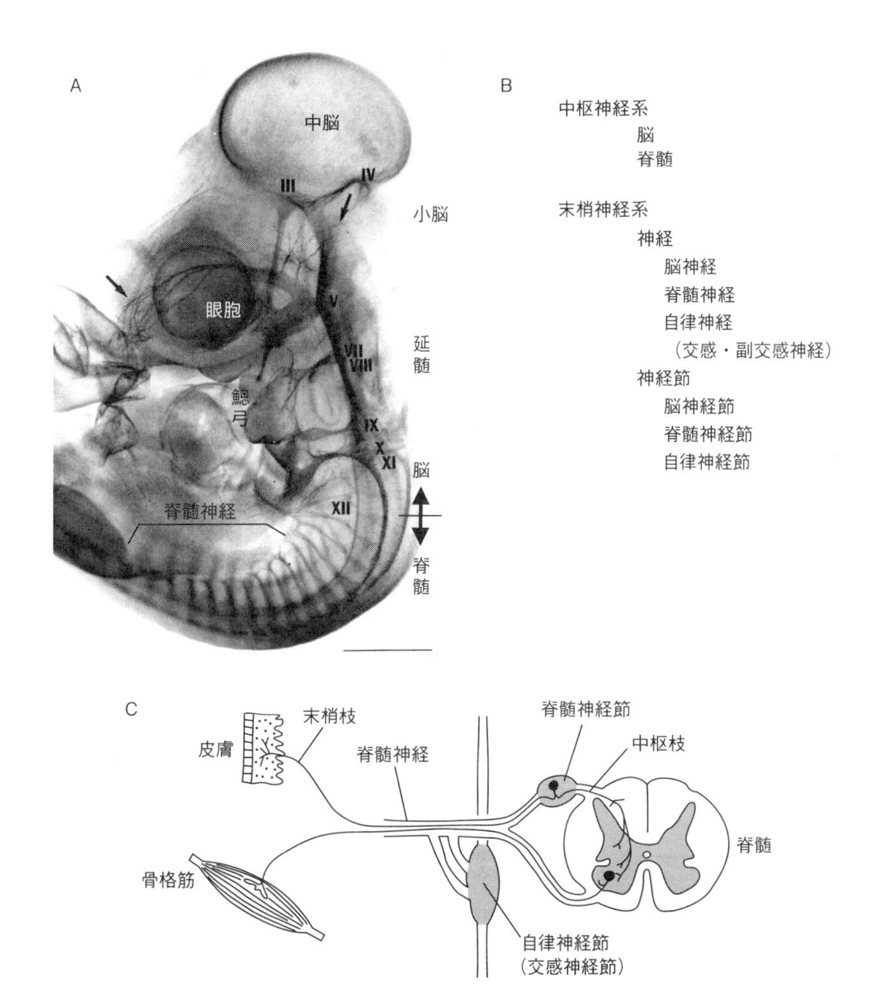

図 11-3　脊椎動物の末梢神経系

末梢神経系の全体像を示す．A は神経線維を抗ニューロフィラメント抗体で免疫組織化学染色したニワトリ胚（HH ステージ 24）の全身標本．左側面から見た写真で，左側が吻腹側．神経線維が黒く染まっている．脳神経をローマ数字で表示している（III-V と VII-XII）．三叉神経（V）の細い皮枝が胚の表面に見える（細い矢印）．B では，神経系の区分をまとめている．C では，ヒトの脊髄の断面とその末梢神経系を模式図で示す．細胞体の存在する場所は灰色にしている．脊髄神経節の中には感覚ニューロンが，脊髄の灰白質の中には運動ニューロンが，それぞれ存在している．自律神経系については交感神経系の神経節のみを示し，他は省略した．A は Ishikawa et al.（1986）の図 2 を改変．スケールバーは 1 mm.

2015). 自律神経は, 形態的には脳神経と脊髄神経の一部を借りて走行し, 機能的には生体の恒常性の維持に重要な役割を果たしている(図 11-3C). 自律神経には, 交感神経系 sympathetic nervous system と副交感神経系 parasympathetic nervous system の 2 種類があり, 互いにほぼ正反対の働き(拮抗作用)をしている.

末梢神経系に含まれるあらゆる神経線維は, 機能的には次の 2 つの基準に基づいて分けられる. ①感覚性(求心性)か運動性(遠心性)か, ②体性か臓性か(第 4 章参照), である. 例えば, 図 11-3C の骨格筋にシナプスをもつ神経線維は, 体性の運動神経線維ということになる. なお, このような場合, この神経(あるいはニューロン)はこの骨格筋を神経支配 innervate しているという. なお, 神経線維の機能的分類は, さらに 3 番目の基準の「特殊か一般か」で分けることも可能であるが, 複雑になるので省略する. 詳細は伊藤・吉本(1991)を参照されたい.

これらの末梢神経には, それぞれ多数の神経節が付随している(図 11-3C). 神経節には, ニューロンの細胞体が多数集合して存在している. 感覚性神経節(同図の脊髄神経節など)の感覚ニューロンは, 偽単極性または双極性で, 末梢および中枢に向けて枝を伸ばす. それぞれの突起を末梢枝および中枢枝とよぶ.

魚類の自律神経については, メダカのそれを含めて不明な点が多いので, 以下では脳神経と脊髄神経についてのみ述べることにする[魚類の自律神経系の概略については, 船越(2002)を参照されたい].

3) 脳神経

ヒトの脳神経と脊髄神経の数に関して, 医学生は「大晦日の 12 月 31 日」と記憶する. 脳神経は全部で 12 対, 脊髄神経は全部で 31 対存在するからである. 脳神経の数については, 12 という数がキリスト教の 12 使徒あるいはイスラエルの 12 部族を連想させるために, 18 世紀以降のヨーロッパの医学(解剖学)に定着したものと思われる. 脳神経には, 吻側から数えて 1 番から 12 番目までローマ数字が振られ, それぞれに伝統的な名称がつけられている. しかし現代神経科学では,「脳神経は, あらゆる脊椎動物で 12 対存在する」という枠組みには, 無理があることがわかってきている(スワンソン, 2010).

魚類の脳神経も基本的にはヒトの場合と同様である. しかし陸上動物とは異なり, 魚類などの水生動物では, 水流や電気を感知する側線器官 lateral line organ という感覚器官が存在する(小林, 1987). この感覚器官があるため, 水生動物では前側線神経 anterior lateral line nerve (ALLN) および後側線神経 posterior lateral line nerve (PLLN) という 2 対の脳神経がつけ加わっている(後述).

また, 魚類には首(頚部)と舌がないので, これに関わるヒトの 2 対の脳神経(副神経と舌下神経)を欠いている. しかし真骨類でも, これらに対応する神経は存在する. それらは, 後頭神経 occipital nerve あるいは後頭・脊髄神経 occipito-spinal nerve とよばれる神経で, 後頭骨の孔に出入りする神経と最吻側の数対の脊髄神経が一緒になったものである. 後頭・脊髄神経は, 一般的には胸鰭の骨格筋などを神経支配するが, カサゴなどの発音魚では「うきぶくろ」を発音させる骨格筋を神経支配している(Yoshimoto et al., 1999; 宗宮, 2002).

メダカでは, 脳神経を含む末梢神経系の発生は胚の時期から始まり(第 8 章参照), 脳内の神経路と同時期に分化する. 図 11-4 には, ステージ 30 のメダカ胚の脳神経の一部を示した[成魚の脳神経については図 12-9 または Kinoshita et al. (2009) を参照されたい]. ニワトリ胚(図 11-3A)と比べると, 胚の大きさは 10 分の 1 程度であるが, 脳神経の全般的な形

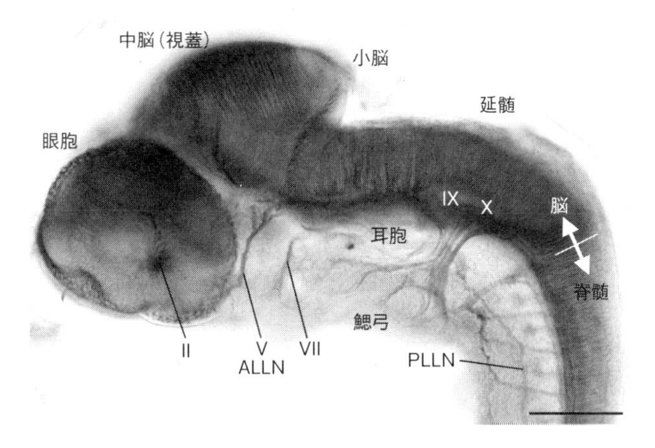

図 11-4　メダカ胚の脳神経
神経線維を抗ニューロフィラメント抗体で免疫組織化学染色したメダカ胚（ステージ 30）を示す．神経線維が黒く染まっている．左側面から見た標本で，左側が吻側．脳神経はローマ数字と略号であらわす．略号：ALLN ＝前側線神経，PLLN ＝後側線神経，II ＝視神経，V ＝三叉神経，VII ＝顔面神経，IX ＝舌咽神経，X ＝迷走神経．スケールバーは 100 μm.

態は酷似している．

それぞれの脳神経について，以下に簡略に紹介する．まず，脊椎動物に一般的に存在する脳神経について述べ，最後に水生動物特有の側線神経について紹介する．魚類の脳神経の詳細については，伊藤・吉本（1991）を参照されたい．

嗅神経 olfactory nerve（I）は，鼻粘膜に存在する嗅細胞からの軸索で，終脳の嗅球に入る．主に嗅覚を脳に伝える求心性神経（感覚神経）である．嗅神経には，鋤鼻（じょび）神経や終神経などの線維も含まれている（スワンソン，2010）．鋤鼻神経と終神経（第 13 章参照）は機能的に嗅神経と異なるが，近年発見されたものなので，伝統的な脳神経の番号をもたない．なお，感覚性脳神経には少数の遠心性（向感覚器性）神経も含まれているのが一般的である．

視神経 optic nerve（II）は，眼の網膜に存在する神経節細胞からの線維束で，視交叉 optic chiasma という場所で左右交叉した後，それぞれ反対側の間脳と中脳（視蓋）に入る（Deguchi et al., 2005）．基本的には視覚を脳に伝える体性感覚（求心）神経である．視神経の向網膜性神経については，Uchiyama（1989）の総説を参照されたい．メダカでは，脳神経の中でも視神経が最も太くよく発達している（Ishikawa et al., 1999）．メダカの生活にとって視覚が最も重要な感覚であることがうかがえる（第 4 章参照）．なお，網膜は神経管から発生するので，視神経は正確には末梢神経（脳神経）ではなく，脳の一部である．

眼球が上下左右に動くのは，眼球の外表面に付着している外眼筋という小さな骨格筋の働きによる（図 11-5）．これら 6 対の筋肉を動かすために，あらゆる脊椎動物で 3 対の同じ脳神経が使われている．それらは，中脳尾側端部から出る動眼神経 oculomotor nerve（III），橋部吻側端部から出る滑車神経 trochlear nerve（IV），そして延髄からの外転神経 abducens nerve（VI）である（Deguchi et al., 2005）．これらは基本的には外眼筋を神経支配する体性運動神経である．しかし動眼神経には，水晶体などを動かすための自律神経成分（副交感性），つまり臓性運動神経線維が含まれている．滑車神経の経路は，脳神経の中でも非常に特異である．この神経は，まず背側に向けて走り，脳正中部で左右交叉してから眼球に向かう．この風変わりな滑車神経経路の生物学的意義については，古くから謎のままである．

三叉神経 trigeminal nerve（V），顔面神経 facial nerve（VII），舌咽神経 glossopharyngeal

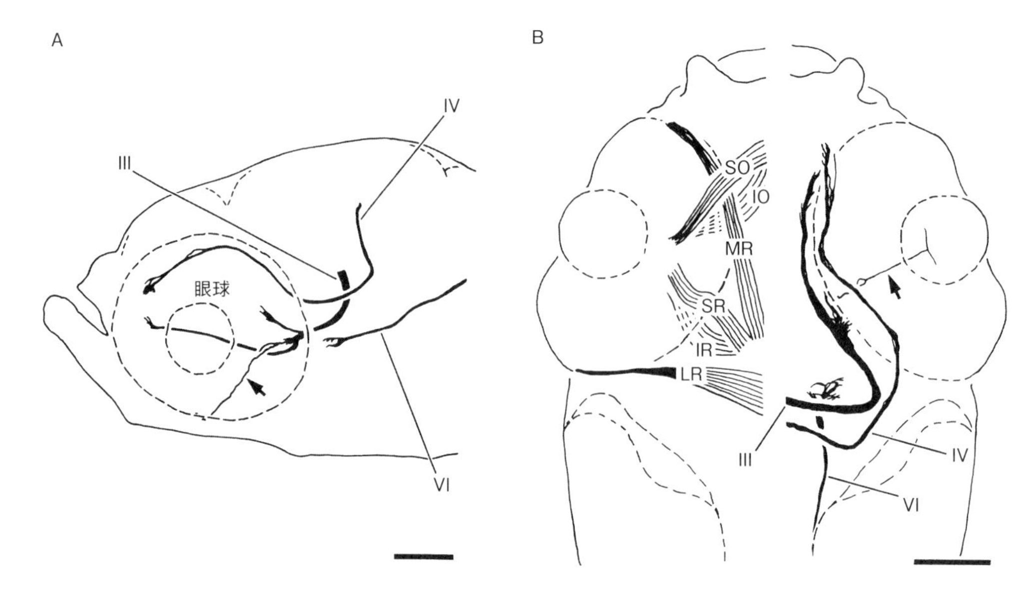

図11-5　メダカ仔魚の外眼筋と3対の脳神経
眼球を動かす脳神経を示す．神経線維と筋肉を免疫組織化学染色したメダカ仔魚（ステージ39）の全身標本を模式的にスケッチしたもの．Aは左側面観（左が吻側）を，Bは背側観（上が吻側）．Bの左半分には外眼筋，右半分にはそれらを神経支配する脳神経を示す．IIIは動眼神経，IVは滑車神経，そしてVIは外転神経である．矢印は，動眼神経からの小枝である短毛様体神経（自律神経に属する）．略号：IO＝下斜筋，IR＝下直筋，LR＝外側直筋，MR＝内側直筋，SO＝上斜筋，SR＝上直筋．Ishikawa and Hyodo-Taguchi（1994）の図7を改変．スケールバーは100 μm.

nerve（IX），そして迷走神経vagal nerve（X）の4対の脳神経は，鰓弓branchial archと密接に関連している脳神経である（図11-6）．鰓弓とは，魚の鰓に類似した構造であるが，陸上脊椎動物でも胚の時期には必ず存在する．これは，前腸の吻側部を囲む約6対の分節性の構造物で，発生が進むと神経堤細胞（外胚葉由来）が移動してきて，最終的には上顎，下顎，側頭，そして首の骨格や筋肉などに分化する．これらの脳神経すべてには，神経節が付随している．

これら4対の脳神経は，耳胞を挟み込むように，吻側および尾側の2つの経路に大きく分かれて末梢に分布している（図11-6）．このうち，耳胞の吻側に分布するのは，三叉神経，顔面神経，そして後述する前側線神経である．

三叉神経は，頭部の感覚情報を運ぶ体性感覚線維，そして第一鰓弓由来の咀嚼筋などを神経支配する臓性運動線維の両方が含まれている．つまり感覚および運動の混合性の線維束である．三叉神経は橋部に出入りする．

味覚を受容する感覚器を味蕾tast budという．味覚がよく発達したナマズなどの魚類では，口腔はもちろん体表面にまで味蕾が約18万個も存在する（清原・桐野，2009）．しかしメダカの味蕾は約3000個しかない（Ieki et al., 2013）．その大部分は鰓耙（さいは）gill rakerと口腔の奥（咽頭）に分布する（Ieki et al., 2013）．陸上動物とは違い，魚類では咽頭にも歯（咽頭歯pharyngeal teethという）が存在しており，これらが呑み込んだ食物をすりつぶしている．咽頭歯の運動の誘発には，咽頭歯周辺の味蕾が関与している．味蕾からの味覚情報を運ぶ脳神経は，顔面神経，舌咽神経，そして迷走神経である．これらの臓性感覚線維は，それぞれの脳神経節の中のニューロン細胞体から出る．

顔面神経には，味蕾からの味覚情報を運ぶ臓性感覚線維，一般感覚に関与する体性感覚線維，そして第二鰓弓（舌骨弓）由来の骨格筋を神経支配する臓性運動線維が含まれている．感覚および運動の混合性の線維束である．味覚

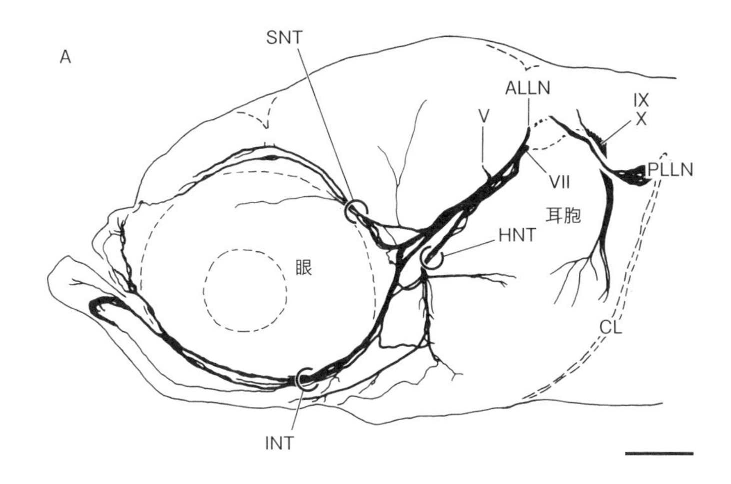

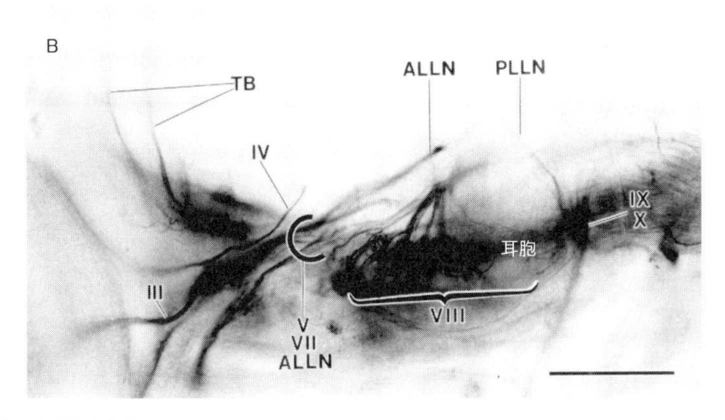

図 11-6　メダカ仔魚の主要な脳神経
神経線維を免疫組織化学染色したメダカ仔魚（ステージ 39）の頭部を模式的にスケッチしたもの（A）と実際の標本の拡大写真（B）．両図とも左側面観（左が吻側）を示す．A では内耳神経（VIII）を省いている．前側線神経（ALLN），三叉神経（V），そして顔面神経（VII）は，末梢でほとんど一緒に走り，眼の周囲あるいは鰓蓋に分布している．略号：ALLN ＝前側線神経，CL ＝擬鎖骨，HNT ＝舌顎骨神経幹，INT ＝下眼窩神経幹，PLLN ＝後側線神経，SNT ＝上眼窩神経幹，TB ＝視蓋の神経束，III ＝動眼神経，IV ＝滑車神経，V ＝三叉神経，VII ＝顔面神経，VIII ＝内耳神経，IX ＝舌咽神経，X ＝迷走神経．Ishikawa and Hyodo-Taguchi（1994）の図 4C と 5 を改変．スケールバーは 100 μm.

に関わる顔面神経の神経節は膝神経節 ganglion geniculi とよばれる．顔面神経は，橋部の尾側に出入りする．

魚類には陸上動物のような外耳や中耳はなく，内耳（耳胞）のみが存在する．耳胞に分布するのが内耳神経 octavus nerve（VIII）である（図 11-6B）．内耳神経のニューロン細胞体は，前庭神経節に存在する．末梢枝は三半規管および耳石器官（球形嚢 sacculus や壺 lagena など）からの聴覚・前庭覚を運ぶ体性感覚線維となっている．中枢枝は小脳の顆粒隆起と内耳側線野 octavolateral area に入る［メダカについては Noro et al.（2007）を参照されたい］．

以上に述べてきた脳神経の経路とは異なり，舌咽神経，迷走神経，および後述する後側線神経の 3 対の脳神経は，耳胞の尾側に分布する（図 11-6）．

舌咽神経は，味覚情報を運ぶ臓性感覚線維，一般内臓感覚に関与する臓性感覚線維，そして第三鰓弓由来の横紋筋を神経支配する臓性運動線維を含んでいる．これも感覚および運動の混合性の線維束である．味覚に関わる舌咽神経の神経節は下神経節 inferior ganglion または岩様神経節とよばれる．舌咽神経は延髄に出入りする．

迷走神経は，味覚と一般内臓感覚を運ぶ臓性感覚線維，第四鰓弓より尾側の鰓弓由来の横紋筋を神経支配する臓性運動線維，そして内臓に達する臓性運動線維（副交感性）などからなる．したがって，感覚および運動の混合性の強大な線維束である．迷走神経節もまた非常に大きい．味覚に関わる迷走神経の神経節は，下神経節 inferior ganglion または節状神経節とよばれる．迷走神経は，舌咽神経のやや尾側で延髄に出入りする（図 11-6）．

脳神経の最後に，側線器官と側線神経について述べる（コラム 21 も参照されたい）．

側線器官には通常型（水圧受容型）とこれから分化した特殊型（電気受容型）の 2 種類がある（小林，1987）．多くの魚種では通常型のみが存在し，その側線器官の構造単位を感丘 neuromast という（図 11-7）．感丘は，嗅上皮や内耳と同様に，プラコード placode という頭部表皮外胚葉の肥厚から発生・分化し，有毛感覚細胞と支持細胞からできている．感丘は，体表面に多数広く存在するが（同図 A と B），1 個 1 個は孤立している（同図 C）．メダカに存在するものは，このような遊離感丘 free neuromast および頭部皮膚内に多少沈下した大きな孔器 pit organ である（同図 B）．

頭部の側線器官には前側線神経（ALLN）が，体幹の側線器官には後側線神経（PLLN）がそれぞれ分布している（図 11-6 と 11-8）．両方とも体性感覚神経であり，橋部・延髄の背側部の内耳側線野に入る．これらのニューロンの細胞体は，それぞれ前側線神経節と後側線神経節の中に存在する．これらの側線神経節もプラコードから発生・分化する．図 11-8 にはメダカの若魚の胴部における後側線神経の分枝の様子を示した．

側線器官と側線神経の形態的パターンは魚種によって非常に多様であるが，その統一的理解は北里大学の和田浩則の研究（Wada et al., 2008；2010）によって明らかになった．感丘群」

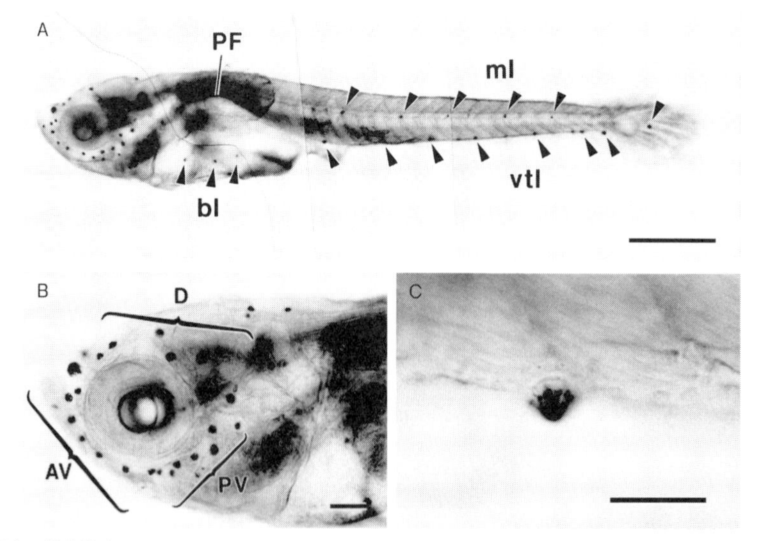

図 11-7　メダカ仔魚の側線器官

側線器官の分布を示す．抗ニューロフィラメント抗体で免疫組織化学染色したメダカ仔魚（ステージ 39）の左側面の写真（左が吻側）．側線器官が黒く染まっている．A における矢頭は，それぞれの側線を構成する感丘をさす．頭部（B）の側線器官は前側線神経によって支配されている（図 11-6A を参照）．C では，一個の遊離感丘を拡大して示す．略号：AV ＝眼窩周囲感丘の前腹側群，bl ＝腹線，D ＝眼窩周囲感丘の背側群，ml ＝体中央線，PF ＝胸鰭，PV ＝眼窩周囲感丘の後腹側群，vtl ＝腹尾線．A と C は，Ishikawa（1994）の図 6A と 2 より．B は Ishikawa and Hyodo-Taguchi（1994）の図 8 より．スケールバーは 500 μm（A），100 μm（B），50 μm（C）．

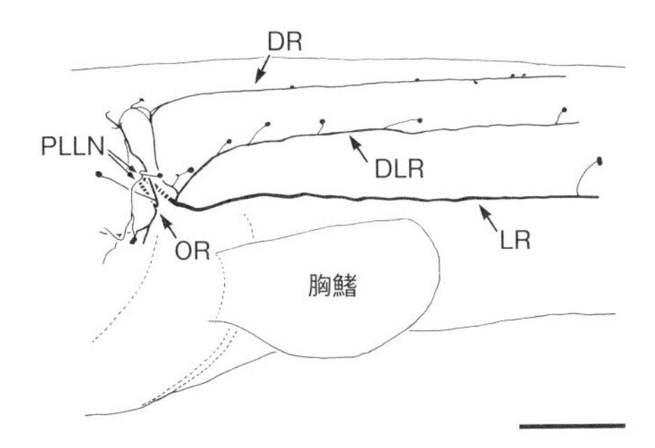

図 11-8　メダカ胴部の後側線神経
若魚における後側線神経（PLLN）の分布パターンを示す．左側面観（左が吻側）．抗ニューロフィラメント抗体で免疫組織化学染色した標本を模式的にスケッチしたもの．後側線神経はいくつかの分枝となって体幹部に分布し，分枝からの側副枝がそれぞれの感丘（黒丸）に入っている．魚の成長とともに，感丘の数は出芽 budding によって増大してゆく．略号：DLR ＝背外側枝，DR ＝背側枝，LR ＝外側枝，OR ＝後頭枝，PLLN ＝後側線神経．Ishikawa（1994）の図 8 を改変．スケールバーは 1 mm.

と神経分枝は出芽形式で起こり，これらのパターンは，感丘直下の鱗や皮骨などの皮膚系組織の成長によって決定されている（Wada et al., 2008；2010）．

4）脊髄神経

魚類の脊髄神経は，陸上動物のそれらと基本的には同様である．脊髄神経は椎骨（神経弓）側面の孔を通じて脊髄に出入りし，末梢に分布する．脊髄神経には，感覚情報を運ぶ体性感覚線維，そして骨格筋を神経支配する体性運動線維の両方が主として含まれる．感覚ニューロンの細胞体は脊髄神経節に存在し，運動ニューロンの細胞体は脊髄の前角 anterior horn（または ventral horn）に存在する（図 11-9A）．

脊髄神経の数は椎骨の数に依存するので，動物によって異なる．メダカでは，最も吻側の 2 対の後頭・脊髄神経を含めると，全部で 34 対存在する（Ishikawa, 1992）．脊髄神経は末梢では大きく 3 つの枝（背側枝，腹側枝，外側枝）に分かれて皮膚，体幹の骨格筋，そして鰭の骨格筋などに分布している（図 11-9B と C）．

尾鰭には，その形状全体を背腹方向にジャバラのように変形させる骨格筋が付属している．この筋肉系は，緩やかな泳ぎから急速な泳ぎに切り替える時に働く．これらの筋肉は尾部の神経叢 nerve plexus からの運動神経線維によって支配されている（Ishikawa, 1992）．神経叢とは，いくつか複数の脊髄神経が交通して形成される網目様構造で，ヒトの四肢に分布する脊髄神経もそのようになっている．脊髄神経（運動神経）と尾鰭の筋肉の発生については，Ishikawa and Iwamatsu（1993）を参照されたい．

5）仔魚の神経系アトラス

メダカ仔魚の脳や神経線維の詳細を知るためには，組織標本を丹念に調べる必要がある．微小な仔魚の神経系といえども，それなりに複雑なためである．そのためには，1 つの個体から切り出した連続切片標本を順序良く並べて検討するのが正攻法である．

図解書（図譜）のことを，一般にアトラス atlas という．アトラスとは，天球をその双肩で支える，ギリシア神話の巨人のことである．昔の地図帳の巻頭に天球を担う彼の図像があったことから，地図書あるいは図解書のことを一般的にアトラスというようになった．

本書の最後に，メダカ仔魚の神経系のアトラスを示してある（付属図譜）．これは，これまで出版された脳アトラスの中でも，最も小さな脳を対象としたものの 1 つである．なおゼブラフィッシュでは，線虫での網羅的研究法にならい，仔魚の脳・脊髄を高分解能・連続切片電子顕微鏡法で図像化する研究 projectome が進みつつある（Hildebrand et al., 2017）．

以上のようにして，立派に機能する仔魚の脳・脊髄ができあがってきたが，その成長と発達はさらに続く．次章ではその様子を紹介したい．

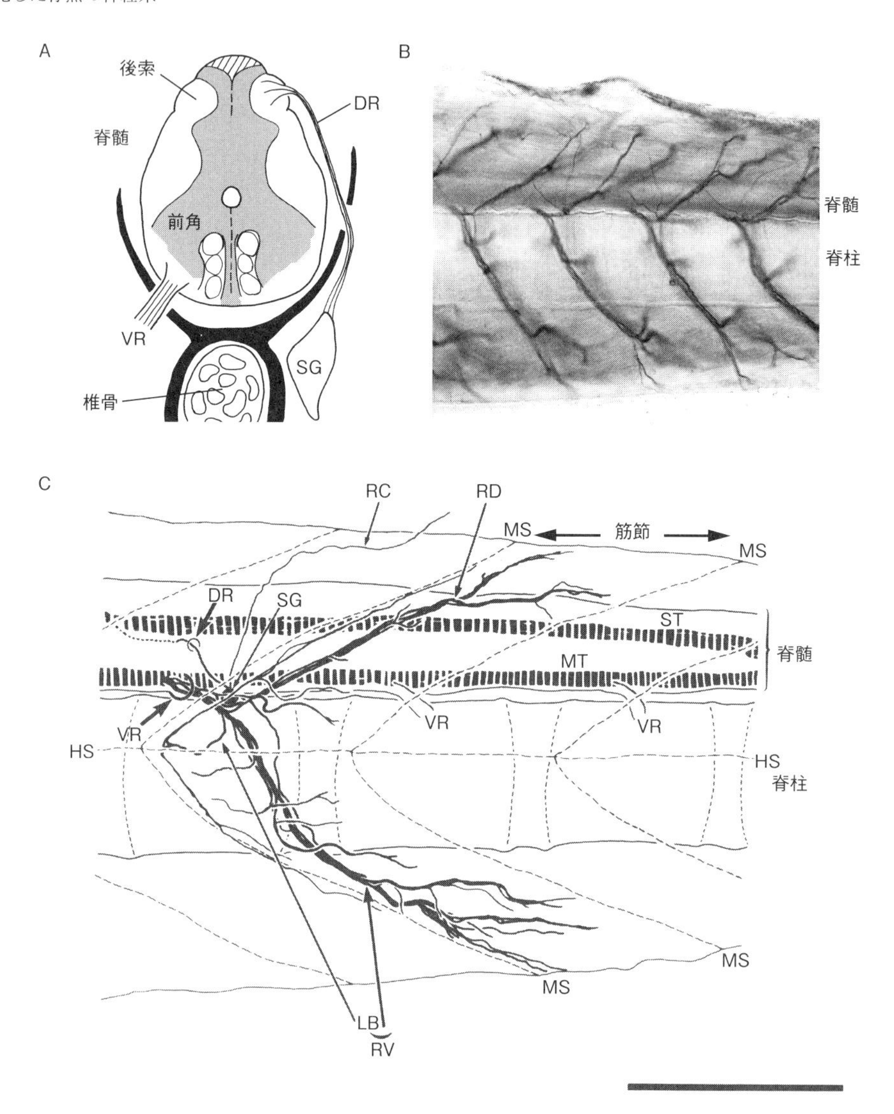

図 11-9　メダカの脊髄と脊髄神経
若魚における脊髄の横断模式図（A）と体幹部の脊髄神経の分布パターン（B と C）を示す．A では椎骨とその背側に乗っている脊髄を示す．上が背側．灰色の部分は脊髄の灰白質．前角の腹側から太い前根（VR）が出ること，そして細い後根（DR）が脊髄神経節（SG）から出て脊髄の後索に入ることに注目．B では神経線維を免疫組織化学染色した標本の写真を，C ではその模式的スケッチを示す．左側面観（左が吻側）．1 つの筋節には 1 つの脊髄神経が主に分布しているが，交通枝（RC）のみはすぐ吻側の筋節に入る．外側枝（LB）は体の深部から表面に向かって走り，表面の体幹筋水平中隔（HS）で背側と腹側の分枝に 2 分する．略号：DR = 後根，HS = 体幹筋の水平中隔，LB = 外側枝，MS = 筋間中隔，MT = 運動路，RC = 交通枝，RD = 背側枝，RV = 腹側枝，SG = 脊髄神経節，ST = 感覚路，VR = 前根．C は Ishikawa（1992）の図 2 を改変．スケールバーは 100 μm で，C に適用される．

参考文献

Deguchi T, Suwa H, Yoshimoto M, Kondoh H, Yamamoto N (2005) Central connection of the optic, oculomotor, teochlea and abducens nerves in medaka, *Oryzias latipes*. Zool Sci 22: 321-332.

Hildebrand DGC, Cicconet M, Torres RM, Choi W, Quan TM, Moon J, Wetzel AW, Scott Champion A, Graham BJ, Randlett O, Plummer GS, Portugues R, Bianco IH, Saalfeld S, Baden AD, Lillaney K, Burns R, Vogelstein JT, Schier AF, Lee WA, Jeong WK, Lichtman JW, Engert F (2017) Whole-brain serial-section electron microscopy in larval zebrafish. Nature 545: 345-349.

Ieki T, Okada S, Aihara Y, Ohmoto M, Abe K, Yasuoka A, Misaka T (2013) Transgenic labeling of higher order neuronal circuits linked to phospholipase C-β2-expressing taste bud cells in medaka fish. J Comp Neurol 521: 1781-1802.

Ishikawa Y (1992) Innervation of the caudal-fin muscles in the teleost fish, medaka (*Oryzias latipes*). Zoolog Sci 9: 1067-1080.

Ishikawa Y (1994) Innervation of lateral line system in the medaka, *Oryzias latipes*. Fish Biol J Medaka 6: 17-24.

Ishikawa Y, Zukeran C, Kuratani S, Tanaka S (1986) A staining procedure for nerve fibers in whole mount preparations of the medaka and chick embryos. Acta Histochem Cytochem 19: 775-783.

Ishikawa Y, Iwamatsu T (1993) Development of a motor nerve in the caudal fin of the medaka (*Oryzias latipes*). Neurosci Res 17: 101-116.

Ishikawa Y, Hyodo-Taguchi Y (1994) Cranial nerves and brain fiber systems of the medaka fry as observed by a whole-mount staining method. Neurosci Res 19: 379-386.

Ishikawa Y, Yoshimoto M, Ito H (1999) A brain atlas of a wild-type inbred strain of the medaka, *Oryzias latipes*. Fish Biol J Medaka10: 1-26.

Kinoshita M, Murata K, Naruse K, Tanaka M (2009) Medaka: Biology, management, and experimental protocols. Ames: Wiley-Blackwell.

Noro S, Yamamoto N, Ishikawa Y, Ito H, Ijiri K (2007) Studies on the morphology of the inner ear and semicircular canal endorgan projections of *ha*, a medaka behavior mutant. Fish Bio J Medaka 11: 31-41.

Swanson LW (2015) Neuroanatomical Terminology. New York: Oxford University Press.

Uchiyama H (1989) Centrifugal pathways to the retina: Influence of the optic tectum. Visual Neuroscience 3: 183-206.

Wada H, Hamaguchi S, Sakaizumi M (2008) Development of diverse lateral line patterns on the teleost caudal fin. Dev Dyn 237: 2889-2902.

Wada H, Ghysen A, Satou C, Higashijima S, Kawakami K, Hamaguchi S, Sakaizumi M (2010) Dermal morphogenesis controls lateral line patterning during postembryonic development of teleost fish. Dev Biol 340: 583-594.

Yoshimoto M, Kikuchi K, Yamamoto N, Somiya H, Ito H (1999) Sonic motor nucleus and its connections with octaval and lateral line nuclei of the medulla in a rockfish, *Sebastiscus marmoratus*. Brain Behav Evol 54: 183-204.

伊藤博信, 吉本正美（1991）「神経系」, 魚類生理学（板沢靖男・羽生 功 編）, pp.363-402, 恒星社厚生閣, 東京.

清原貞夫, 桐野正人（2009）「魚の味覚と摂餌行動」, さまざまな神経系をもつ動物たち（日本比較生理生化学会 編）, pp. 192-215, 共立出版, 東京.

小林 博（1987）「感覚器官」, 魚類解剖学（落合 明 編著）, pp.281-308, 緑書房, 東京.

ラリー・スワンソン（著）, 石川裕二（訳）（2010）「ブレイン・アーキテクチャ」, 東京大学出版会, 東京.

宗宮弘明（2002）「魚類発音システムの多様性とその神経生物学」, 魚類のニューロサイエンス（植松一眞, 岡 良隆, 伊藤博信 編）, pp.38-57, 恒星社厚生閣, 東京.

船越健悟（2002）「自律神経系」, 魚類のニューロサイエンス（植松一眞, 岡 良隆, 伊藤博信 編）, pp.263-273, 恒星社厚生閣, 東京.

第12章
仔魚の脳から成魚の脳へ

……できるかぎり永遠なものと神聖なものにあずかるために，自己自身に類似したものを生み出すこと，つまり，動物が動物を，植物が植物を生み出すことは，そのはたらきのうちでもっとも自然にかなったことだからである．なぜなら，すべての生物はそれを欲求し，それのために，自然にかなう行いであればみな行うからである．……

アリストテレス（『アリストテレス　心とはなにか』から：桑子敏雄の訳による）

生物にとって，個体維持機能とともに，生殖機能ほど重要なものはない．もし生殖力がなければ，種の存続もないし，種の進化もない．前章で紹介した仔魚の脳・脊髄は，成長・発達して生殖機能をもつ成魚の中枢神経系になってゆく．

本章では，仔魚以降の脳・脊髄の発達について紹介する．大きく分けて3つのことを述べる．まず，成長するけれども，基本的には構造が変化しない脳領域（間脳尾側部から延髄まで）について紹介する．次に，ゆっくりと発達する脳領域（間脳と終脳）の発生・分化について述べる．最後に，完成したメダカ成魚の脳・脊髄について簡略に概観する．

なお終脳と間脳の位置的用語としては，便宜的な意味での“腹側”（本来は吻側）と“吻側”（本来は背側）を以下で用いる（第5章参照）．

1）仔魚から成魚へ

魚が孵化してから成魚になる過程は，仔魚，稚魚，そして若魚または未成魚 immature fish という3つの発育段階に大きく分けられる．異体類（ヒラメやカレイ）やウナギ目などのように，魚種によっては，成魚とはまったく異なる形態をもつ仔魚・稚魚がいる（塚本，2005）．この場合，仔魚と稚魚は，ある発生段階で大きな形態的変化（変態）を急激に起こす．メダカの場合は大きな変態は起きないけれども，鰭やそれに付随する骨格系には変化が生じる．

メダカの孵化後の成長については，Iwamatsu et al.（2003）の報告がある．その結果によれば，ステージ41（全長7.4-10.0 mm）から膜鰭が変形しはじめ，ステージ42（全長10.8-15.8 mm）で鰭の形態が成魚のそれに近くなり，ステージ43（全長16.0-21.0 mm）で鰭とその骨格系は成魚タイプになる．ステージ44（全長22.0-24.5 mm）で雌雄が形態的に区別可能になり，そしてステージ45（全長25 mm以上）で成魚となる．したがって本書では，鰭の変態の終了した段階，つまりステージ43のメダカを稚魚とし，それより前のメダカ（ステージ39から42まで）を仔魚とよぶ．そしてステージ44のメダカを未成魚（または若魚）とよぶことにする（巻末の付属表）．

なお孵化後のメダカの全長については，Iwamatsu et al.（2003）に記載された数値が正しいもので，本書に引用している．Iwamatsu（2004）の発生ステージには，孵化後のメダカの全長に関して間違った数値が印刷されている［岩松鷹司（2009）の私信による］．

2）延髄，後脳，中脳，および間脳尾側部：保守的な脳領域

第9章以後，脳発生のファイロタイプ段階を過ぎた時期の脳の発生を扱ってきた．この時期

になると，脊椎動物の脳形態は再び多様になり，魚類に特有の脳構造が現れる．特に間脳と終脳には，そのような構造が数多く現れてくる．

しかしながら，成魚に近くなっても，他の脊椎動物と共通の脳構造を示す脳領域もある（Herrick，1962，原書は1924）．間脳と終脳の発達について述べる前に，本節ではこれにふれておこう．

第4章で述べたように，脳（神経管）の背側と腹側では進化的拘束力が異なる．蓋板や翼板などの神経管背側部は，進化的拘束がゆるいために，進化の過程で変異しやすい．実際，終脳全体，間脳の移動神経細胞集団，中脳の縦走堤，そして後脳の小脳弁など，条鰭類に特有の脳構造は，すべて神経管背側部に由来する．

これとは対照的に，底板や基板などの神経管腹側部は，進化的拘束が強い．そのため，魚類の脳の腹側構造は，哺乳類などのそれらと基本的には類似している．このことは，脳の底板（脳の長軸）が認められる領域を注意深く調べると，見てとることができる（図12-1）．この領域は，間脳尾側部から尾側に向けて延びており，一般的には脳の被蓋領域とよばれている．

図12-1Aは，メダカ若魚（未成魚）の脳の正中に近い矢状断面を示している（口絵9参照）．図12-1BとCで灰色にしてある部分が，脳の被蓋領域である．つまり，延髄，後脳，中脳，そして間脳尾側部を連ねる腹側領域である．こ

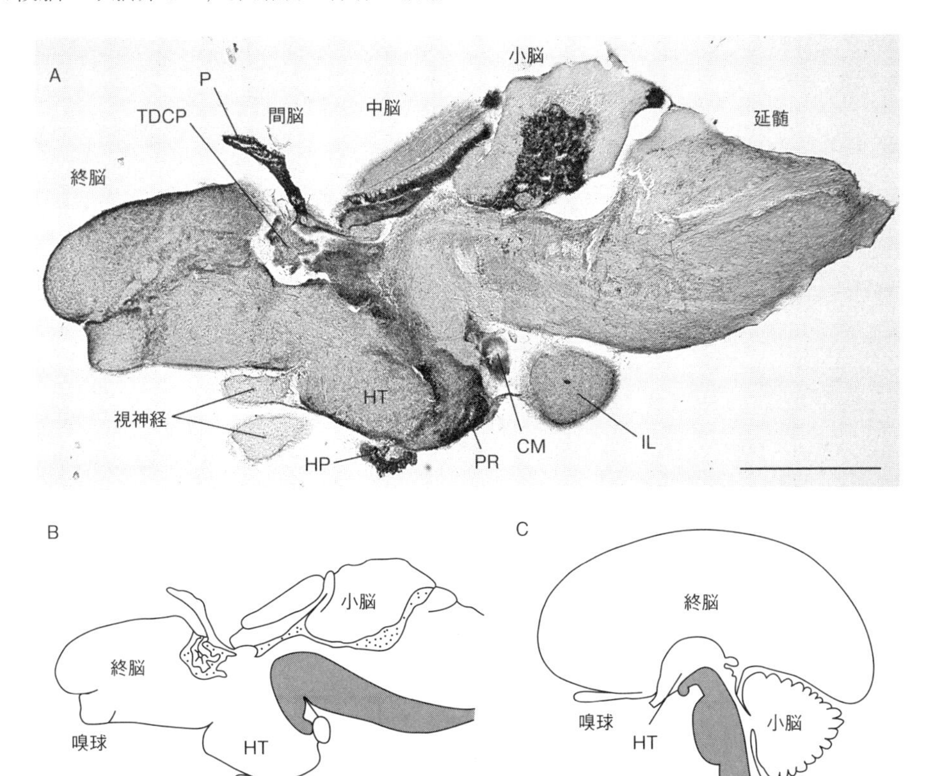

図12-1　脳の運動性領域と感覚性領域
脊椎動物で共通する脳構造を示す．Aは，メダカ若魚（ステージ44）の脳の傍正中矢状断切片を抗セロトニン抗体で免疫組織化学染色した写真（口絵9参照）．松果体など，間脳の一部が強陽性である（図9-8参照）．脳領域がわかるように，ニッスル染色をほどこしてある．上が背側，左が吻側．Bはその主要部の模式的スケッチで，Cはヒトの脳の模式的構造（傍正中矢状断切片）である．大きさの違いは無視している．BとCでは，おおよその運動性領域（底板の存在する領域）を灰色で示している．模式図の白い部分は，おおよその感覚性領域である．略号：CM＝乳頭体，HP＝下垂体，HT＝視床下部，IL＝下葉，P＝松果体，PR＝後陥凹，TDCP＝終脳・間脳脳室の脈絡叢．CはHerrick（1962）の図120をもとに改変して作図．スケールバーは500 μm（0.5 mm）でAに適用される．

れまで述べてきたように（第5章など），脳の長軸は間脳で約90度腹側に折れ曲がっている．この領域には白質も存在するが，おおまかに言えば，脳の被蓋領域は運動性領域に相当する．メダカの脳（AとB）をヒトのそれ（C）と比べると，運動性領域は基本的に同じである．大きく違うのは，感覚性領域である．ヒトでは，終脳が尾側まで巨大に発達して，小脳にかぶさって，中脳と間脳は外表面から見えなくなっている．

このように，延髄，後脳，中脳，そして間脳尾側部の，底板の存在する運動性領域は，系統発生的に保守的な脳領域と言える．また，これまで見てきたように，個体発生的にも早く完成する脳領域でもある．つまりこの脳領域は，仔魚の脳が成魚の脳に変容していく過程で，形態がほとんど変化しないのである．

3）間脳の発達

一方，仔魚の脳が成魚の脳に変容していく過程で，大きく形態を変える脳領域がある．その1つが最も腹側の間脳，すなわち視床下部である．第9章で述べたように，視床下部は個体と種の維持にとって必要不可欠な脳領域である．その中でも特に，視床下部の外側部（下葉）は異様に発達する．図12-2は，仔魚と成魚の視床下部の尾側部を比較したものである．

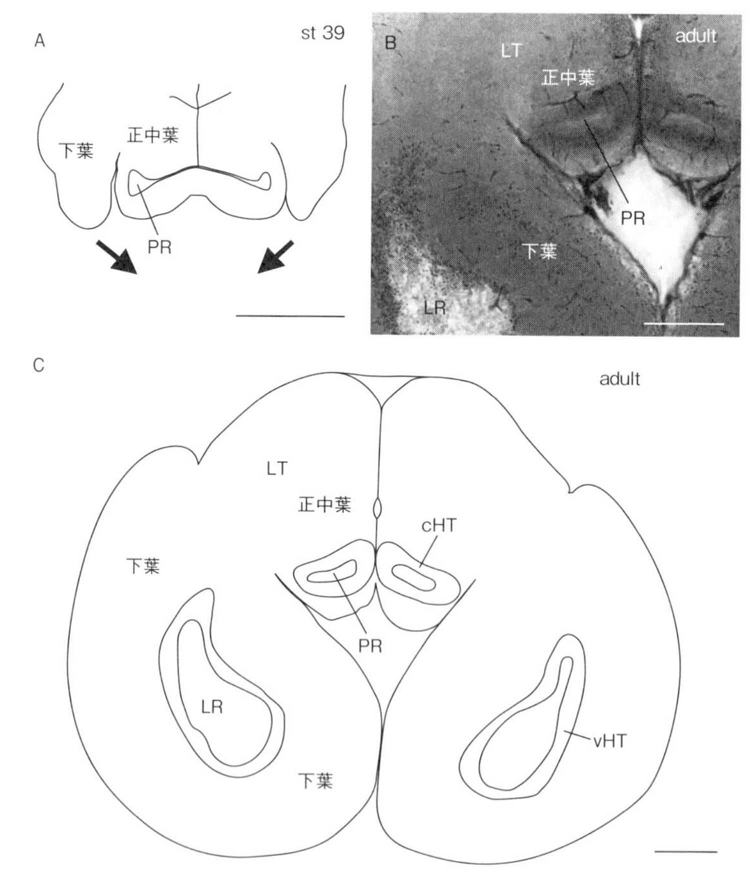

図12-2　メダカの下葉の発達

孵化直後のステージ39の仔魚（A）そして成魚（B，C）の視床下部の水平断面を示す．AとCは模式的な図で，BはKlüver-Barrera染色（ニッスル染色と髄鞘染色を組み合わせた染色法の一種）をほどこした切片の写真．上が吻側．Aの矢印は下葉の発達方向を示す．略号：cHT＝視床下部尾側ゾーン，LR＝外側陥凹，LT＝外側結節 lateral tuberal area，PR＝後陥凹，vHT＝視床下部腹側ゾーン．スケールバーは100 μm.

仔魚の下葉の尾側端は，視床下部内側部（正中葉）のそれとほぼ同じレベルで終わっている（図 12-2A）．ところが成魚になると，下葉は矢印の方向に大きく成長して，正中葉より長く尾側まで伸びている（同図 B と C）．そのため正中葉は，下葉によって尾側から大きく包み込まれるようになる．これは，外側陥凹の周囲に細胞増殖帯（図 12-2C の vHT など）が広く存在し（図 9-6B も参照されたい），ここから産生された細胞が供給され続けるためであろう．

視床下部の外側部と比べて，内側部には極端な変化は生じない．しかし仔魚の時期では不明瞭だった内側部の構造が，成魚に近くなると明瞭に分化してくる．図 12-3 には，成魚に近いメダカの視床下部の構造を示した．視床下部の傍矢状断面の尾側端には，回り込んだ下葉（図 12-3A の IL）の断面がみえ，その吻側に視床下部内側部の尾側端がみえる．この視床下部内側部の尾側端は 3 階建てのようになっており，背側から腹側に向かって糸球体前核複合体の一部（同図の PGc），乳頭体（同図の CM），そして視床下部の後陥凹領域（同図の PR）の順番に並んでいる．

成魚で明瞭に分化する間脳構造の 1 つは，第

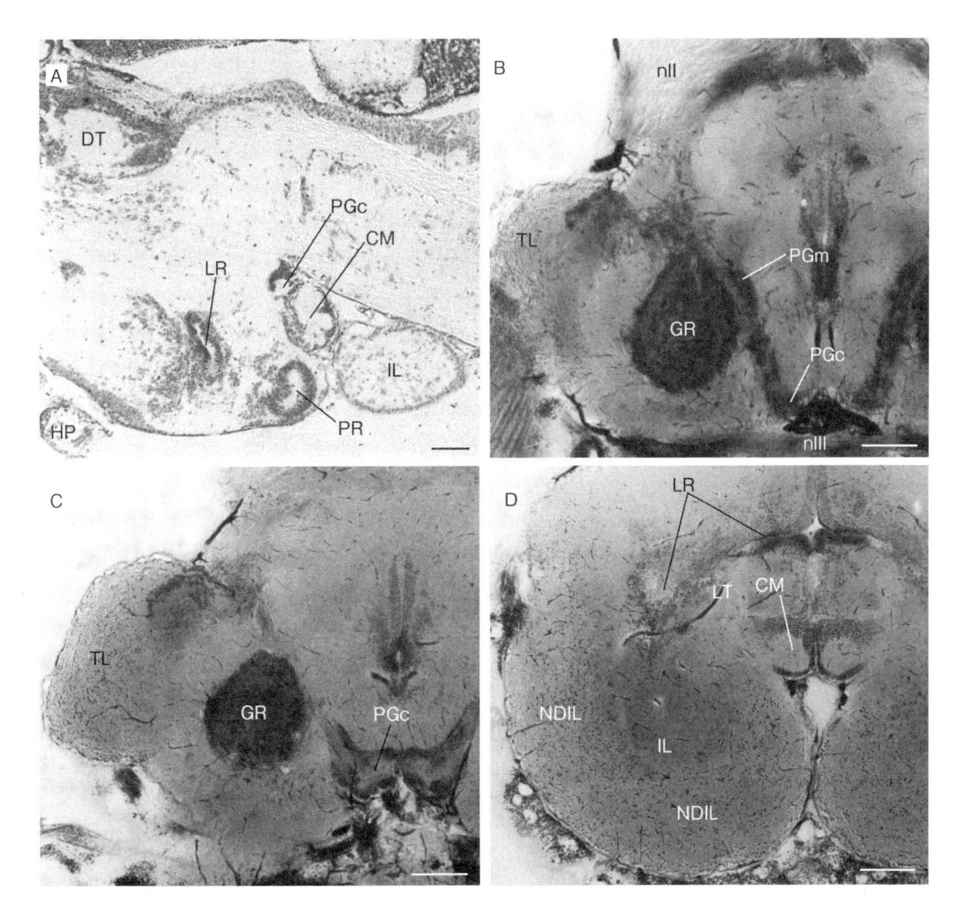

図 12-3　メダカの視床下部の分化
メダカ若魚（ステージ 44）の間脳の傍矢状断切片（A）と成魚の間脳の水平断切片（B-D）の写真を示す．A は，ニッスル染色したプラスチック包埋切片．上が背側，左が吻側．B-D は，Klüver-Barrera 染色（ニッスル染色と髄鞘染色を組み合わせた染色法の一種）した切片で，上が吻側．水平断のレベルは，B，C，D の順に背側から腹側に並べている．略号：CM ＝乳頭体，DT ＝背側視床，GR ＝糸球体核系の円形部，HP ＝下垂体，IL ＝下葉，LR ＝外側陥凹，LT ＝外側結節，NDIL ＝下葉の散在核，nII ＝視神経，nIII ＝動眼神経，PGc ＝糸球体前核複合体の内側交連部，PGm ＝糸球体前核複合体の内側部，PR ＝後陥凹，TL ＝外側堤．スケールバーは 100 μm.

10章で出てきた糸球体前核複合体である（図12-3A-CのPGcとPGm）．糸球体前核複合体の形態を水平断面でみたのが，図12-3BとCである．糸球体前核複合体は，一連の長い構造物であり，外側堤の内側部からはじまり，糸球体核系の円形部の内側を通り（PGm），間脳の尾側端に達し，ここで左右が接するようになる（PGc）．糸球体前核複合体の形成には，吻側から尾側に向かう細胞群の大規模な移動が関わっていると思われる．しかしその詳細は不明なので，今後の解明が重要な研究課題となっている．

もう1つの明瞭に分化する構造は，間脳正中部の尾側端に存在する乳頭体 corpus mamillare（図12-3A, DのCM）である．真骨類の乳頭体は，哺乳類の同名の核と類似した位置に存在するけれども，機能的には異なることが示唆されている（Sawai et al., 2000；Ahrens and Wullimann, 2002）．これらの研究によると，現代的真骨類（＝棘鰭上目）の乳頭体には下葉を介して味覚と視覚の情報が入力し，その出力先は終脳（Dm：背側野内側部），間脳（nucleus ventromedialis と nucleus posterioris periventricularis），そして視蓋である．哺乳類では，乳頭体は辺縁系の一部と考えられており，海馬体 hippocampal formation からの情報が入力し，視床と中脳被蓋などに出力している．

さらに成魚では，視床下部の内側部に外側結節 lateral tuberal area とよばれる領域が分化する（図12-3DのLT）．この領域は内臓感覚を統合して終脳に伝える（吉本・山本，2013）．逆に，この領域は終脳からの嗅覚情報を受け，全体としては，おそらく下垂体をコントロールしている（吉本・山本，2013）．

4）終脳の発達とその発生のまとめ

間脳と同じく，終脳もゆっくりと発達する脳領域である．すでに第10章で，ステージ26から孵化（ステージ39）までの終脳の発生を述べた．本節では，その後における終脳の発達について述べ，最後に終脳の個体発生全体をまとめることにする．

魚類の嗅球は，終脳に密着しているタイプ（無柄型）と長い柄（嗅索）をもつタイプ（有柄型）の2型があるが，メダカの場合は図10-1に示したように無柄型である．図12-4には，孵化以降のステージ39から41における終脳の形態的変化を示している（口絵7参照）．終脳は全体的に大きくなるが，その中でも特に外套（背側野）が吻側方向に伸長する．その結果，ステー

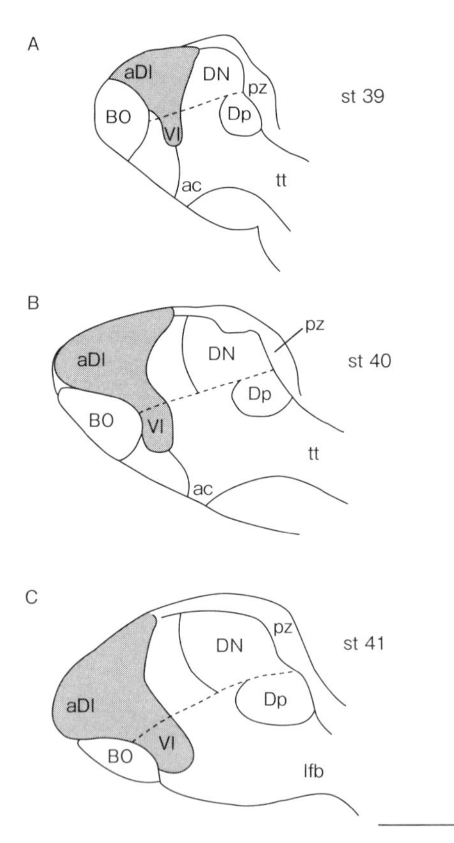

図12-4　メダカ終脳の孵化後の発達
孵化以降におけるメダカの終脳の形態的変化を模式的に示す（口絵7参照）．トランスジェニックメダカ Cab-Tg(*foxd3*-EGFP)の終脳外側部を矢状断切片にした模式図．GFP蛍光が強い領域を灰色で示した．上が背側，左が吻側．終脳背側野が吻側に伸長し，その結果，吻側端にあった嗅球（BO）が終脳腹側に存在するようになることに注意．略号：ac＝前交連，aDl＝終脳背側野外側部の吻側（前部）領域，BO＝嗅球，DN＝終脳背側野ダルマ核，Dp＝終脳背側野尾側（後）部，lfb＝外側前脳束，pz＝尾側細胞増殖帯，tt＝終脳路，Vl＝終脳腹側野外側部．スケールバーは100 μm．

ジ 39 では吻側端に存在していた嗅球は，ステージ 41 では外套の吻側端のすぐ腹側に接するようになる．このようにして嗅球は，ステージ 41（全長 7.4-10.0 mm）の仔魚の段階で，成魚タイプの位置におさまる．

ステージ 41 以降も終脳の発達は続く（図 12-5）．成魚に近くなると，終脳でも間脳の場合と同じように，それまでは不明瞭だった構造が明瞭に分化してくる．その 1 つは，外套の尾側部である．図 12-5 は，孵化したて（ステージ 39）の仔魚（A）とステージ 43 の稚魚（B）および成魚（C）の終脳を比較している．終脳は全般的に発達するが，特にダルマ核（図の DN）の尾方では変化が著しい．ここには，内側（mz）および尾側（pz）の終脳細胞増殖帯（両者の移行部 pmc を含めて）の働きによって，

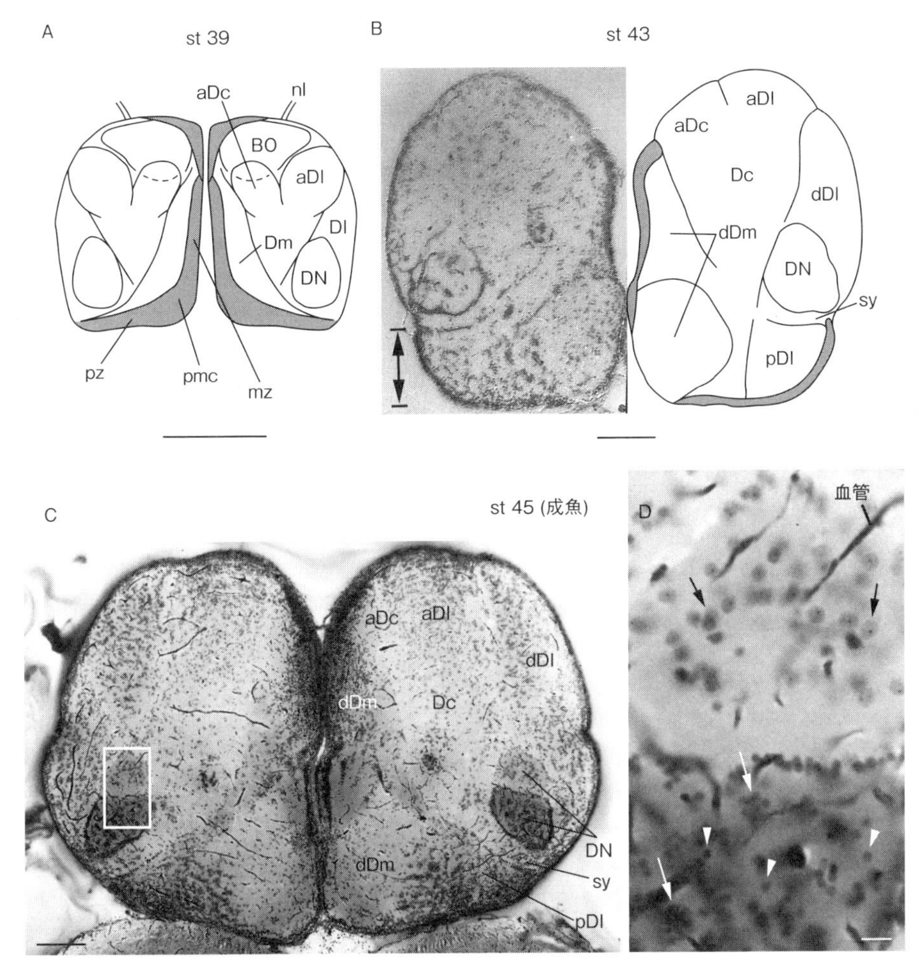

図 12-5　メダカ終脳外套の尾側部の分化
ステージ 39 の仔魚（A），43 の稚魚（B），そして成魚（C，D）の終脳を示す．A では終脳全体の背側観の模式図，B ではニッスル染色した水平切片の写真（左側）とその模式図（右側），そして C と D では Klüver-Barrera 染色（ニッスル染色と髄鞘染色を組み合わせた染色法の一種）した水平断切片の写真を示す．D は，C の四角部分の拡大で，ダルマ核（DN）の内部構造．すべて上が吻側．模式図では，神経上皮の部分を灰色で示した．ダルマ核の尾方に外套尾側部が発達することに注意（両矢印）．ダルマ核のすぐ尾側には，Y 字溝（sy）という溝が生じる．ダルマ核の内部では，やや大型の細胞（黒い矢印）と顆粒細胞（白い矢印と矢頭）が存在する．顆粒細胞には，孤立したもの（矢頭）と集合したもの（白い矢印）がみられる．略号：aDc＝終脳背側野中心部の吻側（前部）領域，aDl＝終脳背側野外側部の吻側（前部）領域，BO＝嗅球，Dc＝終脳背側野中心部，dDl＝終脳背側野外側部の外側領域，dDm＝終脳背側野内側部の背側領域，Dl＝終脳背側野外側部，Dm＝終脳背側野内側部，DN＝終脳背側野ダルマ核，mz＝内側細胞増殖帯，nI＝嗅神経，pDl＝終脳背側野外側部の尾側（後）領域，pmc＝終脳の尾内側の角，pz＝尾側細胞増殖帯，sy＝Y 字溝．スケールバーは 100 μm（A-C）と 10 μm（D）．

外套の尾側部が発達する（図12-5Bの両矢印）．これによって，これまでは未発達だった終脳の細胞集団が分化してくる（図12-5B，CのpDlと尾側のdDmなど）．これらの発生的変化によって，ダルマ核のすぐ尾側にY字溝という浅い溝が生じる（図12-5B，Cのsy）．

ダルマ核の内部でもまた組織分化が進む（図12-5D）．ダルマ核は，吻側部と尾側部の2部に明瞭に分かれる．吻側部は主として中型～大型のニューロン（同図の黒い矢印）からなり，尾側部は小さな顆粒細胞（同図の白い矢頭と矢印）から構成される．尾側部の顆粒細胞には，孤立したもの（矢頭）と集団化したもの（白い矢印）がみられる．

以上のように終脳には，早くから胚の段階で発生する構造（BO，Dp，aDl，Vl，そしてDNなど）と，孵化以降にゆっくりと発生する構造（pDlおよび尾側のdDmなど）の両者が存在する．

明瞭に発達するもう1つの構造は，脳室系である．終脳脳室，特にその吻側端部（嗅脳室）が発達する（図12-6）．孵化したての仔魚では，これらは狭小であったが，ステージ43の稚魚になると明瞭になる（同図B）．第3章でみた

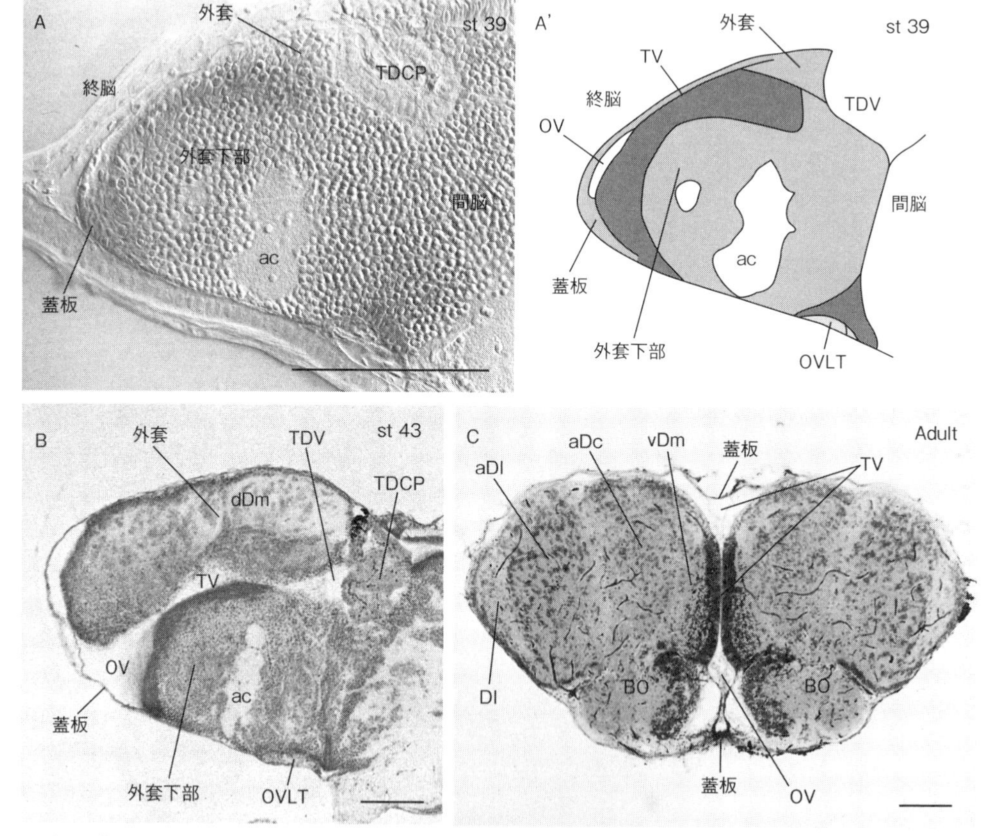

図12-6　メダカの終脳脳室の発達

ステージ39の仔魚（A，A'），43の稚魚（B），および成魚（C）の終脳を示す．A，A'では正中に近い矢状断切片の写真（A）とその模式図（A'），Bでは正中に近い矢状断切片の写真，そしてCでは吻端部横断切片の写真を示す．矢状断面では左が吻側，上が背側．横断面では上が背側．矢状切片はニッスル染色し，横断切片はKlüver-Barrera染色（ニッスル染色と髄鞘染色を組み合わせた染色法）してある．模式図（A'）では，神経上皮の部分を濃い灰色で，灰白質を薄い灰色で示した．成魚に近くなると，嗅脳室（OV）と終脳脳室（TV）が拡張する．また，蓋板は終脳の吻側に回り込んでいる．略号：ac＝前交連，aDc＝終脳背側野中心部の吻側（前部）領域，aDl＝終脳背側野外側部の吻側（前部）領域，BO＝嗅球，Dl＝終脳背側野外側部，dDm＝終脳背側野内側部の背側領域，OV＝嗅脳室，OVLT＝終板器官 organum vasculosum lamina terminalis，TDCP＝終脳・間脳脳室の脈絡叢，TDV＝終脳・間脳脳室，TV＝終脳脳室，vDm＝終脳背側野内側部の腹側領域．スケールバーは100 μm.

ように，基本的な脳室系はステージ28までに完成されるのだが，終脳では脳室形成がさらに継続するのである．終脳の蓋板は背側から腹側へ向かって連続的に回り込み（同図A'とB），終脳吻側端部にヘリックの言う嗅脳室（同図のOV）を形成する（Herrick, 1962, 原書は1924）．嗅球は，この嗅脳室の外側に接して左右にそれぞれ存在するようになる（同図C）．また終脳吻側端部の横断面では，この終脳蓋板の回り込みのために，蓋板が終脳背側と腹側の両方に現れることになる（同図C）．

以上，第10章と本節で述べた，終脳の発生・発達を模式的にまとめたのが図12-7である．これまで終脳の個体発生は単純な外翻のみ

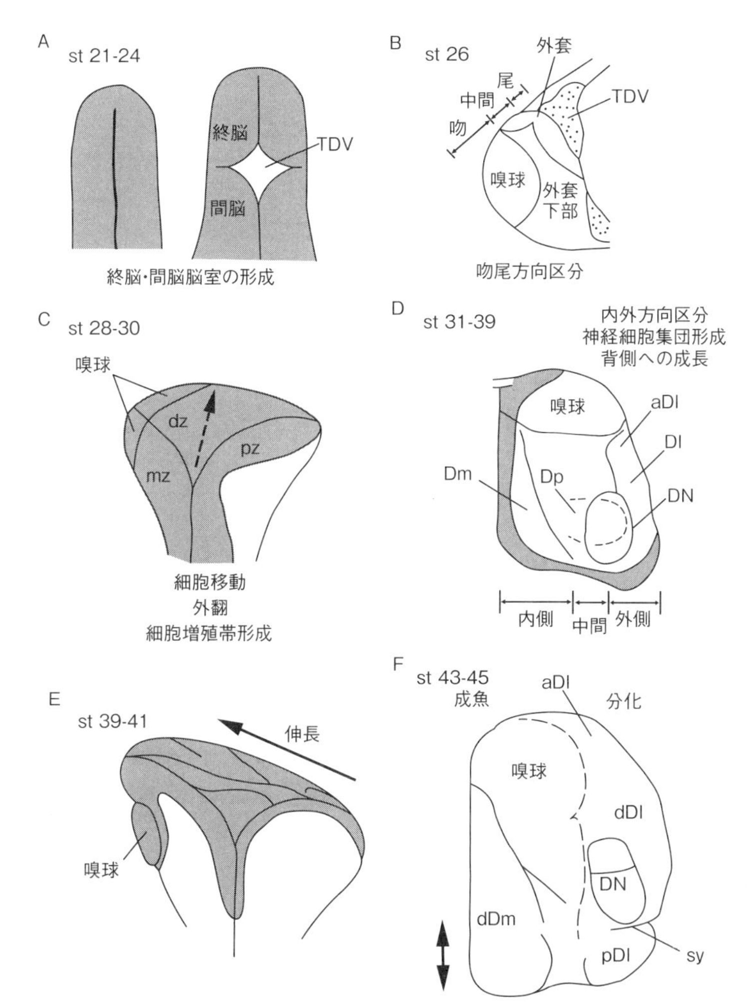

図12-7　メダカ終脳の発生・発達のまとめ

ステージ21-24胚の神経管の背側面（A），ステージ26胚の終脳の傍矢状断面（B），ステージ28-30胚の終脳右半球（C），ステージ31胚-39仔魚の終脳右半球（D），ステージ39-41仔魚の終脳右半球（E），そしてステージ43稚魚-成魚（F）の終脳右半球を模式的に示す．A，D，Fは，背側面で，上が吻側．Bの終脳は上が背側，左が吻側．CとEでは，終脳の背側を尾側から見ている．細胞増殖帯は灰色で示す．破線は，腹側の構造を示す（DのDpとFの嗅球）．破線の矢印は細胞移動の方向を，実線の矢印は終脳の伸長方向をあらわす．二重の矢印は，終脳の最尾側部で分化が進むことを示す．終脳は，6段階の発生過程を経て形成される．それらは，終脳・間脳脳室の形成（A），吻尾方向の区分（B），細胞移動・外翻・細胞増殖帯形成（C），内外方向の区分・神経細胞集団形成・背側への成長（D），吻側方向への伸長（E），そして最尾側部の分化（F）である．略号：aDl＝終脳背側野外側部の吻側（前部）領域，dDl＝終脳背側野外側部の外側領域，dDm＝終脳背側野内側部の背側領域，Dl＝終脳背側野外側部，Dm＝終脳背側野内側部，DN＝終脳背側野ダルマ核，Dp＝終脳背側野尾側（後）部，dz＝背側細胞増殖帯，mz＝内側細胞増殖帯，pDl＝終脳背側野外側部の尾側（後）領域，pz＝尾側細胞増殖帯，TDV＝終脳·間脳脳室，sy＝Y字溝．

で説明されることが多かったが（Nieuwenhuys, 2011など），それは誤りであった．終脳の発生は多段階の過程であり，外翻はそのうちの1つにすぎない．終脳の発生・発達は，少なくとも次の6段階からなる．

終脳の個体発生は，まず終脳・間脳脳室の形成からはじまる（図12-7A）．ステージ26になると，発生遺伝子の発現によって嗅球，外套下部，そして外套がほぼ吻尾方向に区分される（同図B）．その後，細胞移動が起こり，外翻が生じ，細胞増殖帯が形成される（同図C）．幅広くなった終脳には，内側外側方向の区分が生じ，それぞれの領域に細胞集団が分化しはじめ，終脳は全体として背側に向かって成長する（同図D）．孵化後，外套が吻側方向に伸長し，嗅球は腹側に位置するようになる（同図E）．その後外套の細胞集団は，特に尾側部でさらに分化・発達する（同図F）．

非常に簡略に言うと，終脳の個体発生は，初期には尾側部に限局していた小さな外套が次第に大きく吻側方向に発達してゆき，背側から嗅球と外套下部に覆いかぶさる過程として理解される（図12-7，12-8）．

第10章の初めに述べた，終脳の相同対比問題についてはどうであろうか？　これまで述べた発生過程から推定される解釈を，図12-8にまとめた．「外側外套＋腹側外套」はほとんど外翻せず，ステージ26以降，もともとの位置にとどまっている（図12-8B，E）．この位置に対応する細胞集団はDp（終脳背側野の尾側部）

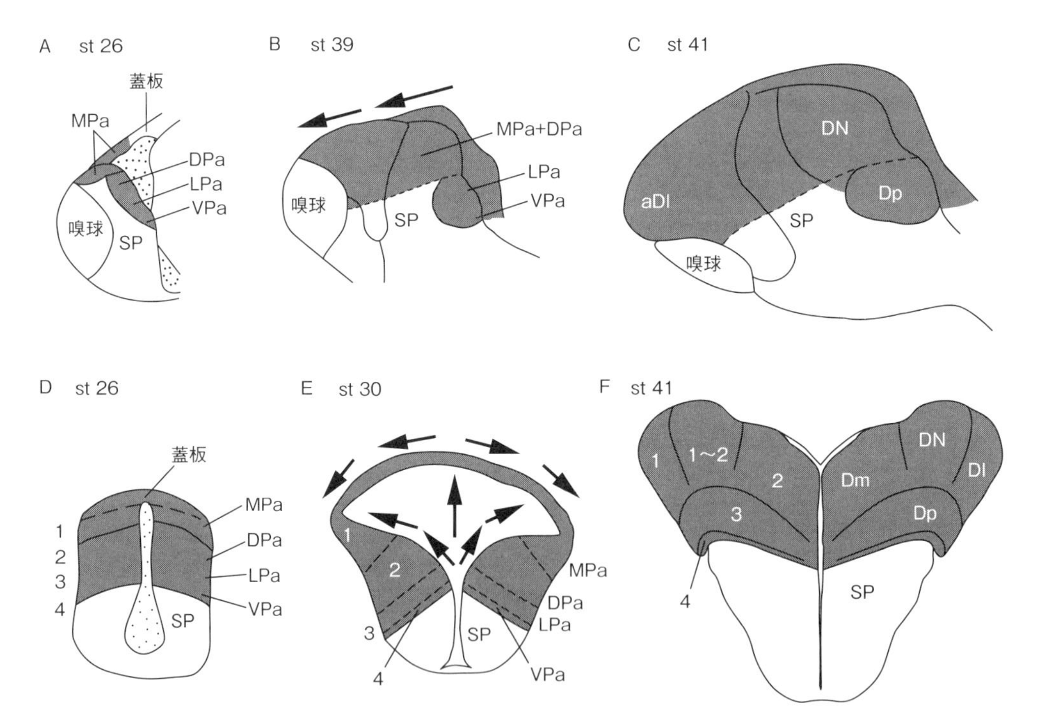

図12-8　メダカ終脳における外套小領域の発生的変化

ステージ26の胚（A, D），30の胚（E），39の仔魚（B），そして41の稚魚（C, F）の終脳を比較している．外套は灰色にしてある．矢印は終脳の成長の方向を示す．A-Cは傍矢状断切片の模式図．上が背側，左が吻側．尾側部に限局していた小さな外套（A）が次第に大きく吻側方向に発達し（B），他の構造を背側から覆いかぶさるようになる（C）．D-Fは終脳の最尾側の横断切片を模式的にあらわす．上が背側．「外側外套（LPaまたは3）＋腹側外套（VPaまたは4）」はほとんど外翻せず，もともとの位置にとどまっていることに注目（B，E）．一方，「内側外套（MPaまたは1）＋背側外套（DPaまたは2）」は大きく外翻し（E），吻側方向に移動する（B）．略号：aDl＝終脳背側野外側部の吻側（前部）領域，Dl＝終脳背側野外側部，Dm＝終脳背側野内側部，DN＝終脳背側野ダルマ核，Dp＝終脳背側野尾側（後）部，DPaまたは2＝背側外套，LPaまたは3＝外側外套，MPaまたは1＝内側外套，SP＝外套下部，VPaまたは4＝腹側外套．

なので，Dpは「外側外套＋腹側外套」に由来すると思われる（同図C，F）．一方，「内側外套＋背側外套」は，発生過程で大きく外翻し（同図E），吻側方向に移動する（同図B）．したがって，aDl（終脳背側野外側部の吻側領域）そしてDN（終脳背側野のダルマ核）は，「内側外套＋背側外套」に由来すると推定される（同図C）．Dl（終脳背側野の外側部）は終脳最外側に存在するので，内側外套由来ではないかと考えられる（同図F）．Dm（終脳背側野の内側部）は終脳最内側に存在するので，背側外套由来であろう（同図F）．Vl（終脳腹側野の外側部）は，細胞移動の様子から，「内側外套＋背側外套」から由来していると推測される（図10-3と10-5）．その他の終脳の細胞集団も細胞移動の結果形成されると思われるが，その詳細は不明である．間脳の場合と同じく，真骨類の終脳における細胞移動については，今後のさらなる研究が望まれる．

なおゼブラフィッシュでは，Dl（終脳背側野の外側部）は，終脳の尾側の蓋板の少数の細胞から由来していることが報告された（Dirian et al., 2014）．彼らは，Dlは内側外套であり，その中に海馬領域が含まれていると考えている．

5）成魚の脳・脊髄の概観

以上述べてきたような過程を経て，成魚の脳が完成する（図12-9）．ヒトの脳の発生と比べると，メダカのそれは非常に早い（コラム9参照）．メダカでは，受精後約2日（ステージ24）で早くも5脳胞が形成され（第2章），受精後約3日（ステージ28）で脳室がほぼ完成する（第3章）．そして，受精後わずか約9日で実際に機能する仔魚の脳となり（第11章），その後2カ月ほどで成魚の成熟した脳となる（本章）．

メダカとは対照的に，ヒトで5脳胞が認められるのは，ようやく妊娠第5週（受精後約1カ月）に入ってからである（Langman, 1982）．そのうえヒトでは，出生までおよそ9カ月以上にわたって脳の発生が進み，さらに出生後も脳の発達・成長が成人になるまで続く（岡本，1983）．出生後約2年になって，ヒトはようやく言葉を覚え，言葉を発することが可能になる．この発生の極端な遅さは，ヒトあるいは哺乳類における発育遅滞とよばれている（グールド，1987）．ヒトの脳における発生・発達・成長の遅さの重要性は，いくら強調しても強調しすぎることはない．ヒトに特有な「発育遅滞によって創られる脳」があるからこそ，子供にとって社会的な学習が可能になるからである．「社会的学習によって創られるヒトの脳」は，人類の進化にとって重要な意味をもってきたと考えられている（グールド，1987）．

完成したメダカの脳・脊髄は，ヒトのそれと比べると極度に小さい（コラム3参照）．ヒトの脳は，幅と長さが数十cmあり，重さは約1400 gである（新見，1976）．これに対して，メダカの脳の長さは，終脳吻側端から延髄尾側端まで，およそ4 mm，幅は最大で約2 mmである．まさにサッカーボールに対する米粒である．しかし形態としては，立派な脊椎動物の脳である．メダカ成魚の脳の内部構造を示すアトラスは，まだまだ不十分なものではあるが，Ishikawa et al.（1999a）（オープンアクセス雑誌）に発表されている．なおこの研究内容は，2018年現在，インターネット上で公開されている（NBRP Medakaホームページ内，Medaka Atlasの中のBrain https://shigen.nig.ac.jp/medaka/medaka_atlas）．なおメダカの脳アトラスは，Anken and Bourrat（1998）によっても公表されている．

コラム6で簡略にふれたが，約10系統の近交系のメダカ（medaka inbred strain）が田口泰子（放射線医学総合研究所）の忍耐強い研究により作成された（Hyodo-Taguchi and Egami, 1985；Hyodo-Taguchi, 1996）．近交系メダカと

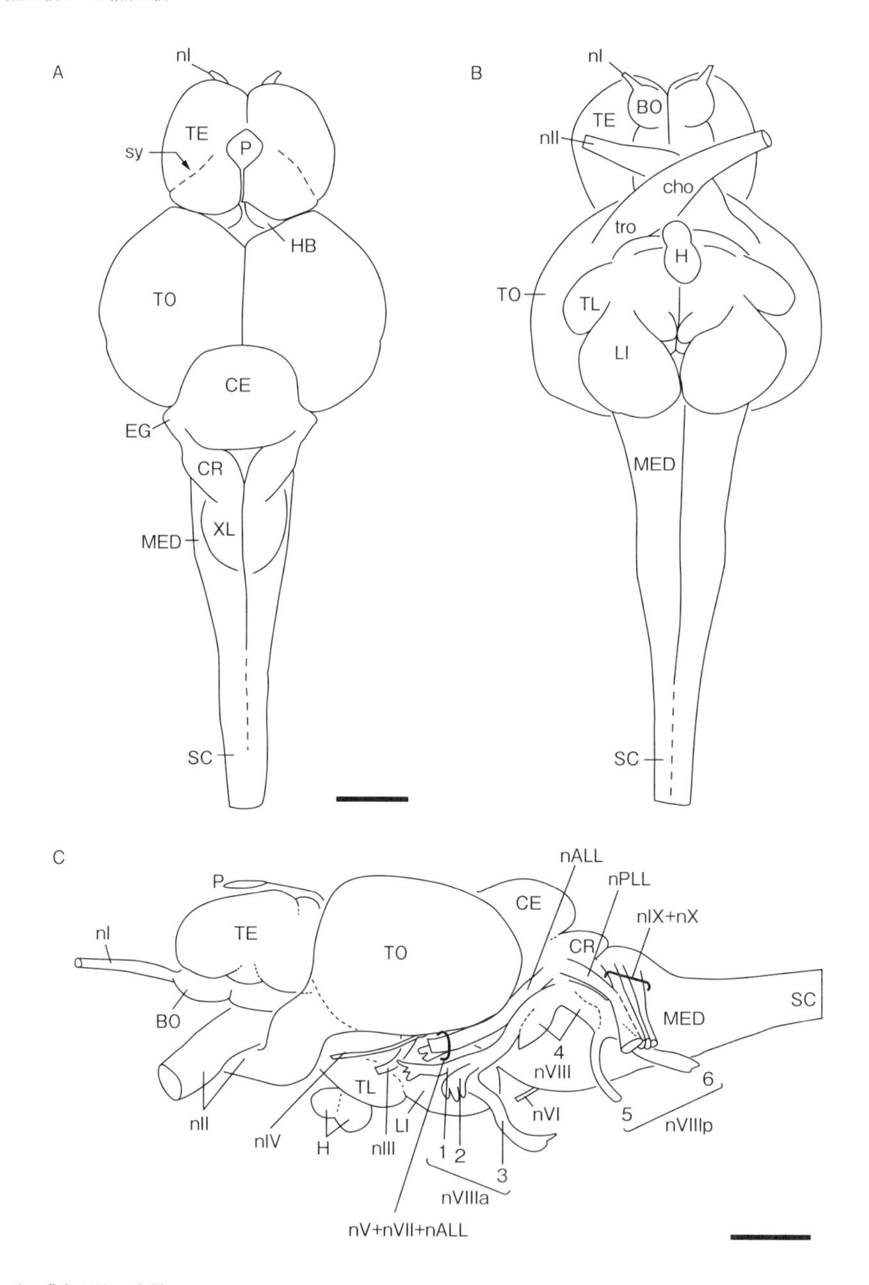

図 12-9　メダカ成魚の脳・脊髄

背側（A），腹側（B），左側面（C）からみた成魚の脳・脊髄の模式的スケッチ．C 図では，脳神経も示されている．一般的構造の略号：BO = 嗅球，CE = 小脳，CR = 小脳稜，EG = 顆粒隆起，H = 下垂体，HB = 手綱，LI = 下葉，MED = 延髄，P = 松果体，SC = 脊髄，sy = Y 字溝，TE = 終脳，TL = 外側堤，TO = 視蓋，XL = 迷走葉．脳神経系の略号：cho = 視神経交差，nALL = 前側線神経，nPLL = 後側線神経，nI = 嗅神経，nII = 視神経，nIII = 動眼神経，nIV = 滑車神経，nV = 三叉神経，nVI = 外転神経，nVII = 顔面神経，nVIII = 内耳神経，nVIIIa = 内耳神経の前枝，nVIIIp = 内耳神経の後枝，nIX = 舌咽神経，nX = 迷走神経，tro = 視神経路，数字の 1-6 は内耳神経の個々の末梢枝を示す．スケールバーは 500 μm（0.5 mm）．Ishikawa et al.（1999a）のプレート 2 を改変．

いうのは，20 代以上兄妹交配をくり返して得られたメダカの品種（系統 strain）のことで，ある 1 つの系統の中では，どの個体をとってもほとんど同じ遺伝子構成をもつ．そして異なる系統の間では，遺伝子構成が一般に異なる．

脳形態に対する遺伝子構成の影響を調べるために，5 種類の近交系メダカの脳について，脳全体および各領域の体積が計測された（Ishikawa et al., 1999b）．その結果，メダカという同一種であっても，遺伝子構成の異なる系統間では脳形態が異なることが判明した．特に顕著な違いがあったのは，HNI-II という北日本メダカ由来の近交系と Hi3 というアルビノメダカ由来の近交系であった（図 12-10）．HNI-II の脳では視蓋がよく発達しているのに対して，Hi3 の脳では終脳と小脳がよく発達していた．メダカでは，遺伝子の構成が脳形態に明確な影響をおよぼしている．

この研究によって，メダカ成魚の脳の重量も判明した．脳の体積を，比重を 1 として重量に換算すると，系統によってかなり異なるが，3 〜 5 mg（$3 \sim 5 \times 10^{-3}$ g）の範囲であった．メダカ成魚の体重はおよそ 200 mg（200×10^{-3} g）

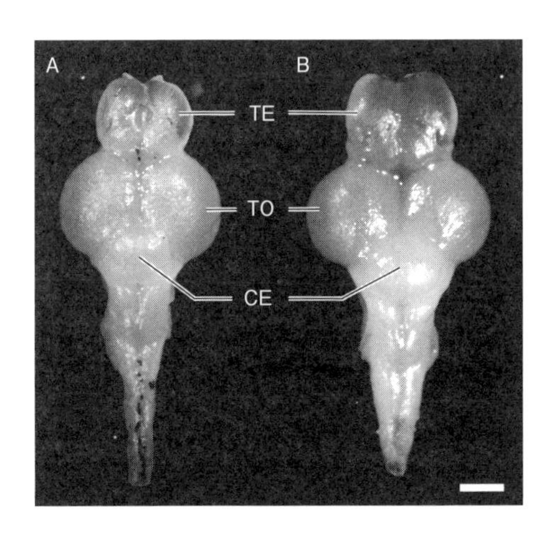

図 12-10　2 種類の近交系メダカの脳の外部形態
近交系メダカ成魚の脳の写真．HNI-II（北日本メダカ由来の近交系，A）と Hi3（アルビノメダカ由来の近交系，B）の脳の形態を示す．背側からみた脳の写真で，上が吻側．略号：CE = 小脳，TE = 終脳，TO = 視蓋．スケールバーは 500 μm（0.5 mm）．Ishikawa et al.（1999b）の図 1 を改変．

なので，体重の 1.5％から 2.5％を占めることになる．ちなみに，日本人成人の脳重は，男で 1350 〜 1400 g とされている（新見，1976）．成人男性の体重を 60 kg とすると，体重のおよそ 2.3％を脳が占めていることになる．したがって，メダカの脳の体重比は，ヒトのそれと同程度である．

しかし，容易に想像される通り，メダカの脳のニューロンの総数はヒトやネズミのそれより数桁少ない．ヒトの場合，大脳皮質だけでも 136 億個以上（1.36×10^{10}）のニューロンが存在するとされる（山本・伊藤，2004）．マウスの場合，脳全体の総細胞数は約 1 億個（1.1×10^{8}）とされている（Zupanc and Sîrbulescu, 2011）．メダカ脳のニューロン数は計測されていないが，他の真骨類のデータはいくつか存在する．例えば，南米産の弱電魚の一種，ナイフフィッシュ *Apteronotus leptorhynchus* の脳の総細胞数は 5×10^{7} とされている（Zupanc, 2001；Zupanc and Sîrbulescu, 2011）．この魚の脳重量は，メダカのそれより 10 倍程度大きいので，メダカの脳の総細胞数は 5×10^{6} ぐらいではないだろうか．要するに，メダカの脳のニューロン数は数百万個のオーダーだと思われる．

最後に，魚類成体の脳と哺乳類成体の脳との間には，大いに異なる点があることを述べておこう．それは，成体における中枢神経系の幹細胞 adult neural stem cell の相対量である．ヒトなどの哺乳類の中枢神経系は，成体に達した後はそれ以上成長せず，成体におけるニューロンの新生能力は一般に限られている（Zupanc, 2001）．傷害を受けた後の中枢神経系の再生能力も，哺乳類では低い．これとは対照的に，非哺乳類の爬虫類，鳥類，両生類，そして魚類の中枢神経系は成体でも成長を続け，再生能力もある（Zupanc, 2001）．メダカなどの真骨類でも同様で，成魚の脳・脊髄（網膜も含む）における神経幹細胞の増殖能力は生涯継続し，成体の神経幹細胞増殖率は哺乳類のそれの 1 桁以上多いという（Zupanc and Sîrbulescu，2011）．脳・脊髄は魚が死ぬまで大きくなり続けるのだ．これは，第 10 章 5 節で視蓋の成長について述べたように，脳・脊髄の特定の場所に細胞増殖帯（adult neural stem cell の集団）が永続するためである．

メダカ成魚の脳における細胞増殖帯の分布は，Kuroyanagi et al.（2010）によって報告された．その結果によると，脳には少なくとも 17 カ所の細胞増殖帯が雌雄共通に存在していた．これらの結果は，他の真骨類成体の脳における細胞増殖帯の分布とほぼ同じである．

本章で脳の発生についての話を終わり，次章からできあがった中枢神経系の機能について解説したい．

参考文献

Ahrens K, Wullimann MF (2002) Hypothalamic inferior lobe and lateral torus connections in a percomorph teleost, the red cichlid (*Hemichromis lifalili*). J Comp Neurol 449: 43-64.

Anken R, Bourrat F (1998) Brain Atlas of the Medakafish. Paris: INRA. Dirian L, Galant S, Coolen M, Chen W, Bedu S, Houart C, Bally-Cuif L, Foucher I (2014) Spatial regionalization and heterochrony in the formation of adult pallial neural stem cells. Dev Cell 30: 123-136.

Dirian L, Galant S, Coolen M, Chen W, Bedu S, Houart C, Bally-Cuif L, Foucher I (2014) Spatial regionalization and heterochrony in the formation of adult pallial neural stem cells. Dev Cell 30:123-136.

Herrick CJ (1962) Neurological Foundations of Animal Behavior. New York: Hafner Publishing Company. これは復刻版で，原書は 1924 年に Henry Holt and Co から出版されている．

Hyodo-Taguchi Y (1996) Inbred strains of the medaka, *Oryzias latipes*. Fish Biol J Medaka 8: 11-14.

Hyodo-Taguchi Y, Egami N (1985) Establishment of inbred strains of the medaka, *Oryzias latipes*, and the usefulness of the strains for biomedical research. Zool Sci 2: 305-316.

Ishikawa Y, Yoshimoto M, Ito H (1999a) A brain atlas of a wild-type inbred strain of the medaka, *Oryzias latipes*. Fish Biol J Medaka10: 1-26.

Ishikawa Y, Yoshimoto M, Yamamoto N, Ito H (1999b) Different brain morphologies from different genotypes in a single teleost species, the medaka (*Oryzias latipes*). Brain Behav Evol 53: 2-9.

Iwamatsu T, Nakamura H, Ozato K, Wakamatsu Y (2003) Normal growth of the "See-through" Medaka. Zoolog Sci 20: 607-615.

Iwamatsu T (2004) Stages of normal development in the medaka *Oryzias latipes*. Mech Dev 121: 605-618.

Kuroyanagi Y, Okuyama T, Suehiro Y, Imada H, Shimada A, Naruse K, Takeda H, Kubo T, Takeuchi H (2010) Proliferation zones in adult medaka (*Oryzias latipes*) brain. Brain Res 1323: 33-40.

Nieuwenhuys R (2011) The development and general morphology of the telencephalon of actinopterygian fishes: Synopsis, documentation and commentary. Brain Struct Funct 215: 141-157.

Sawai N, Yamamoto N, Yoshimoto M, Ito H (2000) Fiber connections of the corpus mamillare in a percomorph teleost, tilapia *Oreochromis niloticus*. Brain Behav Evol 55: 1-13.

Zupanc GK (2001) Adult neurogenesis and neuronal regeneration in the central nervous system of teleost fish. Brain Behav Evol 58: 250-275.

Zupanc GK, Sîrbulescu RF (2011) Adult neurogenesis and neuronal regeneration in the central nervous system of teleost fish. Eur J Neurosci 34: 917-929.

岡本直正（編）（1983）「臨床人体発生学」，南江堂，東京．

スティーヴン・J・グールド（著），仁木帝都，渡辺政隆（訳）（1987）「個体発生と系統発生」，工作舎，東京．

塚本洋一（2005）「子供から大人へ大変身する魚たち」，魚の形を考える（松浦啓一編），pp.229 -253，東海大学出版会，秦野市．

新見嘉兵衛（1976）「神経解剖学」，朝倉書店，東京．

山本直之，伊藤博信（2004）「ヒトの大脳の神経細胞数を本当に数えたデータは存在するのか」，CLINICAL NEUROSCIENCE 別冊，22 巻，234．

吉本正美，山本直之（2013）「硬骨魚ティラピアにおける視床下部内側部と終脳の連絡」，東京医療学院大学紀要，第 2 巻，45-63，多摩市．

J. Langmann（著），沢野十蔵（訳）（1982）「人体発生学」（第 4 版），医歯薬出版，東京．

第13章
メダカの脳，ヒトの脳

人間に対して，彼の偉大さを示さないで，彼がどんなに獣に等しいかをあまり見せるのは危険である．卑しさ抜きに彼の偉大さをあまり見せるのもまた危険である．どちらも知らせないのは，また更にもっと危険である．だが，彼にどちらをも提示してやるのはきわめて有益である．……

ブレーズ・パスカル（『パンセ　第4章　418』から；前田陽一と由木 康の訳による）

私は理科教育とは，自然を学ぶことによって，人間を人間に育成させる活動であると理解している．すなわち，自然や社会で，人間を含むあらゆる生き物をとおして，「人間とはなにか」「人間はいかに存在すべきか」を学ぶのが重要だと思うのである．

岩松鷹司（『メダカと日本人』より）

人間は奇妙な生き物である．動物でありながらも，文字・数字の発明と科学・技術によって自然界の生物進化の枠組みからはみ出し，今現在，未踏の領域に向かってつき進んでいるようだ．言いかえると，生物的な遺伝的変異・淘汰ではなく，文化的継承・創造によって人類特有の変容あるいはパラ進化が現在進行中であると考えられる（コラム20）．このような「パラ進化する生き物」は，地球上の現生生物の中では，唯一ヒトだけである．

そもそも脳について知りたいという動機には，人間を人間たらしめている，この器官あるいは「人間の精神」を理解したいという情熱がある．しかし，人間の内奥に存在するものは，自然科学による探求を簡単にすりぬけてしまう．自然科学は，倫理的な価値観や個人的願望をひとまず封印して，公平で客観的な観察者の観点を採用するからである．科学者は，実際には自分自身が劇の登場人物なのに，自分を無理やり劇の観客にしなければならない．自然科学の対象になるのは，人間でも動物でも「主観的な精神的事象」が生じている時に，それに対応してどのような「客観的な生理学的現象」が起こっているか，という点に尽きる（ドウアンヌ，2015）．したがって，たとえ対応する「客観的な生理学的現象」が究極的に解明されたとしても，人間の内奥に存在する個人的なものは神秘なままに残ることだろう．

本書はメダカの脳の発生を主題にしているが，その通奏低音にはヒトの脳がある．これまで3000年以上にわたって，莫大な研究資源（時間，研究者，そして資金）がヒトの脳の医学的研究に投じられきた．脳に電気刺激を加えられた時に何が起こったかを，その人自身の口から言葉で報告できるのは，人間だからこそである（ペンフィールド，1987）．また，ヒトの脳の特定の部位が損傷された場合に，ある特定の機能だけが選択的に失われ，独特の症状が現れる（ラマチャンドラン，2011）．この症状について患者自身が説明できるのも，人間だからこそ可能なのだ．したがってあらゆる動物の中でも，その神経系の機能が最もよくわかっているのは，ショウジョウバエでも線虫でもなく，ヒトあるいは哺乳類である．

本章では，ヒト（哺乳類）の神経系の機能についての知識を基礎として，メダカあるいは現代的真骨類（＝棘鰭上目魚類）の中枢神経系の機能について全般的なことを述べる．さらに真骨類における神経系の機能表出の1つとして，メダカの繁殖（生殖）行動について紹介する．

1）比較神経学からみた中枢神経系

ヒトを含む，様々な動物の体の構造を比較する系統的研究のことを比較解剖学 comparative anatomy といい，その中でも特に神経系を研究する専門分野のことを比較神経学 comparative neurology とよぶ（Nieuwenhuys et al., 1998）．ダーウィンによる進化論（『種の起源』）の出版は1859年なので，進化論を取り入れた比較神経学の歴史はおよそ160年である．

19世紀後半における比較神経学の中心的な研究者は，ドイツのエディンガー Ludwig Edinger（1855-1918）であった（Swanson, 2000）．彼は脊椎動物の脳を palaeëncephalon（古い脳）と neëncephalon（新しい脳）の2つに区別をすることを提案した．彼によると，あらゆる脊椎動物に共通で基本的に変化しなかった部分が「古い脳」である．「古い脳」は本能的で生存に必要な行動に関わり，魚では全部の脳がこれに相当する．「新しい脳」は，その後の進化の過程でつけ加わったもので，両生類ではまだ小さいが，哺乳類では巨大になったという．エディンガーの弟子のオランダのカッパース C.U.A. Kappers（1877-1946）は，このモデルをさらに進展させ，paleopallium（古外套），archipallium（原始外套），neopallium（新外套），そして paleostriatum（古線状体）などの，進化的な意味を含む多くの神経解剖学用語をつくった．この19世紀のエディンガーたちの考えによると，脳の進化は古い地層に新しい地層がつけ加わるような具合に起こったことになる（Swanson, 2000）．

この考え方の根拠となったのは，神経線維の連絡についての当時の“常識的知識”であった．その“常識的知識”とは，例えば「魚類と両生類の終脳に入る感覚性入力は，実質上ほとんどすべて嗅覚性である」などである．しかし，この“常識”はその後の研究によって完全に否定された．例えば，次章に述べるように，伊藤博信の研究グループは，硬骨魚類（条鰭類）の終脳には嗅覚以外の多数の感覚モダリティー modality（感覚の種類）の入力があることを実験的に証明した（伊藤・吉本, 1991）．

したがって，エディンガーたちの19世紀のモデルは，現代ではまったく支持されていない（Karten, 1991；1997；Nieuwenhuys et al., 1998；Swanson, 2000；Jarvis et al., 2005；Ito and Yamamoto, 2009；スワンソン, 2010）．現代の比較神経学では，進化の過程で「古くからある神経構造」そのものが改変・複雑化されていった，と考える．したがって，比較神経学の専門用語も現代的な考え方にもとづいて変更されるようになった．例えば鳥類の終脳に関しては，旧時代の考え方にもとづいた命名法が100年間近く使用されてきたが，2005年になって新しい考え方のもとに大きく改訂された（Jarvis et al., 2005）．しかし現代でも，一般向け解説書などで，しばしば旧時代のモデルに出会うことがある（“ヒトの脳の深部には，爬虫類の脳が存在する”など）．

実際，これまで見てきた通り，脊椎動物の脳・脊髄は魚類から哺乳類に至るまで，その基本的な構造は類似している．特に，系統発生的に保守的な脳領域（延髄，後脳，中脳，および間脳尾側部の，底板の存在する運動性領域）は，あらゆる脊椎動物でほとんど同一である（図12-1を参照されたい）．しかし，さすがに終脳と間脳吻側部に関しては，魚類と哺乳類では構造的に異なるところがかなりある（第10章と第12章参照）．

終脳に関して言えば，ヒトの知的機能の座は，いわゆる大脳「新」皮質（等皮質）であると考えられている（ステュワード, 2004；スワンソン, 2010）．しかし大脳皮質に相当する構造は，哺乳類になって新規に突然現れたものではなく，系統発生的には古くから存在していたものである．大脳皮質に相当する脳領域，すなわち終脳外套は，ヌタウナギ *Eptatretus burgeri*（無顎類）にも存在していることが最近明らかにされた（Sugahara et al., 2016）.

2）中枢神経系の機能

中枢神経系を機能的に考えた場合，動物間における共通性はさらに明らかである（図 13-1）. 動物は，外部環境からの情報を感覚器によって時々刻々受容する（体性系）．受容された様々な情報は，中枢神経系へ伝わり，体内の生理的状況（内部環境情報：臓性系），そして「記憶」から「想起」された情報と合わせて統合される．統合された情報により，中枢神経系内で 1 つの対応が決定される．その決定は，中枢神経系からの指令として効果器（筋肉や分泌腺など）へ伝えられ，1 つの行動として表出する．この一連の機能連鎖は，脊椎動物のみならず，無脊椎動物の神経系にもあてはまる（ヤング，1970）.

この単純な模式図に関連して，2 つのことを補足しておきたい．1 つは，体性系と臓性系についてである．この 2 つの系は，中枢神経内で相互に影響をおよぼし合い，それによって個体としての有機的統合性が維持されている．体性系の神経系は，臓性系のそれと比べると，系統発生的に非常に大きく発達・変化してきた（伊藤・吉本，1991）.

もう 1 つは，「記憶系」についてである．「記憶」がどのように中枢神経系に「記銘」され，どの場所にどのような形で「保持（貯蔵）」され，そしてどのようにして「想起」されるかについては，現在未解決の問題である．海馬，扁桃体，そして大脳「新」皮質（特に前頭葉と後頭葉の）が関係していると想定されているけれども，「記憶系」の神経回路は未だ確実には特定されていない．しかし，中枢神経系内で様々な情報が統合される時，必ず「想起」された記憶情報も照合されるはずである（木下，2002）．木下清一郎（東京大学）は，動物の神経系の進化の過程で，「刷り込み」や「条件反射（学習）」などの機能が次第に獲得されていったことを指摘し，

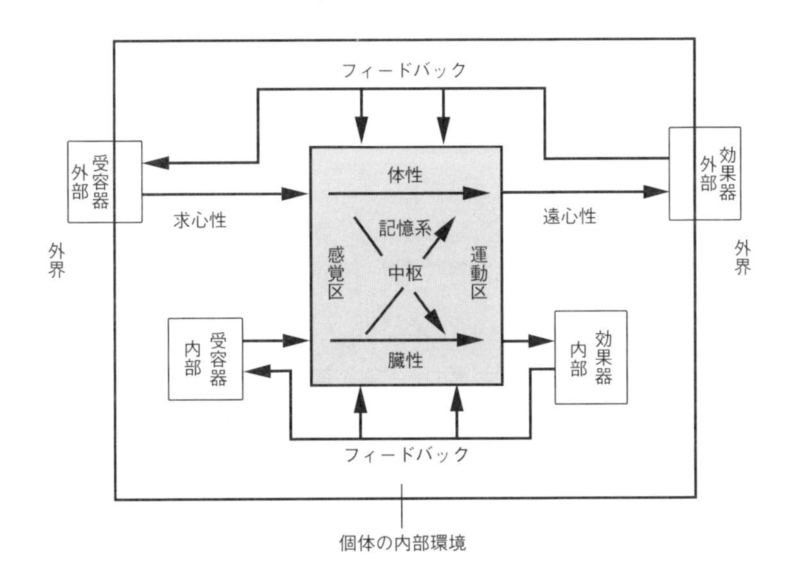

図 13-1　環境と神経系
環境と神経系の関係を模式的に示す．個体（外側の四角）をとりまく外界の情報は，外部受容器によって受容され，電気的信号に変換され，体性の求心性神経を通じて中枢神経系（内側の四角；灰色の部分）の体性感覚区に伝えられる．一方，体内の情報は内部受容器によって受容され，中枢神経系の臓性感覚区に伝えられる．これらの情報は，中枢神経系内で記憶系からの情報とともに相関・統合される．その結果を受けて決定された応答指令は，運動区から体性または臓性の遠心性神経を通じてそれぞれの効果器に運ばれる．伊藤・吉本（1991）の図 11-1 を改変.

「記憶」の重要性を述べた（木下，2002）．これらの機能には，「記憶」が必要不可欠だからだ．「記憶」によって動物は，その時その時の瞬間のみに生きるのではなく，はじめて「過去」という時間を保持して生きるようになった．

3）中枢神経系の階層的構造

図13-1の中枢神経系の中味にもう少し踏み込んで考察してみよう（図13-2）．

中枢神経系の最表層については，よくわかっている（図13-2の濃い灰色部分）．感覚区の最表層には，感覚器あるいは神経節細胞からの軸索が入り込んでいる．一方，運動区の最表層には運動ニューロンが存在し，その軸索が筋肉や腺に向けて出ている（図1-3B参照）．すなわち，まとめて「最終共通路 final common pathway」である．中枢神経系の残りのすべては，感覚区の最表層と運動区の最表層との間に存在する，介在ニューロンの巨大な集塊である．

この集塊の中にも，感覚区と運動区が入り込んでいる（図13-2の薄い灰色部分）．例えば感覚区には，感覚情報に関連するニューロン群が階層的に重なって存在する（図13-2の左側）．

ヒトの視覚系を例にあげよう．網膜からの視覚情報の大部分は，間脳の中継核（視床の外側膝状体）を経て大脳の1次視覚皮質（1次視覚野，有線皮質ともいう，Brodmannの17野）にまず運ばれる（ステュワード，2004）．1次視覚野に入った視覚情報は，その後様々な情報処理を受けつつ，隣接する視覚連合野（Brodmannの18野と19野）に運ばれ，ここでも情報処理を受ける．これらの視覚連合野は2次と3次の視覚連合野とよばれている．視覚情報は，その後も異なる大脳皮質（4次視覚連合野と5次視覚連合野）に運ばれ情報処理が行われる．このような一連の情報処理の最終結果が，私たちにとっての視覚認知世界，すなわち，形や色の認知（対象視覚）および位置と運動の認知（空間視覚）となる．

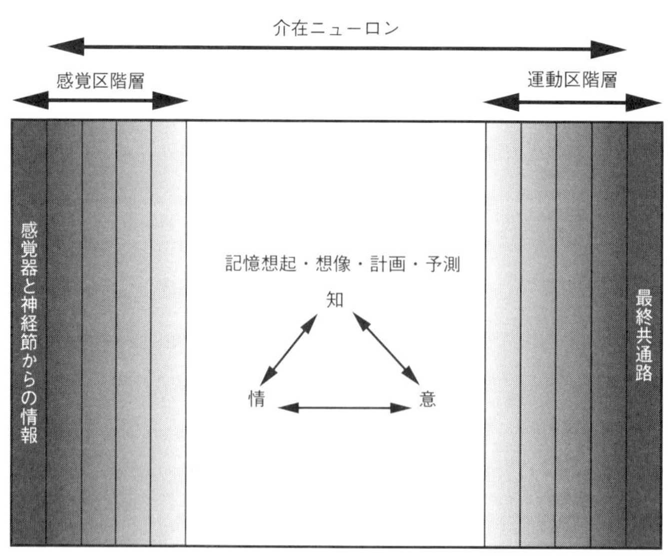

図13-2　中枢神経系の階層的構造

中枢神経系を模式的に示す．太い線で囲まれた四角の枠内が中枢神経系全体である．その感覚区（左）と運動区（右）には，いずれも階層的な機能構造が存在する（灰色の細長い長方形）．それらの再表層（濃い灰色部分）には，感覚器あるいは神経節細胞からの軸索が入り込み（感覚区），あるいは「最終共通路」が存在する（運動区）．階層的な機能構造によって，中枢神経系の中に感覚性世界と運動性世界が再現される．そして，そのさらに奥に心的世界（知・情・意）を担う構造が存在すると考えられる（白い部分）．現生動物の中でも特にヒトは，心的世界の中で感覚性世界と運動性世界を知的に操作することができる．心的世界の中で「知・情・意」は，相互に密接に関係している．

運動区の介在ニューロン集塊にも，階層構造が存在している（図 13-2 の右側）．これらの複数のニューロン階層が「最終共通路」を調節するのである．例えばヒトの大脳皮質（1 次運動皮質・Brodmann の 4 野と体性感覚皮質・Brodmann の 1-3 野）からの運動指令情報は，皮質脊髄路と皮質延髄路を通って延髄と脊髄の最終共通路に運ばれる（ステュワード，2004）．ところが，この大脳の 1 次運動皮質自体が，補足運動皮質や運動前皮質などの他の皮質領野からの入力を受けて調節されている．

また，動物の定型的行動（呼吸，遊泳と歩行などの体移動，そして姿勢など）をつくり出す一連の最終共通路の運動ニューロン群は，その上位に存在する 1 次中枢性パターンジェネレータ central pattern generator によって調節されている（スワンソン，2010）．この 1 次中枢性パターンジェネレータは，さらに上位の 2 次中枢性パターンジェネレータに調節され，以下同様にして一連の運動調節階層は続く．この一連の運動調節階層の最上位は，中枢性パターンイニシエータ central pattern initiator からの開始情報を受けており，中枢性パターンイニシエータ自体はさらに中枢性パターンコントローラ central pattern controller の調節を受けている（スワンソン，2010）．

このように感覚区も運動区も，介在ニューロンの集塊内部に入り込み，機能的階層構造を形成している．さらに重要なのは，感覚区でも運動区でも，その各階層には多かれ少なかれ外界が再現 represent されていることである．例えばヒトの体性感覚に関して，身体の各部位（顔，手，そして足など）と脳内の 1 次体性感覚皮質（Brodmann の 1-3 野）の対応部位は，空間的にそれぞれ対応している（ステュワード，2004）．このような空間（局所）対応性は，体部位局在性あるいは体性局在性 somatotopy とよばれている（-topy は位置や場所を意味する）．つまり，体性感覚情報は地図のように脳内に表現されているのだ．したがって，外界の感覚性世界と運動性世界は中枢神経内に再現されていることになる（図 13-2 の薄い灰色部分）．

中枢神経系のさらに奥深くに入り込むと，感覚と運動とは直接的には関わらないような介在ニューロンの集塊がある（図 13-2 の白い部分）．中枢神経系内のこの部分は，感覚と運動から比較的独立した機能を担っていると思われる．ヒトの脳の機能は，一般に「知・情・意」の 3 つにまとめられる．また，「知・情・意」は総体的に「心」とよばれることが多い．おそらくこの奥深い部分が「知・情・意」を担当し，心的世界を創り出しているのだろう．

この奥深い部分の発達程度は，動物の種類によって大きく異なるようである．現生動物の中で，ヒトと遺伝的に最も近いのはチンパンジーである．松沢哲郎（霊長類研究所）は，チンパンジーの子供の認知発達を母子と親しく接する方法（彼は参与観察とよんだ）により研究し，ヒトの認知発達と比較した（松沢，2011）．彼の結果によると，チンパンジーの脳の重さはヒトのそれの 3 分の 1 程度だが，両者の認知能力の発達の様相はよく似ていた．しかし，成長するにつれてチンパンジーとヒトの認知能力は異なってきて，ヒトでは固有な特徴が出てくる．最も異なるのは，ヒトでは「想像するちから」における時間と空間の広がり方が段違いに大きいことである（松沢，2011）．つまり最終的な認知能力は，チンパンジーとヒトでは量的に異なってくる．

ヒトの場合は，「記憶の想起」と「想像するちから」によって中枢内感覚性世界を「見」てとり，中枢内運動性世界の中から「計画」した行動を「選び取り」，その結果すら中枢内で「予測」することができる．しかも，この中枢内の一連の過程は，比較的低いエネルギーコストで，外界とは実際には関わらずに，安全に，何回でもくり返すことができる．このことによってヒトは，外界に向かって実際に行動を起こす以前に，採用すべき行動を中枢内であらかじめ「練る（試行する）」ことができる．このような中枢神経系の機能は「知的（認識的）機能」と考えられ，この機能はヒトの生存と繁殖にとって非常に“適応的”であったろうし，現在もそうである．そしてこの機能こそが，現生生物の中でヒトのみを「パラ進化する種」にしたと考えられる（コラム20）．

「知・情・意」のうちの「知（認識）」は上述の通りであるが，他の2つは何だろうか？　推測するに，「情」は感覚性世界の近くの心的世界で生じ，「意」は運動性世界の近くの心的世界で生まれるものではないだろうか．

4）中枢神経系のネットワークモデル

中枢神経系の主要な機能は，感覚，運動，そして知（認識）だけではない．スワンソンは中枢神経系と行動との関係を考察して，脳の4系統ネットワークモデル four systems network model という仮説を提唱した（スワンソン，2010；Swanson，2012）．彼は，睡眠－覚醒状態などの，神経系全体に影響するような内在的機能系（＝行動状態系）をとりあげ，中枢神経系の主要な機能要素は感覚系 sensory system，運動系 motor system，認識系 cognitive system，そして行動状態系 behavioral state sytem の4つであるとした（図13-3）．

彼の考え方の出発点は，運動系と行動についての考察である．中枢神経系の中でも，運動系だけが行動をコントロールしている．言いかえると，骨格や筋肉を動かすこと（体性の行動）そして腺や内臓が働くこと（臓性の行動）には，運動系のみが関与している．それでは，この運動系をコントロールしているのは何か？　彼によると，それらは感覚系からの情報（反射運動に関わる），認識系からの情報（随意運動に関わる），そして状態系からの情報（睡眠－覚醒状態など）の3つである．そして，これら合計4つの機能系統は，相互にネットワーク状に密

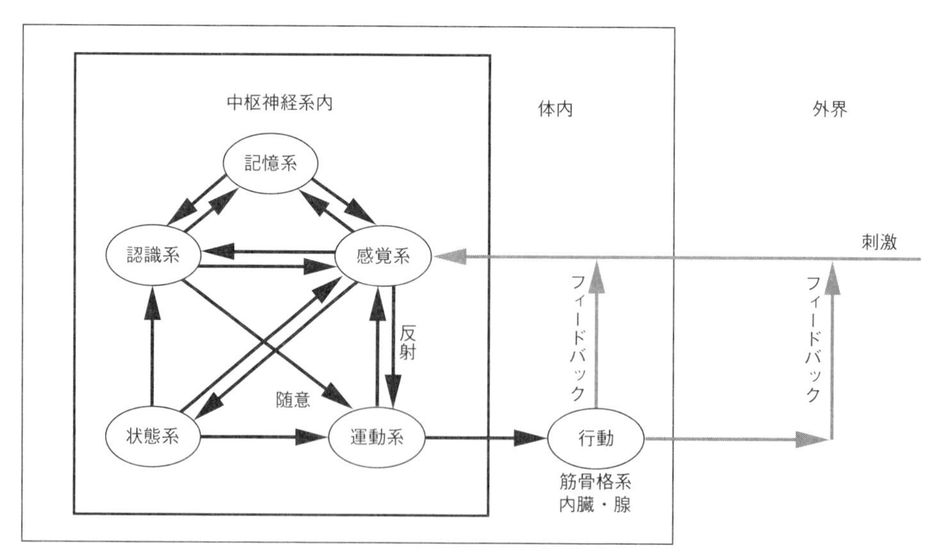

図13-3　脳のネットワークモデル
中枢神経系の基本プランに関するネットワークモデルを示す．太い線で囲まれた四角の枠内が中枢神経系である．細い線で囲まれた四角の枠内は体内をあらわす．行動は，運動系からの出力だけによって生じる．その運動系は感覚系，行動状態系，そして認識系の3系統からの情報によってコントロールされている．そのうちの感覚系と認識系は，記憶系と情報を相互にやりとりしている．これらすべての系は，ネットワーク状に密接に影響し合っている．運動系からの出力は，生理学的行動（内臓・腺）と環境に働きかける行動（筋骨格系）の両者をもたらす．これらの内部環境および外部環境に対する影響は，感覚性の信号によって神経系にフィードバックされる．スワンソンの4系統モデル［Swanson（2012）の図7.5］を改変．

接に影響し合っている．

筆者は，木下（2002）の考えを支持して，神経系における「記憶」機能を重視する．そのため，スワンソンの4系統に加えて，脳のネットワークモデルには「記憶系」をつけ足すべきだと考える（図13-3）．条件反射による行動形成には，「意識」にのぼるものと，のぼらないものの両方があるという（ドウアンヌ, 2015）．「意識」にのぼる条件反射行動は「認識系」に，「意識」にのぼらない条件反射行動は「感覚系」に，それぞれ密接に関連していると考えられる．そのため，図13-3では「認識系」と「感覚系」の近傍に「記憶系」をつけ加えている．

5）メダカの行動表出：繁殖（生殖）行動

本節ではメダカの繁殖（生殖）行動を例として，脳の機能を考察する．

スワンソンが言うように，中枢神経系の機能は最終的には運動系→行動として表出される．それではメダカでは，どのような行動が見られるだろうか？

メダカは，他の真骨類と同じように，摂食行動，遊泳行動，集合（成群）行動，睡眠と覚醒，闘争行動（コラム21参照），逃避行動，そして繁殖（生殖）行動を行う（岩松，2006）．メダカの行動の中でも印象的なのは，やはり繁殖（生殖）行動に関わる一連の行動であろう．求愛行動の時，いかにもメダカにふさわしく，オスはメスの面前で優雅にもダンス（求愛円舞）を披露する（図13-4E）．

メダカの仔魚や稚魚では，闘争行動や集合（成群）行動が見られるが，繁殖（生殖）行動は見られない．メダカの繁殖（生殖）行動が始まるのは，全長25 mmを超える頃からである．言いかえると，メダカの生殖活動開始のためには，脳・脊髄と体が成熟に達し，栄養状態が良いことが前提となる．

外部環境としては，光と水温（約14℃以上で40℃以下）が重要な条件である（Awaji and Hanyu，1987；岩松，2006）．これらの適切な条件下では（野外では，春から初秋まで），メダカのメスは毎日夜間に排卵し，日の出から早朝にかけて産卵する．この産卵リズムは，光の明暗リズムに依存している．

光は，網膜ではなく，松果体を介して間脳の下垂体に働くようである（岩松, 2006）．したがって繁殖（生殖）行動開始のためには，感覚系が必要で，その中でも松果体での光感覚および温度感覚（一般体性感覚）が必須である．これらの外部環境が感知されると，メダカの中枢神経系と内分泌系は全体的に「非繁殖状態」から「繁殖状態」という状態に一斉に切り替わる．そして秋から冬になると，逆に「繁殖状態」から「非繁殖状態」に切り替わり，繁殖（生殖）行動は止まる．要するに，感覚系からの情報によって行動状態系の変更が行われる．

次に繁殖（生殖）行動そのものを考察しよう（図13-4）．Kobayashi et al.（2012）とHayakawa et al.（2012）は，野外でのメダカの繁殖（生殖）行動の報告の中で，その一連の行動を「産卵行動 spawning」と「産みつけ行動 egg deposition」の2つに大きく分けた．彼らはまた繁殖（生殖）行動に関わる用語を見直し，新しい用語を提唱している．ここでは，その用語に従って行動を紹介する．

繁殖（生殖）行動のうちの産卵行動は，以下のような12の定型的行動（性行動）が順次行われることによって成立する（Ono and Uematsu，1957；岩松，2006）．これは，運動行動パターンの目録，つまり動物行動学でよく用いられるエソグラム ethogramである（コッピンジャー・ファインスタイン，2016）．その定型的行動とは，オスの近づき approaching→オスの従い following→求愛定位 positioning→メスの頭上げI head up I→オスの求愛円舞 quick circle→メスの頭上げII head up II→オ

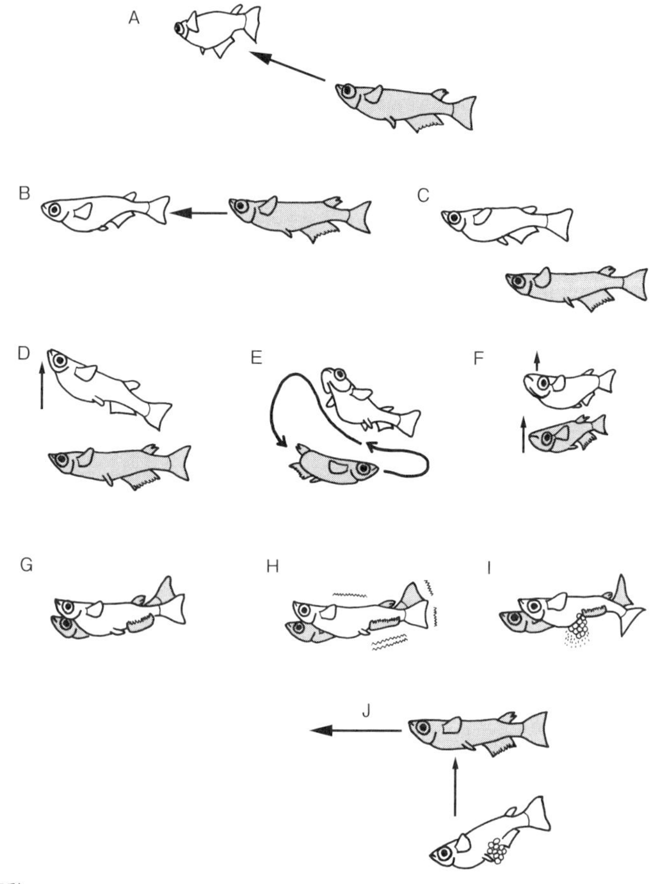

図13-4　メダカの産卵行動
メダカの繁殖（生殖）行動は「産卵行動」と「産みつけ行動」の2つに大別されるが，この図は「産卵行動」のエソグラムを示す．オスは灰色で，メスは白色であらわしている．産卵行動では，一連の定型的行動（性行動）が順次行われる．すなわち，オスの近づき（A），オスの従い（B），求愛定位（C），メスの頭上げI（D），オスの求愛円舞（E），メスの頭上げIIとオスの浮き上がり（F），交叉（G），抱接とふるわせ（H），メスの放卵とオスの放精（I），そしてオスの離れ（J）である．細い矢印は浮き上がりの方向を，太い矢印は遊泳方向を示す．Ono and Uematsu（1957）の図1をもとに，改変して作図．

スの浮き上がり floating→交叉 contact→抱接 wrapping→ふるわせ quivering→メスの放卵 egg release とオスの放精 sperm release による卵の受精→そしてオスの離れ leaving である（図13-4）．

これらの運動行動パターンが生じるためには，感覚系としては少なくとも視覚，嗅覚，そして触覚（一般体性感覚）が必要である（岩松，2006）．視覚は，嗅覚とともに，上述の運動行動パターンのうちの「求愛定位」と「求愛円舞」の成立に関与している（Hayakawa et al.，2012）．嗅覚は，特に「交叉」と「抱接」の成立に大きく関与している（Hayakawa et al.，2012）．嗅覚としては，プロスタグランジンなどのフェロモンの感知が重要だと思われる．大嶋雄治（九州大学）の研究グループの結果によると，オスのメダカは，プロスタグランジンを注射されたメスに反応して，上述の一連の運動行動パターンを数分以内に開始する（Oshima et al.，2003）．

運動系としては，遊泳や姿勢調節に働く筋肉がすべての運動行動パターンに関与している．「抱接」には，一般的な筋肉のみだけではなく，微妙な鰭運動に必要な鰭の筋肉もまた協調的に働いているだろう.「放卵と放精」は臓性の運動の結果である.

オスの産卵誘発行動は, メスの「好み」によっては受け入れられないこともあり, 他の個体の接近によっても中断され得る. したがってメダカの産卵行動は, 一度始まったら途中で中断できないような機械的かつ反射的な行動ではない. ここには何らかの認識系が働いていると考えられる. さらにまた, メスは以前に自分を産卵させたオスを記憶していて, そのオスを「好んで」受け入れる(岩松, 2006). 視覚的に以前に認識していたオスをメスが「好む」ことは実験的にも確認されている(Okuyama et al., 2014). したがってメダカの産卵行動には, 認識系のみならず記憶系もまた働いている.

本章では神経系の全般的機能について述べたが, 次章では, もっと個別具体的にメダカ(現代的真骨類)の中枢神経系の機能を述べよう.

参考文献

Awaji M, Hanyu I (1987) Annual reproductive cycle of the wild type medaka. Nippon Suisan Gakkaishi 53: 959-965.

Hayakawa Y, Takita S, Kikuchi K, Yoshida A, Kobayashi M (2012) Involvement of olfaction in spawing success of medaka *Oryzias latipes*. Japanese J Ichthyology 59: 111-124 (in Japanese).

Ito H, Yamamoto N (2009) Non-laminar cerebral cortex in teleost fishes? Biol Lett 5: 117-121.

Jarvis ED, Gunturkun O, Bruce L, Csillag A, Karten H, Kuenzel W, Medina L, Paxinos G, Perkel DJ, Shimizu T, Striedter G, Wild JM, Ball GF, Dugas-Ford J, Durand SE, Hough GE, Husband S, Kubikova L, Lee DW, Mello CV, Powers A, Siang C, Smulders TV, Wada K, White SA, Yamamoto K, Yu J, Reiner A, Butler AB (2005) Avian brains and a new understanding of vertebrate brain evolution. Nat Rev Neurosci 6: 151-159.

Karten HJ (1991) Homology and evolutionary origins of the 'neocortex'. Brain Behav Evol 38: 264-272.

Karten HJ (1997) Evolutionary developmental biology meets the brain: The origins of mammalian cortex. Proc Natl Acad Sci USA 94: 2800-2804.

Kobayashi M, Yoritsune T, Suzuki S, Shimizu A, Koido M, Kawaguchi Y, Hayakawa Y, Eguchi S, Yokota H, Yamamoto Y (2012) Reproductive behavior of wild medaka in an outdoor pond. Nippon Suisan Gakkaishi 78: 922-933 (in Japanese).

Nieuwenhuys R, Ten Donkelaar HJ, Nicholson C (1998) The central nervous system of vertebrates 1-3. Berlin: Springer-Verlag.

Okuyama T, S. Yokoi, Abe H, Isoe Y, Suehiro Y, Imada H, Tanaka M, Kawasaki T, Yuba S, Taniguchi Y, Kamei Y, Okubo K, Shimada A, Naruse K, Takeda H, Oka Y, Kubo T, Takeuchi H (2014) A neural mechanism underlying mating preferences for familiar individuals in medaka fish. Science 343: 91-94.

Ono Y, Uematsu T (1957) Mating ethogram in *Oryzias latipes*. J Fac Sci Hokkaido Univ Ser VI Zool 13: 197-202.

Oshima Y, Kang IJ, Kobayashi M, Nakayama K, Imada N, Honjo T (2003) Suppression of sexual behavior in male Japanese medaka (*Oryzias latipes*) exposed to 17β-estradiol. Chemosphere 50: 429-436.

Sugahara F, Pascual-Anaya J, Oisi Y, Kuraku S, Aota S, Adachi N, Takagi W, Hirai T, Sato N, Murakami Y, Kuratani S (2016) Evidence from cyclostomes for complex regionalization of the ancestral vertebrate brain. Nature 531: 97-100.

Swanson LW (2000) What is the brain? Trends Neurosci 23: 519-527.

Swanson LW (2012) Brain Architecture, 2nd ed. Oxford: Oxford University Press.

伊藤博信, 吉本正美(1991)「神経系」, 魚類生理学(板沢靖男, 羽生 功 編), pp.363-402, 恒星社厚生閣, 東京.

岩松鷹司(2006)「新版メダカ学全書」, 大学教育出版, 岡山.

レイモンド・コッピンジャー, マーク・ファインスタイン(著), 柴田譲治(訳)(2016)「イヌに「こころ」はあるのか」, 原書房, 東京.

オズワルド・ステュワード(著), 伊藤博信, 内山博之, 山本直之(訳)(2004)「機能的神経科学」, シュプリンガー・フェアラーク東京, 東京.

ラリー・スワンソン(著), 石川裕二(訳)(2010)「ブレイン・アーキテクチャ」, 東京大学出版会, 東京.

木下清一郎(2002)「心の起源」, 中公新書 1659, 中央公論社, 東京.

スタニスラス・ドゥアンヌ(著), 高橋 洋(訳)(2015)「意識と脳」, 紀伊国屋書店, 東京.

ワイルダー・ペンフィールド(著), 塚田裕三, 山河 宏(訳)(1987)「脳と心の正体」, 法政大学出版局, 東京.

松沢哲郎(2011)「想像するちから」, 岩波書店, 東京.

J・Z・ヤング(著), 中村嘉男, 時実利彦(訳)(1970)「脳と記憶」, みすず書房, 東京.

V・S・ラマチャンドラン(著), 山下篤子(訳)(2011)「脳のなかの幽霊, ふたたび」, 角川文庫, 角川書店, 東京.

コラム20　言葉，文字，ヒトのパラ進化

ヒトという動物に最も固有な特徴とは，何だろうか？

現生生物の中で，ヒトと遺伝的に最も近いのはチンパンジーであるが，彼らはヒトと同じく社会をつくる［以下のヒトとチンパンジーの類似と相違は，松沢哲郎（2011）による］．彼らは，音声によるコミュニケーションもするし，石器などの道具も使用する．手話サインや図形文字を教えると，言語習得もする．

しかし松沢によると，チンパンジーでは，道具使用における道具同士の関係（ハンマー石と台石のような）は単純なレベルにとどまる．同様に，言語使用における物（事象）と単語（サイン）の関係も単純なレベルである．道具を幾重にも組み合わせたり，道具をつくる道具をつくるのはヒトに固有である．言語においても，物とシンボルの関係性が多く，シンボルそのものを再帰的に形容するシンボルを操るのは，ヒトに限られる．

さらに重大なのは，ヒトのみが文字・数字を学習して使用することである．文字は今から約5000年前に，世界の少数の地域（メソポタミア，エジプト，インド，そして中国）で独立に出現した．文字・数字の発明によって初めて，ヒトの経験と思考は空間・時間的に広く遠く伝達可能なものになった．

この意義はきわめて大きい．文字・数字によって，過去の時代に遠い土地に生きていたヒトの経験と考えを読み取ることが可能になったからである．あるヒトの経験と考えは，文字・数字で残れば，それがその後の文化発展の土台となる．この土台の上に，さらなる発展が生じ，それが文字・数字として残され次の世代に伝わる．もし文字・数字がなければ，自然科学は発展できなかったであろう．

人類の文化的発展は，ヒトの生き方と生活環境を変化させる．逆に，変化した生活環境は，ヒトの遺伝的形質を変容させる．このヒトの変貌過程は，生物の進化と類似している．一般の生物進化とは区別する必要があるので，本書ではパラ進化とよぼう．パラ（para-）とは，医学分野でよく使われるラテン語の接頭辞で，「傍」や「副」の意味をもつ．

松沢哲郎（2011）「想像するちから」．岩波書店．東京．

コラム 21　メダカの闘争行動と側線感覚

私たち人間には，側線感覚がどのようなものか想像もつかない．電気を感知できる魚（モルミルスなど）は，この感覚を使って餌の検知はもちろんのこと，魚同士のコミュニュケーションを行っているらしい．彼らの感覚を通して“眺めた”電気的世界は，人間の知る世界とは非常に違ったものだろう．

メダカの場合には，電気感覚はないようだが，水流に関わる側線感覚はある．壁に衝突しないように遊泳したり，適当な間隔をあけて群れになって泳ぐ場合に必要な感覚である．この感覚は，闘争行動にも使われている．

個体間の優位性のはっきりしないメダカ同士の間では，尾部を使った「打ち合い」行動がみられる（岩松，2006）．この行動は，まず互いに逆向きに体を近づけて停止する「平行定位」からはじまる．人間でいえば，「にらみ合い」であろう．体色は黒くなり，せいいっぱいそれぞれの鰭を広げて体を大きく見せている．すると突然，一方が尾部で相手の側面を打つ．これを「打撃行動」という．この時，尾部は相手の体には直接接触しないので，水圧によって相手の側線器官に刺激が生じるはずである．急激な水圧増大によって相手には大きな側線感覚（衝撃）が生じるだろう．「打撃」を受けた個体は，すかさず同様な打撃で反撃する．「打ち返し行動」という．この「打撃」と「打ち返し」は２～６回続く．これが「打ち合い」行動である．この闘争行動は，人間でいえば，「なぐり合い」に相当するのだろう．

この「打ち合い」の結果，「衝撃がまん競争」に耐えられなくなった個体は容器の隅や底に逃げる．勝った個体は，相手を追撃する．負けた個体の体色は薄くなり，鰭を縮め，最終的には「すくみ行動」を示す．このような一連の闘争行動を通じて，メダカ個体間の順位が決まる．

岩松鷹司（2006）「新版メダカ学全書」．大学教育出版．岡山．

第14章
真骨類の機能的神経科学

……だから大脳皮質に於ける中枢問題が，どれ一つはっきり分らないと言って悲観をすることはない．無から此処までの智識が出たのだ．悠久の未来がある．努力と結果とを比較するような功利的な性急な考えを捨てて，楽しみながら，味わいながら，悠々と前進しよう．

平澤 興（『大脳の最高中枢』から）

前章で述べたようなメダカの行動には，具体的にはどのような神経系が機能しているのだろうか？

第8章で述べたように，神経系の機能は本質的には神経回路の情報連絡様式に帰せられる．神経回路の研究のためには，神経系におけるニューロン間の連絡様式（線維連絡）を調べることが必要不可欠である．それも，現代的な標識技術を用いた実験的研究でなければ，正確さを期待できない．

残念なことに，メダカの脳・脊髄の線維連絡の研究はまだまだ不十分である．メダカを用いた神経科学的研究のためには，今後，この分野の進展が不可欠である．大先輩の平澤 興（1900-1989）の冒頭の言葉のように，楽しみながら，味わいながら，前進したいものである．

この最終章では，ヒト神経系についての知識および現代的な比較神経学を基礎として，メダカ（現代的真骨類あるいは棘鰭上目魚類）の中枢神経系の機能をスワンソンの4系統（前章）に分けて具体的に述べたい．認識系に関連して，動物の「意識」についてもふれる．記憶系についてはほとんどが不明なので，断片的に述べざるを得ない．

メダカ自体を用いた研究結果は少ないので，本章では，他の真骨類におけるデータを援用することをあらかじめお断りしておく．なお，棘鰭上目魚類ではないが，コイ目の脳内線維連絡については優れた総説がある（Yamamoto and Ito，2008）．

1）運動系

運動系の概要を図14-1に示した（Meek and Nieuwenhuys，1998）．以下に神経解剖学な解説を述べる．

A. 最終共通路

前章3節で述べたように，運動系の階層の最下位には「最終共通路」がある．末梢神経系の遠心性神経を出している，ニューロン集団（運動性神経核あるいは運動性神経柱）とその軸索のことである．これには，各脳神経の運動性神経核そして脊髄前角などが属している．

B. 運動中枢

運動系の階層の上位には，「最終共通路」に向かって下行性神経線維を伸ばす神経細胞集団などがある（図14-1A）．脳内の運動制御に関わるニューロン集団のことを運動中枢 motor center と総称する．運動中枢は，脳のいくつかの領域に存在している．以下，尾側から吻側への順番で述べる．

後脳と延髄では，網様体（RF），内耳側線野（AOL）に存在するいくつかの神経核，および小脳（CE）などがこれに属する（図14-

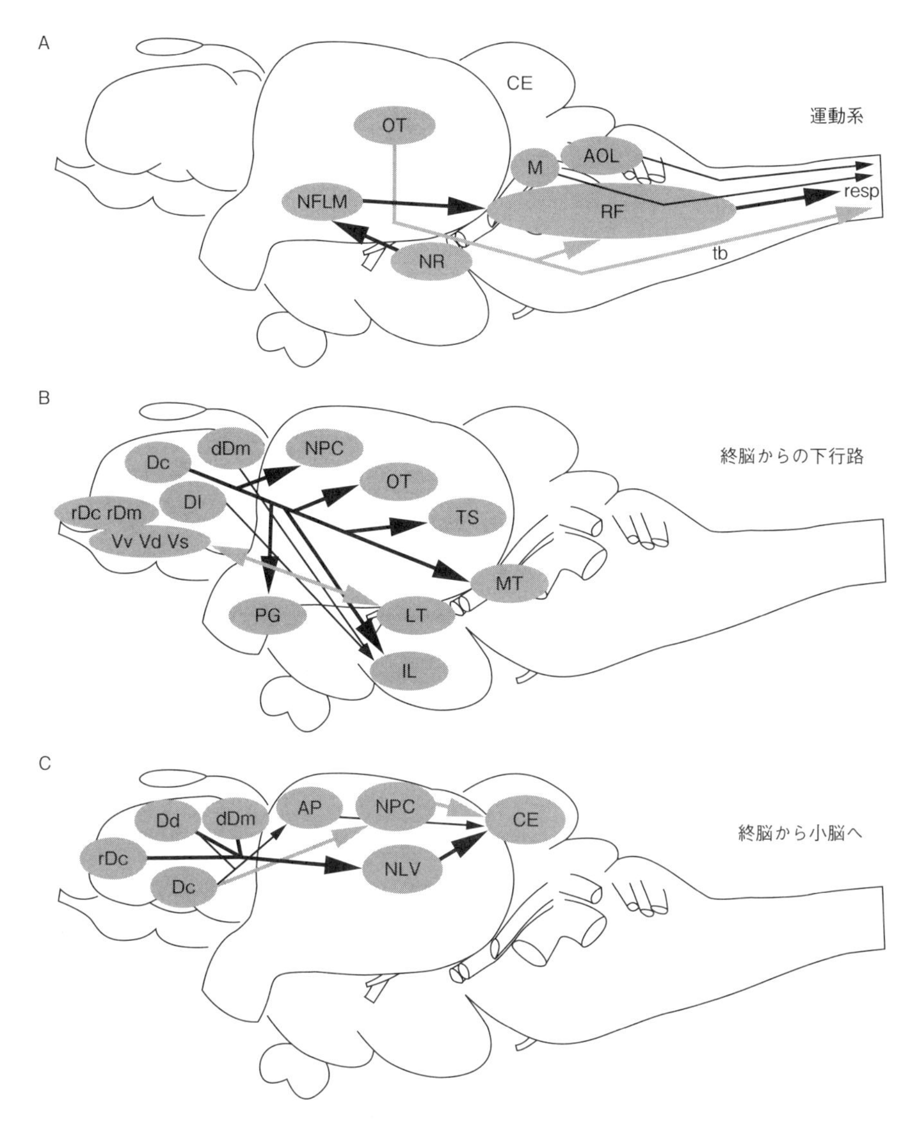

図 14-1　運動系
運動系の概要を模式図で示す．間脳より尾側の運動系下行路（A），終脳からの下行路（B），そして終脳から間接的に小脳へ情報を伝える下行路（C）を示した．メダカ中枢神経系の左外側観に，神経細胞集団（楕円）と情報の流れ（矢印）の概略を記入している．詳細は本文中に引用した文献を参照のこと．A では，主要な運動系の経路を黒と灰色の太い矢印で示し，その他の運動系の経路を黒の細い矢印で示した．B では，終脳背側野の中心部（Dc）からの下行路を黒の太い矢印で示し，視床下部内側部と終脳を相互に連絡する経路を灰色の太い矢印で示した．終脳から視床下部外側部（下葉）へ向かう経路は，黒の細い矢印で示した．C では，小脳弁外側核（NLV）を中継核とする経路を黒の太い矢印で示し，後交連傍核（NPC）を中継核とする経路を灰色の太い矢印で示した．視蓋前域の核（AP）を中継核とする経路は，黒の細い矢印で示した．略号：AOL ＝内耳側線野，AP ＝視蓋前域，CE ＝小脳，Dc ＝終脳背側野中心部，Dd ＝終脳背側野背側部，dDm ＝終脳背側野内側部の背側領域，Dl ＝終脳背側野外側部，IL ＝下葉，LT ＝視床下部の外側結節，M ＝マウスナー細胞，MT ＝中脳被蓋，NFLM ＝内側縦束核，NLV ＝小脳弁外側核，NPC ＝後交連傍核，NR ＝赤核，OT ＝視蓋，PG ＝糸球体前核複合体，rDc ＝終脳背側野中心部の吻側領域，rDm ＝終脳背側野内側部の吻側領域，resp ＝網様体脊髄路，RF ＝網様体，tb ＝視蓋延髄路，TS ＝半円堤，Vd ＝終脳腹側野背側部，Vs ＝終脳腹側野交連上部，Vv ＝終脳腹側野腹側部．

1A）．網様体の下行路は全体として網様体脊髄路 reticulospinal tract（resp）とよばれる．巨大なマウスナー細胞（M）の太い軸索は，このうちの1つで，急速な反射的逃避行動に重要な役割を果たしている（第8章参照）．

小脳は，感覚から運動への変換の場である（川人，1996）．小脳では，延髄（下オリーブ核）から来る登上線維 climbing fiber からの誤差信号を介して運動調節が行われる（川人，1996）．小脳はシナプス可塑性 synaptic plasticity による運動学習とその記憶（意識にはのぼらない）の場でもある．小脳全体からの出力（間接的な運動指令）は，哺乳類では小脳核および前庭神経外側核（＝ Deiters 核）から出る．硬骨魚類では，小脳核は存在しない．その代わりに，硬骨魚類の小脳には広樹状突起細胞 eurydendroid cell という大型の細胞が存在し，これが唯一の出力細胞となっている（伊藤・吉本，1991）．広樹状突起細胞からの軸索は間脳，中脳，そして橋・延髄網様体など，広範な脳の運動部位に投射している．

中脳では，視蓋の梨状型大型ニューロンなどから強大な神経線維が延髄に向かって伸びている（図14-1Aの灰色の矢印）．この下行路は全体として視蓋延髄路 tractus tectobulbaris（tb）とよばれ，中脳被蓋・橋・延髄の「最終共通路」および網様体に入る．視蓋延髄路は，直進する線維路 tractus tectobulbaris rectus と左右交叉する線維路 tractus tectobulbaris cruciatus に分かれて下行する．視蓋は多種の感覚情報を相関させ，統合した結果を運動出力する重要な統合中枢である（Vanegas and Ito，1983）．視蓋には体性局在性をもつ運動地図があり，視蓋の網膜局在性をもった視覚地図などに対応して，眼，頭部，そして体の調整のとれた運動を可能にしている（Salas et al.，2003）．

間脳尾側部では，内側縦束核（NFLM）が運動中枢である（図14-1A）．第8章で述べたように，メダカでは，この核およびその神経路（内側縦束）は発生早期に現れる．ヒトを含む哺乳類などでも，この核およびその神経路は早期に分化・発達する．内側縦束の線維は，前述の網様体脊髄路を通って脊髄まで下行する．間脳吻側部では，赤核（NR）という大型細胞集団が運動中枢である（図14-1A）．赤核も早期から分化する運動性神経核で，第8章で述べたように，VDT（腹側間脳路）をつくる細胞集団（VDT核）から発生すると思われる．

終脳にも運動中枢が存在する（図14-1B）．ヒトなどの哺乳類では，大脳皮質からの皮質脊髄路は脊髄にまで達する．しかし真骨類では，終脳からの下行路は脊髄までは達しないので，皮質脊髄路に相当するものは存在しない．しかし，哺乳類の皮質延髄路に相当するものは存在する．終脳背側野中心部（Dc）からの下行路は，後脳近くまでは投射しているからである（後述）．

C．中枢性パターンジェネレータとイニシエータ

遊泳行動のためには，体幹と鰭の筋肉の協調のとれた運動が必要である．遊泳行動に関しては，脊髄に存在する中枢内リズム生成回路 central pattern generator が自立的にリズムをつくっていると考えられている（植松，2002）．この中枢内リズム生成回路は，内側縦束核からの情報によって活性化される（植松，2002）．つまり，内側縦束核は真骨類における体移動の中枢性パターンイニシエータと考えられている．その上位に存在するはずの，体移動の中枢性パターンコントローラについては，未だ研究が進んでいない．前章に述べた繁殖（生殖）行動のためには，特定の鰭の筋肉などの協調のとれた運動が必要である．この神経学的メカニズムも，未だ不明なまま解明されていない．

D．終脳からの下行路

終脳からの下行路をここでまとめておこう

（図14-1BとC）．終脳からの下行路には，運動機能をもつもの，感覚情報の統合に関連するもの，そして間接的に小脳に達するものがある．

図14-1Bは，現代的真骨類における終脳からの下行路の一部を示している．終脳背側野（D）における下行路の起始細胞群は，中心部（Dc），外側部（Dl），内側部の背側領域（dDm），そして吻側部（rDcとrDm）などである（吉本・伊藤，2002；吉本・山本，2013）．Dcは，①視蓋前域の後交連傍核 nucleus paracommissuralis（NPC）（Ito et al., 1982），②間脳の糸球体前核複合体（PG），③視蓋（OT），④半円堤（TS），⑤後脳近くまでの中脳被蓋（MT），そして⑥視床下部の下葉（IL）などに投射する（吉本・伊藤，2002）．DlとdDmは，ともに下葉（IL）に投射する．

終脳腹側野（V）における下行路の起始細胞群は，腹側部（Vv），背側部（Vd），そして交連上部（Vs）などである．これらは終脳背側野の吻側部（rDcとrDm）とともに視床下部内側部（外側結節：LT）と双方向に連絡している（吉本・山本，2013）．Vv，Vd，Vs，そして外側結節は，嗅覚情報と一般臓性感覚情報を統合する領域だと考えられている（吉本・山本，2013；次節参照）．

図14-1Cは，終脳から小脳へ向けた下行路を示している．現代的真骨類のティラピアでは，終脳から間接的に小脳へ情報を伝える3つの下行路が存在する（Imura et al., 2003；Yang et al., 2004）．①前述の後交連傍核（NPC），②視蓋前域（AP）の核，そして③小脳弁外側核 lateral valvular nucleus（NLV），をそれぞれ中継核とするものである（Imura et al., 2003；Yang et al., 2004）．これらは，機能的には哺乳類の橋核に相当すると考えられている．これらのうちの小脳弁外側核は，位置的にも哺乳類の橋核に類似している．

2）感覚系

主要な感覚系の概要を図14-2と14-3に示した．以下にヒト（哺乳類）と比較しながら，それぞれの感覚モダリティー（感覚の種類）について解説する．

A. 嗅覚

ヒトの場合，嗅粘膜（嗅上皮）に存在する双極性の感覚細胞（嗅細胞）が匂いをまず感知する（ステュワード，2004）．その嗅覚情報は，嗅細胞（1次ニューロン）の軸索（嗅神経＝I脳神経）によって脳の嗅球に運ばれる．嗅球には，嗅覚の2次ニューロン（僧帽細胞と房飾細胞）が存在し，嗅覚情報を受け取る．嗅覚情報は，この2次ニューロンの軸索によって大脳皮質の嗅覚性の領野に運ばれる．つまり，他の感覚情報とは異なり，嗅覚情報は間脳で中継されることなく，直接的に大脳皮質の①前嗅核，②嗅結節，③梨状皮質，④扁桃体の皮質核，そして⑤内嗅領皮質に到達するのである．これらの嗅覚性の領野は，視床下部および大脳辺縁系と密接な連絡をもつ．

一方魚類の嗅覚経路は，現代的真骨類であるカサゴとティラピアで調べられた（Murakami et al., 1983；吉本・山本，2013）．図14-2Aのように，嗅球（BO）の僧帽細胞からの嗅覚情報は，終脳および間脳に到達する．嗅覚情報の終脳到達部位は，背側野尾側（後）部（Dp）と腹側野の各部（V）である．嗅覚情報の間脳到達部位は，視索前野（POA）と後結節核 nucleus posterior tuberis（NPT）である．

なお陸生動物とは異なり，水生動物では化学物質はすべて水に溶けた状態で感知されるので，同じ物質が嗅覚と味覚の対象物になることがある．しかし嗅覚は，ステロイドやプロスタグランジンなどの特別な物質に対して特に鋭敏に働いている．これらの物質は，前章に述べたように，真骨類の繁殖（生殖）行動に関して，フェ

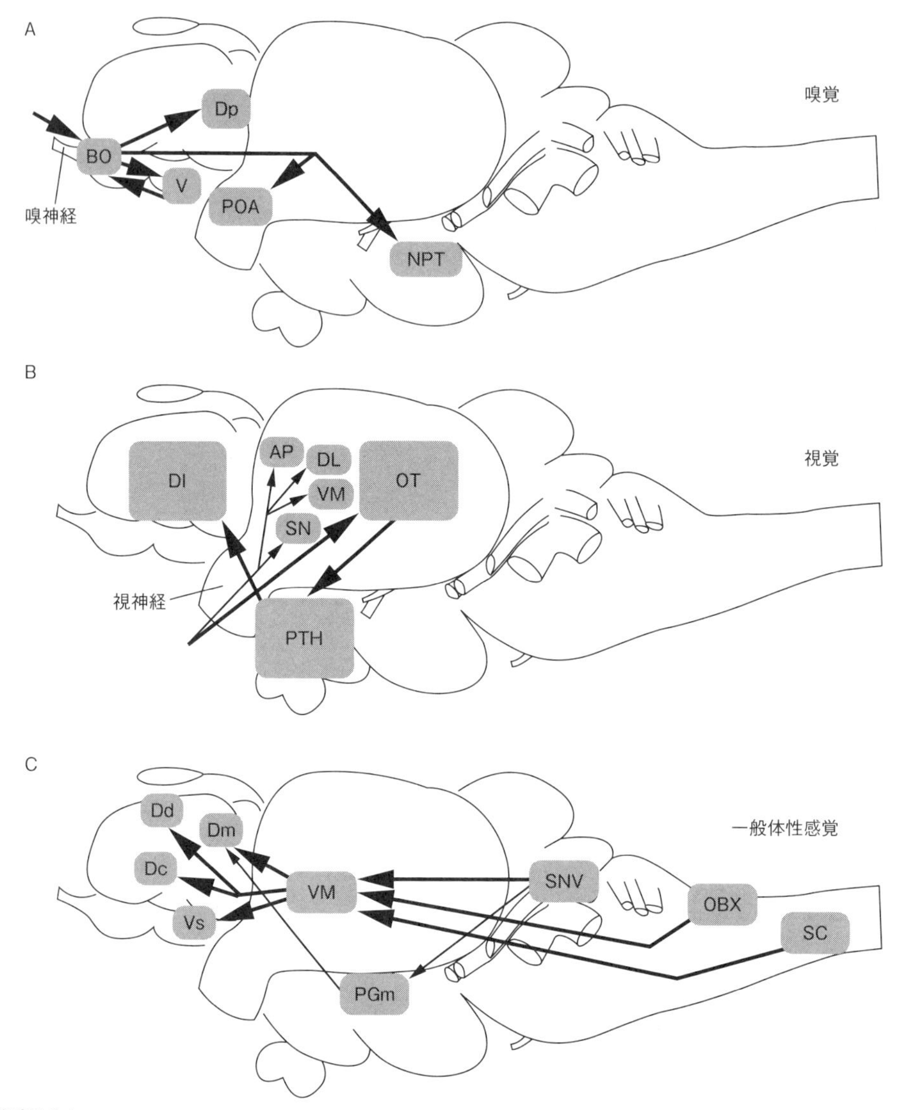

図 14-2　感覚系その 1
嗅覚系（A），視覚系（B），そして一般体性感覚系（C）の中枢内の経路を模式的に示す．メダカ中枢神経系の左外側観に，神経細胞集団（丸四角）と情報の流れ（矢印）の概略を記入してある．詳細は本文中に引用した文献を参照のこと．B では，狭義の非（外）膝状体系の経路を太い矢印で示し，その他の経路を細い矢印で示した．C では，視床腹内側核（VM）を中継核とする経路を太い矢印で示し，糸球体前核複合体の内側部（PGm）を中継核とする経路を細い矢印で示した．略号：AP ＝視蓋前域，BO ＝嗅球，Dc ＝終脳背側野中心部，Dd ＝終脳背側野背側部，Dl ＝終脳背側野外側部，DL ＝視床背外側核 nucleus dorsolateralis thalami，Dm ＝終脳背側野内側部，Dp ＝終脳背側野尾側（後）部，NPT ＝後結節核，OBX ＝延髄の閂領域 obex region，OT ＝視蓋，PGm ＝糸球体前核複合体の内側部，POA ＝視索前野，PTH ＝視床前核，SC ＝脊髄，SN ＝視交叉上核，SNV ＝三叉神経感覚核 sensory nucleus of trigeminal nerve，V ＝終脳腹側野，VM ＝視床腹内側核，Vs ＝終脳腹側野交連上部．

ロモンとして重要な役割を果たしている（小林・郷，1991；小林，2002）．

B.　松果体からの光感覚

松果体については，第 6 章で解説した．魚類では，松果体は光の強度（明暗情報）を識別し，メラトニンの分泌を介して体色変化や生殖腺の機能に関与する（田畑・大村，1991）．前章に述べたように，松果体からの光情報がメダカでは生殖行動開始のために重要な役割を果たしている．トゲウオなどの現代的真骨類の場合，松果体からの明暗情報は手綱，視蓋前域，中脳被蓋，視床，そして視床下部などに到達する（田畑・大村，1991）．

C. 視覚

脊椎動物の視覚上行路には，大きく分けると2つの経路がある（ステュワード，2004）．哺乳類では，網膜からの視覚情報の大部分は間脳（視床）の外側膝状体背側核を中継核として大脳皮質に至る．この経路は膝状体系 geniculate system（網膜→外側膝状体→大脳の1次視覚皮質）とよばれる．残りの視覚情報は，上丘（視蓋），視蓋前域，そして視交差上核などのいくつかの部位に運ばれる．これらの経路は，広義の非（外）膝状体系 extra-geniculate system とよばれる．このうち，大脳皮質に至る経路（網膜→視蓋→間脳の視床枕→視覚連合野）のことを特に狭義の非膝状体系という（ステュワード，2004）．

硬骨魚類の視覚神経路は，現代的真骨類であるイットウダイ類で詳細に調べられた（Ito and Vanegas，1983；1984）．網膜からの視覚情報は，図14-2Bのような経路で終脳にまで運ばれる．これは，哺乳類の視覚経路とは，少し様相が異なる．現代的真骨類では，狭義の非膝状体系（網膜→視蓋→間脳の中継核→終脳）の経路の方がよく発達しており，膝状体系（網膜→間脳の中継核→終脳）の経路はむしろ退化的なのである（山本・伊藤，2002）．

視神経線維の大部分は視蓋浅部の視神経線維層 stratum opticum と浅線維灰白層 stratum fibrosum et griseum superficiale に終末を形成する［図10-9参照．メダカにおける視神経の終末部位については Deguchi et al.（2005）を見ていただきたい］．次いで視蓋（OT）からの視覚情報は，間脳の視床前核 nucleus prethalamicus（PTH）に到達する．視床前核は，第10章に出てきた糸球体前核複合体の亜核の1つである．視床前核に投射する視蓋のニューロンは，視蓋最深部の脳室周囲層 stratum periventriculare に細胞体をもち，その樹状突起を視蓋浅部（ここに視神経線維が入力している）に向けて伸ばしているのである．この真骨類の視床前核は，細胞形態やシナプス構成などの点で，哺乳類の間脳中継核である視床枕に酷似している（山本・伊藤，2002）．そして最後に，視床前核（PTH）からの視覚情報は終脳背側野外側部（Dl）に到達する．したがって真骨類の Dl は，哺乳類の大脳の視覚連合野に同等な部位であるといえる（吉本・伊藤，2002）．

真骨類には，広義の非（外）膝状体系も存在する．視覚情報は視蓋以外にも，間脳の視交叉上核 suprachiasmatic nucleus（SN）（哺乳類では概日リズムに関係する）や視蓋前域（AP）（眼球運動中枢に連絡する）などの部位に運ばれるからである．視蓋前域は，浅視蓋前域核 nucleus pretectalis superficialis と中間核を介して糸球体核系にも連絡する．なお視覚神経路は，真骨類の系統によってかなり異なるので注意する必要がある（山本・伊藤，2002）．特にコイ目の真骨類（ゼブラフィッシュを含む）の視覚神経路は，現代的真骨類のそれとは異なる．

D. 一般体性感覚

痛覚，温度覚，識別的触覚，振動覚，そして体位覚（固有感覚：関節の位置や筋緊張の情報）の感覚は，一般体性感覚と総称される（ステュワード，2004）．哺乳類では，頭・顔面部の一般体性感覚情報は，三叉神経の神経節の求心性線維を経由して橋（三叉神経主感覚核と三叉神経脊髄路核）に入り，視床の中継核を経て大脳の1次体性感覚皮質に到達する．一方，頭・顔面部以外の体部からの一般体性感覚情報は，脊髄神経後根を通って脊髄に入り，脊髄→延髄の中継核→間脳（視床の中継核）→大脳の1次体性感覚皮質の順番に従って上行する．

現代的真骨類のカサゴとティラピアで一般体性感覚情報の中枢内での経路が調べられた（Ito

et al., 1986；Xue et al., 2006）．真骨類の一般体性感覚の上行路は，哺乳類のそれと類似している（図14-2C）．視床の中継核は，視床腹内側核 nucleus ventromedialis thalami（VM）（哺乳類の同名の核とは異なる）であり，その他に間脳の中継核として糸球体前核複合体の内側部 medial part of preglomerular nucleus（PGm）がある．VMから上行する線維は，①終脳背側野内側部（Dm），②同背側部（Dd），③同中心部（Dc），そして④終脳腹側野交連上部（Vs）に終末する．したがってこれらは，哺乳類大脳の1次体性感覚皮質に相当する可能性がある（吉本・伊藤，2002）．

E. 内耳・側線感覚

哺乳類の場合，内耳は聴覚と前庭覚に関わる．聴覚は蝸牛神経節（ラセン神経節ともいう）の細胞の求心性線維によって延髄吻側部の蝸牛神経核群にまず伝わる（ステュワード，2004）．次いで聴覚情報は，蝸牛神経核群→中脳の下丘→間脳の中継核（視床の内側膝状体）と順次上行し，最終的には大脳の1次聴覚野（横側頭回）に達する．他方の前庭覚は，前庭神経節の細胞の求心性線維によって橋の前庭神経核にまず伝わる（ステュワード，2004）．前庭神経核からの情報の大部分は，小脳，脊髄，そして中脳の眼球運動中枢に伝わる．前庭覚は，間脳の中継核を経由して，大脳の前庭野にも到達している．

一方，硬骨魚類の場合は，聴覚と前庭覚のみならず，側線感覚も含めて内耳・側線感覚とよぶことが多い．内耳・側線感覚情報の中枢内経路は，現代的真骨類のカサゴで調べられた（Ito et al., 1986；Murakami et al., 1986）．聴覚，前庭覚，そして側線感覚は，1次感覚核にまず伝えられる（図14-3D）．この1次感覚核は，小脳体腹外側部の顆粒隆起（EG）と小脳稜近傍の内耳側線野（AOL）に存在する．これらの1次感覚核からの上行路は，①外側毛帯 lemniscus lateralis とその神経核 nucleus of lemniscus lateralis（NLL）を経て②中脳，③間脳，そして④終脳に到達する．中脳での到達部位は半円堤（TS：哺乳類の下丘と相同）で，間脳での到達部位は糸球体前核複合体（PG）の特定の部分および前述の視床腹内側核（VM）である．これらのうち，糸球体前核の特定部分では聴・側線感覚のモダリティーのみが中継されるので，真骨類ではこの部分が哺乳類の内側膝状体に相当すると考えられている（Murakami et al., 1986）．終脳での到達部位は，終脳背側野内側部（Dm），同背側部（Dd），同中心部（Dc），そして終脳腹側野交連上部（Vs）である．

F. 味覚

哺乳類では，味覚情報は顔面神経（VII脳神経），舌咽神経（IX脳神経），そして迷走神経（X脳神経）のそれぞれの求心性線維を経て，延髄の1次味覚核（孤束核の吻側部）にまず伝えられる（ステュワード，2004）．ここからの味覚情報は，結合腕傍核という橋の2次味覚核へ上行する．この2次味覚核（結合腕傍核）から上行し大脳に至る経路は2つ存在する．①間脳の3次味覚核（視床の後内側腹側核）を経てから，大脳皮質の味覚野と島皮質およびその近傍へ到達する経路，そして②扁桃体や視床下部へ直接上行する経路である（吉本・伊藤，2002）．

現代的真骨類（ティラピア）で，味覚上行路が詳細に調べられた（Yoshimoto et al., 1998）．その結果を図14-3Eに示す．真骨類の1次味覚核は，顔面葉 facial lobe（VIIL），舌咽葉 glossopharyngeal lobe（IXL）および迷走葉 vagal lobe（XL）などの感覚層 sensory layer である．2次味覚核 secondary gustatory nucleus（SGN）は橋部に存在し，哺乳類の結合腕傍核と相同である．ここから上行する経路は哺乳類のそれらと同じく2つに分かれる．1つは，間脳の3次味覚核 preglomerular tertiary gustatory nucleus of the thalamus（pTGN）を経由して終脳（背側野内側部の背側領域 dDm）に達する経路である．

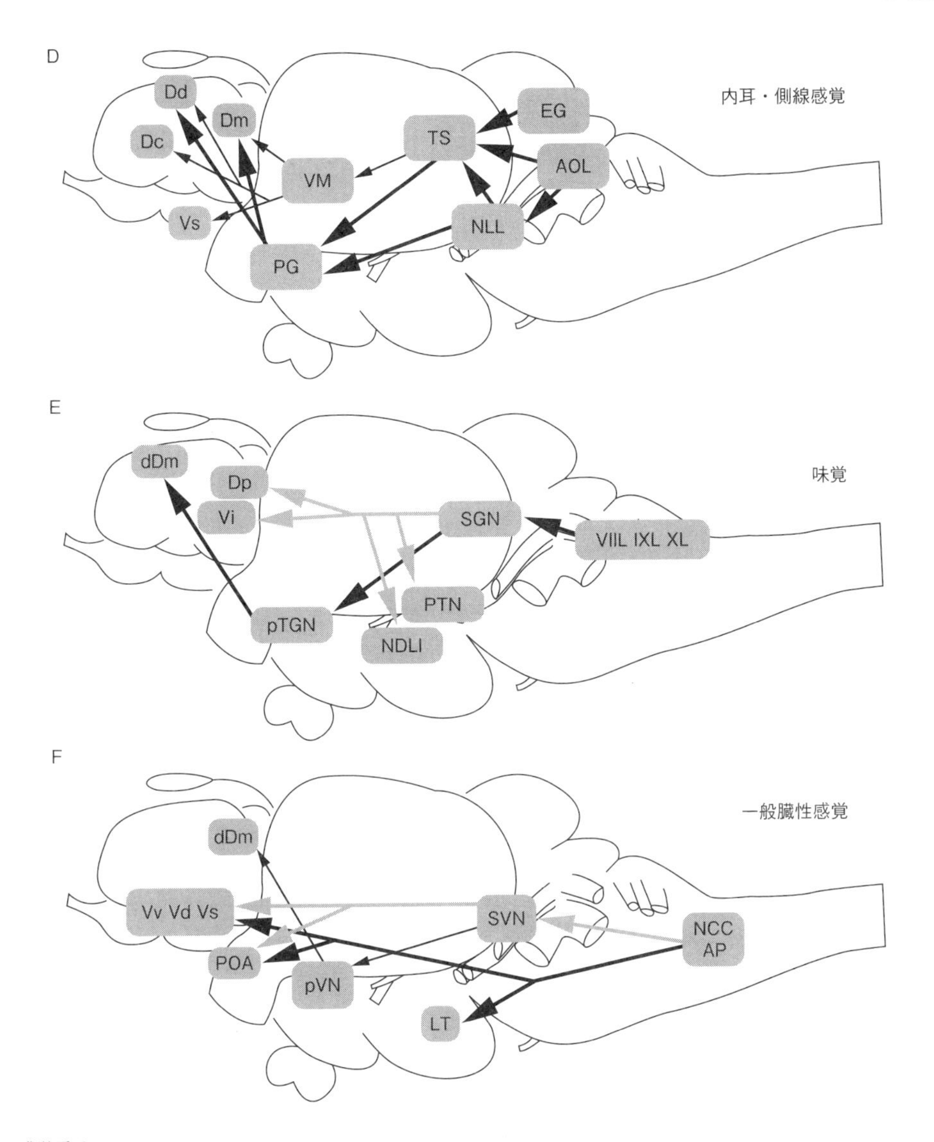

図 14-3　感覚系その 2
内耳・側線感覚系（D），味覚系（E），そして一般臓性感覚系（F）の中枢内の上行路を模式的に示す．メダカ中枢神経系の左外側観に，神経細胞集団（丸四角）と情報の流れ（矢印）の概略を記入してある．詳細は本文中に引用した文献を参照のこと．D では，糸球体前核複合体（PG）を中継核とする経路を太い矢印で示し，視床腹内側核（VM）を中継核とする経路を細い矢印で示した．E では，後脳（橋部）の 2 次味覚核（SGN），そして間脳の 3 次味覚核（pTGN）と順次中継されて終脳に達する経路を黒の矢印で示し，2 次味覚核から直接終脳に達する経路を灰色の矢印で示した．F では，1 次一般臓性感覚核（NCC と AP）から終脳に直接達する経路を黒の太い矢印で示し，2 次一般臓性感覚核（SVN）を経由して終脳に達する経路を灰色の太い矢印で示し，間脳の中継核（pVN）を経由して終脳に達する経路を黒の細い矢印で示した．略号：AOL ＝内耳側線野，AP ＝最後野，Dc ＝終脳背側野中心部，Dd ＝終脳背側野背側部，dDm ＝終脳背側野内側部の背側領域，Dm ＝終脳背側野内側部，Dp ＝終脳背側野尾側（後）部，EG ＝顆粒隆起，LT ＝外側結節，NCC ＝カハールの交連核，NDLI ＝下葉散在核，NLL ＝外側毛帯の神経核，PG ＝糸球体前核複合体，POA ＝視索前野，pTGN ＝ 3 次味覚核，PTN ＝視床後核，pVN ＝糸球体前核一般臓性感覚核 preglomerular general visceral nucleus，SGN ＝ 2 次味覚核，SVN ＝ 2 次一般臓性感覚核 secondary general visceral nucleus，TS ＝半円堤，Vd ＝終脳腹側野背側部，Vi ＝終脳腹側野中間部，VM ＝視床腹内側核，Vs ＝終脳腹側野交連上部，Vv ＝終脳腹側野腹側部，VIIL ＝顔面葉，IXL ＝舌咽葉，XL ＝迷走葉．

もう1つの経路は，途中で視床後核 posterior thalamic nucleus（PTN）および視床下部の下葉（下葉散在核 NDLI など）に終末を形成しつつ，終脳（腹側野中間部 Vi および背側野尾側部 Dp の内側部分）に到達する．したがって，真骨類の終脳の dDm は哺乳類の大脳皮質の味覚野に相当し，真骨類の終脳の Vi と Dp の内側部分（両者は連続している）は哺乳類の扁桃体と同等な部位かもしれない（吉本・伊藤，2002）．なお，味覚の中枢内経路については，メダカでも報告がある（Ieki et al.，2013）．また，味覚－運動系の反射経路については，Finger（2009）によるわかりやすい解説論文がある．

G. 一般臓性感覚

真骨類の臓性系感覚経路（一般臓性感覚上行路）は，臓性神経系の保守性を反映して，哺乳類や鳥類のそれらとほぼ同様の構成を示す（Yoshimoto and Yamamoto，2010；吉本・山本，2012；2013）．

哺乳類では，胃や腸などの内臓からの感覚は舌咽神経と迷走神経を経由して，延髄の1次一般臓性感覚核（孤束核の尾側部）へまず伝えられる（ステュワード，2004；吉本・山本，2012）．その後，1次一般臓性感覚核から終脳に向かう上行性経路は3つ存在する．①1次一般臓性感覚核から大脳（視索前野，扁桃体，そして分界条床核）に直接上行する経路，②1次一般臓性感覚核から橋の2次一般臓性感覚核（外側結合腕傍核）を経由し，大脳（視索前野，扁桃体，そして分界条床核）に達する経路，そして③1次一般臓性感覚核，2次一般臓性感覚核，視床，そして大脳皮質（島皮質）と，順番に中継されてゆく経路である．

現代的真骨類のティラピアでは，一般臓性感覚は図14-3Fのような経路で終脳に達する（Yoshimoto and Yamamoto，2010；吉本・山本，2012）．真骨類の1次一般臓性感覚核は，迷走葉尾側部［カハールの交連核 commissural nucleus of Cajal（NCC）および最後野（さいこうや） area postrema（AP）］である．哺乳類の場合と同じように，1次一般臓性感覚核から終脳に向かう上行性経路も3つ存在する（図14-3F）．

3）行動状態系

スワンソンは，脳の全体的状態を一斉に切り替える，スイッチのような神経系が存在すると考え，行動状態系と命名した（スワンソン，2010；Swanson，2012）．彼は，概日リズムに伴う睡眠－覚醒状態，生殖周期に伴う発情－非発情状態，そして中枢神経全体にびまん性に投射する生体アミン神経系を例にあげている．情報伝達という側面で，神経系は内分泌系と共通する点が多い．とりわけ行動状態系では，ホルモン物質が関与することが多いようである．

睡眠－覚醒状態は，魚類を含めたあらゆる脊椎動物でみられる．メダカにはゆるい概日リズムがあり，野外でも夜間のメダカは遊泳することなく水中で静止していることが多い（Kobayashi et al.，2012）．睡眠と覚醒に関与する神経回路は，哺乳類（主としてマウス）でかなり判明してきた．哺乳類では，間脳の視索前野，これに隣接する領域 basal forebrain，外側視床下部，そして尾側視床下部に睡眠－覚醒状態を制御するニューロン集団が存在する（Weber and Dan，2016）．これらのニューロン集団のいくつかは，ソマトスタチンやメラニン凝集ホルモンを発現している（Weber and Dan，2016）．一方，魚類における睡眠－覚醒神経回路の研究はあまり進んでいない．

前章に述べたように，メダカの中枢神経系と生殖内分泌系には「繁殖状態－非繁殖状態」という大きく異なる2つの状態が存在し，松果体などからの感覚情報によって一斉に切り替わると考えられる．メダカの生殖内分泌系には，他の脊椎動物と同じように，視床下部－下垂体－生殖腺軸 hypothalamo-hypohyseal-gonadal axis が機能している（岩松，2006）．しかし，「繁殖状態－非繁殖状態」を切り替えるスイッチがどのような神経回路なのか，についてはまだ具体的にはわかっていない．前章に述べたように，繁殖状態では12の運動行動パターンが順次表出するが，その神経回路についても未解明である．

そもそも「メスの状態－オスの状態」という2つの状態も，真骨類では脳の行動状態系の1つかもしれない．哺乳類では，脳の性分化は周生期に雌雄どちらかに不可逆に決定され，その後変化することはない．しかし真骨類では，雌雄同体の魚あるいは性転換をする魚は少なくない（矢部ら，2017）．キンギョでは，プロスタグランジン投与によってオスにメス型の性行動が誘起され，逆に雄性ホルモン投与によってメスにオス型の性行動が誘起される（小林，2002）．小林は，真骨類の脳は基本的には両性であり，性成熟後であっても可逆性をもっていると考えている（小林，2002）．言いかえると，性行動を制御している脳の神経回路には雌雄の2型があり，その2型は成魚雌雄のどちらにも存在する．そして，その2型は，プロスタグランジン投与などによって人工的に切り替わり得る．この2型の神経回路および切り替わりのメカニズムについては，十分には解明されていない．

真骨類でも，他の脊椎動物と同様に，中枢神経全体にびまん性に投射する生体アミン性神経系やペプチド性神経系が存在する．そのようなペプチド性神経系の1つに，ペプチドホルモンの一種，生殖腺刺激ホルモン放出ホルモン gonadotropin-releasing hormone（GnRH）を分泌する神経系（GnRH神経系）がある（図14-4）．

GnRH神経系は脊椎動物に一般的に存在するが，その形態と機能はドワーフグーラミーという現代的真骨類で詳細に研究された（岡，2002）．GnRH神経系は，ニューロン細胞体の存在する脳部位によって3つの系に分けられる．細胞体が終脳に存在するもの（終神経GnRH系，図14-4），間脳に存在するもの（視索前野GnRH系），そして中脳に存在するもの（中脳GnRH系）の3系である．このうちの視索前野GnRH系は視床下部－下垂体－生殖腺軸に属し，生殖腺刺激ホルモン放出機能をもつ（Yamamoto et al., 1998）．一方，終神経GnRH系と中脳GnRH系は終脳から脊髄まで中枢神経全体に投射し，GnRHを広範囲に分泌している．これら2系の機能としては，脳内で何らかの神経修飾作用をもつと考えられている（岡，2002）．終神経GnRH系は脳だけではなく網膜にも投射しているため，網膜の活動にも影響をもたらす（山本・伊藤，2002）．

終神経GnRH系は，特に繁殖（生殖）行動に関与することが明らかになってきた．終神経GnRH系のニューロン細胞体は終神経神経節 ganglion of terminal nerve とよばれる集団を形成し，真骨類では嗅球の尾側，終脳腹側野腹側部（Vv）の外側領域に存在する（図14-4の矢印）．オスのドワーフグーラミーでは，終神経神経節を破壊すると，繁殖（生殖）行動のうちの造巣行動のみが減少する（Yamamoto et al., 1997）．メスのメダカは，以前に視覚的に認識していたオスを性的に「好む」が，その選好性に終神経神経節が関与していることが判明した（Okuyama et al., 2014）．彼らの結果によると，メスの終神経神経節は，オスからの求愛に対して「拒絶」から「受け入れ」の切り替えスイッチとして働いている（Okuyama et al., 2014）．終神経神経節の細胞体は，一定のリズムで自発的に活動電位を出し（ペースメーカー活動），この頻度とパターンはGnRH自身によって修飾される（岡，2002）．メスのメダカの「拒絶」から「受け入れ」の切り替えの際には，このペースメーカー活動の頻度が2倍以上高くなるという（Okuyama et al., 2014）．終神経GnRH系は，脳の広範囲にGnRHを放出し，特定のスイッチ回路に働きかけることにより行動を変化させているのかもしれない．

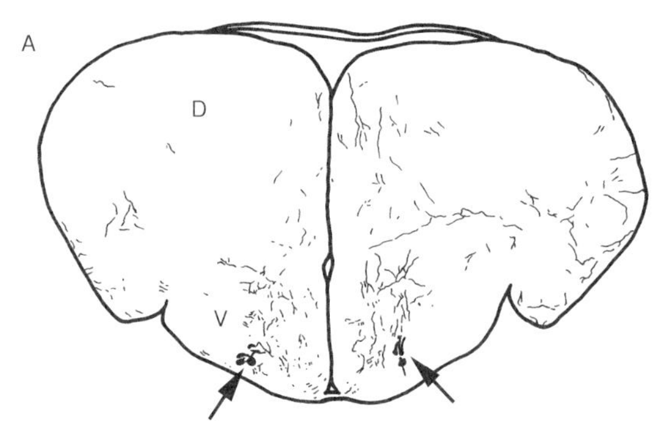

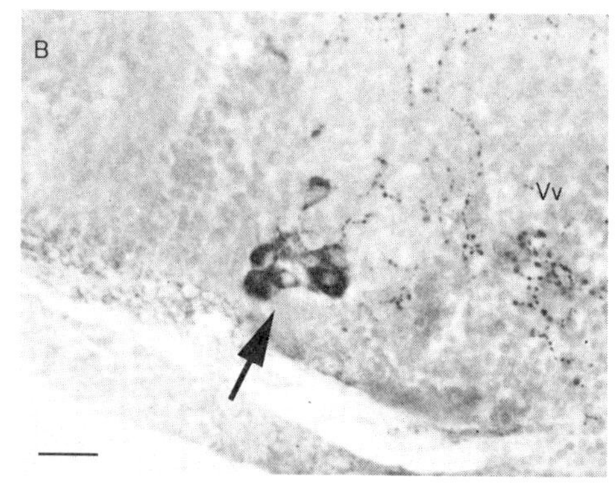

図 14-4　メダカにおける終神経 GnRH 系
成魚終脳における終神経 GnRH 系を示す．抗 GnRH 抗体によって免疫組織化学染色した終脳の横断面の模式図（A），および左終脳半球の腹側部分の顕微鏡写真（B）を示す．上が背側．矢印は GnRH 陽性の細胞体（終神経神経節）を示す．細胞体と神経線維が黒く染まっている．標本はニッスル染色を薄くほどこしてある．略号：D ＝終脳背側野（外套），V ＝終脳腹側野（外套下部），Vv ＝終脳腹側野腹側部．スケールバーは 20 μm.

4）認識系

魚類にも，優れた空間認知能力や個体間優劣状況を認知する能力がある（ブレイスウェイト，2012）．ある種のシクリッド *Astatotilapia burtoni* は，直接経験しないでも複数の個体間の優劣（ランク）を類推できる（Grosenick et al., 2007）．さらに真骨類の中には，自分の意図を異種や同種の個体に伝えて共同で狩りをする種が存在する．例えば珊瑚礁に棲むハタ *Plectropomus pessuliferus* は，頭部を振ることによってウツボ *Gymnothorax javanicus* に合図を送り，共同の狩りを開始する（Bshary et al., 2006）．近縁種のハタ *P. leorardus* は，チンパンジーと同じく，複数の個体の中から協力的なウツボ個体を選ぶ能力がある（Vail et al., 2014）．ミノカサゴ *Dendrochirus zebra* は，その大きな鰭を動かして合図することにより，個体同士(同種も異種も）協力して狩りを行う（Lönnstedt et al., 2014）．一般的な真骨類にも記憶能力と学習能力がある．メダカでは電撃などによる恐怖学習が可能で，その学習結果は長期記憶として残る（Eisenberg et al., 2003；Eisenberg and Dudai, 2004）．キンギョでは，恐怖学習の他にも迷路などの空間学習が可能で，その記憶も残る（Salas et al., 2003）．

真骨類の学習に関して，終脳の破壊実験が主としてキンギョで行われた（Salas et al., 2003；Portavella et al., 2004；Broglio et al., 2010）．空間学習には，大きく分けて 2 つの戦略がある．空間の中に配置された物を手がかりにする戦略 guidance strategy と空間的地図を頭の中につくってしまう戦略 cognitive-mapping strategy である（Salas et al., 2003）．前者を「手がかり学習」，後者を「地図的学習」とよぼう．脳の破壊実験の結果によると，終脳を全部除去したキンギョでは「手がかり学習」は阻害されない一方，「地図的学習」は阻害される（Broglio et al., 2010）．さらに終脳の特定の場所（背側野外側部の腹側領域 vDl）のみを破壊すると，「地図的学習」が特異的に損なわれる（Broglio et al., 2010）．この研究グループは，真骨類の終脳の vDl は哺乳類の海馬に相当すると考えている（Salas et al., 2003；Broglio et al., 2010）.

恐怖学習についても同じグループによる研究がある（Portavella et al., 2004）．終脳を全部除去したキンギョでは，恐怖学習の保持が阻害される（恐怖学習の成立は阻害されない）．終脳の特定の場所（背側野内側部の腹側領域 vDm）のみの破壊でも，恐怖学習の保持が同程度阻害される．彼らは，真骨類の終脳の vDm は哺乳類の扁桃体に相当すると考えている（Portavella et al., 2004）．これらの実験的研究から，真骨類では,少なくとも空間の「地図的学習」と「恐怖学習の保持」には終脳が関わっていると考えられる．一方，空間の「手がかり学習」と「恐怖学習の成立」には終脳は必須ではないと思われる．この過程には，視蓋や小脳などの終脳以外の統合中枢が関与しているのかもしれない．

一般に，脳の知的（認識的）機能は哺乳類に特有なもので,それは大脳「新」皮質（等皮質）が発達しているためだ，という概念が広く信じられている．ヒトの大脳外套では，第 7 章で述べたように（図 7-6 参照）6 層構造をもつ等皮質がよく発達しているからである．これとは対照的に，非哺乳類の外套には層構造がない．非哺乳類では，機能的に対応しているニューロン集団は，外套領域の中に「かたまり」状に存在している．

しかし，終脳に 6 層の皮質構造がみられない鳥類でも，カラスなどは道具を作成・使用したり，無用に思える“石投げ”などの“遊び”をし，クルミの殻を通りかかる車に割らせたりする（渡辺，2001；松原，2016）．ある種のミツオシエ科の鳥は，自分自身が蜂蜜と蜜ロウを獲得する目的をもって，通りかかった哺乳類に合図を送り，ハチの巣にまで案内する．鳥類と同様に，終脳に層構造がみられない真骨類の知的（認識的）能力については，上述の通りである．

鳥類と爬虫類の終脳を考察した Karten（1997）は，非哺乳類の終脳外套にも，哺乳類大脳皮質の神経回路とよく似た連絡様式をもつ神経回路が存在することを指摘した．彼は，非哺乳類の終脳外套におけるこのような神経回路のことを「皮質同等回路 cortical equivalent circuit」とよび，神経回路と層状化はそれぞれ別個に進化したと提唱した（Karten，1997）．言いかえると，皮質同等回路は古くから存在したが，層構造は哺乳類で新たに進化したとした．

真骨類の終脳を考察した Ito and Yamamoto（2009）は，無層性大脳皮質 non-laminar cerebral cortex という概念を提唱した（図 14-5）．真骨類の終脳外套（背側野）は，層構造をもたず，一見すると単なるニューロン集団の複合体のようにみえる（図 14-5B）．しかし神経回路レベルでは，皮質同等回路をもつ（図 14-5A，B の矢印を比較されたい）．したがって，真骨類の終脳外套は，機能的には哺乳類の大脳皮質に対応する．要するに，真骨類の終脳外套は無層性大脳皮質である．Ito and Yamamoto（2009）は，水中や空中を素早く動き回る魚類や鳥類にとって，「大きな頭蓋骨」は生存上むしろ不利であることを指摘した．この場合，層状構造をもつ大きな終脳よりも，ニューロン集団からなる小さな終脳の方が進化的には適応的だったと考えられる（Ito and Yamamoto，2009）．以上のように，鳥類，爬虫類，そして真骨類の終脳外套は無層性大脳皮質とみなせる．

5）動物の「意識」

これまで述べてきた認識系に関連して，最後に動物の「意識」についてふれておきたいと思う．

前節で述べたように，脊椎動物のすべての綱で終脳外套に知的（認識的）機能が，その全部ではないにしろ，存在するようである．もし，ヒトの「意識」の座が大脳「新」皮質（あるいは視床－皮質系）にある（マッスィミーニ・トノーニ，2015；ドウアンヌ，2015）ならば，ヒト以外の脊椎動物の「意識」の座もまた終脳外套にある可能性が高いだろう．

「意識」という言葉の明確な定義は心理学的にも医学的にも難しい．ドウアンヌ（2015）は，conscious access（ある心的情報に内的にアクセスすること）が「意識」の最も単純な概念だという．マッスィミーニ・トノーニ（2015）は統合情報理論という仮説を提唱し，「ある身体シ

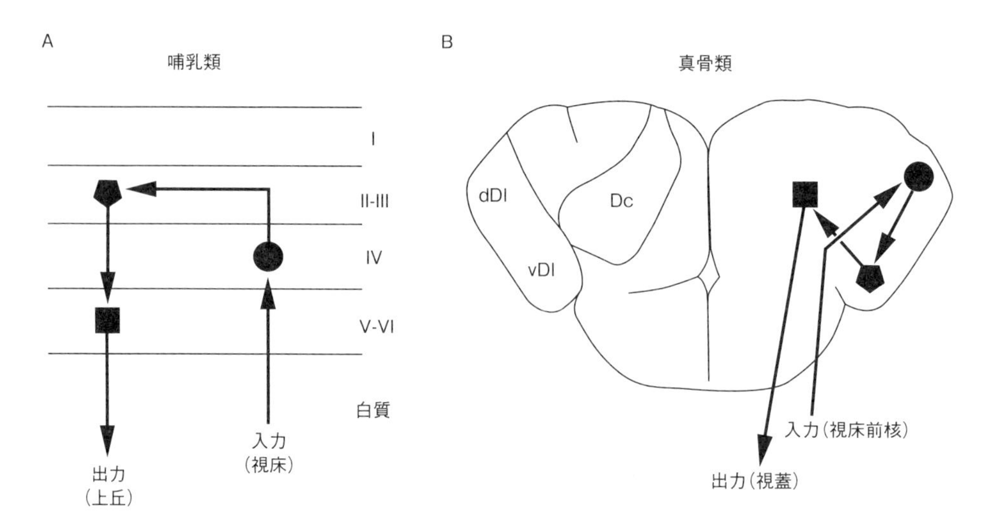

図14-5　無層性大脳皮質の概念

哺乳類（A）と真骨類（B）の終脳外套における視覚回路を模式的に示す．哺乳類では大脳等皮質（新皮質）は6層の層構造（I-VI）を形成している（A）．哺乳類では，視床からの視覚情報は大脳皮質のIV層の細胞（黒丸）に入力し，II-III層の細胞（黒い五角形）を介して，V-VI層の細胞（黒の四角形）から上丘へ出力する（A）．一方，真骨類の終脳外套では層構造がなく，視覚回路の細胞（黒色）は別個の細胞集団（dDl, vDl, そしてDc）に分散して存在している（B）．しかしAとBの細胞と情報の流れ（矢印）を比べると，神経回路は同等である．略号：Dc＝終脳背側野中心部，dDl＝終脳背側野外側部の背側領域，vDl＝終脳背側野外側部の腹側領域，I-VI＝哺乳類の大脳等皮質（大脳新皮質）の各層．Ito and Yamamoto（2009）の図2をもとに作図．

ステムは，情報を統合する能力があれば，意識がある」という．

マッスィミーニとトノーニ（2015）は動物の「意識」についても論じており，「人間だけに意識があり，他の動物にはない（＝デカルトの動物機械論）」そして「すべての動物には，同質の意識がある」という2つの極端な主張の両方を否定している．彼らは，その中間を採用し，「意識レベルはヒトより低いだろうが，哺乳類の数種（ネコ，イヌ，サル，そしてイルカ）には意識があるだろう」とした．松沢（2011）は，チンパンジーについて野生状態と飼育下でその認知能力を詳しく調べた．彼は，「想像するちから」は量的に異なるが，チンパンジーにはヒトとよく似た「心」があるとしている（松沢，2011）．これらの主張は，ダーウィンがすでに19世紀後半に述べていたことに一致している（Darwin, 1879；1890）．哺乳類や鳥類の行動から，ダーウィンはこれらの動物の心理的能力はヒトのそれに類似していると論じた．彼のあげた例の多くは，イヌとサルの行動である．彼は，主人に対するイヌの忠誠心と献身を，人間の良心に類似したものとさえ言っている（Darwin, 1879）．

それでは魚類の「意識」についてはどうだろうか？　実際，ブレイスウェイト（2012）は魚類の痛覚とその「意識」について論じている．痛覚は，一般体性感覚の1つとして，硬骨魚類にも存在し，その情報は終脳にまで到達している（図14-2C参照）．したがって，魚は痛みを感じるのは確実である．しかし，痛みに関するそれ以上の「意識」のレベルがあるのかどうかは，今のところ誰にもわからない．つまり，ヒトと同じように，魚類も主観的に痛みを苦しみ，そしてその痛みについて内省するのか，については自然科学的には不明である．

しかしすべての脊椎動物で，脳の発生過程でその構造がほぼ共通になる時期があること，そして成体になっても皮質同等回路が終脳外套に存在することを勘案すると，ダーウィンらの主張は比較神経学的に支持されると思われる．ヒトは一般生物の枠組みをはみ出して「パラ進化」(コラム 20) する唯一の動物種になったが，それを可能にしたその心的世界は，他の脊椎動物の心的世界とは断絶してはいない．

むしろヒトの心的世界は，他の動物種のそれらに連続的に移行していると考えられる．むろん動物の種類によって，それらには量的あるいは質的に違いがあるだろう（ズデンドルフ，2015）．私たちには想像がつかないような，豊かな心的世界がある可能性もある．その意味から，クジラやゾウなどの大きな脳をもつ哺乳類，様々な興味深い習性をもつ鳥類・爬虫類，陸上と水中の両方の世界を経験する両生類，私たちの知らない感覚を駆使する弱電気魚などの魚類，そして“賢い”無脊椎動物のタコなどの脳の研究は，私たちの世界観を大きく豊かに広げてゆくことだろう．

参考文献

Broglio C, Rodriguez F, Gomez A, Arias JL, Salas C (2010) Selective involvement of the goldfish lateral pallium in spatial memory. Behav Brain Res 210: 191-201.

Bshary R, Hohner A, Ait-el-Djoudi K, Fricke H (2006) Interspecific communicative and coordinated hunting between groupers and giant moray eels in the red sea. PLoS Biol 4: e431.

Darwin C (1879) The descent of man, and selection in relation to sex. London: John Murray.

Darwin C (1890) The expression of the emotions in man and animals, 2nd edition. London: John Murray.

Deguchi T, Suwa H, Yoshimoto M, Kondoh H, Yamamoto N (2005) Central connection of the optic, oculomotor, teochlea and abducens nerves in medaka, *Oryzias latipes*. Zool Sci 22: 321-332.

Eisenberg M, Kobilo T, Berman DE, Dudai Y (2003) Stability of retrieved memory: Inverse correlation with trace dominance. Science 301: 1102-1104.

Eisenberg M, Dudai Y (2004) Reconsolidation of fresh, remote, and extinguished fear memory in medaka: Old fears don't die. Eur J Neurosci 20: 3397-3403.

Finger TE (2009) Evolution of gustatory reflex systems in the brainstems of fishes. Integr Zool 4: 53-63.

Grosenick L, Clement TS, Fernald RD (2007) Fish can infer social rank by observation alone. Nature 445: 429-432.

Ieki T, Okada S, Aihara Y, Ohmoto M, Abe K, Yasuoka A, Misaka T (2013)Transgenic labeling of higher order neuronal circuits linked to phospholipase c-β2-expressing taste bud cells in medaka fish. J Comp Neurol 521: 1781-1802.

Imura K, Yamamoto N, Sawai N, Yoshimoto M, Yang CY, Xue HG, Ito H (2003) Topographical organization of an indirect telencephalo-cerebellar pathway through the nucleus paracommissuralis in a teleost, *Oreochromis niloticus*. Brain Behav Evol 61: 70-90.

Ito H, Murakami T, Morita Y (1982) An indirect telencephalo-cerebellar pathway and its relay nucleus in teleosts. Brain Res 249: 1-13.

Ito H, Vanegas H (1983) Cytoarchitecture and ultrastructure of nucleus prethalamicus, with special reference to degenerating afferents from optic tectum and telencephalon, in a teleost (*Holocentricus ascensionis*). J Comp Neurol 221: 401-415.

Ito H, Vanegas H (1984) Visual receptive thalamopetal neurons in the optic tectum of teleost (Holocentridae). Brain Res 290: 201-210.

Ito H, Murakami T, Fukuoka T, Kishida R (1986) Thalamic fiber connections in a teleost (*Sebastiscus marmoratus*): Visual, somatosensory, octavolateral, and cerebellar relay region to the telencephalon. J Comp Neurol 250: 215-227.

Ito H, Yamamoto N (2009) Non-laminar cerebral cortex in teleost fishes? Biol Lett 5: 117-121.

Karten HJ (1991) Homology and evolutionary origins of the 'neocortex'. Brain Behav Evol 38: 264-272.

Karten HJ (1997) Evolutionary developmental biology meets the brain: The origins of mammalian cortex. Proc Natl Acad Sci USA 94: 2800-2804.

Kobayashi M, Yoritsune T, Suzuki S, Shimizu A, Koido M, Kawaguchi Y, Hayakawa Y, Eguchi S, Yokota H, Yamamoto Y (2012) Reproductive behavior of wild medaka in an outdoor pond. Nippon Suisan Gakkaishi 78: 922-933 (in Japanese).

Lönnstedt OM, Ferrari MCO, Chivers DP (2014) Lionfish predators use flared fin displays to initiate cooperative hunting. Biol Lett 10:20140281.

Meek J, Nieuwenhuys R (1998) Holosteans and teleosts. In: The central nervous system of vertebrates (Nieuwenhuys R, Donkelaar HJT, Nicholson C (eds)), vol 2, pp 759-937. Berlin: Springer-Verlag.

Murakami T, Morita Y, Ito H (1983) Extrinsic and intrinsic fiber connections of the telencephalon in a teleost, *Sebastiscus marmoratus*. J Comp Neurol 216: 115-131.

Murakami T, Fukuoka T, Ito H (1986) Telencephalic ascending acousticolateral system in a teleost (*Sebastiscus marmoratus*), with special reference to the fiber connections of the nucleus preglomerulosus. J Comp Neurol 247: 383-397.

Okuyama T, S. Yokoi, Abe H, Isoe Y, Suehiro Y, Imada H, Tanaka M, Kawasaki T, Yuba S, Taniguchi Y, Kamei Y, Okubo K, Shimada A, Naruse K, Takeda H, Oka Y, Kubo T, Takeuchi H (2014) A neural mechanism underlying mating preferences for familiar individuals in medaka fish. Science 343: 91-94.

Portavella M, Torres B, Salas C (2004) Avoidance response in goldfish: Emotional and temporal involvement of medial and lateral telencephalic pallium. J Neurosci 24: 2335-2342.

Salas C, Broglio C, Rodriguez F (2003) Evolution of forebrain and spatial cognition in vertebrates: Conservation across diversity. Brain Behav Evol 62: 72-82.

Swanson LW (2012) Brain Architecture, 2nd ed. Oxford: Oxford University Press.

Vail AL, Manica A, Bshary R (2014) Fish choose appropriately when and with whom to collaborate. Curr Biol 24: R791-793.
Vanegas H, Ito H (1983) Morphological aspects of the teleostean visual system: A review. Brain Res 287: 117-137.
Weber F, Dan Y (2016) Circuit-based interrogation of sleep control. Nature 538: 51-59.
Yamamoto N, Oka Y, Kawashima S (1997) Lesions of gonadotropin-releasing hormone-immunoreactive terminal nerve cells: Effects on the reproductive behavior of male dwarf gouramis. Neuroendocrinology 65: 403-412.
Yamamoto N, Parhar IS, Sawai N, Oka Y, Ito H (1998) Preoptic gonadotropin-releasing hormone (GnRH) neurons innervate the pituitary in teleosts. Neurosci Res 31: 31-38.
Yamamoto N, Ito H (2008) Visual, lateral line, and auditory ascending pathways to the dorsal telencephalic area through the rostral region of lateral preglomerular nucleus in cyprinids. J Comp Neurol 508: 615-647
Yang CY, Yoshimoto M, Xue HG, Yamamoto N, Imura K, Sawai N, Ishikawa Y, Ito H (2004) Fiber connections of the lateral valvular nucleus in a percomorph teleost, tilapia (*Oreochromis niloticus*). J Comp Neurol 474: 209-226.
Yoshimoto M, Albert JS, Sawai N, Shimizu M, Yamamoto N, Ito H (1998) Telencephalic ascending gustatory system in a cichlid fish, *Oreochromis* (*Tilapia*) *niloticus*. J Comp Neurol 392: 209-226.
Yoshimoto M, Yamamoto N (2010) Ascending general visceral sensory pathways from the brainstem to the forebrain in a cichlid fish, oreochromis (tilapia) niloticus. J Comp Neurol 518: 3570-3603.
Xue HG, Yamamoto N, Yang CY, Kerem G, Yoshimoto M, Sawai N, Ito H, Ozawa H (2006) Projections of the sensory trigeminal nucleus in a percomorph teleost, tilapia (*Oreochromis niloticus*). J Comp Neurol 495: 279-298.
伊藤博信, 吉本正美（1991）「神経系」, 魚類生理学（板沢靖男, 羽生 功 編）, pp.363-402, 恒星社厚生閣, 東京.
岩松鷹司（2006）「新版メダカ学全書」, 大学教育出版, 岡山.
植松一眞（2002）「魚類遊泳運動の中枢神経機構」, 魚類のニューロサイエンス（植松一眞, 岡 良隆, 伊藤博信 編）, pp.9-21, 恒星社厚生閣, 東京.
岡 良隆（2002）「神経調節物質としてのペプチドGnRH（生殖腺刺激ホルモン放出ホルモン）とその放出」, 魚類のニューロサイエンス（植松一眞, 岡 良隆, 伊藤博信 編）, pp.160-177, 恒星社厚生閣, 東京.
川人光男（1996）「脳の計算理論」, 産業図書, 東京.
小林 博, 郷 保正（1991）「嗅覚」, 魚類生理学（板沢靖男, 羽生 功 編）, pp.471-487, 恒星社厚生閣, 東京.
小林牧人（2002）「魚類の性行動の内分泌調節と性的可逆性」, 魚類のニューロサイエンス（植松一眞, 岡 良隆, 伊藤博信 編）, pp.245-262, 恒星社厚生閣, 東京.
オズワルド・ステュワード（著）, 伊藤博信, 内山博之, 山本直之（訳）（2004）「機能的神経科学」, シュプリンガー・フェアラーク東京, 東京.
ラリー・スワンソン（著）, 石川裕二（訳）（2010）「ブレイン・アーキテクチャ」, 東京大学出版会, 東京.
トーマス・ズデンドルフ（著）, 寺町朋子（訳）（2015）「現実を生きるサル　空想を語るヒト」, 白揚社, 東京.
田畑満生, 大村百合（1991）「松果体と光感覚」, 魚類生理学（板沢靖男, 羽生 功 編）, pp.443-470, 恒星社厚生閣, 東京.
スタニスラス・ドウアンヌ（著）, 高橋 洋（訳）（2015）「意識と脳」, 紀伊国屋書店, 東京.
ヴィクトリア・ブレイスウェイト（著）, 高橋 洋（訳）（2012）「魚は痛みを感じるか？」, 紀伊国屋書店, 東京.
松沢哲郎（2011）「想像するちから」, 岩波書店, 東京.
マルチェッロ・マッスィミーニ, ジュリオ・トノーニ（著）, 花本知子（訳）（2015）「意識はいつ生まれるのか」, 亜紀書房, 東京.
松原 始（2016）「カラスの教科書」, 講談社文庫, 講談社, 東京.
矢部 衞, 桑村哲生, 都木靖彰（編）（2017）「魚類学」, 恒星社厚生閣, 東京.
山本直之, 伊藤博信（2002）「硬骨魚類の視覚神経路」, 魚類のニューロサイエンス（植松一眞, 岡 良隆, 伊藤博信 編）, pp.122-136, 恒星社厚生閣, 東京.
吉本正美, 伊藤博信（2002）「終脳（端脳）の構造と機能」, 魚類のニューロサイエンス（植松一眞, 岡 良隆, 伊藤博信 編）, pp.178-195, 恒星社厚生閣, 東京.
吉本正美, 山本直之（2012）「終脳に至る一般臓性感覚系」, 東京医療学院大学紀要, 第 1 巻, 7-22, 多摩市.
吉本正美, 山本直之（2013）「硬骨魚ティラピアにおける視床下部内側部と終脳の連絡」, 東京医療学院大学紀要, 第 2 巻, 45-63, 多摩市.
渡辺 茂（2001）「ヒト型脳とハト型脳」, 文春新書, 文藝春秋, 東京.

補遺
第15章
放射線とメダカ：脳の発生に対する放射線障害

……人間はあらゆる被造物の上にたつ存在であるどころか，人間自身が自然の一部にすぎず，あらゆる生物をコントロールしている宇宙的力の支配下にあるという認識が，今あちこちで育ちつつある．この力と格闘するよりも，むしろ調和して生きることを学べるかどうかに，人類の未来の幸福が，そしておそらくは，その生存さえもがかかっている．……

レイチェル・カーソン（『レイチェル・カーソン遺稿集：失われた森』から）

……目指す動物学教室を，立派な建物の3階にやっとさがしあてて最初に目に入ったのは，廊下に並んだ水槽の中で光を受けて泳いでいる美しいメダカと，日を避けて飼われているイモリの対照的な姿であった．……

江上信雄（『メダカの来た道』から）

メダカは脳の発生研究のためのすぐれた研究対象であるばかりではなく，放射線生物学と環境防護のための実験動物にもなってきた（江上，1989；岩松，2006；Kinoshita et al.，2009）．江上信雄（1925-1989）は，現代のメダカの生物学の発展に大きな影響をあたえた動物学者のひとりである．彼は生殖生物学に興味をもち，放射線の生殖細胞に対する影響を1950年代から研究していた（江上，1989）．当時，放射線生物学は，生命現象の本質を物理学的発想で解明するものとして科学者の注目を集めていた．彼は，1961年に東京大学理学部から当時の科学技術庁放射線医学総合研究所（以下，放医研と略す）に異動し，メダカを用いた放射線生物学を展開した（江上，1989）．そもそもこの研究所は，アメリカの水爆実験により，日本のマグロ漁船第五福竜丸が「死の灰」を浴びた事件がきっかけとなって，1957年に設立されたものである．

放射線の研究は，1895年，ドイツのレントゲン W. C. Röntgen（1845-1923）によるX線の発見からはじまった（Nitske，1989）．この研究は，物質を構成する原子（核と電子）の構造を解明することにつながり，原子力（核力）のエネルギーを利用可能にするまでに至った．原子力エネルギーは，1945年8月に広島と長崎で武器（原子爆弾）として利用された．1950年代からは「平和利用」として原子力発電などに利用されるようになった．しかし，大気圏核実験がアメリカなどによって盛んに行われた結果，地球全体が放射性物質で汚染された．科学・技術の力が大きくなると，社会に対するその害悪もまた巨大なものとなる．人間の欲得にまかすのではなく，何らかの規範によって科学・技術の方向性を制限しないと，それは無益であり破壊的なものにすらなってしまう．科学・技術の発展を手放しで賞賛できる時代は，20世紀中頃までには終わってしまった．

2011年3月11日，巨大な地震が三陸沖で起こり，東日本大震災という痛ましい大災害になった．この地震による津波がきっかけとなり，東京電力福島第一原発はメルトダウンを起こし，大量（50～90万テラベクレル）の放射性物質を漏洩させた．国際原子力事象評価尺度（INES）で最悪の，レベル7の深刻な事故である．その影響は，福島県はもちろんのこと，日本の広範な陸地におよんだ．海にも大量の放射性物質が放出された．放射性セシウム（セシウム137）は約30年の長い物理学的半減期をもつので，私たち日本国民はこのやっかいな事態に長くつき合わねばならなくなった．

この原発事故による人体への影響については，非常に危険だという“識者”がいる一方，絶対に安全だと断言する“専門家”もいる．不幸なことに，これらの「危険派」と「安全派」は，2つの対立する政治的党派にそれぞれ結びついたので，一般の人たちには公正な判断が難しくなってしまった．筆者は，これら2つの極端な主張の両方を否定し，「人体への影響は，その受けた放射線の量による」ことが科学的判断だと考える．一般の社会的判断とは異なり，自然科学的判断は，あくまでも単純な「物理学的事実」と「生物学的事実」にもとづくものである．単純な事実は，どんな政治的党派でも動かすことはできない．

筆者は2011年3月下旬から，放医研での研究業務のかたわら，急遽設置された「放射線被ばくの健康相談窓口（略称，電話相談窓口）」という部署で電話対応に従事した．放医研の電話相談員のひとりとして，一般の方々からの，様々な質問を数多く受けたのである．本章は，その体験から生まれたものである．

まず前半部で放射線のヒトへの影響について基礎的事実を解説し，後半部で脳の発生に対する放射線障害および放射線の環境影響について述べる．本章の最後では，福島原発事故関連についてふれる．本章は，これまでの内容のいわば「応用編」であり，自然科学とは別次元の問題にも関わるので，本書の補遺とした．なおこの章の内容は，筆者個人に全責任があり，放医研の公式見解とは無関係である．また，本章の参考文献には，できるだけ日本語の書籍をあげており，引用すべき原著論文は必ずしもすべてを網羅していない．

1）放射線とは何か

まず，放射線とは何かについて説明しよう．

この宇宙の様々な物質はすべて約100種類の元素から構成されている．その1つの元素を詳しくみると，化学的性質は同じではあるが，実はいくつかの種類の変種（同位体）の混合物である．大部分の同位体はエネルギー的に安定しているが（安定同位体という），中には不安定なもの（放射性同位体という）がある．この不安定な放射性同位体は，ヘリウム原子核や電子などの粒子および電磁波（光）を外に放出しながら安定な同位体に変化（壊変）してゆく性質がある．放射線 radiation とは，この高いエネルギーをもつ粒子の流れと光（電磁波，光子）を総称したものである．むろん，人工的に放射線を発生させることも可能である．レントゲンは，低真空の放電管に高電圧をかけることによりX線（高エネルギーの電磁波）を発生させた．

このように放射線は非生物である．放射線を病原菌と混同して“放射線は感染して移る”と言う人がいるが，まったくの誤りである．放射線はエネルギーが高いので，空気や人体などに当たると相手をイオン化（電離）してしまう．そのため放射線のことを，公式には電離放射線という．放射線を出す能力のことを放射能つまり radioactivity（単位はベクレル Becqurel：Bq）といい，放射能をもつ物質のことを放射性物質 radioactive substance とよぶ．1ベクレルは，放射性同位体の原子核が1秒あたり1回壊変することを示す．

一般に「私は放射線とはもともと無関係だから，自分は放射性物質などにはまったく“汚染”されていないはずだ」と思いがちである．しかし第1章で述べたように，私たち人間は「星の子」であり，地球生命の進化の結果生まれてきたものであるから，当然にも放射性物質とは切っても切れない関係にある．例えば，人間が生きるための必須元素が20種ほど知られているが，そのうちにカリウムという元素がある．カリウムにはいくつかの同位体があって，その大部分は安定同位体だが，わずかな率（約0.01％）でカリウム40という放射性同位体を含んでいる．体重60 kgの人には，放射能で約3600ベクレルのカリウム40が含まれている．つまりあらゆる人間は，一秒間に数千本の放射線を放出する，歩く放射線源である．

もちろん，野菜や肉などの食べ物にもカリウムが含まれているし，土壌や岩石にはラジウムなどの放射性物質が存在し，さらには宇宙から宇宙線とよばれる放射線が降りそそいでいる．したがって私たちは，もともと自然界に存在している放射線に日常的に照射されて生活していることになる．これらの放射線を総称して自然放射線という．見方をかえると，人間を含むあらゆる生物は，自然放射線の中で正常に生きて繁殖できるように進化してきたのだ．

放射線の生物への影響は，照射された体の構成成分（主として水）がイオン化されることから始まる．放射線はDNAを直接損傷することもあるが，イオン化によって水から反応性の高い化学物質（ラジカルという）が生じ，それらが細胞のDNAなどを間接的に損傷させる．したがってその影響は，自然由来あるいは人工的な放射線であろうとも，物理化学的には同じである．また，放射線が外から来ようと（外部被ばくという），放射性物質が呼吸や飲食によって体に取り込まれて，その放射線が内部から来ようと（内部被ばくという），物理化学的過程は同じである．このDNAなどの損傷をもたらす放射線の量によって，放射線の影響は小さくもなるし，大きくもなる．つまり放射線の生物への影響程度は，被ばく放射線量に完全に依存している．

したがって，放射線の人体への影響について何かを言う場合には，まず「被ばく放射線量がどの程度か」が決定的に重要な問題になる．被ばく放射線量を考慮することなく，一般的に「放射線は危険か，それとも安全か」を論ずるのはまったくナンセンスである．

被ばく放射線量を測るためには，放射線の量（線量dose）をあらわす必要がある．歴史的には様々な概念が工夫されてきたが，最も基本となるのは吸収線量absorbed doseである．これは物理量であり，ある任意の物質（例えば人体）1 kgが吸収するエネルギー（ジュール：J）であらわす（単位はグレイGray：Gy）．しかし，人体に吸収されたエネルギーが同じでも，放射線の種類と臓器の種類によって影響は異なる．そこで，放射線の種類やそれぞれの臓器への発がんや遺伝影響を考慮に入れた，防護用の線量が考案された．ヒトの全身に対する防護用の線量を実効線量effective doseという．この線量単位はシーベルトSievert（Sv）で，福島原発事故以後は社会的によく知られるようになった．実効線量は吸収線量から換算されるが，厳密な物理的量というよりは，リスク（危険率）をあらわす数値と考えたほうがよい．X線，ベータ線，そしてガンマ線の場合，全身が浴びた吸収線量1グレイは実効線量1シーベルトに換算される．なお日常的な放射線量の測定には，人体模型を用いたモデルにもとづいて，線量当量dose equivalent（吸収線量×線質係数）という線量（単位はシーベルト）が用いられる．

自然放射線の実効線量は，世界平均で1年間に約2ミリシーベルトである（放医研のホームページを参照されたい）．なお世界には，地質状況のために自然放射線がこの10倍以上高い地域がある．これらの地域に住む人々では，がんなどの発生率が特に高いということは証明されていない（舘野，2001）．

2）放射線の人体への影響

自然放射線よりある程度高い量の放射線を受けると，人体に悪影響が現れはじめる．一般に実効線量の総計が100ミリシーベルトより小さい線量領域のことを低線量とよぶ（佐渡, 2012）. 低線量の人体影響全般については複数の異なる科学的意見があるが, 100ミリシーベルトより大きい実効線量では, 悪影響が生じることは確かである. 一般に, 放射線の被ばくによって, あらゆる悪い症状がすぐに出るように考えがちであるが, それは間違いである. 被ばく放射線量の大小によって, その影響は異なる. 放射線による人体への影響には, 大きく分けると, 異なる2種類がある（図15-1).

1番目の種類の影響は, 被ばく放射線量が小さい場合でも生じ, 細胞の中のDNAの突然変異が原因である. この人体への影響は, 確率的影響 stochastic effects と総称される（図15-1A). 突然変異は, 放射線を浴びた集団中の一部の個体のDNA, あるいは一部の細胞のDNAだけで起こり, それがどの個体の中のどの細胞に起こるかは,「さいころを振る」ようにランダム（確率的）だからである. この場合, 被ばくした細胞は死ぬことはない. 死なないからこそ, 放射線に誘発された突然変異がその娘細胞に受け継がれ, 後になって影響が出ることになる. 突然変異の発生（誘発）には「しきい値 threshold（影響が現れる臨界点のこと)」がないと考えられており, 放射線量が大きくなればなるほど, それに応じて誘発頻度が高くなる（図15-1A). したがって, 放射線量がどんなに小さくても確率的影響は生じると考えられている. この考え方は「しきい値のない直線モデル」あるいは「LNT仮説 linear and no threshold hypothesis」とよばれる.

もう1つの種類の放射線の影響は, 比較的大きな被ばく放射線量で生じ, その原因は細胞死である（図15-1B). この場合は, ある程度の放射線量（しきい値）を超えると, 誰にでも例外なく細胞死が起こり, 例外なく症状が現れる. しかも, 浴びた放射線量が大きければ大きいほど症状がひどくなる. 重篤な場合には, むろん死に至る. 例えば, 6000ミリシーベルト程度の線量を浴びると, 造血組織の障害などによって数十日後に死亡する. どんな個体にも必ず起こる事象なので, これを確定的影響 deterministic effects と総称する. 確定的影響は,「しきい値」以上の放射線量を浴びなければ, ほとんど起こらないことに注意すべきである（図15-1B).

確率的影響と確定的影響との違いをイメージとして理解するためには,「池に滴り落ちる水」

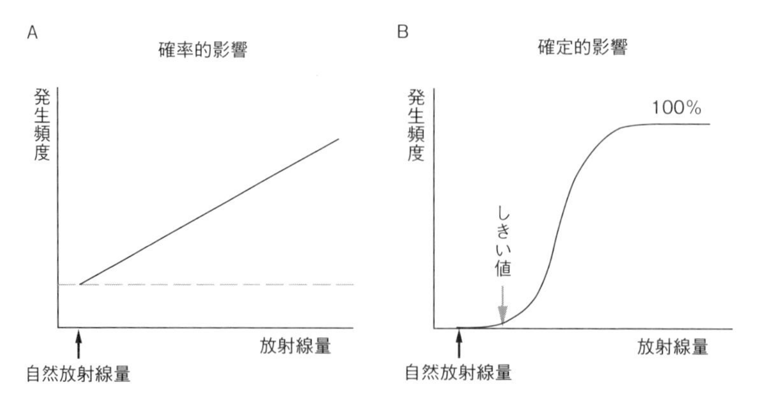

図15-1　放射線の線量－効果曲線

確率的影響（A）と確定的影響（B）における線量－効果関係を示す. 放射線量を横軸に, 影響の発生頻度を縦軸にあらわしている. A図の点線は, もともとある発生頻度を示す. つまり, 自然突然変異率, あるいは放射線の影響がなくても生じるがんによる死亡率を示す. 確率的影響では「しきい値」がなく, 線量に応じて直線的に増加する. 一方, 確定的影響ではS字型に増加し,「しきい値」（太い灰色の矢印）が存在する. ICRP（国際放射線防護委員会）は「1%頻度を増加させる線量」を「しきい値」と定義している. 確定的影響では, 線量が非常に高い場合には例外なく（100%）症状が出る.

と，その水を受ける「ししおどし」の例を用いるのがよいかもしれない．同じ水でも，「池に滴り落ちる水」は，池に少しずつ溜まっていく（しきい値がない）．これに対して，「ししおどしに落ちる水」は，ある限界を超えるとはじめて「ししおどし」を動かして外に流れる（しきい値がある）．

次の2つの節では，確率的影響と確定的影響のそれぞれついて，簡潔に説明する．

3）遺伝影響と発がん（確率的影響）

確率的影響は，突然変異が生じた細胞の種類によって，子孫に影響するものと本人に影響するものと，異なる2種類に分けられる．

子孫に影響するものとは，生殖細胞に突然変異が起きた場合である．これを遺伝影響という．この場合は，被ばくした本人には影響がないものの，その子孫に伝達され，結局のところ人類集団全体に影響をもたらす．突然変異は進化につながるものではあるが，大部分の場合は遺伝子の正常な機能が失われるので，有害である．もう1つの種類は，生殖細胞以外の普通の細胞（体細胞と総称する）に突然変異が生じた場合で，発がん影響という．変異した細胞が長期にわたって増殖を続け，その子孫細胞にさらに多くの突然変異が蓄積すると，がんが生じると考えられている．つまりこの場合には，被ばく後長期間たってから，本人ががんになる．

まず放射線による遺伝影響について見てみよう．ショウジョウバエなどにおける突然変異の誘発については，「しきい値」のない，LNT仮説が成立することが証明された（鵜飼，2007）．さらに，マウスの生殖細胞を放射線照射すると，その子孫に発がんなどの悪影響が現れることが確認された（Nomura，2006）．大阪大学の野村大成は，この子孫に現れる悪影響（がん，先天奇形，そして胚死）を継世代的影響とよんでいる（Nomura，2006）．しかし，原爆被爆者二世を調査した疫学的研究から，ヒトの遺伝影響は小さいという結論が公表された（放射線影響研究所のホームページを参照）．このデータからヒトの遺伝的倍加線量（自然突然変異率を2倍に増加させる線量）が推定され（Neel et al.，1990），ICRP（国際放射線防護委員会 International Commission on Radiological Protection）は「ヒトは，例外的に放射線の遺伝影響を受けにくい」と評価するようになった（舘野，2001）．

次いで放射線による発がん影響に関して述べよう．原子力産業労働者についての疫学的データによると，放射線量がどんなに小さくても発がん（白血病）影響のリスクが生じる（Leuraud et al.，2015）．したがって，少なくとも白血病に関してはLNT仮説が成立する．発がん影響に関しても，原爆被爆者の疫学的データがある（放射線影響研究所のホームページを参照）．それによると，実効線量100ミリシーベルト以上では，被ばく線量に正比例してがん死亡リスクが高くなる．放医研によると，実効線量100ミリシーベルトでの，がん死亡リスクの増加は0.5％である（放医研のホームページを参照）．この0.5％増加という数値は，極端に心配するほどのものではない．この数値は，「野菜不足」や「受動喫煙」などによる発がんリスクの増加と同程度である（国立がんセンターホームページを参照）．ただし発がん影響は，子供（15歳未満）では成人に比べて一般に大きくなることには注意すべきである．外部からの放射線照射による甲状腺がんでは，吸収線量100ミリグレイで子供は成人よりリスクが約2倍増加する（Ron et al.，1995）．

4）細胞死による障害（確定的影響）

放射線による障害については，1906年にフランスの医師たち（J. Bergonié と L. Tribondeau）によって重要な原則が発見された

(舘野, 2001).「分裂している細胞ほど, そして未分化な細胞ほど, 放射線の影響を受けて死にやすい」という原則 Bergonié-Tribondeau's law である.

細胞の分裂過程は, 染色体 (DNA) の変化・変動が非常に大きいので, 細胞自身に分裂を監視するしくみが進化的に備わるようになった. 細胞周期のいくつかの段階にチェックポイントという時点があり, 放射線などによって DNA が傷つくと, このポイントで細胞周期が一時停止する. 細胞は, 損傷が軽微な場合は, その停止時間中に DNA の損傷を自ら修復する. しかし損傷が修復できない場合は, 細胞は自らアポトーシスへの経路を選択して自死してしまう (第7章を参照のこと). そのため, ある線量以上の放射線を浴びると, 分裂中の細胞は死んでしまう.

胚は, 第7章で述べたように, 脳をはじめとして, そのほとんどが幹細胞からできている. しかし成人になっても, 幹細胞がそのまま残っている組織がある. それらは, 精巣組織, 造血組織 (骨髄), 消化管組織, そして皮膚組織などで, 一般に細胞再生系と総称されている. 成人の細胞再生系では, 幹細胞が常に分裂・増殖をくり返し, その一部の細胞が分化することにより, 機能する細胞を供給しているのである.

例えば成人の皮膚組織を見てみよう. 皮膚組織の幹細胞は, 皮膚の深層部に存在する. 幹細胞はここで分裂・増殖し, 増えた細胞の一部は分化して皮膚細胞となり, 次第に表層側に移動してゆく. 皮膚細胞はしばらく皮膚の表層側で機能した後, 死んで皮膚の最表層に移動し, 最後には「あか」となって脱落する. このように成人の細胞再生系では, 細胞の分裂・増殖→分化・機能→死・亡失が動的な平衡状態にある.

成人の細胞再生系が大量の放射線を浴びると, どうなるだろうか?　容易に想像できる通り, 放射線に最も弱い, 分裂している幹細胞が多数死んでしまう. そのため, 機能する細胞が供給されず, その一方古い細胞の死・亡失は続くので, その細胞再生系の動的な平衡状態は崩れてしまう. ひと言でいえば, 機能する細胞が少数になってしまう. 機能細胞数が臨界点を超えて少なくなると, その組織は機能不全におちいる. 例えば, 精巣では精子が少なくなり (男性の一時的不妊), 造血組織では血球が不足し (貧血と免疫不全), そして消化管組織では上皮細胞が激減する (出血, 下痢など).

これらの細胞死による影響のすべてには,「しきい値」線量が存在する. なぜならば, 一個の細胞の死には「しきい値」線量があるからだ. そのうえ, ある程度の数の細胞が死ななければ, その組織全体の機能不全が起きないからでもある.「しきい値」線量が最小なのは, 男性の一時的不妊であり, その数値は吸収線量で 100 ミリグレイである. 要するに, 100 ミリグレイより低い吸収線量であれば, あらゆる種類の確定的影響は生じない.

5) 胎内被ばく影響と脳の発達に対する障害

胚と胎児には分裂・増殖する細胞が豊富に存在するので, 放射線による細胞死によって大きな影響を受ける. 胚・胎児に対する放射線の人体影響は「胎内被ばく影響」と総称される.「胎内被ばく影響」は, 奇形誘発との連想から「遺伝影響 (確率的影響)」と混同されやすいが, 両者はまったく異なることに注意しなくてはならない.「胎内被ばく影響」は, 受精後の個体が発生中に被ばくした場合だが,「遺伝影響」は受精前の生殖細胞が被ばくした場合である. 前者はその個体一代限りだが, 後者は遺伝を通じて後の世代まで伝わる.

妊婦が放射線を少しでも浴びれば, その胎児が奇形になるという " 常識 " が社会全体に広がっている. しかし, それは誤りである (舘野, 2001). 胎内被ばく影響は, 細胞死による確定的影響の1つであると考えられており，これにも「しきい値」が存在する．ICRPの2007年の勧告では，奇形誘発には吸収線量100ミリグレイの「しきい値」があるとしている（ICRP publication 103, 2009）．胎内被ばく影響でもう1つ重要なことは，妊娠のどの時期で被ばくしたかによって，障害の種類が異なることである．ヒトの妊娠期間は約38週にわたって続き，その時期によって胚・胎児の状態が異なるためである．妊娠第1週（受精卵期）では流産，第2-8週（胚子期；器官形成期）では奇形，そして第8-15週（胚子期の終期から胎児期の前期まで；組織形成期および成長期）では重度精神遅滞 severe mental retardation がそれぞれ起こりやすい．

重度精神遅滞は，原爆によって被爆した胎児の出生・成長後の疫学的調査によって明らかになった（Otake et al., 1991；Otake and Schull, 1998）．疫学的調査というのは，被ばくしたグループとコントロール（非被ばく）のグループとの間を比較して，症状をもつ子供の出生頻度の違いを統計学的に調べることである．統計学的調査なので，結果の信頼性はサンプル数の大きさによって左右される．この研究の結果では，胎内被爆者のグループで，重度精神遅滞が現れる頻度，IQ（知能指数 intelligence quotient）と学業成績の低下が現れる頻度，そして発作症状をもつ頻度が有意に増加していた．重度精神遅滞は，妊娠第8週から25週に被爆した胎児で認められ，これ以外の妊娠時期の被爆では見られなかった．重度精神遅滞者（30例）のうちの80%は妊娠第8-15週に被爆していた．重度精神遅滞者のうち，60%は小頭症でもあった．

これらの症状に関する「しきい値」は本当にあるのか？　Otake et al.（1991）は「しきい値」の存否に関して慎重に記述し，「しきい値」が存在することは統計学的には証明できないとした．しかし一方，放射線とは関係ないとみられる2例（ダウン症）を除いて解析するならば，第8-15週の被爆による重度精神遅滞では，吸収線量60-310ミリグレイの「しきい値」がある可能性は高くなる，とも述べている（Otake et al., 1991；Otake and Schull, 1998）．

この妊娠第8-15週という時期は，ヒトの大脳皮質の発達にとっては最も重要な時期である（第7章参照）．大脳のマトリックス層（脳室帯）あるいは脳室下帯における細胞分裂は第16週まで続き，しかも妊娠第7-15週には幼弱なニューロンが大脳表面側に向かって大量に移動するからである（Otake et al., 1991；Otake and Schull, 1998）．放射線によって，発達中の大脳で大量の細胞死が起きたり，ニューロン移動が異常になったり，あるいはその両方が起こるのかもしれない．もしそうならば，人類を特徴づけるような大脳皮質の機能が損なわれる．しかも，従来の定説とは異なり，もしもこの胎内被爆影響に「しきい値」が存在しないならば，大問題である．少しの放射線量でも影響が生じるからである．

この重大な問題を受けて，多くの動物実験が行われた．動物では「精神機能」が不明確なので，「精神遅滞」，IQ，そして学業成績の影響研究は難しい．しかし脳の発達に関する細胞学的，分子生物学的，あるいは行動学的研究であれば，動物による実験的研究は可能である．脳の発達に対する放射線の影響メカニズムを探ること，そして「しきい値」の存否を判定することは，動物でも可能だからである．

例えば，ヒトの妊娠第8-15週に相当するマウス胎児に放射線を照射し，その24時間後に大脳皮質を細胞学的に調べる実験が行われた（Ishida et al., 2006）．影響の指標として細胞死を調べると，線量の増加とともに細胞死の誘発率は急激に増加した．しかし吸収線量100ミリグレイ（速中性子線）あるいは400ミリグレイ（ガンマ線）では，非照射（コントロール）との統計的な有意差はなかった．

筆者が所属していた放医研の研究グループ

も，伏木信次（京都府立医科大学）の研究グループと共同して哺乳類で研究を行った（Fushiki et al.，1997；Hyodo-Taguchi et al.，1997；1998）．その結果，マウス胎児に吸収線量250ミリグレイを超えるX線を照射すると，脳室側から脳表面側に向かうニューロン移動が正常より遅れることが確認された．しかし吸収線量100ミリグレイでは，コントロールとの差は認められなかった．マウス小脳を用いた実験では，吸収線量2000ミリグレイを超えると，顆粒細胞の移動の遅れ，異常な細胞分布，そして細胞死の増加が起こることが示された（Hyodo-Taguchi et al.，1998）．しかし，吸収線量500ミリグレイでは，これらの異常のうち，細胞死増加のみが認められた．

以上のように動物実験の結果は，脳の発達に対する放射線影響について「しきい値」があることを支持する．ICRPの2007年勧告でも，100ミリグレイを下回る吸収線量では，胎児のIQに対して実際的な影響はないだろうとしている（ICRP publication 103，2009）．

しかし，放射線の脳発達障害のメカニズムについては十分には明らかになっていない．多くの研究者は，発達中の脳の細胞死が出発点となって有害作用が現れると考えている．しかし，細胞死ではなく，特定の分子をコードしている遺伝子の発現低下のために悪影響が現れるのだと考える研究者もいる．哺乳類大脳皮質の正常形成には，数十の生体分子のネットワークが関わっている（Ayala et al.，2007）．したがって，放射線の作用点は多岐にわたる可能性がある．Fujimori et al.（2008）は，小頭症に関連する遺伝子*Aspm*に注目して研究を行い，吸収線量2000ミリグレイ以上では，この遺伝子の発現が低下すると報告している．ヒトの培養細胞に低線量の放射線を照射後，遺伝子発現の変動について網羅的な解析が行われた（Fujimori et al.，2005）．しかし，ケモカインchemokine（白血球走化性をもつタンパク質）の遺伝子発現に増加が見られたものの，発生遺伝子の発現が低下することはないようであった．

6）メダカ胚を用いた発達神経毒性の評価

脳の発達に影響をおよぼす外部要因は，放射線のみではない．重金属（メチル水銀など）や化学物質（エタノールや麻薬など）による暴露もまた中枢神経系の発達に影響する．中枢神経系の発達に対する有害作用を発達神経毒性developmental neurotoxicityと総称する．本書で述べてきたように，メダカの脳発生は生きたまま外から観察することができる．そのうえ胚の脳は小さいので，組織切片を作成することなく，脳全体をそのまま調べることができる．そのためメダカ胚は，発達神経毒性研究のためにユニークですぐれた実験対象となる．本節では，筆者のグループの保田隆子らの研究結果を紹介する（Yasuda et al.，2006；2008；2009）．なお，これらの研究は日本放射線影響学会から高い評価を受けたものである（同学会の2015年度女性研究者顕彰・岩崎民子賞を受賞）．

メダカ胚を発達神経毒性の研究対象とするにあたり，ヒトの妊娠第8-15週という時期がメダカではどの発生時期に相当するのかが問題となる．脳発生のファイロタイプ段階の観点からヒトの脳の発生を考えてみよう（コラム9参照）．ヒトでは，胚子期の後半（妊娠第5週に入ってから）で5脳胞が認められるので（Langman，1982），ここからファイロタイプ段階に入る．胎児期（妊娠第9週から出生まで）ではヒトに特徴的な大脳皮質などが発達するので，胎児期はファイロタイプ段階終了後の時期であろう．したがって，ヒトの脳発生のファイロタイプ段階は妊娠第5-9週と考えられる．そうすると，妊娠第8-15週の脳は，「ファイロタイプ段階の中後期」から「ファイロタイプ段階終了後の早い時期」までの発生段階にあたる．一方メダカの脳では，ステージ 25-26 あたりが「ファイロタイプ段階の中期」，そしてステージ 28-30 ぐらいが「ファイロタイプ段階終了後の早い時期」だろうと想定される．

そこでステージ 25-26 の胚およびステージ 28-30 の胚に吸収線量 10 グレイの X 線を照射して，実体顕微鏡で調べてみた（図 15-2）．この 10 グレイという線量は，胚の個体死を引き起こす線量よりやや小さいものである．なお，個体死を指標とした場合，メダカ胚の放射線感受性は，その発生段階によって相当異なる．例えば，胞胚期（ステージ 11）では吸収線量 5 グレイで，後期胚（ステージ 31 以上）では成魚と同じく約 20 グレイで，それぞれ胚の半数が死滅（孵化しない奇形を含む）する．

その結果を図 15-2 に示した．照射直後の胚は，コントロール胚と同じく透明であるが，4 時間後に脳（特に中脳）が全体的に不透明になる（図 15-2B）．照射後 24 時間経過した時に，顕微鏡で調べると，不透明な細胞が粒状に至る

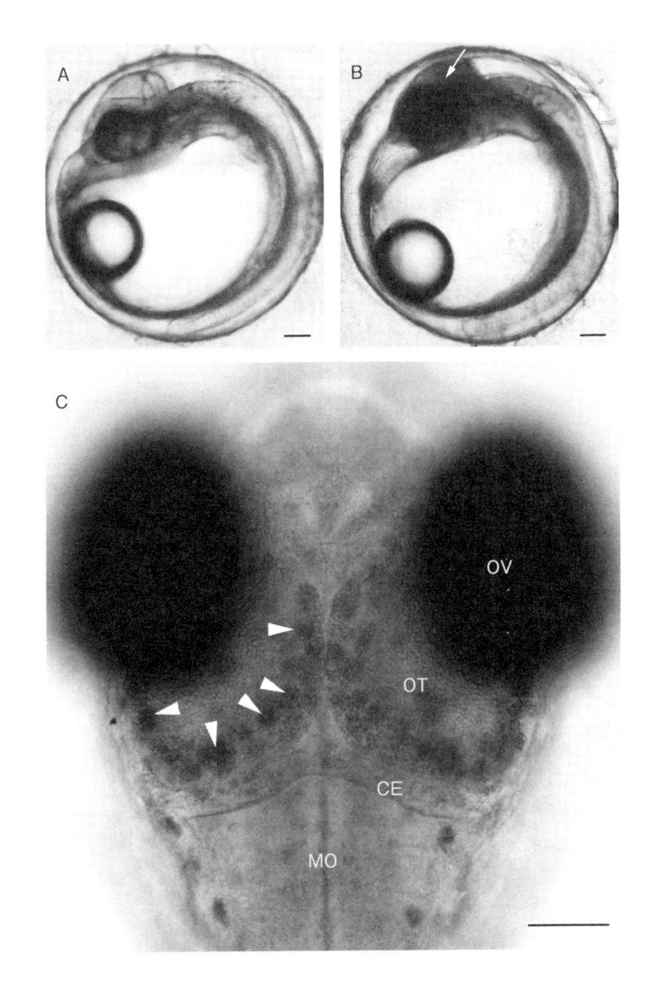

図 15-2　メダカ胚の脳における放射線による細胞死

ステージ 25-26 で X 線（吸収線量 10 グレイ）を短時間照射した後，4 時間経過した後の胚（B）とコントロール（非照射）の胚（A）．生きたままの胚（左側面）の実体顕微鏡写真を示す．照射した胚では脳が不透明になっている（矢印）．ステージ 28-30 で X 線（吸収線量 10 グレイ）を短時間照射した後，24 時間経過後の胚を C で示す．これは背側からの写真で，上が吻側．視蓋（OT）の辺縁領域に沿って，不透明な丸い形の細胞集団（矢頭）が多数並んでいる（図 10-10C と比較されたい）．これらは，放射線によって死んだ細胞の集団である．略号：CE ＝小脳，MO ＝延髄，OT ＝視蓋，OV ＝眼胞．スケールバーは 100 μm．Yasuda et al.（2006）の図 1 と 4 を改変．

ところに見えた．特に中脳の視蓋では，不透明な円形の細胞集団が視蓋の辺縁領域に沿って多数並んでいた（同図C）．図10-10 Cに示したように，ここは辺縁部細胞増殖帯（mpz）の近傍領域である．ニッスル染色とTUNEL法（第7章参照）によって，不透明な細胞はアポトーシスを起こして死んだ細胞であることが確認された．「分裂している細胞ほど放射線の影響を受けて死にやすい」という，BergoniéとTribondeauの原則通りのことがメダカ胚の脳でも起きていたのである．

しかし，放射線によって多数の細胞が死んでも，個体としての胚は，死亡することなく発生を続ける．放射線によって死滅した細胞は，その後分解され，細胞の分解物は吸収されてしまうので,照射された脳は再び透明な状態になる．したがってアポトーシスを起こしている細胞が実際に見られるのは，放射線照射後の約4時間から50時間までに限られる．つまり，死んだ細胞が見えるのは一過性である．その後，放射線照射された胚の大部分は正常に孵化し，一見正常そうに遊泳する（Yasuda et al., 2006）．

しかし，この一見正常そうなメダカには，詳細に調べてみると放射線の影響が残っていた（Yasuda et al., 2006）．それを示したのが図15-3である．照射されたメダカは，体が小さく，小頭症のように頭部も小さい（図15-3A'）．眼は奇形を呈し,網膜の層構造が乱れている（同図B'の細い矢印）．終脳の発達は悪い（同図C'）．中脳では視蓋が小さい上に縦走堤を欠く（同図D'の太い矢印）．このように，放射線の発達神経毒性は，メダカ胚でも小頭症や脳・網膜の異常として検出可能であることが判明した．

放射線の影響についてものごとを言うためには，再三述べてきたように，線量－効果曲線を知ることが絶対に必要である．このため筆者の研究グループは，メダカ胚の特長を活かした，発達神経毒性の定量的評価方法を工夫した（Yasuda et al., 2008；図15-4）．

放射線の影響の最も鋭敏な指標は，現在のところ誘発細胞死だと考えられているため，この評価方法では細胞死を指標とした．アポトーシスで死んだ細胞は通常の顕微鏡でも確認できるが，さらに鮮明に見るためにアクリジンオレンジ acridine orange（AO）という蛍光色素で染色して蛍光顕微鏡で調べた（図15-4A，口絵10参照）．この色素で染色すると，視蓋の死んだ細胞の集団は，花びら状 rosette-shaped の丸い特徴的な形態に見える（図15-4Aの太い矢印）．この死んだ細胞の集団は，照射された1細胞が2，3回分裂した後に一斉にアポトーシスを起こしたもの（クローン集団）と考えられる（Yasuda et al., 2008）．一方，単一の死んだ細胞は小さな粒状に見える（図15-4Aの細い矢印）．この種の死細胞はコントロール（非照射）胚でも見られるが,「花びら状の死んだ細胞の集団」は照射した胚のみに見られる．そこで，視蓋あたりの「花びら状の死んだ細胞の集団」の数を計測することにより，放射線の影響を評価した．

その方法は単純かつ迅速である（図15-4C）．まず，生きたままのステージ28のメダカ卵を10-20個用意して，それらを放射線照射する．その20-24時間後（この時期に死んだ細胞が最も多くなる），卵殻に孔をあけ，1-2時間アクリジンオレンジで染色する．胚を固定した後，頭部を切り出す．頭部がつぶれないようにスペーサー付きスライドグラスにのせ，最後にカバーグラスをかけて，視蓋を全体標本として蛍光顕微鏡で調べる．この時期のメダカ胚の視蓋は80 μm以下の薄さなので，顕微鏡の焦点を変えることにより，視蓋全体のすべての「花びら状の死んだ細胞の集団」の数を数え上げることができる（Yasuda et al., 2008）．

その結果得られた線量－効果曲線を図15-5に示した（Yasuda et al., 2008）．横軸はX線の吸収線量，そして縦軸は視蓋あたりの「花びら状の死んだ細胞の集団」の数の平均である．吸

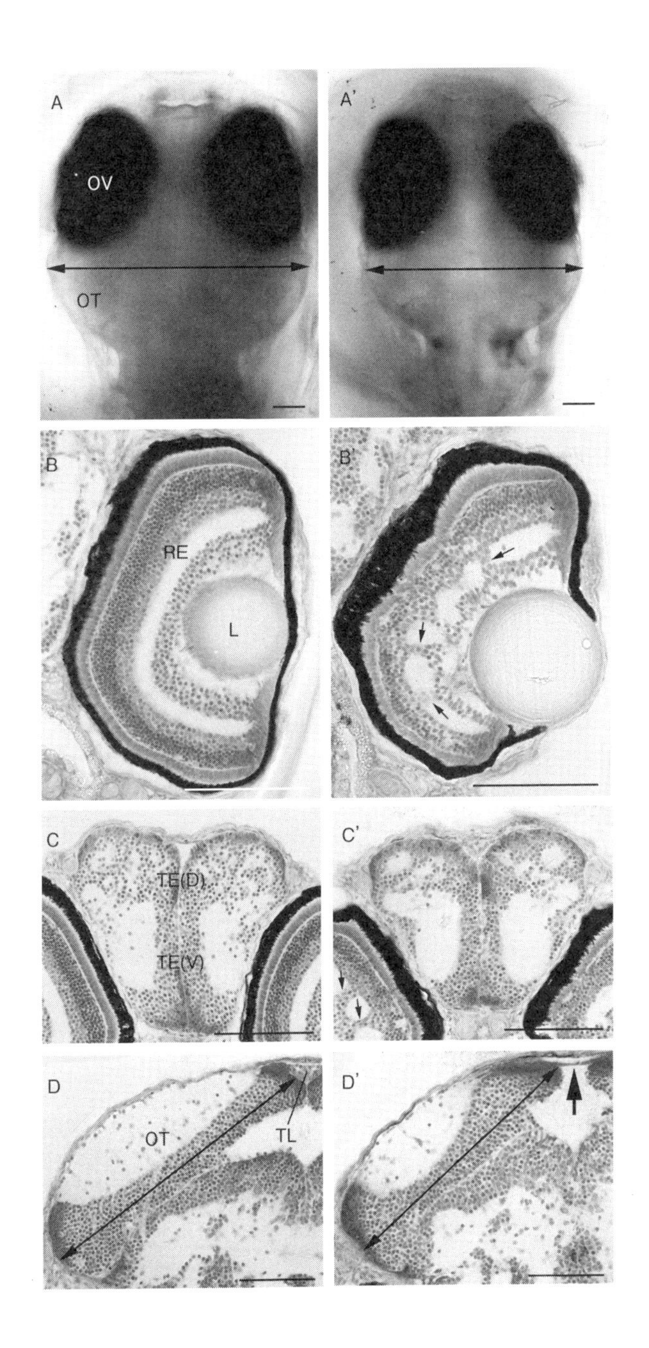

図 15-3　放射線照射されたメダカ胚の形態的異常
非照射（コントロール）の胚（A-D）およびX線（吸収線量10グレイ）を短時間照射後5-6日経過した胚（A'-D'）．それらの頭部全体（AとA'；背側観で上が吻側），眼の横断面（BとB'；上が背側），終脳の横断面（CとC'；上が背側），そして中脳の横断面（DとD'；上が背側）の写真を示す．C'は，ステージ28-30で照射した胚，その他はステージ25-26で照射した胚である．横断切片はニッスル染色をほどこしている．照射胚では，頭部が小さくなっていること（AとA'の両矢印），網膜の層構造が異常なこと（B'とC'の細い矢印），そして終脳（CとC'）や視蓋が小さくなり（DとD'の両矢印）縦走堤（TL）が欠けている（太い矢印）ことに注目．略号：L＝水晶体，OT＝視蓋，OV＝眼胞，RE＝網膜，TE（D）＝終脳背側野（外套），TE（V）＝終脳腹側野（外套下部），TL＝縦走堤．スケールバーは100 μm．Yasuda et al.（2006）の図3と6を改変．

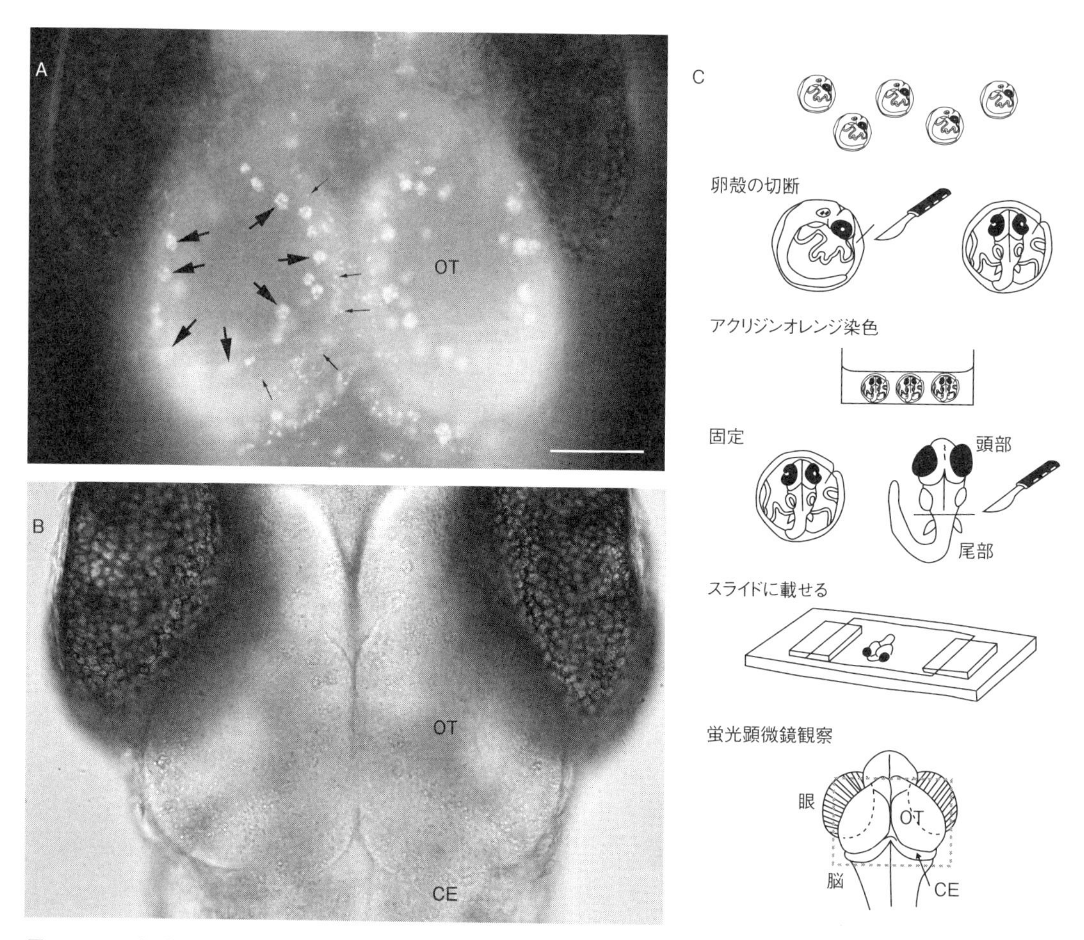

図 15-4　メダカ胚を用いた発達神経毒性の定量法
ステージ 28 のメダカ胚に吸収線量 5 グレイの X 線を短時間照射し，10 時間後にアクリジンオレンジで染色した視蓋の蛍光顕微鏡写真（A，口絵 10 参照）とその明視野写真（B）．上が吻側．太い矢印は「花びら状の死んだ細胞の集団」を，細い矢印は単一の死んだ細胞をそれぞれさしている．C は方法の概略を示す．一番下の図で，灰色の点線で四角で囲んだ領域が観察する領域．略号：CE ＝小脳，OT ＝視蓋．スケールバーは 100 μm．Yasuda et al.（2008）の図 1 と 2 を改変．

収線量 2 グレイではコントロール（非照射）との間に有意の差があるが，1 グレイではコントロールとの間に統計的な有意差はなかった．したがって，吸収線量 1 から 2 グレイの間に脳の誘発細胞死の「しきい値」があることが判明した．なお，吸収線量 1 グレイというのは，メダカ成魚個体の半数致死線量（$LD_{50/30}$，30 日後に照射個体の半数が死ぬ線量）の 20 ～ 25 分の 1 なので，メダカにとっては比較的「低線量」である．

この方法は，誘発細胞死を指標とした定量法である．もし，細胞死よりもさらに鋭敏な放射線影響の指標があれば，その指標を取り入れて評価する必要があるだろう．例えば，もしも放射線が神経活動に対して鋭敏に影響するならば，カルシウムイオンを用いた全脳のイメージング法によって，その放射線影響を評価することができるだろう．指標を様々に変えることによって，「しきい値」はさらに低くなる可能性がある．また，メダカ胚を用いた方法は，放射線だけではなく，化学物質などの他の外部要因による発達神経毒性の研究にも有用であろうと思われる．

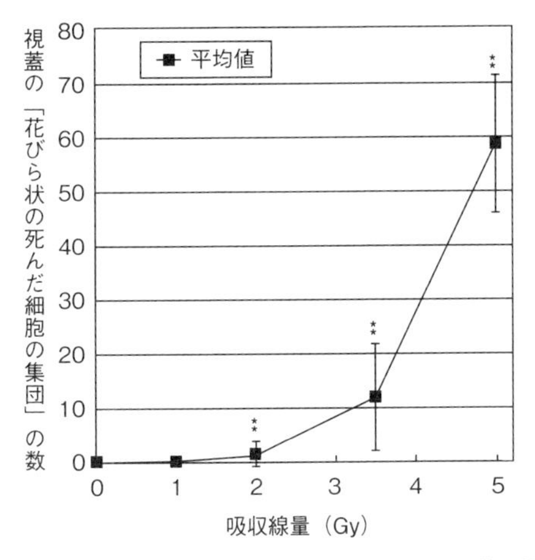

図 15-5　メダカ胚の脳における誘発細胞死の線量－効果関係
X 線の線量（横軸）と放射線照射によって死んだ細胞の集団の数（縦軸）との関係を示すグラフ．縦棒は平均値の標準誤差．二重星印は，コントロール値（0 グレイ）との差が 1％以下の危険率で有意であることを示す．1 グレイでは統計的有意差がないことに注目．Yasuda et al.（2008）の図 4 を改変．

7）環境に対する放射線の影響とメダカ

本節では環境生物に対する放射線影響の例として，メダカでの結果を簡略に紹介する［詳細は，江上（1989）を参照されたい］．

これまでの放射線の影響に関する研究は，ヒトの防護のみに関心を払ってきた．しかし，化学物質や放射線の悪影響から人間のみならず他の生物も守り，自然環境と生態系を保全しようとする考えは，近年大きく育ちつつある．種の多様性を維持し生態の健康性を保護するために，ICRP は 2003 年から放射線から環境を防護する方向性を探り始めた（ICRP publication 91, 2005）．ICRP の基本的な考えによれば，ヒトは他の生物種と比べて放射線に鋭敏（高感受性）なので，ヒトを防護するための環境基準が結局は他の生物種を保護することになるという．ところが，野外生物に対する放射線の影響についての知識は断片的で乏しいのが実情である．実際，生物の驚くほどの多様性を考えると，ヒトより放射線に対して高い感受性をもつ環境生物が存在することは十分あり得る．ICRP は，放射線の影響の環境標準モデルを開発するために，ある環境に特有な数種類の「標準生物種」を選び，環境放射線影響データベースを現在つくりつつある．

今から約 50 年前は，人体への影響が中心的課題であったため，放射線の影響に関する研究にはマウスやラットなどの哺乳類を用いるのが一般的であった．その中にあって江上らは，放射線の生物への影響を研究するために，メダカを実験動物として大規模に用いた（江上, 1989）．彼らは，時代に先駆けて，環境生物（メダカ）における線量－効果関係の詳細なデータを蓄積していたことになる．

まずはっきりしたのは，放射線の影響のメカニズムはメダカでもマウスでも同じだという点である．哺乳類では，線量が高い場合には消化管組織の障害によって死亡し，比較的低い場合には造血組織の障害によって死亡する．いずれも確定的影響によるものである．同様に，メダカ成魚は，吸収線量 80-40 グレイで消化管組織障害により約 10 日後に死亡し，20 グレイで造血組織障害により 2 カ月後に死亡した．しかし吸収線量 5 グレイ以下では影響は現れず，死ぬことはなかった．つまりメダカでも，確定的影響の「しきい値」が存在することが確認された．

ヒトでの半数致死線量 $LD_{50/60}$（60 日後に照射個体の半数が死ぬ線量）は，治療を受けなかった場合，吸収線量 4-5 グレイ（推定値）である．したがってメダカの致死線量は，マウスやヒトなどの哺乳類のそれらに比べると約 5 倍高い．言いかえると，メダカは哺乳類より放射線に 5 倍程度強いと言える．個体死を引き起こす線量は，生物の種によって著しく異なり，一般にゲノムが大きいほど放射線に対して高い感受性をもつとされている（江上, 1985）．実際，マウス（約 27 億塩基対）やヒト（約 33 億塩基対）のゲノムは，メダカのゲノム（約 8 億塩基対）より 3-4 倍大きい．

さらに江上らのグループは，成魚で個体死が起こる吸収線量（20グレイ）よりも小さい線量（10グレイ）で胚が影響されることを明確にした．メダカ胚組織の中では，始原生殖細胞（生殖細胞の元になる細胞）が特に放射線に対して高感受性であった．吸収線量10グレイで照射された胚の半数以上は，生殖腺を欠いたまま孵化した（江上，1989）．生殖腺のないメダカは個体としては生きているが，子孫は残せない．このように放射線の環境への影響は，個体レベルのみならず種レベルにもおよび得るものである．

この「個体死が起こらないほど低い放射線量でも，何らかの生物への影響がある」というのは，非常に重要なポイントである．個体としては死滅しないけれども，その一方で，生態系保全に悪影響をおよぼすからである．実際，内分泌かく乱物質は，非致死レベルの低濃度でも，繁殖行動や社会的行動などに影響する（コルボーンら，1997；Nakayama et al., 2004；Khalil et al., 2013）．このような悪影響は行動毒性と総称されている．

さらに低い1グレイ以下の吸収線量でも，メダカに対する遺伝影響（突然変異誘発）があることが明らかになった．この遺伝影響は，東京大学の嶋 昭紘の研究グループによって調べられた（Shima and Shimada, 1991）．メダカの場合は精子が照射された場合の影響が最も大きく，その影響は0.64グレイ以上で線量に正比例して増加する．この0.64グレイという吸収線量は，成魚個体死が起こる線量の約30分の1に相当するので，メダカにとっては「低線量」である．遺伝影響の目安となる倍加線量は，マウスのそれと同程度であった．このように放射線の環境への影響は，一世代だけではなく，後続する世代にもおよび得る．

福島原発事故では，野外におけるチョウ（ヤマトシジミ）の奇形と遺伝障害が報告された（Hiyama et al., 2012）．福島県の汚染地域におけるノネズミの染色体異常も報告された（Kubota et al., 2015）．原発から北西15 km以内におけるモミの樹には，形態的異常が見出された（Watanabe et al., 2015）．さらにこの事故の特徴として，大量の放射性物質が海洋に放出されたことがあげられる．この放射性物質の一部は，現在も福島原発近くの海底土に沈着している（日本原子力研究開発機構のホームページ「海底土登録データ一覧」などを参照）．その底性海洋生物への影響，食物連鎖，そして生物による放射性物質の濃縮など，多くの調査・研究課題が山積している．

8）原発事故と将来

最後に，今回の原発事故についてまとめておきたい．これは，福島原発事故による人体への影響の実際的評価，そしてもっと長期的な視点からの話との，2つに分けた方が良い．両者を同次元で論じると，論理の筋が混乱するからである．

まず福島原発事故による人体への影響に関して言えば，次のようになるだろう．影響評価のためには，何よりもまず被ばく線量である．推定を含むが，福島県の住民（一般公衆）が受けた被ばく線量が報告されている（福島県および放医研のホームページ参照）．その結果によると，内部被ばくも外部被ばくも，被ばく線量は一般に小さい．例えば外部被ばく実効線量は，調査された約50万人のうち約99%が3ミリシーベルト以下で，最大値は25ミリシーベルトであった．この線量では，「胎内被ばく影響」をはじめとする確定的影響は出ない［中西（2014）も参照されたい］．実際，不幸中の幸いなことに，確定的影響による放射線障害は，一般公衆の中にひとりも出ていない［東京電力福島原子力発電所事故調査委員会（国会事故調），2012］．

確率的影響については，まったくのゼロではないが，被ばくによる福島県の成人のがん死亡リスク増加の数値は小さいだろう．しかし福島県の子供たちの放射性ヨウ素による内部被ばくには，問題が残っている．放射性ヨウ素の半減期が非常に短いために，その被ばく線量が完全には把握できていないからである．したがって福島県では，小児の甲状腺がん増加について，今後も注意深い検査と検診が必要である．

福島県外，例えば首都圏における一般公衆については，その被ばく線量から考えると，確定的影響はまったくない．確率的影響も，あったとしても，きわめて小さいだろう．

しかし，もっと長期的な観点からの「私たちは今後も原子力発電を利用し続けるのか否か」に関しては，別次元の話になる．この問題は，放射線生物学という自然科学の範囲をはるかに超えているからである．その選択には，生物科学的事実をはじめ，事故などの歴史的事実，地勢的事実，経済的事実，エネルギー安全保障・雇用などの社会的状況，そしてなにより「どのような社会・世界が望ましいか」という価値観を合わせて考えなければならない．これについては，国民の一人ひとりが，よく考えて判断するべき問題である．

この判断のために有用なものの 1 つは，「事故調査委員会報告書」である．事故後，国会，政府，そして民間などにより詳細な事故調査が行われ，数種類の「事故調査委員会報告書」が発表されている．貴重な証言を含むこれらの報告書には，事故原因，事故経過，責任の所在，影響の評価，そして事故の教訓などが記されている．これらの中から，歴史的事実を 1 つだけあげておこう．

この事故では，4 号機などのプールに“保管”されていた使用済核燃料が危機的状況をもたらした．冷却不足によって融解した核燃料がコンクリートと反応し（融解燃料コンクリート相互作用），大量の放射性物質が放出される可能性が生じたのだ．必死の注水作業が行われたが，最悪の場合，首都圏を含む東日本の 3000 万人が避難しなければならない事態があり得た（福島原発事故独立検証委員会，2012）．実に，日本の現人口の約 4 分の 1 である．もしそうなっていたら，東日本には長期にわたって人が住めなくなり，社会的混乱と経済的損失は巨大なものになっていただろう．補償問題も大きなものになり，日本国は経済的に破綻していたかもしれない．そうならなかったのは，原発事故現場の関係者（自衛隊，消防，そして警察も含む）の決死的働きのおかげと，そしてまったくの「偶然」のためであった（福島原発事故独立検証委員会，2012）．

このように原発事故の影響は，原発のある“地元”（立地自治体）だけではなく，漏洩した放射性物質の量および風や海（潮流）の状況によっては，はるか広域にもおよび得る．現実に，今回の事故においても，放射性物質で重度に汚染された地域（帰還困難区域と居住制限区域）は，立地自治体（福島県海岸地域）のみならず，その北西約 40 km 離れた阿武隈高地の地方自治体にもおよんだ．今回の原発事故の数年後，立地自治体と県の同意を得て，いくつかの原発が再稼働を開始した．日本政府と「伊方原発訴訟」で国側の証人となった工学専門家は，「原発事故が起こる確率は低い．無視できる程度のリスクは受容可能である」と言う（NHK ETV 特集取材班，2016）．しかし原発事故の特殊性は，一般的な事故とは異なり，影響を受ける人数が桁違いに大きくなり得ることである．その影響も長期にわたる．言いかえると，国民の被害は，受容できないほど大きなものになることがあり得る．

日本は，アメリカやロシアなどと比較すると，陸地が狭小で地震が多く火山活動が活発な国である．筆者は，原子力発電というものは，生じる高レベル放射性廃棄物処理も含めて，日本列島の特性に適合していないと考える．電源エネルギーとして，原子力に代わる別のエネルギー源の研究開発・実用化が強く望まれる．再生可能エネルギーの利用のためには，蓄電技術の画期的発展もまた重要であろう．筆者は，若い世代の技術者の努力と柔軟な構想力に期待している．

参考文献

Ayala R, Shu T, Tsai LH (2007) Trekking across the brain: The journey of neuronal migration. Cell 128: 29-43.

Fujimori A, Okayasu R, Ishihara H, Yoshida S, Eguchi-Kasai K, Nojima K, Ebisawa S, Takahashi S (2005) Extremely low dose ionizing radiation up-regulates cxc chemokines in normal human fibroblasts. Cancer Res 65: 10159-10163.

Fujimori A, Yaoi T, Ogi H, Wang B, Suetomi K, Sekine E, Yu D, Kato T, Takahashi S, Okayasu R, Itoh K, Fushiki S (2008) Ionizing radiation downregulates aspm, a gene responsible for microcephaly in humans. Biochem Biophys Res Commun 369: 953-957.

Fushiki S, Hyodo-Taguchi Y, Kinoshita C, Ishikawa Y, Hirobe T (1997) Short- and long-term effects of low-dose prenatal X-irradiation in mouse cerebral cortex, with special reference to neuronal migration. Acta Neuropathol 93: 443-449.

Hiyama A, Nohara C, Kinjo S, Taira W, Gima S, Tanahara A, Otaki JM (2012) The biological impacts of the Fukushima nuclear accident on the pale grass blue butterfly. Sci Rep 2: 570.

Hyodo-Taguchi Y, Fushiki S, Kinoshita C, Ishikawa Y, Hirobe T (1997) Effects of continuous low-dose prenatal irradiation on neuronal migration in mouse cerebral cortex. J Radiat Res 38: 87-94.

Hyodo-Taguchi Y, Fushiki S, Kinoshita C, Ishikawa Y, Hirobe T (1998) Effects of low-dose x-irradiation on the development of the mouse cerebellar cortex. J Radiat Res 39: 11-19.

Ishida Y, Ohmachi Y, Nakata Y, Hiraoka T, Hamano T, Fushiki S, Ogiu T (2006) Dose-response and large relative biological effectiveness of fast neutrons with regard to mouse fetal cerebral neuron apoptosis. J Radiat Res 47: 41-47.

Khalil F, Kang IJ, Undap S, Tasmin R, Qiu X, Shimasaki Y, Oshima Y (2013) Alterations in social behavior of japanese medaka (*Oryzias latipes*) in response to sublethal chlorpyrifos exposure. Chemosphere 92: 125-130.

Kinoshita M, Murata K, Naruse K, Tanaka M (2009) Medaka: Biology, management, and experimental protocols. Ames: Wiley-Blackwell.

Kubota Y, Tsuji H, Kawagoshi T, Shiomi N, Takahashi H, Watanabe Y, Fuma S, Doi K, Kawaguchi I, Aoki M, Kubota M, Furuhata Y, Shigemura Y, Mizoguchi M, Yamada F, Tomozawa M, Sakamoto SH, Yoshida S (2015) Chromosomal aberrations in wild mice captured in areas differentially contaminated by the Fukushima Dai-ichi Nuclear Power Plant accident. Environ Sci Technol 49: 10074-10083.

Leuraud K, Richardson DB, Cardis E, Daniels RD, Gillies M, O'Hagan JA, Hamra GB, Haylock R, Laurier D, Moissonnier M, Schubauer-Berigan MK, Thierry-Chef I, Kesminiene A(2015) Ionising radiation and risk of death from leukaemia and lymphoma in radiation-monitored workers (inworks): An international cohort study. Lancet Haematol 2: e276-281.

Nakayama K, Oshima Y, Yamaguchi T, Tsuruda Y, Kang IJ, Kobayashi M, Imada N, Honjo T (2004) Fertilization success and sexual behavior in male medaka, *Oryzias latipes*, exposed to tributyltin. Chemosphere 55: 1331-1337.

Neel JV, Schull WJ, Awa AA, Satoh C, Kato H, Otake M, Yoshimoto Y (1990) The children of parents exposed to atomic bombs: Estimates of the genetic doubling dose of radiation for humans. Am J Hum Genet 46: 1053-1072.

Nomura T (2006) Transgenerational effects of radiation and chemicals in mice and humans. J Radiat Res 47 Suppl B: B83-97.

Otake M, Schull WJ, Yoshimaru H (1991) Brain damage among the prenatally exposed. J of Radiat Res 32(Suppl): 249-264.

Otake M, Schull WJ (1998) Radiation-related brain damage and growth retardation among the prenatally exposed atomic bomb survivors. Int J Radiat Biol 74: 159-171.

Ron E, Lubin JH, Shore RE, Mabuchi K, Modan B, Pottern LM, Schneider AB, Tucker MA, Boice JD, Jr. (1995) Thyroid cancer after exposure to external radiation: A pooled analysis of seven studies. Radiat Res 141: 259-277.

Shima A, Shimada A (1991) Development of a possible nonmammalian test system for radiation-induced germ-cell mutagenesis using a fish, the japanese medaka (oryzias latipes). Proc Natl Acad Sci USA 88: 2545-2549.

Watanabe Y, Ichikawa S, Kubota M, Hoshino J, Kubota Y, Maruyama K, Fuma S, Kawaguchi I, Yoschenko VI, Yoshida S (2015) Morphological defects in native japanese fir trees around the fukushima daiichi nuclear power plant. Sci Rep 5: 13232.

Yasuda T, Aoki K, Matsumoto A, Maruyama K, Hyodo-Taguchi Y, Fushiki S, Ishikawa Y (2006) Radiation-induced brain cell death can be observed in living medaka embryos. J Radiat Res 47: 295-303.

Yasuda T, Yoshimoto M, Maeda K, Matsumoto A, Maruyama K, Ishikawa Y (2008) Rapid and simple method for quantitative evaluation of neurocytotoxic effects of radiation on developing medaka brain. J Radiat Res 49: 533-540.

Yasuda T, Oda S, Ishikawa Y, Watanabe-Asaka T, Hidaka M, Yasuda H, Anzai K, Mitani H (2009) Live imaging of radiation-induced apoptosis by yolk injection of acridine orange in the developing optic tectum of medaka. J Radiat Res 50: 487-494.

岩松鷹司（2006）「新版メダカ学全書」，大学教育出版，岡山．

鵜飼保雄（2007）「放射線の表と裏」，培風館，東京．

江上信雄（1985）「放射線生物学」，岩波書店，東京．

江上信雄（1989）「メダカに学ぶ生物学」，中公新書931，中央公論社，東京．

NHK ETV特集取材班（2016）「原子力政策研究会100時間の極秘音源」，新潮文庫，新潮社，東京．

シーア・コルボーン，ダイアン・ダマノスキ，ジョン・ピーターソン・マイヤーズ（著），長尾 力（訳）（1997）「奪われし未来」，翔泳社，東京．

佐渡敏彦（2012）「放射線は本当に微量でも危険なのか？」，医療科学社，東京．

舘野之男（2001）「放射線と健康」，岩波新書（新赤判）745，岩波書店，東京．

東京電力福島原子力発電所事故調査委員会（2012）「国会事

故調 報告書」，徳間書店，東京．
中西準子（2014）「原発事故と放射線のリスク学」，日本評論社，東京．
W. Robert Nitske（著），山崎岐男（訳）（1989）「X 線の発見者レントゲンの生涯」，考古堂書店，新潟．
日本アイソトープ協会（訳）（2005）「ICRP publication 91 ヒト以外の生物種に対する電離放射線のインパクト評価の枠組み」，丸善株式会社，東京．
日本アイソトープ協会（訳）（2009）「ICRP publication 103 国際放射線防護委員会の 2007 年勧告」，丸善株式会社，東京．
福島原発事故独立検証委員会（2012）「福島原発事故独立検証委員会 調査・検証報告書」，デイスカヴァー・トウエンテイワン，東京．
J. Langmann（著），沢野十蔵（訳）（1982）「人体発生学」（第 4 版），医歯薬出版，東京．

付属表

メダカの中枢神経系の発生表

表の左端の列に，岩松鷹司による発生段階（Iwamatsu's stage）を表示している（16 から 45 まで）．その他の列には，「受精後の時間」，「体節数」，「孵化した魚の全長」などがある．メダカの発生段階とその指標は以下の文献による．

1）Iwamatsu T, Nakamura H, Ozato K, Wakamatsu Y (2003) Normal growth of the "See-through" Medaka. Zoolog Sci 20:607-615.

2）Iwamatsu T (2004) Stages of normal development in the medaka *Oryzias latipes*. Mech Dev 121:605-618.

3）Hirose Y, Varga ZM, Kondoh H, Furutani-Seiki M (2004) Single cell lineage and regionalization of cell populations during medaka neurula Development 131:2553-2563.

発生の段階	受精後の時間（26 ℃）	体節の数	孵化後の全長（mm）	体の発生	中枢神経系の発生（一般）
16	21			後期原腸胚	神経板
16+	22				脳・脊髄の組織区画の確立と細胞の移動
16++	23				神経竜骨
17	25			初期神経胚	中枢神経系細胞の急激な増殖
18	26			後期神経胚，眼の形成	神経索形成
19	27.5	2		体節の形成開始	神経索（初期神経管）の完成
20	31	4		神経索／神経管	神経管吻側端の腹側方向への回転と吻尾軸 屈曲開始
21	34	6		耳胞の形成	ここから神経管（脳室の形成が明確化）， 視床下部の発達開始
22	38	9		心臓原基の形成	
23	41	12			
24	44	16		心拍開始 体幹筋の発達開始	5 脳胞の確立および視蓋の成長
25	50	18-19		血流開始	中期神経管
26	54	22		最初の自発的運動 （体の屈曲）の開始	主要な神経路（基盤的神経回路網）の完
27	58	24			脳への動脈侵入開始 外套層と辺縁層の分化開始
28	64	30		下垂体の形成	ここから後期神経管（脳室形成がほぼ完了
29	74	34			多数のニューロンの移動
30	82	35		刺激により体を動かす	
31	95				
32	101			胸鰭を動かす	
33	106				
34	121				
35	132				ここから仔魚型脳 larval-type brain
36	144				
37	168			遊泳行動可能	
38	192				
39	216		3.8-4.2	孵化	終脳・間脳室が脳の成長に伴い消失
40			4.5-7.0	仔魚：尾鰭と胸鰭に軟条	
41			7.4-10.0	仔魚：背鰭と尻鰭に軟条	
42			10.8-15.8	変態期	
43			16.0-21.0	稚魚：鰭の軟条数確立	ここから成魚型脳 adult-type brain
44			22.0-24.5	未成魚：性的二型形成期	
45			25.0<	成魚	

終脳および間脳の発生	小脳および菱脳峡部の発生	新規に発生・分化する脳の構造
	fgf8 と *wnt1* が菱脳峡部で発現開始；*wnt1* は中脳尾端部に発現	
終脳脳室および間脳脳室の形成	菱脳峡のくびれが始まる	
		最初の神経路（内側縦束）の分化
終脳・間脳脳室の形成開始	菱脳峡が最も明瞭になる	背外側束の分化
終脳・間脳脳室の形成	菱脳峡部の *fgf8* は後脳吻端部 isthmic rhombomere のみに発現	腹側間脳路，背側中脳路，背外側縦走路，網様体脊髄ニューロンなどが発生・分化
		背側間脳路の分化
松果体複合体の分化，終脳の前後区分	菱脳峡のくびれが尾方にずれ，*fgf8* を発現する小脳弁原基が中脳脳室内に突出	
視床下部の脳室形成	対性の小脳原基の形成	前交連の形成開始
公果体の移動開始，終脳における細胞移動		ZLI 神経路の形成
手綱の亜核が分化		
副松果体が手綱に融合 終脳の外翻および細胞増殖帯の形成	小脳原基と小脳脳室の成長	縦走堤の形成開始
終脳の神経細胞集団の形成開始		
	小脳交連の形成	終脳路が内外に二分
脳の内外区分，終脳の神経細胞集団の形成	左右の小脳体が吻側から融合し始め，小脳体で外套層と辺縁層が分化を開始	糸球体核系の形成開始
	小脳の 3 カ所で細胞増殖帯が形成される	
終脳のダルマ核の形成開始	小脳体における分子層，プルキンエ層，顆粒層の分化	
終脳は背側に向かって成長	小脳体は成長し，小脳脳室が消失 小脳尾葉と顆粒隆起が分化開始	
終脳外套の吻方への伸長		
松果体の伸長と茎部の分化 嗅球が終脳腹側に位置する		
間脳の下葉の発達		
終脳尾部の分化		

付属図譜

メダカ仔魚の神経系アトラス

以下の付属図譜では，孵化したばかりのメダカ仔魚（ステージ 39）の神経系の詳細を示すために，3 系列の断面図（総計 36）が掲載されている．この図譜は，自立して機能する最小の脳・脊髄のアトラスである．

図 1（S1-S6）は，正中から外側に向かって 6 つの矢状断面を並べたものである．5 枚の各プレートには全体的な脳区分（A，ただし S5 と S6 にはない），断面のスケッチ（B），そして微分干渉顕微鏡写真（C）を示した．それぞれの切片の切断線は小さな挿入図（脳の背側図）にあらわしてある．スケッチの黒い領域は神経上皮（マトリックス層）を，灰色の部分は細胞体が密集した領域を，そして白色の部分は白質が主体になっている領域をそれぞれあらわす．底板には，しま模様をつけてある．写真では，個々の細胞は粒状に見えている．正中に近い断面（S1）では，脳軸（底板）の屈曲がよくみえている．

図 2（T1-T20）には，吻側から尾側の順に 20 枚の横断（前額断）面を示してある．8 枚の各プレートには全体的な脳区分（A，ただし T9-T12 および T17-T20 にはない），脳断面のスケッチ（左半分），そして微分干渉顕微鏡写真（右半分）を示した．それぞれの切片の切断線は小さな挿入図（脳の側面図）にあらわしてある．スケッチ図の表示方法は前図と同様である．脳の背側部は，一般に腹側部より大きいことがわかる．T10 切片から尾側には脳神経節が見えるが，これらは主として脳の腹側に存在している．

図 3（H1-H10）には，背側から腹側に向かって 10 枚の水平断図を並べた．最初のプレートには脳の全体的区分を示した（H1 の A）．5 枚の各プレートには，H1 から H10 までの断面のスケッチ（上半分），そして微分干渉顕微鏡写真（下半分）を示した．それぞれの切片の切断線は小さな挿入図（脳の側面図）にあらわしてある．スケッチ図の表示様式は図 1 および図 2 と同様である．脳室近くには，神経上皮が広く存在していることがよくわかる．脳室から離れた場所（脳表面側）には，発生中に移動してきた細胞集団が存在している．脳神経節は，主として耳胞の内側に存在し，その他のものは耳胞の吻側と尾側に存在している．

図1（S1-S6） メダカ仔魚の神経系アトラス（矢状断面図）

メダカ仔魚の神経系を大きな区分（A），スケッチによる模式図（B），および写真（C）で示す．左が吻側，上が背側．小さな挿入図（脳の背面図）に矢状断切片の切断線が示されている．模式図の黒い部分は神経上皮（細胞増殖帯）の領域，灰色の部分は主として灰白質の領域，白い部分は主として白質の領域，しま模様の部分は底板を示す．写真は，ニッスル染色したプラスチック包埋切片を微分干渉顕微鏡で撮影したもの．略号は小文字で線維系を，灰白質領域，脈絡叢，および脳室などは大文字および大文字＋小文字の組み合わせで，脳神経とその神経核はローマ数字であらわす．略号：aco＝前交連，aDc＝終脳背側野中心部の吻側（前部）領域，aDl＝終脳背側野外側部の吻側（前部）領域，ALLNG＝前側線神経神経節，AOL＝内耳側線野，BO＝嗅球，CC＝小脳稜，CCE＝小脳体，CE＝小脳，ceco＝小脳交連，CL＝小脳の尾葉，CM＝乳頭体，coinf＝Hallerの下端交連，Dc＝終脳背側野中心部，Dl＝終脳背側野外側部，Dm＝終脳背側野内側部，DN＝終脳背側野ダルマ核，Dp＝終脳背側野尾側（後）部，DT＝背側視床，ET＝視床上部，flm＝内側縦束，fr＝半屈束，FP＝底板，GA＝糸球体核前部，GR＝糸球体核円形部，gsco＝二次味覚核の交連，H＝手綱，HP＝下垂体，HT＝視床下部，IL＝下葉，lfb＝外側前脳束，LR＝外側陥凹，NC＝皮質核，NDIL＝下葉散在核，NDTL＝外側堤散在核，NIP＝脚間核，NRL＝外側陥凹核，NRP＝後陥凹核，NIII＝動眼神経核，OI＝下オリーブ核，OT＝視蓋，P＝松果体，PA＝終脳背側野（外套），pc＝後交連，PEV＝脳の腹側ひだ，PG＝糸球体前核，PGc＝糸球体前核の内側交連部 pars medialis commissuralis，PLLNG＝後側線神経の神経節，POA＝視索前野，poco＝後視索交連，PR＝後陥凹，PS＝浅視蓋前域核，PT＝後結節，PVO＝脳室傍器官，RCP＝第四脳室脈絡叢，RF＝網様体，SP＝終脳腹側野（外套下部），TDCP＝終脳・間脳脳室脈絡叢，TL＝縦走堤，TLa＝外側堤，TS＝半円堤，VC＝小脳弁，Vd＝終脳腹側野背側部，Vl＝終脳腹側野外側部，VL＝迷走葉，Vs＝終脳腹側野交連上部，VT＝腹側視床，Vv＝終脳腹側野腹側部，IIn＝視神経，IIIn＝動眼神経，VIIG＝顔面神経神経節，VIIIG＝前庭神経節，IXG＝舌咽神経神経節，XG＝迷走神経神経節．スケールバーは 100 μm.

S1

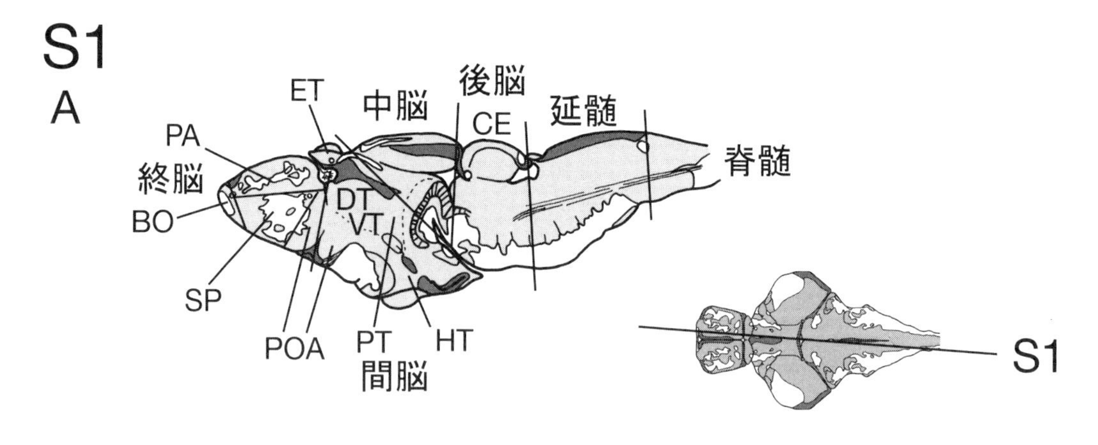
A
ET
中脳
後脳
CE
延髄
PA
脊髄
終脳
DT
VT
BO
SP
POA
PT
HT
間脳
S1

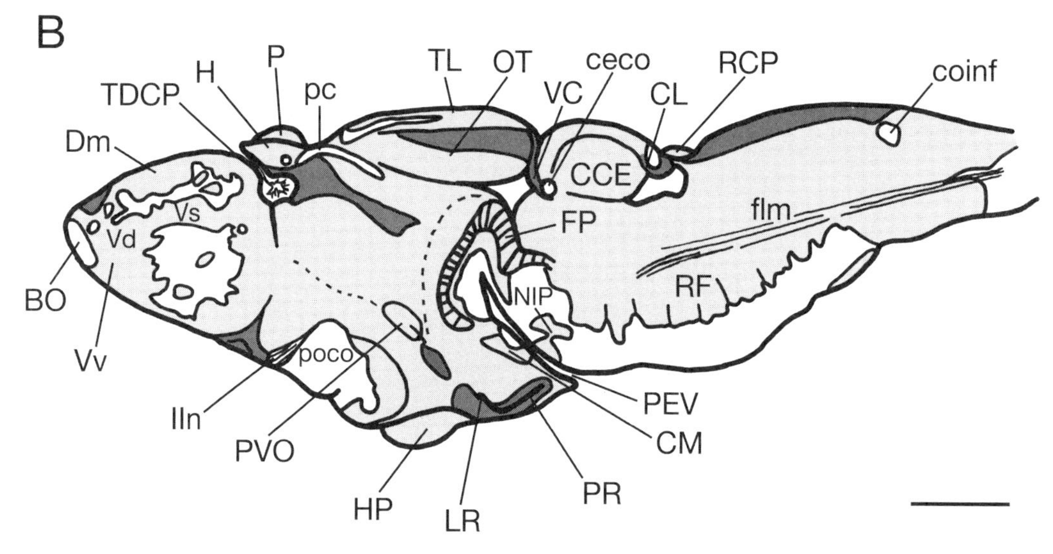
B
H
P
TL
OT
ceco
RCP
coinf
TDCP
pc
VC
CL
Dm
CCE
Vs
Vd
FP
flm
BO
NIP
RF
Vv
poco
IIn
PVO
PEV
CM
HP
LR
PR

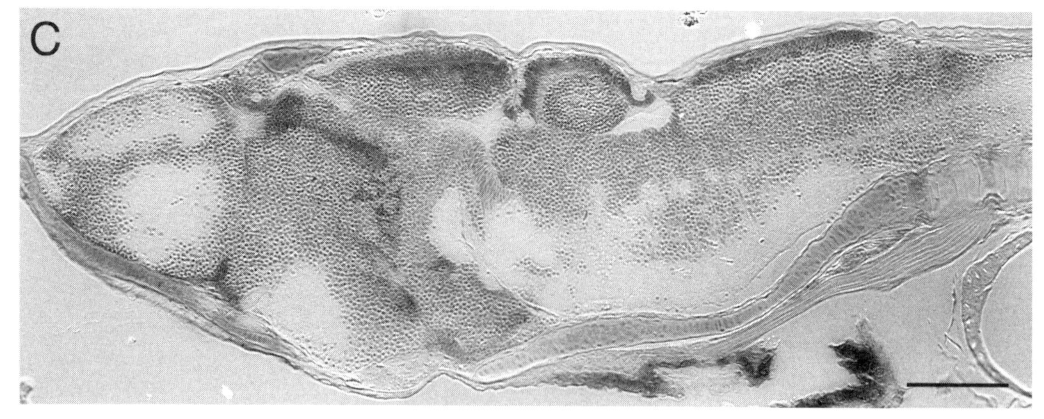
C

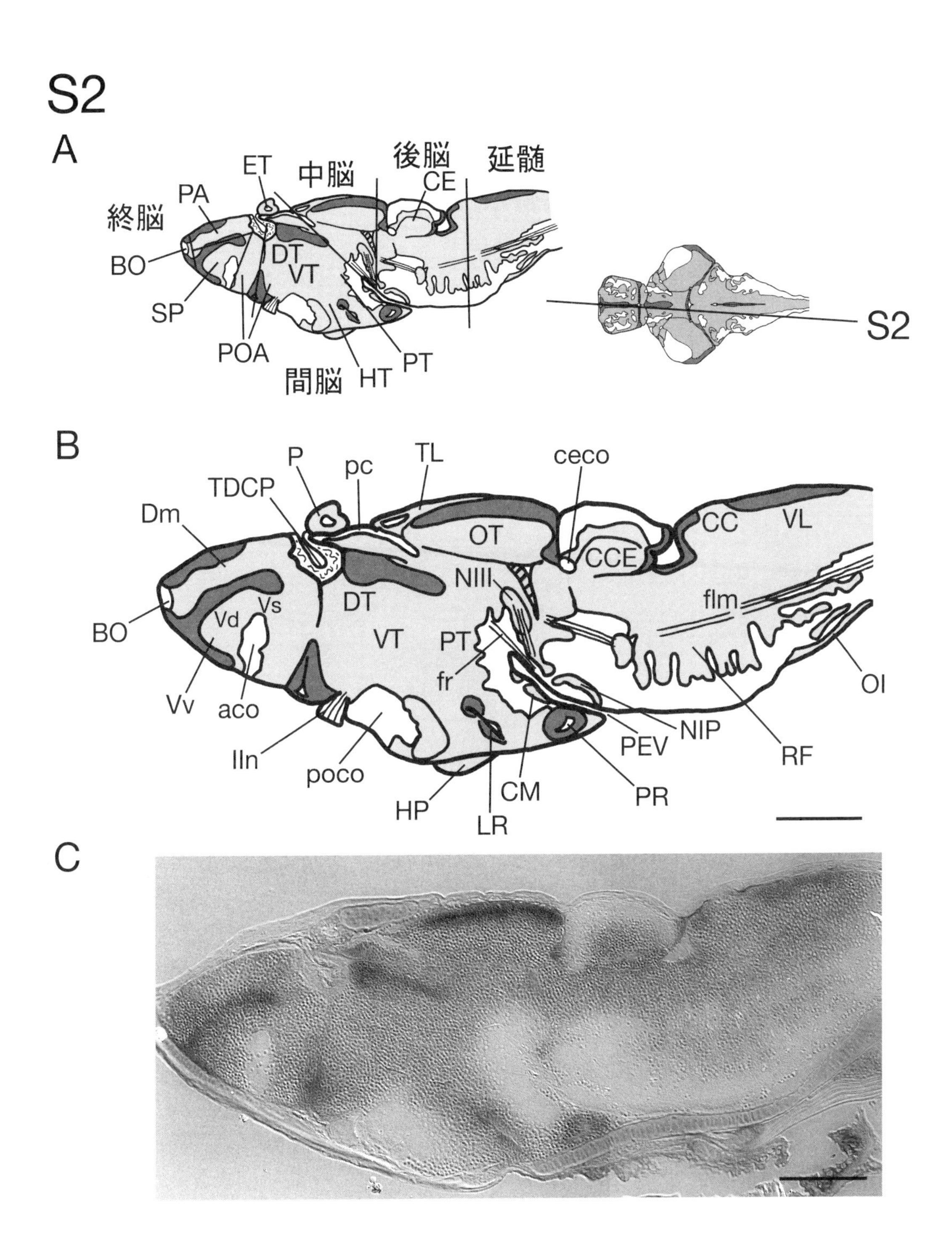
S2
A
終脳
中脳
後脳
延髄
間脳
ET
PA
CE
BO
DT
VT
SP
POA
HT
PT
S2
B
P
pc
TL
ceco
TDCP
Dm
OT
CC
VL
CCE
NIII
DT
flm
BO
Vd
Vs
VT
PT
fr
OI
Vv
aco
NIP
PEV
RF
IIn
poco
CM
PR
HP
LR
C

S3

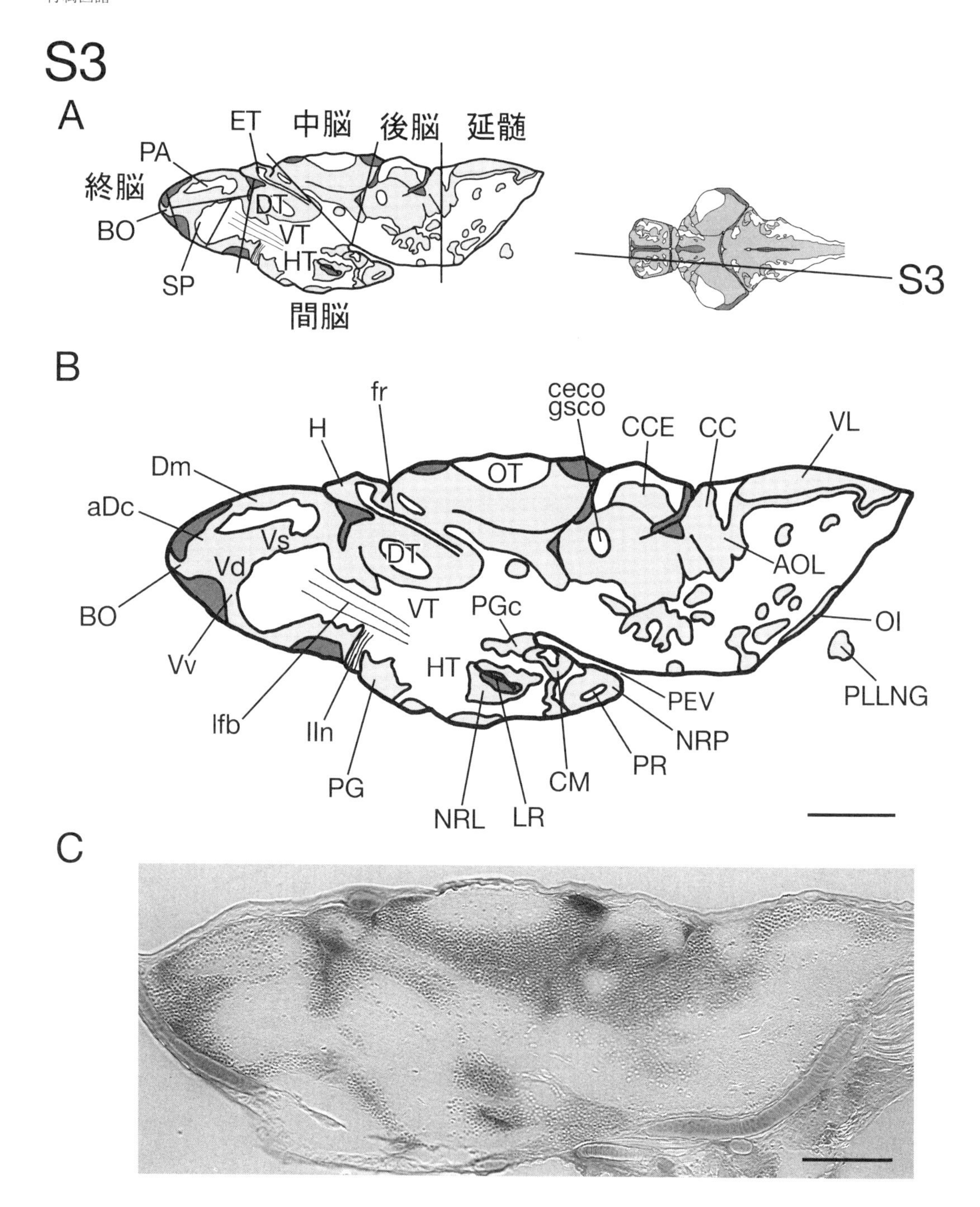
A
ET
中脳
後脳
延髄
PA
終脳
DT
BO
VT
HT
SP
間脳
S3
B
fr
ceco
gsco
H
CCE
CC
VL
Dm
OT
aDc
Vs
DT
AOL
Vd
BO
VT
PGc
OI
HT
Vv
PEV
PLLNG
lfb
IIn
NRP
PR
PG
CM
NRL
LR
C

S4

A

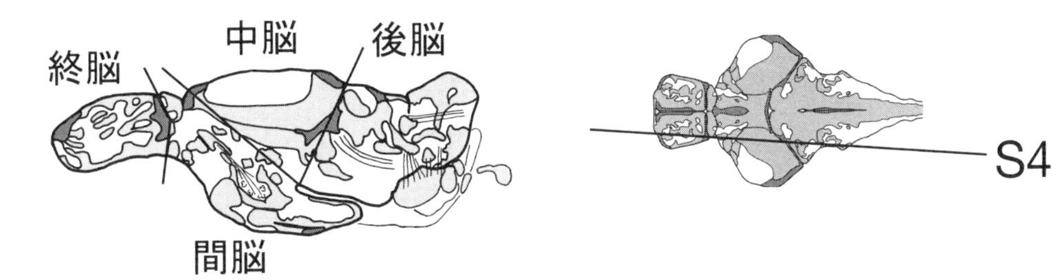
終脳
中脳
後脳
間脳
S4

B

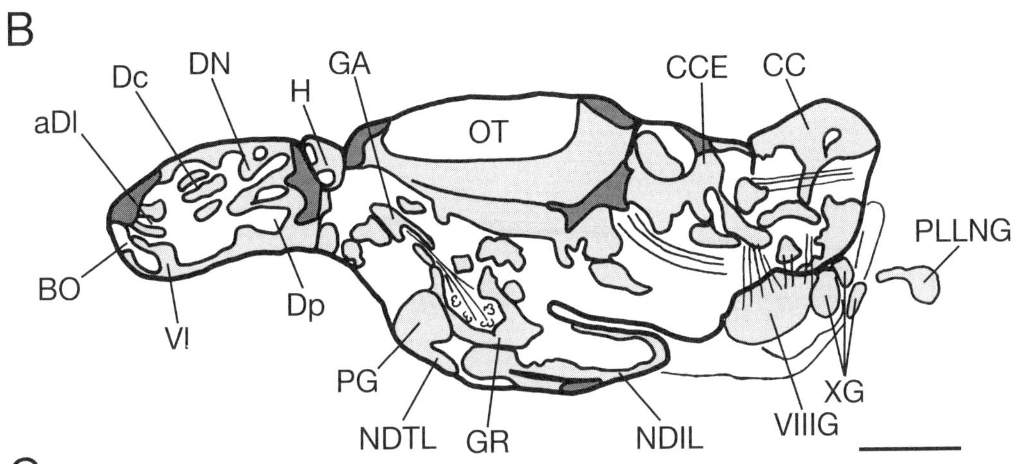
aDl
Dc
DN
H
GA
OT
CCE
CC
PLLNG
BO
Vl
Dp
PG
NDTL
GR
NDIL
VIIIG
XG

C

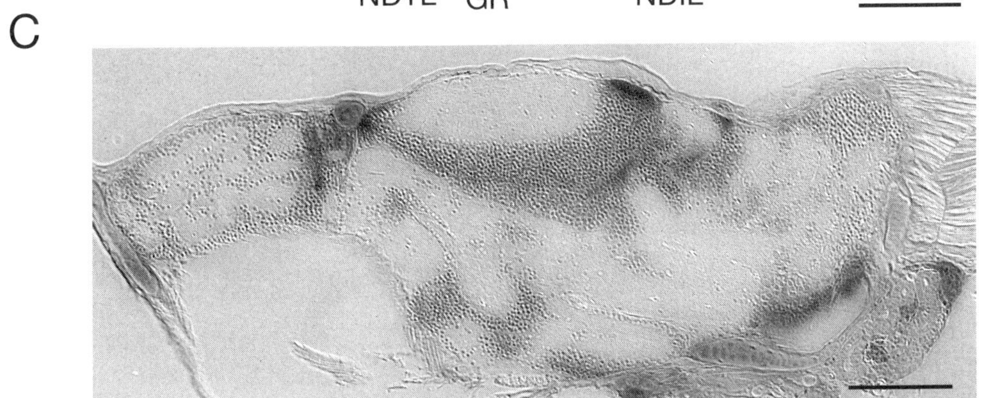

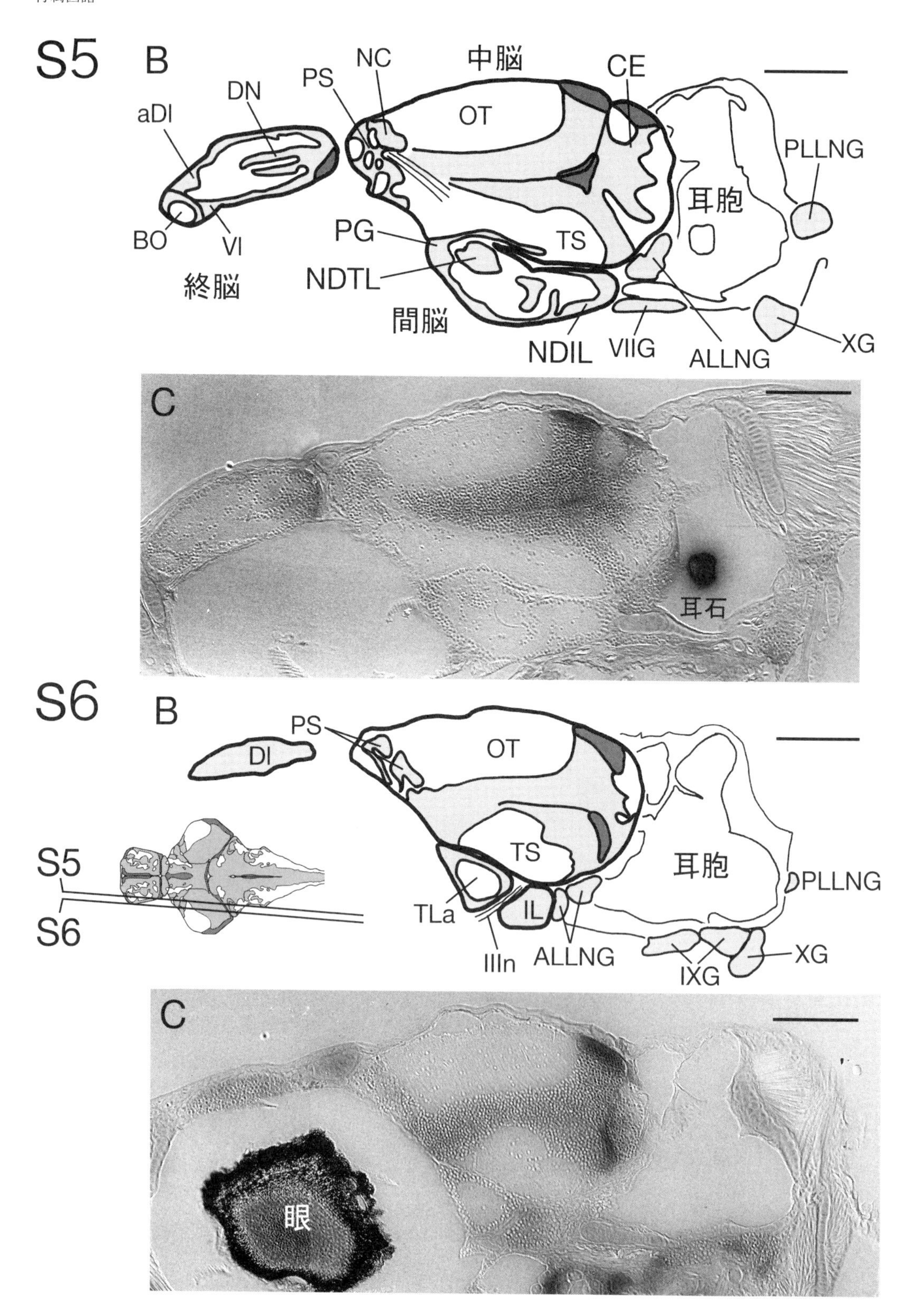
S5
B
中脳
NC
PS
DN
aDl
CE
OT
PLLNG
耳胞
TS
PG
NDTL
BO
Vl
終脳
間脳
NDIL
VIIG
ALLNG
XG
C
耳石
S6
B
PS
Dl
OT
TS
耳胞
PLLNG
S5
S6
TLa
IL
IIIn
ALLNG
IXG
XG
C
眼

図２（T1-T20）　メダカ仔魚の神経系アトラス（横断面図）

メダカ仔魚の神経系を大きな区分(A)，スケッチによる模式図(左半分)，および写真(右半分)で示す．上が背側．小さな挿入図(脳の側面図）に横断切片の切断線が示されている．模式図の黒い部分は神経上皮（細胞増殖帯）の領域，灰色の部分は主として灰白質の領域，そして白い部分は主として白質の領域をさす．底板と交連下器官には，しま模様をつけてある．写真は，ニッスル染色したプラスチック包埋切片を微分干渉顕微鏡で撮影したもの．略号は小文字で線維系を，灰白質領域，脈絡叢，および脳室などは大文字および大文字＋小文字の組み合わせで，脳神経とその神経核はローマ数字であらわす．略号:aco ＝前交連，aDc ＝終脳背側野中心部の吻側（前部）領域，aDl ＝終脳背側野外側部の吻側（前部）領域，AH ＝前角，ALLNG ＝前側線神経神経節，aM ＝マウスナー細胞の軸索，BO ＝嗅球，CC ＝小脳稜，CCA ＝中心管，CCE ＝小脳体，ceco ＝小脳交連，CM ＝乳頭体，coinf ＝ Haller の下端交連，Dc ＝終脳背側野中心部，DF ＝脊髄の後索，Dl ＝終脳背側野外側部，Dm ＝終脳背側野内側部，DN ＝終脳背側野ダルマ核，Dp ＝終脳背側野尾側（後）部，DT ＝背側視床，EG ＝顆粒隆起，flm ＝内側縦束，GA ＝糸球体核前部，GR ＝糸球体核円形部，gsco ＝二次味覚核の交連，H ＝手綱，hco ＝手綱交連，HP ＝下垂体，HT ＝視床下部，lfb ＝外側前脳束，LR ＝外側陥凹，MCW ＝中脳尾壁（中脳シート），MT ＝中脳被蓋，NAT ＝前結節核 nucleus anterior tuberis，NC ＝皮質核，NDIL ＝下葉散在核，NDTL ＝外側堤散在核，NFLM ＝内側縦束核，NGS ＝二次味覚核，NI ＝峡核，NIP ＝脚間核，NRL ＝外側陥凹核，NRP ＝後陥凹核，NVDT ＝腹側間脳路（VDT）の核，NVT ＝腹側視床核，NIII ＝動眼神経核，NVm ＝三叉神経運動核，OI ＝下オリーブ核，OT ＝視蓋，P ＝松果体，PA ＝終脳背側野（外套），pc ＝後交連，PEV ＝脳の腹側ひだ，PG ＝糸球体前核，PGc ＝糸球体前核の内側交連部，PH ＝後角，POA ＝視索前野，poco ＝後視索交連，PR ＝後陥凹，PS ＝浅視蓋前域核，PTH ＝視床前核，PVO ＝脳室傍器官，RF ＝網様体，SCO ＝交連下器官，smco ＝上乳頭体交連，SP ＝終脳腹側野（外套下部），TDCP ＝終脳・間脳脳室の脈絡叢，TL ＝縦走堤，TS ＝半円堤，ttb ＝視蓋延髄路，tV ＝三叉神経下行路，VC ＝小脳弁，Vd ＝終脳腹側野背側部，Vl ＝終脳腹側野外側部，VL ＝迷走葉，Vp ＝終脳腹側野交連後部，Vs ＝終脳腹側野交連上部，VT ＝腹側視床，IIn ＝視神経，IIIn ＝動眼神経，VG ＝三叉神経神経節，VIIG ＝顔面神経神経節，VIIIG ＝前庭神経節，IXG ＝舌咽神経神経節，XG ＝迷走神経神経節．スケールバーは 50 μm.

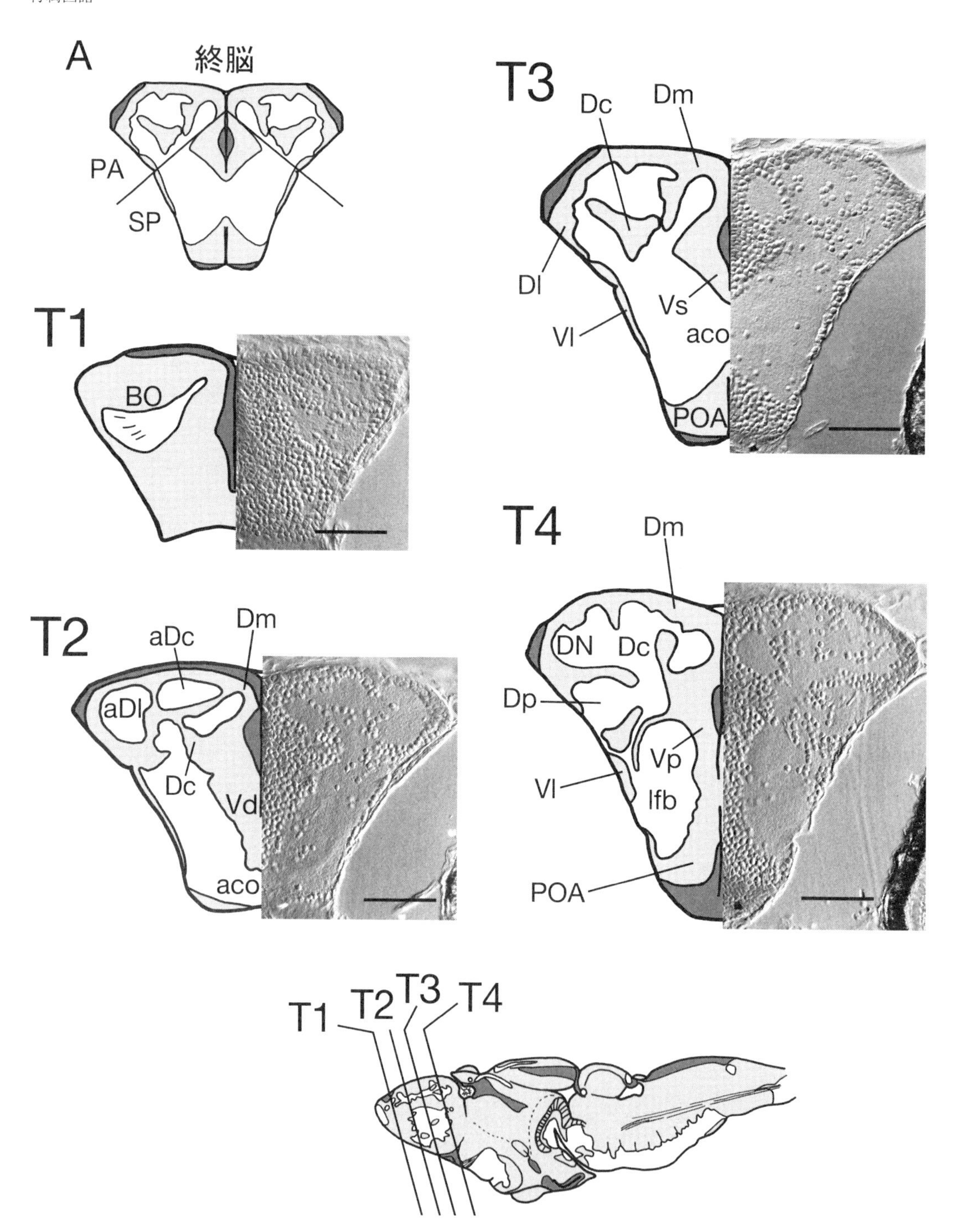
A
終脳
PA
SP
T1
BO
T2
aDc
Dm
aDl
Dc
Vd
aco
T3
Dc
Dm
Dl
Vs
Vl
aco
POA
T4
Dm
DN
Dc
Dp
Vp
Vl
lfb
POA
T1
T2
T3
T4

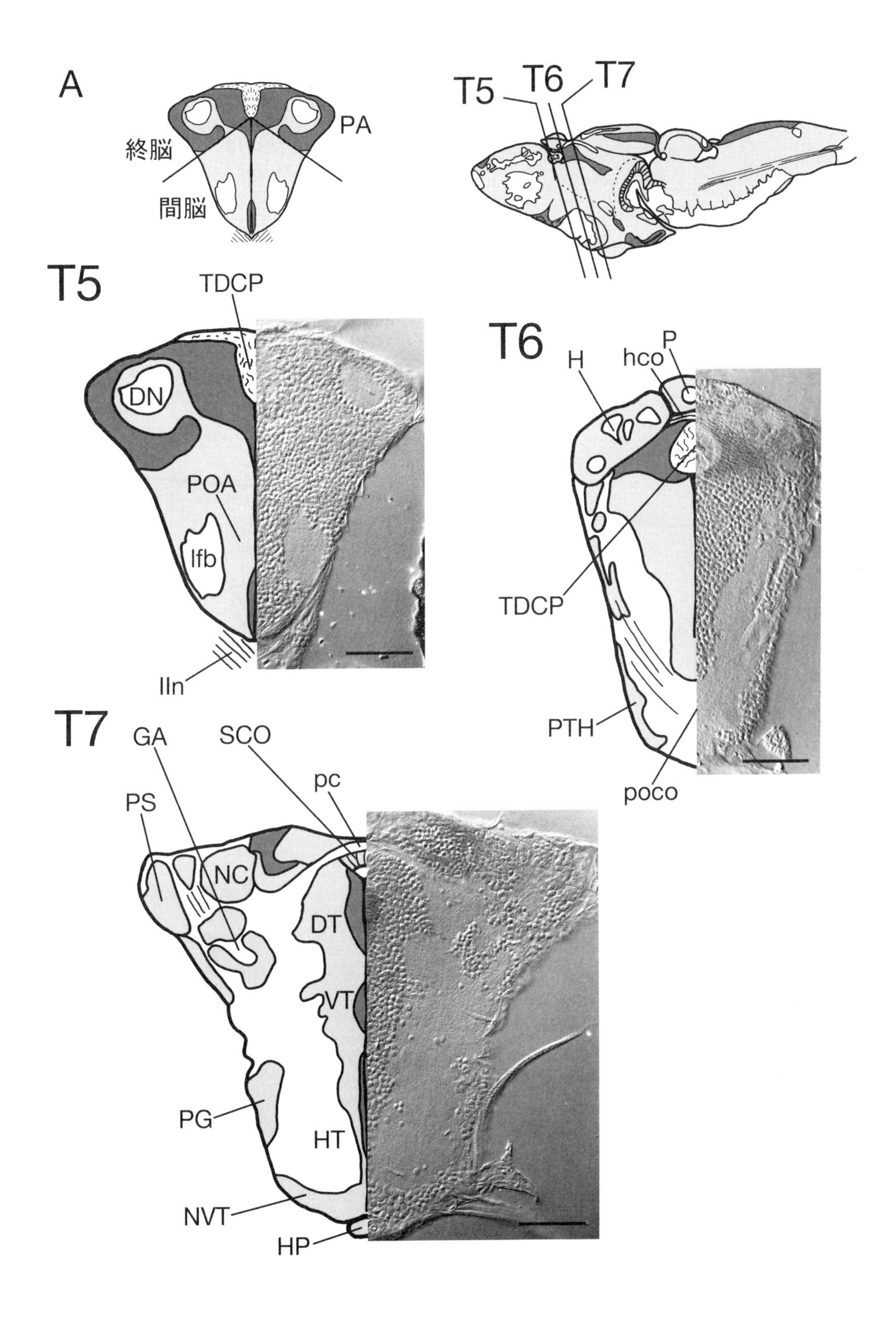
A
PA
終脳
間脳
T5
T6
T7
T5
TDCP
DN
POA
lfb
IIn
T6
H
hco
P
TDCP
PTH
poco
T7
GA
SCO
pc
PS
NC
DT
VT
PG
HT
NVT
HP

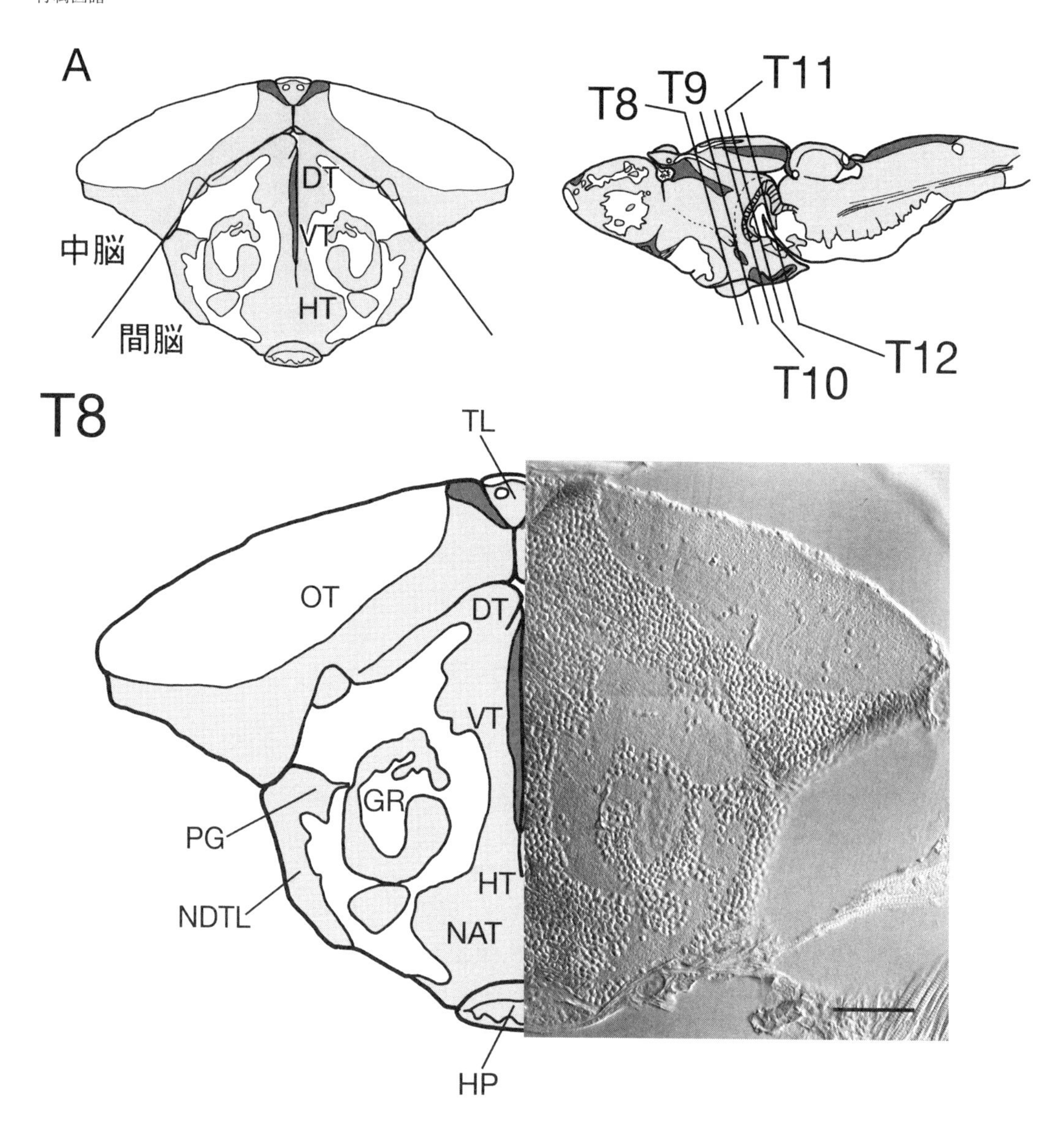
A
DT
VT
HT
中脳
間脳
T8
T9
T11
T10
T12
T8
TL
OT
DT
VT
GR
PG
NDTL
HT
NAT
HP

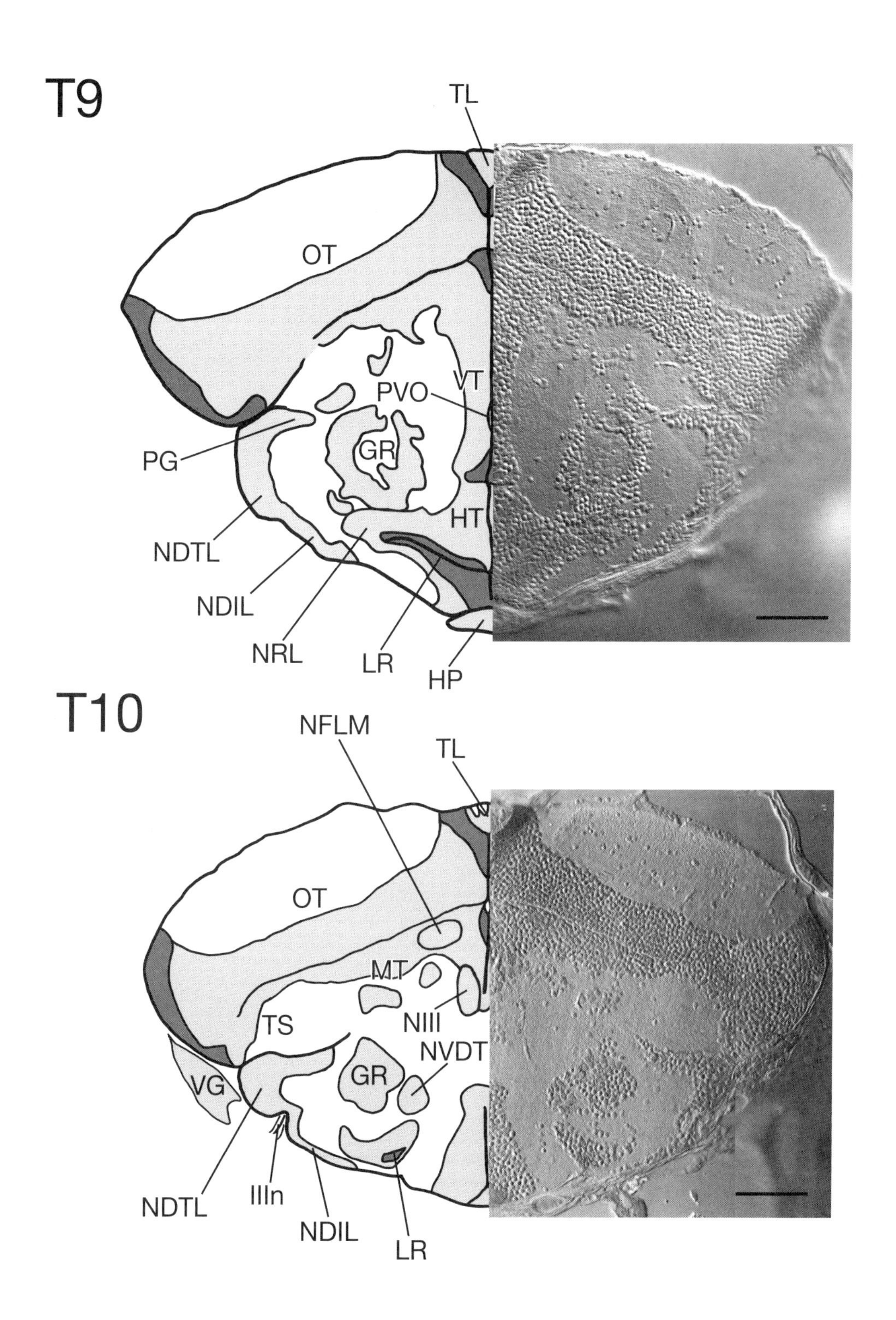
T9
TL
OT
VT
PVO
GR
PG
HT
NDTL
NDIL
NRL
LR
HP
T10
NFLM
TL
OT
MT
NIII
TS
NVDT
GR
VG
NDTL
IIIn
NDIL
LR

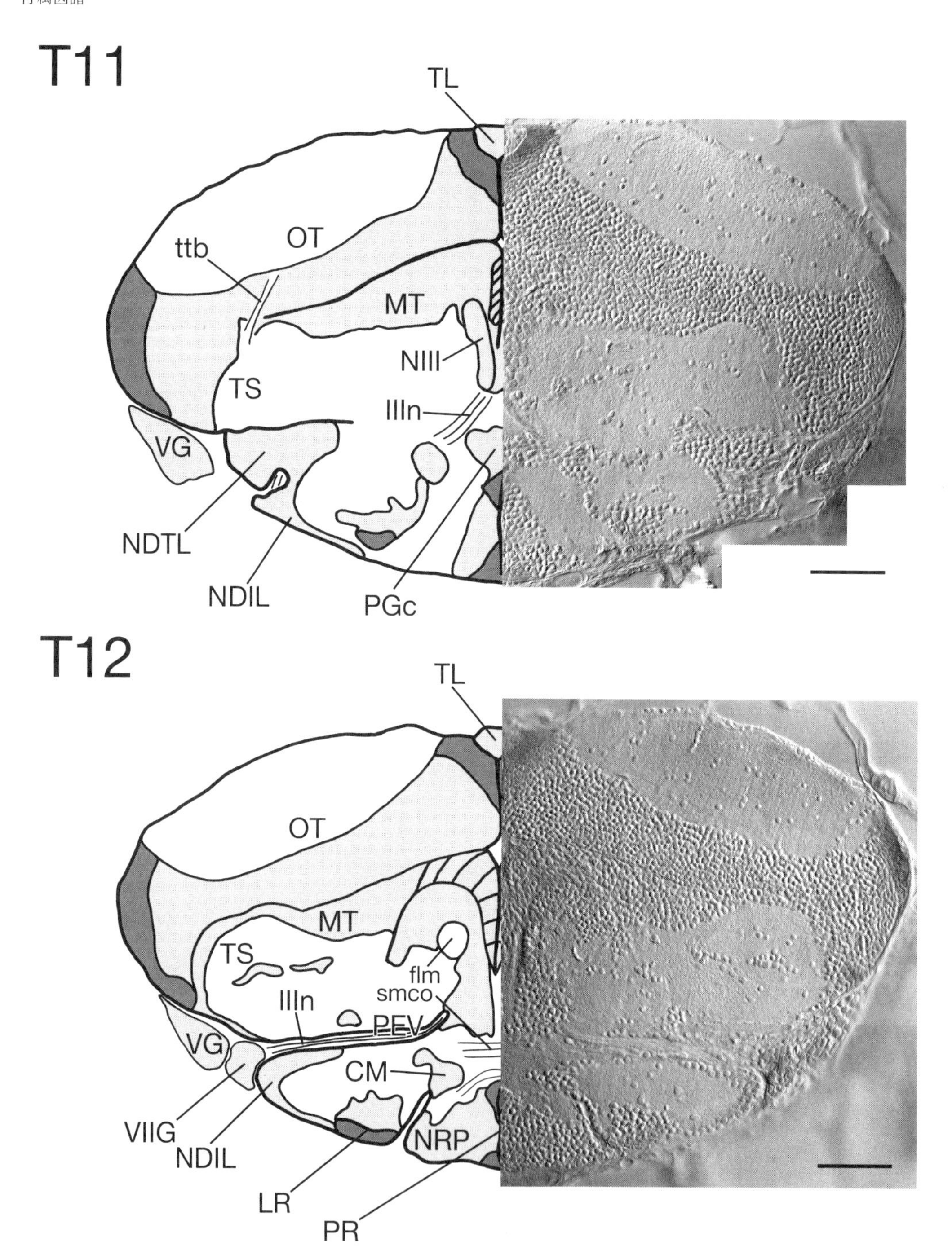
T11
TL
OT
ttb
MT
NIII
TS
IIIn
VG
NDTL
NDIL
PGc
T12
TL
OT
MT
TS
flm
smco
IIIn
PEV
VG
CM
VIIG
NDIL
NRP
LR
PR

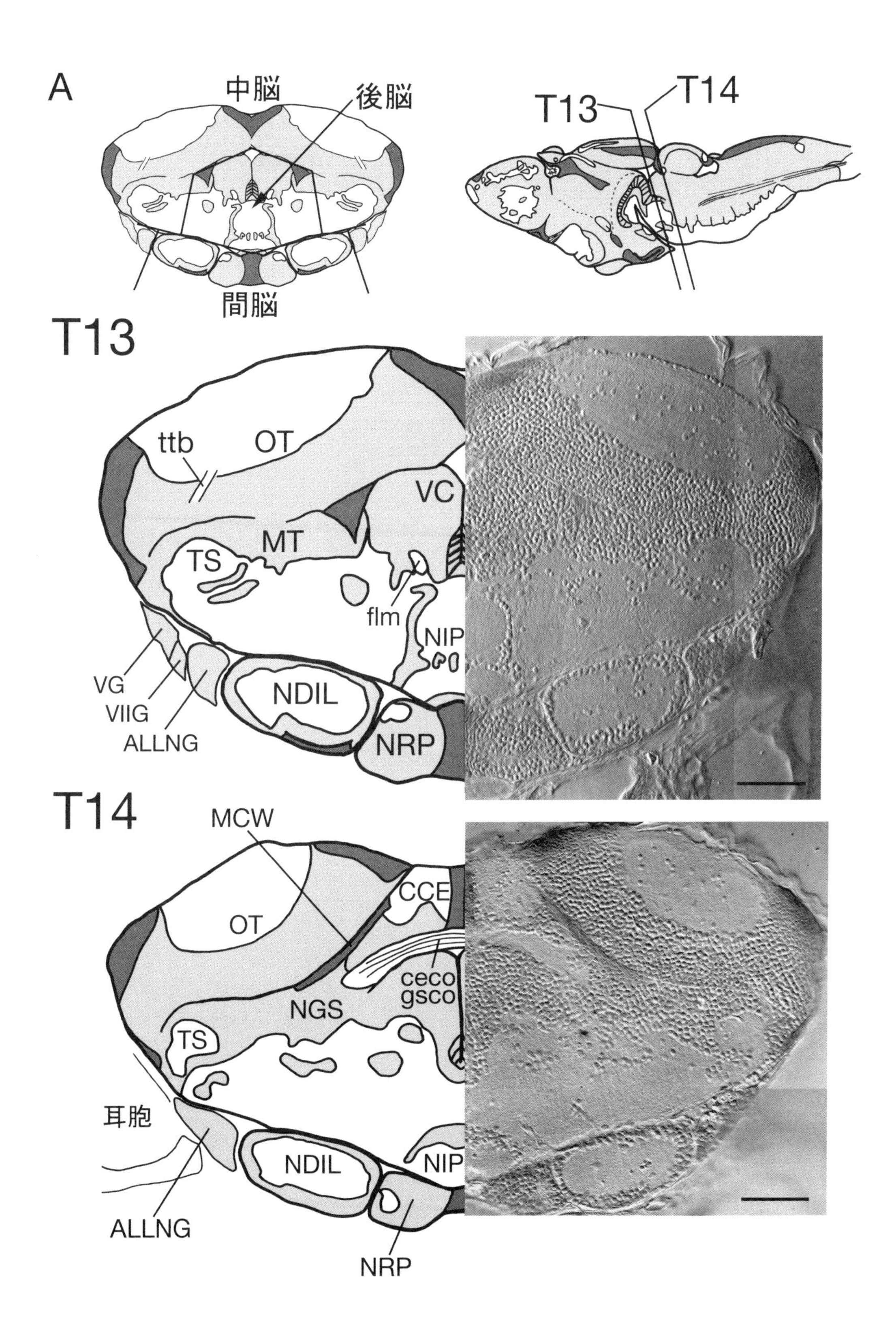
A
中脳
後脳
間脳
T13
T14
T13
ttb
OT
VC
MT
TS
flm
NIP
VG
VIIG
ALLNG
NDIL
NRP
T14
MCW
CCE
OT
ceco
gsco
NGS
TS
耳胞
NDIL
NIP
ALLNG
NRP

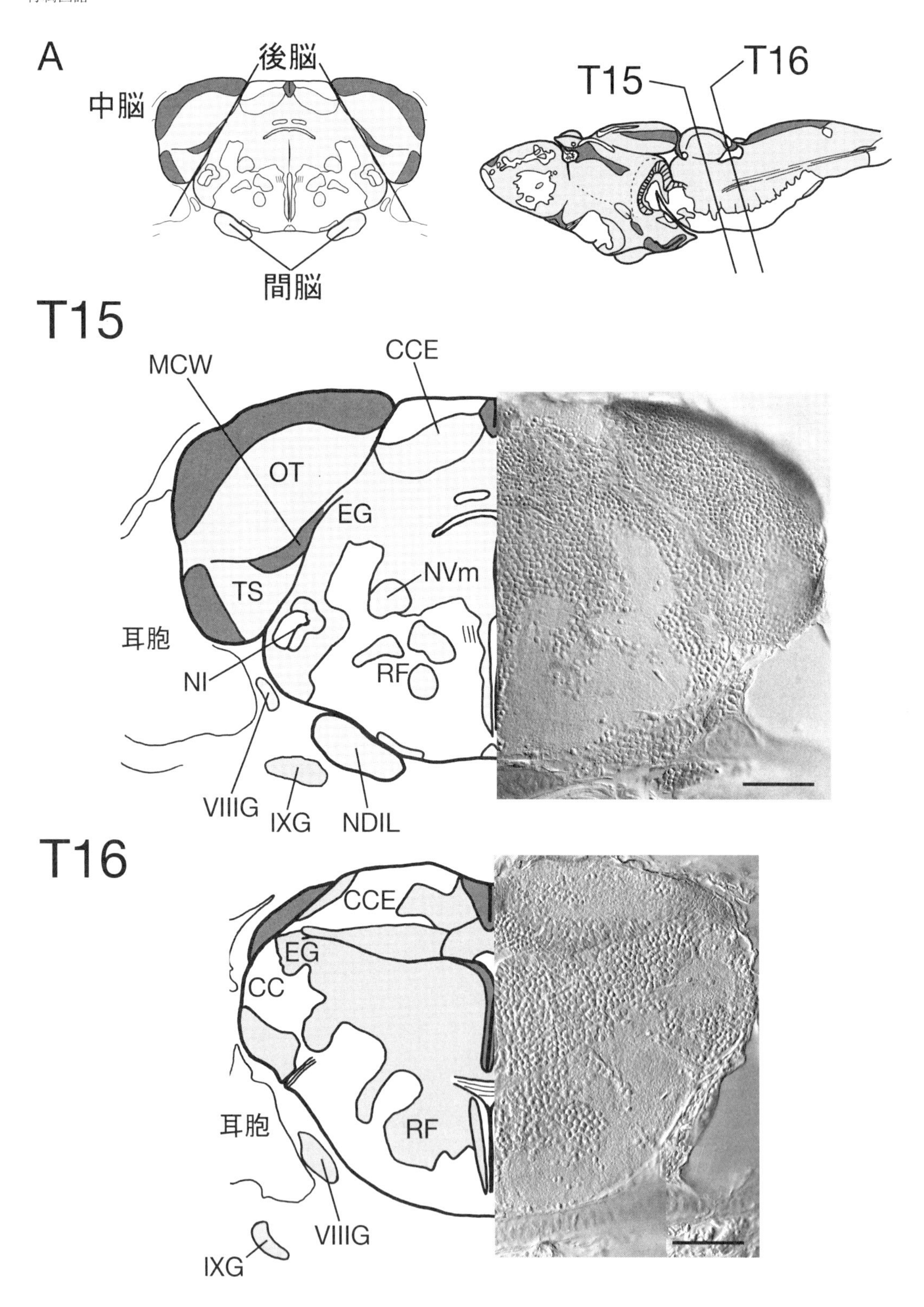
A
後脳
中脳
間脳
T15
T16
T15
MCW
CCE
OT
EG
TS
NVm
耳胞
NI
RF
VIIIG
IXG
NDIL
T16
CCE
EG
CC
耳胞
RF
VIIIG
IXG

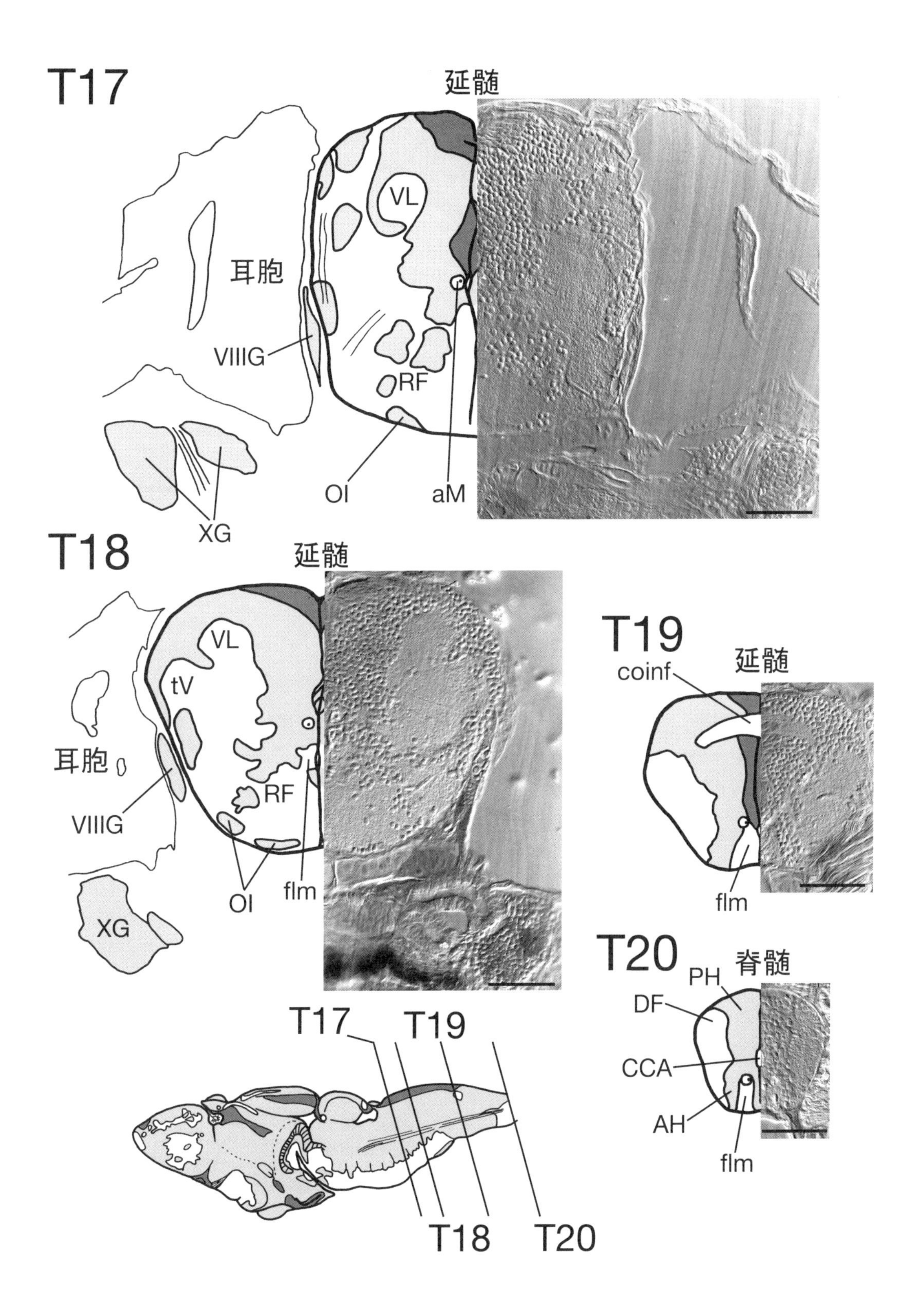

T17
延髄
VL
耳胞
VIIIG
RF
OI
aM
XG
T18
延髄
VL
tV
耳胞
VIIIG
RF
OI
flm
XG
T19
延髄
coinf
flm
T20
脊髄
PH
DF
CCA
AH
flm
T17
T19
T18
T20

図3（H1-H10） メダカ仔魚の神経系アトラス（水平断面図）

メダカ仔魚の神経系を大きな区分(A)，スケッチによる模式図(上半分)，および写真(下半分)で示す．左が吻側．小さな挿入図(脳の側面図）に水平断切片の切断線が示されている．模式図の黒い部分は神経上皮（細胞増殖帯）の領域，灰色の部分は主として灰白質の領域，そして白い部分は主として白質の領域を示す．写真は，ニッスル染色したプラスチック包埋切片を微分干渉顕微鏡で撮影したもの．略号は小文字で線維系を，灰白質領域，脈絡叢，および脳室などは大文字および大文字＋小文字の組み合わせで，脳神経とその神経核はローマ数字であらわす．略号：aco＝前交連，ALLNG＝前側線神経神経節，AN＝内耳側線野前核，AP＝最後野，BO＝嗅球，CC＝小脳稜，CCE＝小脳体，ceco＝小脳交連，CM＝乳頭体，CN＝内耳側線野尾核，coinf＝Hallerの下端交連，Dc＝終脳背側野中心部，Dl＝終脳背側野外側部，Dm＝終脳背側野内側部，DN＝終脳背側野ダルマ核，DT＝背側視床，EG＝顆粒隆起，flm＝内側縦束，GR＝糸球体核円形部，gsco＝二次味覚核の交連，H＝手綱，lfb＝外側前脳束，LR＝外側陥凹，NC＝皮質核，NDIL＝下葉散在核，NDTL＝外側堤散在核，NIP＝脚間核，NVDT＝腹側間脳路（VDT）の核，NIII＝動眼神経核，OT＝視蓋，P＝松果体，PA＝終脳背側野（外套），pc＝後交連，PEV＝脳の腹側ひだ，PG＝糸球体前核，PGc＝糸球体前核の内側交連部，PLLNG＝後側線神経神経節，POA＝視索前野，poco＝後視索交連，PR＝後陥凹，PS＝浅視蓋前域核，PTH＝視床前核，PVO＝脳室傍器官，RCP＝第四脳室脈絡叢，RF＝網様体，TDCP＝終脳・間脳脳室の脈絡叢，TL＝縦走堤，TS＝半円堤，VC＝小脳弁，Vd＝終脳腹側野背側部，VL＝迷走葉，In＝嗅神経，IIn＝視神経，IIIn＝動眼神経，VG＝三叉神経神経節，VIn＝外転神経，VIIG＝顔面神経神経節，VIIIn＝内耳神経，VIIIG＝前庭神経節，IXG＝舌咽神経神経節，XG＝迷走神経神経節．スケールバーは100 μm.

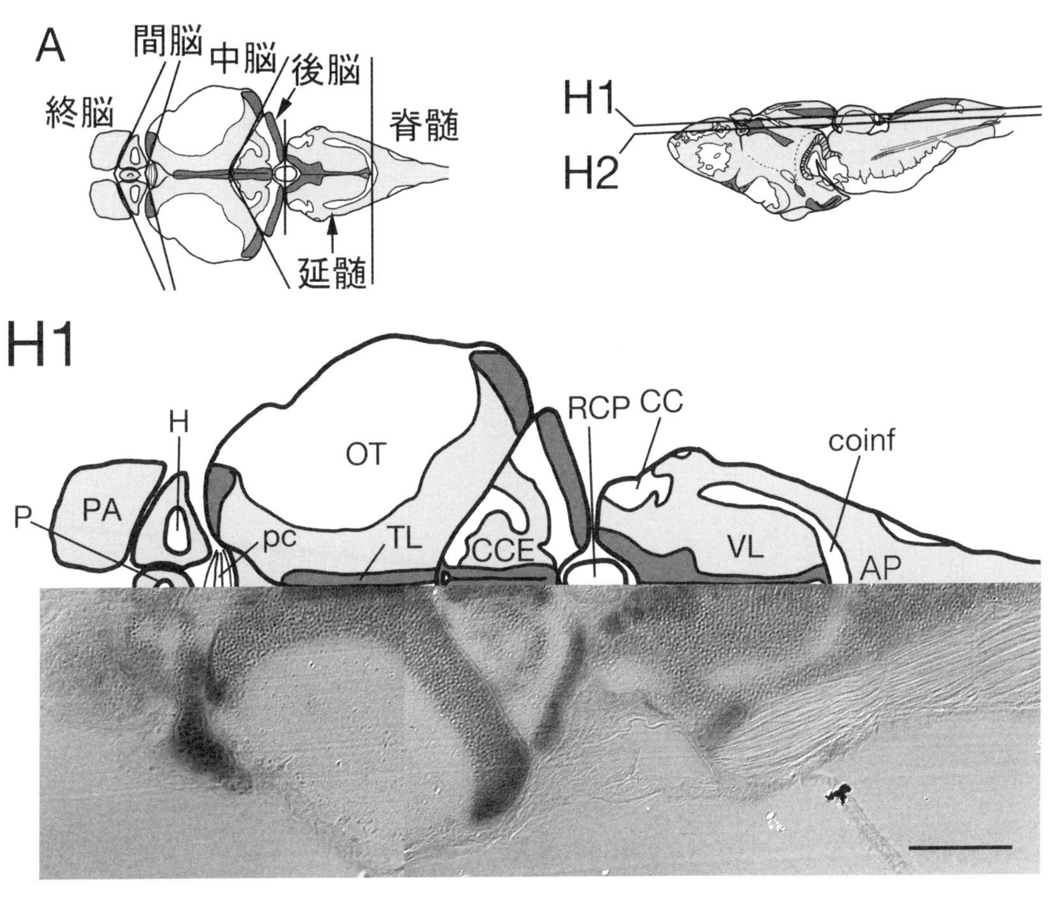
A
間脳
中脳
後脳
終脳
脊髄
延髄
H1
H2
H1
H
P
PA
OT
pc
TL
CCE
RCP
CC
coinf
VL
AP

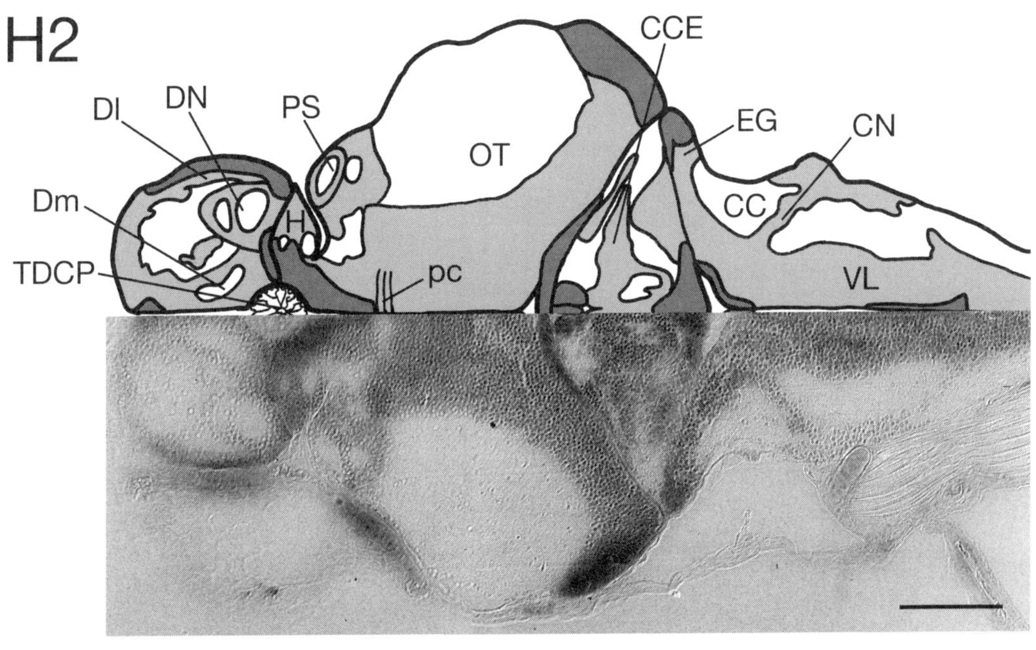
H2
CCE
DI
DN
PS
OT
EG
CN
Dm
H
CC
TDCP
pc
VL

H3

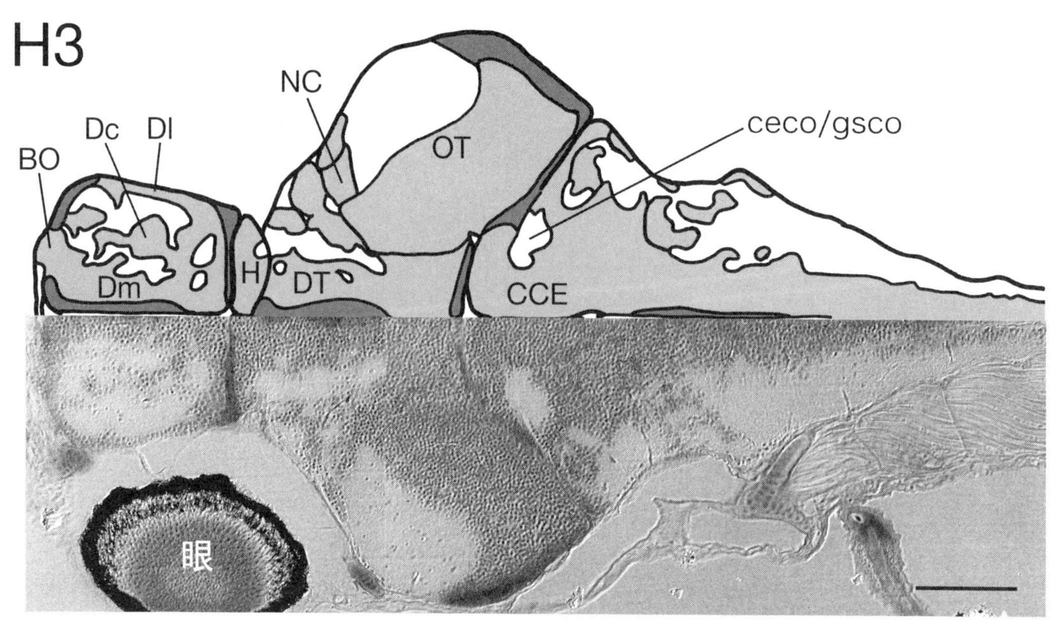
NC
Dc
Dl
BO
OT
ceco/gsco
H
DT
Dm
CCE
眼

H4

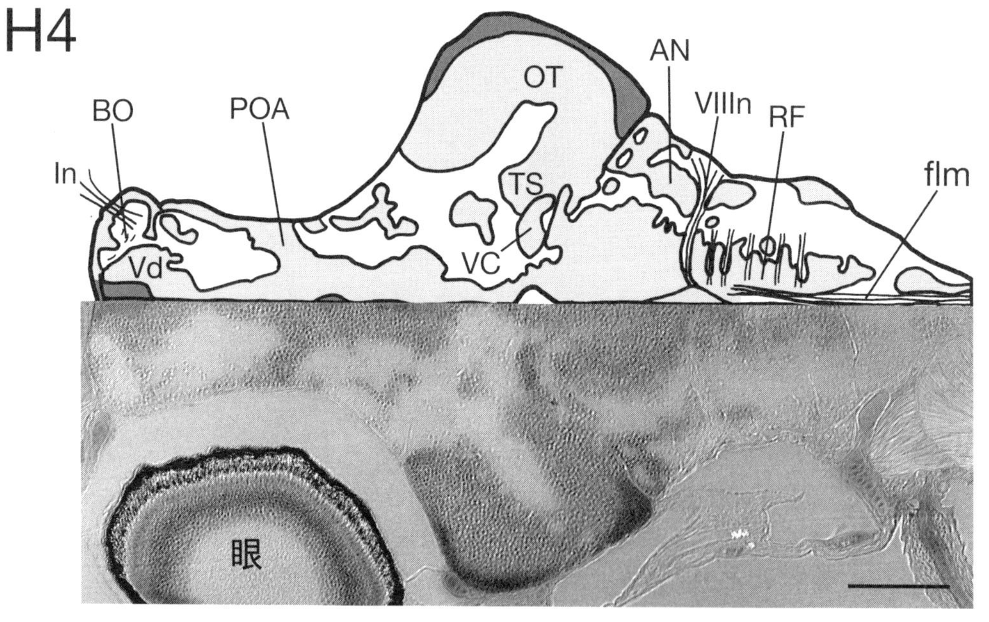
OT
AN
VIIIn
RF
BO
POA
In
TS
flm
Vd
VC
眼

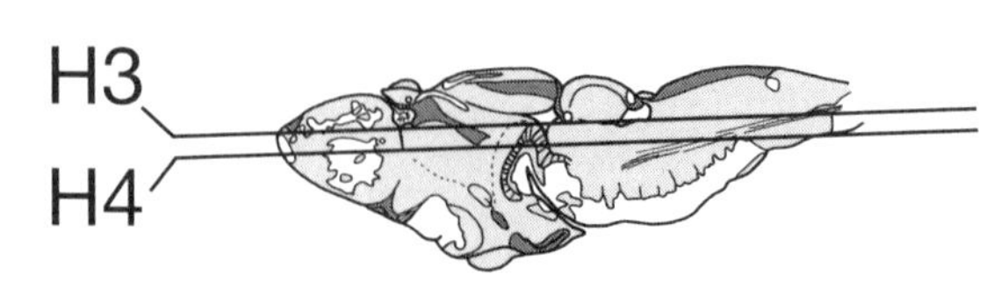
H3
H4

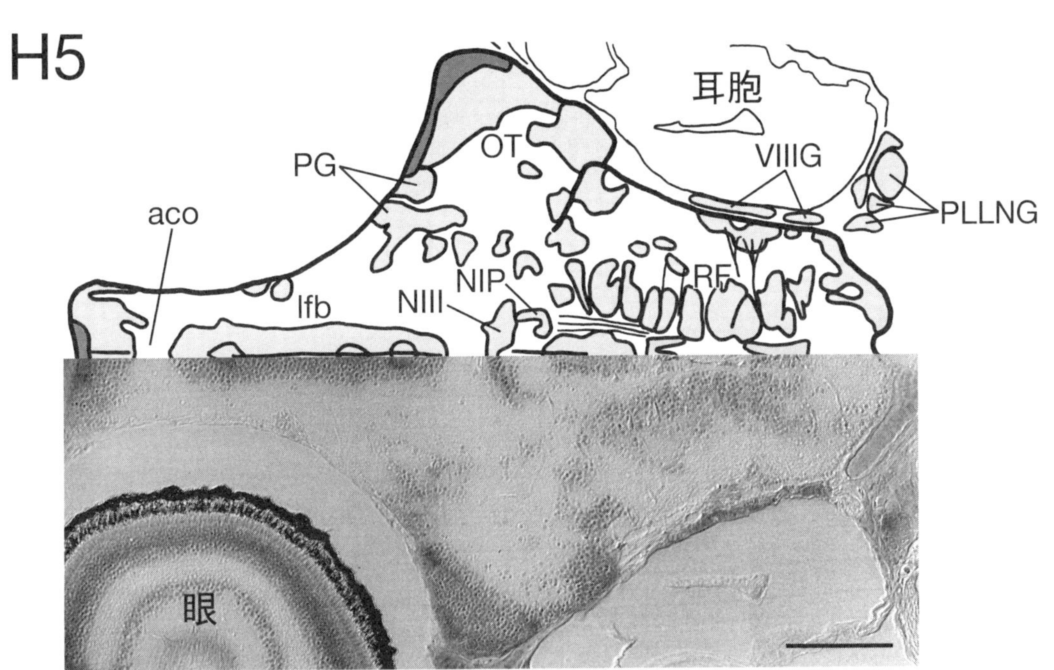

H5
耳胞
OT
PG
VIIIG
PLLNG
aco
RF
NIP
lfb
NIII
眼

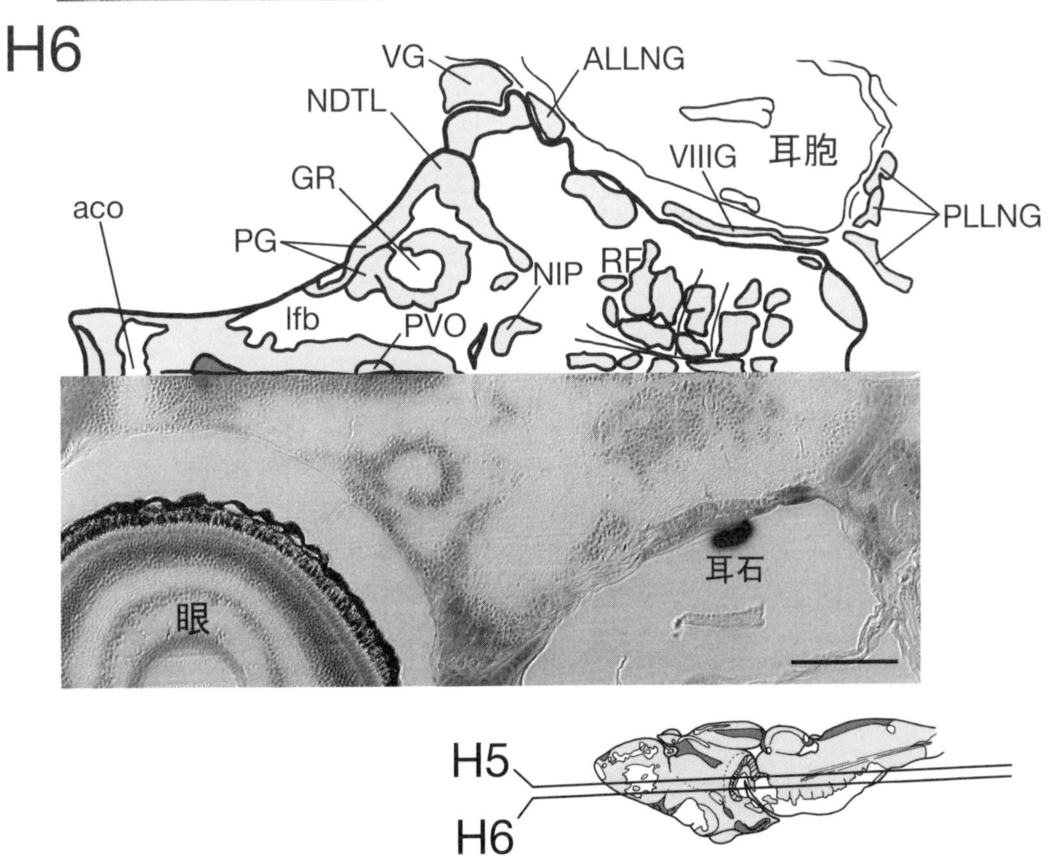

H6
VG
ALLNG
NDTL
耳胞
VIIIG
GR
PLLNG
aco
PG
NIP
RF
lfb
PVO
耳石
眼

H5

H6

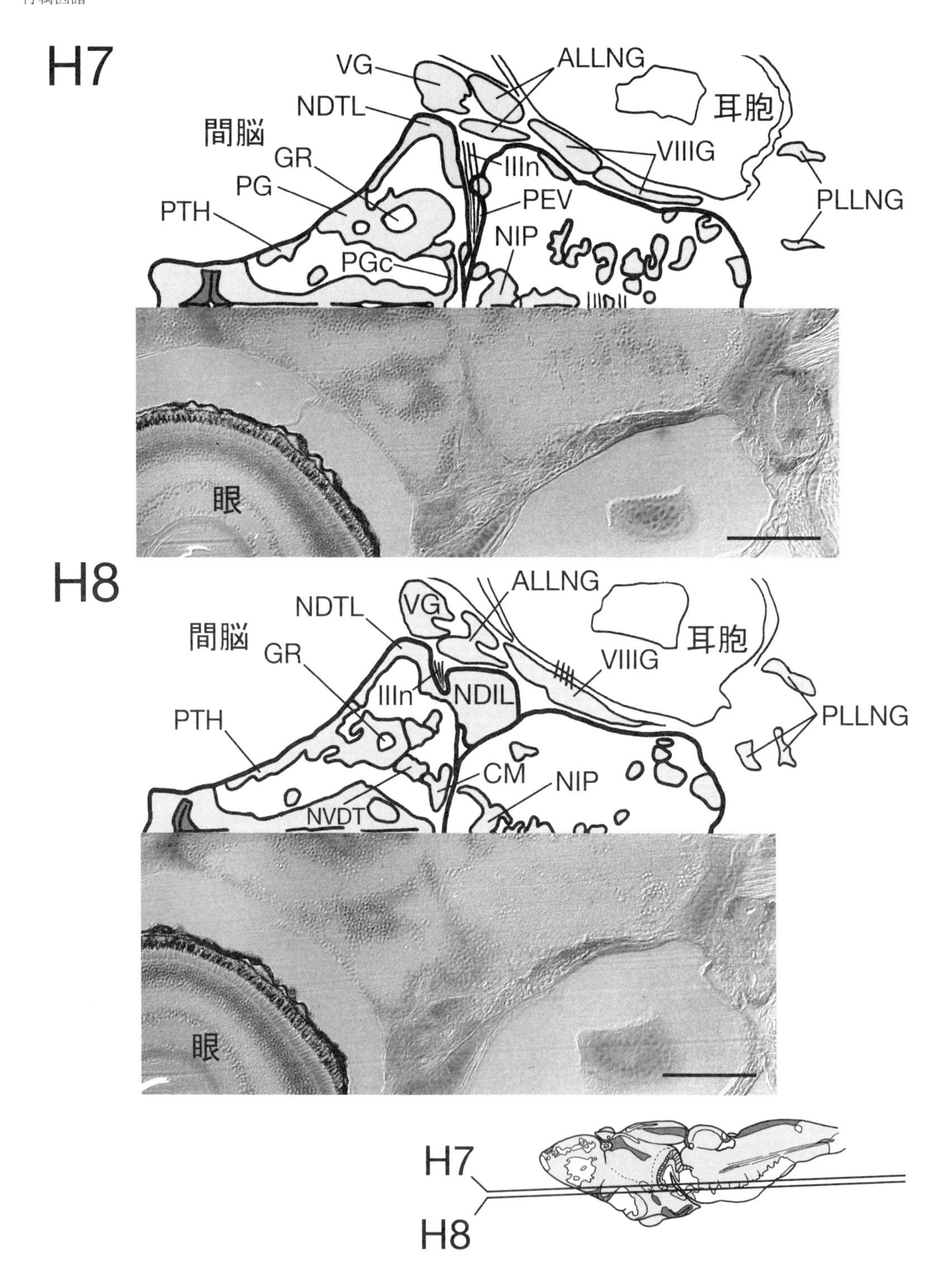
H7
VG
ALLNG
NDTL
耳胞
間脳
GR
VIIIG
IIIn
PG
PEV
PLLNG
PTH
NIP
PGc
眼
H8
ALLNG
NDTL
VG
間脳
耳胞
GR
VIIIG
IIIn
NDIL
PTH
PLLNG
CM
NIP
NVDT
眼
H7
H8

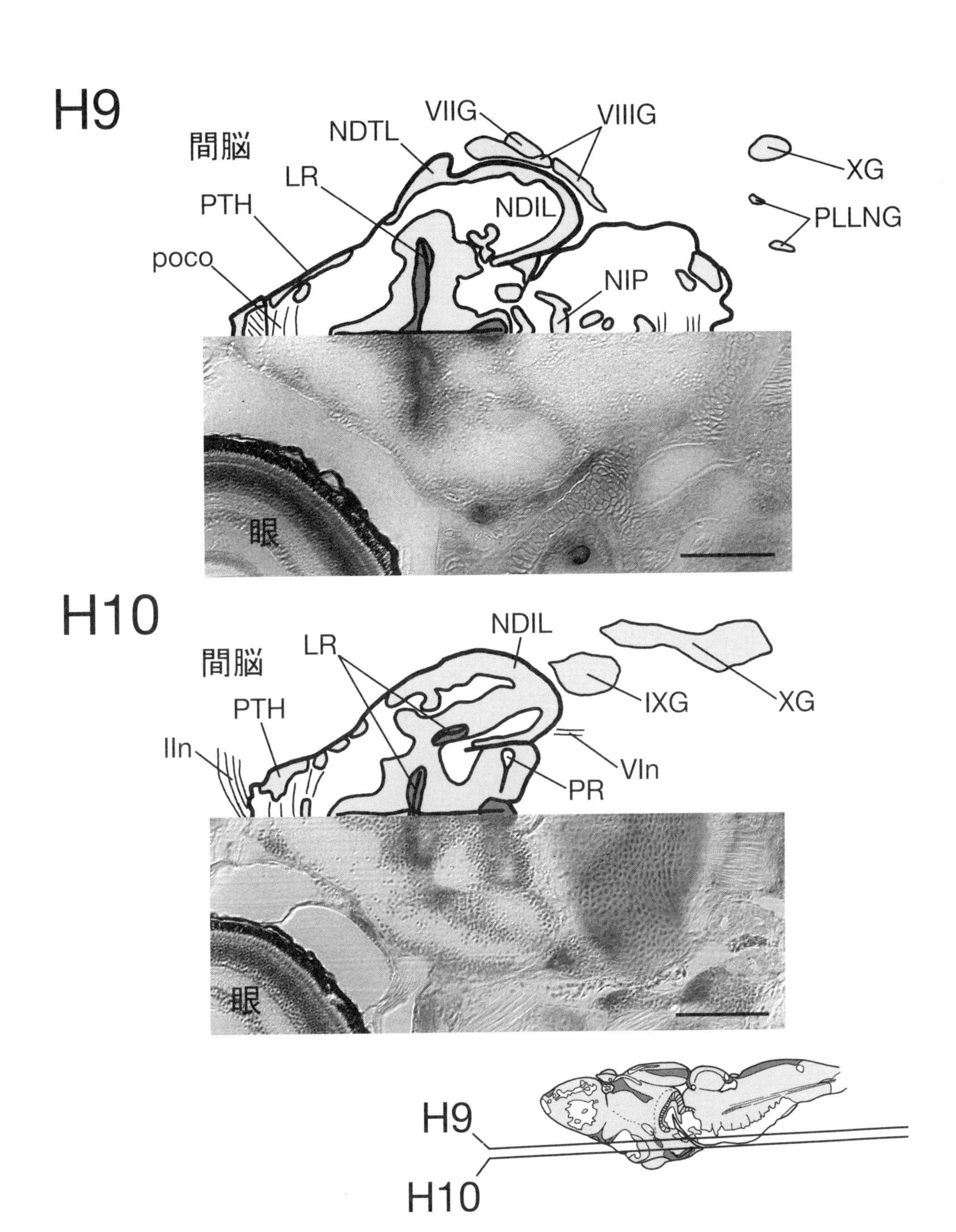
H9
間脳
NDTL
VIIG
VIIIG
XG
LR
NDIL
PTH
PLLNG
poco
NIP
眼
H10
NDIL
間脳
LR
PTH
IXG
XG
IIn
VIn
PR
眼
H9
H10

用語集

アポトーシス apoptosis　細胞死のタイプの1つ．細胞自身による，遺伝子によって高度にコントロールされた，自己消去のメカニズムのこと．

運動ニューロン motor neuron（motoneuron）　筋肉や腺などの効果器を機能させる（運動機能をもつ）ニューロンのこと．

遠心性 efferent　末梢神経系においては，中枢神経系で決定された指令を効果器まで運ぶ神経または線維の性質を遠心性という．中枢神経系内では，ある特定の部位から電気的信号を運び出す神経または線維の性質をいう．

介在ニューロン interneuron　感覚ニューロンと運動ニューロンの間に介在するニューロンのこと．局所回路型介在ニューロンは，それが存在する細胞集団の中だけで枝分かれする軸索をもつ．これに対して，投射型介在ニューロンは，それが存在する細胞集団から離れ遠い領域まで伸びる軸索をもつ．

外側（がいそく） lateral　2つの部位を比べる用語で，正中線（または中心線）からより遠い位置をさす．

外套層 mantle layer　神経管壁の層のうち，マトリックス層に外接している層のこと．細胞周期から脱して分化した，幼弱なニューロンの集団からなる．ボールダー委員会の用語法では，中間帯 intermediate zone という．

外套の小区分 subdivisions of pallium　機能，構造，そして遺伝子発現にもとづいて，脊椎動物の終脳の外套 pallium は細分される．本書では，Puelles（2001）に準拠して4つの小区分に分けた．すなわち背側から腹側に向かって，内側外套 medial pallium（不等皮質である海馬に相当），背側外套 dorsal pallium（等皮質に相当），狭義の外側外套 lateral pallium（不等皮質である梨状皮質に相当），そして腹側外套 ventral pallium（外套扁桃体に相当）である．Puelles（2001）の改訂版である Watson and Puelles（2017）によると，次の5つに区分される．背側から腹側に向かって，内側外套（同上），背側外套の背側部（島皮質 insular cortex を除く，一般の等皮質に相当），背側外套の腹外側部 ventrolateral dorsal pallium（＝従来の「狭義の外側外套」）（等皮質である島皮質および前障 claustrum に相当），外側外套 lateral pallium（＝従来の「腹側外套」の背側部）（不等皮質である梨状皮質に相当），そして腹側外套 ventral pallium（＝従来の「腹側外套」の腹側部）（外套扁桃体に相当）である．真骨類における外套の小区分については諸説があるが，未だに決着がついていない（文献情報は第7章を参照されたい）．

灰白質 gray matter　肉眼解剖学的な用語で，主としてニューロンの細胞体が存在している中枢神経系の部分をこのようによぶ．新鮮な組織では，肉眼的に灰色に見えるからである．

蓋板 roof plate　神経管の壁のうち最背側に存在する部分のこと．蓋板からは脳に付属した特殊な構造物（脈絡叢など）が発生する．

核 nucleus　以下の2つの意味をもつ用語．（1）中枢神経系における層構造を作らない細胞集団（神経核）のこと（Johann Reil によって1809年に導入された用語）．（2）細胞体の中の大きな細胞内小器官で，その中に染色体をもつ．

下行路 descending tract　神経路のうち，中枢神経の吻側から尾側に情報を運ぶ神経路のことを下行路という.

感覚ニューロン sensory neuron　眼などの感覚受容器から中枢神経系に情報を運ぶニューロンのこと.

幹細胞 stem cell　比較的未分化で，長い間（時には個体の一生の間）分裂する能力を保持し，生じた子孫細胞のうち一部は分化し，残りは幹細胞のままであるような細胞のこと．成体になっても，成熟した器官の一部の組織（皮膚や骨髄など）に幹細胞が存続する場合がある（成体幹細胞 adult stem cell という）.

間脳 diencephalon　神経管の 5 脳胞のうち，吻側から 2 番目の脳胞から発達する脳の区分．一般的な脊椎動物では，間脳からは，視床上部 epithalamus，視蓋前域 area pretectalis，背側視床 dorsal thalamus，腹側視床 ventral thalamus，そして視床下部 hypothalamus などがさらに分化する．条鰭類では，もう 1 つ，視床の後結節 posterior tuberculum of the thalamus（TP）という領域が加わる．なお条鰭類の間脳外側部には，移動してきた神経細胞集団 migrated cell group が数多く存在する.

基板 basal plate　神経管の壁のうち，腹外側の部分のこと．基板は運動出力を出すニューロンが存在する区画で，機能的には運動区 motor area ともよばれる.

求心性 afferent　末梢神経系においては，感覚受容器から中枢神経系に情報を運ぶ神経または線維の性質を求心性という．中枢神経系内では，ある特定の部位に電気的信号を運ぶ神経または線維の性質をいう.

境界溝 sulcus limitans　神経管の内表面に存在し，翼板と基板を分けている溝のこと．メダカ（真骨類）では形態的に明確ではない場合が多い.

棘鰭上目 Acanthopterygii　真骨類のうち，系統的により新しいグループのこと．カライワシ類，アロワナ類，ニシン類，コイ類（ゼブラフィッシュはここに含まれる），そしてサケ類などは含まれない.

グリア細胞または神経膠（こう）細胞 glia　神経系の支持細胞で，星状膠細胞 astrocyte，稀突起膠細胞 oligodendroglia，小膠細胞 microglia に通常分けられる.

後脳 metencephalon　神経管の 5 脳胞のうち，吻側から 4 番目の脳胞から発達する脳の区分．後脳からは，脳室の背側に小脳，そして腹側に橋（きょう） pons がさらに分化する.

細胞周期 cell cycle　1 つの細胞が，有糸分裂（体細胞分裂）を経て 2 つの子孫細胞（娘細胞）になるまでのサイクルのこと．大きく分けると間期と分裂期（M 期）の 2 つの期間からなる．このうちの間期はさらに，DNA 合成準備期（ギャップ 1 期 G1），DNA 合成期（S 期），そして分裂準備期（ギャップ 2 期 G2）の 3 期に分けられる．このように，増殖している細胞は G1 → S → G2 → M の 4 期からなる周期をくり返す.

細胞増殖帯 cell proliferation zone　神経管の壁の中で，細胞増殖が継続する領域のこと．脳の形態は，神経管の特定の領域に細胞増殖帯が存続することによって大きく変化する.

左右対称性 left-right symmetry　生物の形態が中心軸に対して鏡像対称を示すこと.

左右非対称 left-right asymmetry　左右対称性が破れた状態のこと．生物学的には，次の 2 種類が区別される．左右の一方側だけに存在するような場合の「利き手非対称 handed asymmetry（または fixed asymmetry）」（心臓など），および左右のどちらかの一方が大きくなるような場合の「ランダム非対称 random asymmetry」（カニのハサミなど）の 2 つである．前者の左右性は遺伝するのに対して，後者の左右性は遺伝せず，次世代に再びランダム非対称が現れる．

軸索 axon　ニューロンの単一の長い出力突起で，多くの場合直角に起こる側副枝を持つ．神経線維 nerve fiber ともいう．

視床上部 epithalamu　間脳の神経分節のうち，後パレンセファロン分節およびシネンセファロン分節の背側部（蓋板と翼板）から発生する脳領域．様々な種類の脳室周囲器官 circumventricular organ の他，手綱，松果体 pineal body，そして副松果体 parapineal body を含む．松果体と副松果体を，まとめて松果体複合体 pineal complex と総称する．

シナプス synapse　ニューロンと他の細胞との間の機能的接触のこと．化学的シナプスは最も普通に見られるが，電気的シナプス（エファプス ephapse）も胚形成の時にはしばしば見出される．機能的には，興奮性シナプス excitatory synapse と抑制性シナプス inhibitory synapse の 2 種類に分類される．

終脳（大脳） telencephalon　神経管の 5 脳胞のうち，最吻側の脳胞から発達する脳の区分．終脳（大脳）はさらに嗅球 olfactory bulb，終脳半球（大脳半球）telencephalic hemisphere，そして終脳不対部 telencephalon impar に 3 区分される．このうちの終脳半球は，さらに外套（哺乳類では大脳皮質 cerebral cortex，条鰭類では背側野 dorsal telencephalic area）と外套下部 subpallium（哺乳類では大脳基底核 basal ganglia，条鰭類では腹側野 ventral telencephalic area）の 2 つに分けられる．

終脳の系統発生 phylogenesis of telencephalon　終脳の発生方式は大きく 2 種類に分けられる．四肢動物などの終脳は，膨出 evagination あるいは内翻 inversion とよばれる方式で作られる．終脳壁は，左右の外側に向かって中空状に膨れて，左右の側脳室が形成される．一方．条鰭類では外翻 eversion という，終脳壁がそのまま厚くなる方式で作られる．その結果終脳は，蓋板をかぶった「かたまり」になり，終脳脳室は T 字型になる．

終末または神経終末 terminal　軸索やその側副枝の末端の膨らみのことで，シナプス前部の要素を形成する．

樹状突起 dendrite　ニューロンの短い突起で，電気的インパルスを受け取り，軸索へ運ぶ．

条鰭類 ray-finned fishes　硬骨魚類 bony fishes のうち，鰭条と鰭膜のみで構成された鰭をもつグループのこと．腕鰭類 bichirs，軟質類（sturgeons and paddlefishes），全骨類（gars and bowfins），および真骨類はこのグループに属する．

上行路 ascending tract　神経路のうち，中枢神経の尾側から吻側に情報を運ぶ神経路のことを上行路という．

小脳 cerebellum　後脳の背側部分から分化する脳領域のこと．哺乳類では，小脳半球 hemisphere と正中部の小脳虫部 vermis におおまかに 2 つに区分される．条鰭類の小脳は，吻側から尾側へ小脳弁 valvula cerebelli，小脳体 corpus cerebelli，そして尾葉 caudal lobe の 3 部に区分される．これらのうちの小脳弁は，他の脊椎動物には見られないので，条鰭類における進化的新規構造物である．

神経管 neural tube　中枢神経系の原基のこと．その吻側部は外胚葉（神経板 neural plate）から生じ，尾側部分は尾芽から生ずる．

神経幹細胞 neural stem cell　神経系前駆細胞 neural progenitor cell を産む幹細胞のこと．藤田のマトリックス細胞 matrix cell.

神経筋接合部 neuromuscular junction　運動ニューロンと筋細胞との間の興奮性シナプスのこと．このシナプスはアセチルコリンを神経伝達物質とする典型的な化学シナプスであり，筋肉を興奮させ収縮させる機能をもつ．

神経腔 neurocoel　神経管の中の腔所のこと．成体の脳・脊髄でもなお空間として残存し，脳では脳室 ventricle，脊髄では中心管 central canal とよばれる．この空間は，脳脊髄液 cerebrospinal fluid という液体で満たされている．

神経系 nervous system　主として神経細胞から構成され，情報の伝達と処理を行う動物の器官系のこと．

神経細胞 neuron　神経回路または神経ネットワークの基本的な単位で，他の細胞と化学的あるいは電気的なシナプスによって機能的な接触を形成する．

神経索 neural rod　真骨類を含む条鰭類における，神経管と相同な構造物のこと．神経索は，中空性ではなく充実性である．神経腔は後になってから形成され，最終的には神経索も管状の中空構造になる．

神経節 ganglion　末梢神経系に存在するニューロンの明瞭な塊のこと．歴史的な理由によって，この用語は中枢神経系に存在する細胞集団にもまだなお適用されているが，この使用法は次第に消えつつある．

神経創成区域 neurogenic sector　メダカの初期原腸胚（ステージ 13）で，将来中枢神経系を構成するすべての細胞群が存在する，胚盤葉の扇型区域 sector のこと．

神経伝達物質 neurotransmitter　軸索末端（シナプス終末）から放出され，伝令として働く化学物質のことで，放出された後に細胞外液を拡散してゆき，通常特異的な受容体に作用することによってシナプス後細胞に応答を引き起こす．

神経分節 neuromere　神経管に見られる小さな分節状構造のこと．神経分節は吻側から尾側に向けて，前脳分節 prosomere，中脳分節 mesomere，菱脳分節 rhombomere，そして脊髄分節 myelomere とよばれている．これらは，中枢神経系の発生過程における細胞増殖，細胞移動，細胞分化の基本的構造単位である．

神経網 nerve net　ニューロンの配置を示す用語で，突起（アマクリン突起）によって互いに結合したニューロンが散在的に分布している状態をさす．進化的には最初に出現した神経系であるが，ヒトの神経系にも存続している（例えば網膜，嗅球，腸管など）．

神経竜骨 neural keel　条鰭類で，神経板から神経索に移行する間にみられる一過性の構造物のこと．肥厚した神経板正中部が，表皮にはまだ十分に覆われていない状態をさす．

真骨類 teleosts　魚類のうち，硬骨魚類条鰭類 ray-finned fishes 真骨区 Teleostei に属するグループのこと．メダカは，このグループの中でも進化が進んだグループ（棘鰭上目）の一員である．

髄脳 myelencephalon　神経管の 5 脳胞のうち，最尾側の脳胞から発達する脳の区分．髄脳からは延髄 medulla oblongata が分化する．

線量 dose　放射線の量のこと．いくつかの種類があり，最も基本となるのは，吸収線量 absorbed dose である．これは物理量で，ある任意の物質 1 kg が吸収するエネルギー（ジュール：J）であらわす（単位はグレイ Gray：Gy）．実用的なのは実効線量 effective dose である．これはヒトの全身に関する防護用の線量で，単位はシーベルト Sievert（Sv）である．実効線量は吸収線量から換算されるが，厳密な物理的量というよりは，リスク（危険率）をあらわす数値である．X 線，ベータ線，そしてガンマ線の場合，吸収線量 1 グレイは実効線量 1 シーベルトに換算される．

臓性神経系 visceral nervous system　体内の内部環境に対応する神経系のこと．

組織区画（コンパートメント） tissue compartment　ある特定の細胞群の子孫細胞集団が移動可能な領域をさす．つまり，ある組織区画に属する細胞は，その組織区画の境界を超えては移動できない．

体性神経系 somatic nervous system　外部環境に対応する神経系のこと．

手綱 habenula（**手綱核** habenular nucleus）　視床上部の中の脳部位．手綱または手綱核は中継核 relay nucleus の一種で，終脳からの情報を受け取り，反屈束という神経線維を出して，その情報を後脳の脚間核 interpeduncular nucleus に中継する．手綱と手綱核は，辺縁系 limbic system という機能系の一部となっている．メダカ（真骨類）では，手綱を中心とした脳構造に明確な「左右の利き手非対称」が見られる．

中枢神経系 central nervous system　神経系のうちの，脳と脊髄を総称した用語．

中脳 mesencephalon　神経管の 5 脳胞のうち，吻側から 3 番目の脳胞から発達する脳の区分．中脳からは，哺乳類などでは脳室の背側（中脳蓋 mesencephalic tectum）に四丘体（上丘 superior colliculus と下丘 inferior colliculus），腹側に中脳被蓋 mesencephalic tegmentum がさらに分化する．条鰭類では，背側に視蓋 optic tectum（上丘と相同）が，腹外側に半円堤 torus semicircularis（下丘と相同）が存在する．さらに条鰭類では，視蓋半球の間に縦走堤 torus longitudinalis という特有の脳構造が存在する．縦走堤は，条鰭類における進化的新規構造物である．

中脳シート mesencephalic sheet　真骨類で，中脳の尾壁を形成するシート状の構造物のこと．中脳尾壁は第 2 中脳分節（M2）に由来するが，発生が進むとシート状に薄くなり，最終的には後脳の外側表面と二次的に融合する．中脳シートは，哺乳類の上髄帆 anterior medullary velum の吻外側部と相同な構造物である．

底板 floor plate　神経管の壁のうち，最腹側に存在する部分のこと．

内側（ないそく） medial　2 つの部位を比べる用語で，正中線（または中心線）により近い位置をさす．

脳の動脈 brain arteries　メダカの胚と仔魚の脳は，脳の基底側（底板と基板のある側）から入る 3 対の動脈，すなわち後中脳中心動脈，前中脳中心動脈，そして菱脳中心動脈（すべて原始内頚動脈から由来する）によって養われている．

脳発生の砂時計 hourglass of brain morphogenesis　脳の形態形成に関する一般的規則．様々な脊椎動物の脳は，発生中期の 5 脳胞の時期（脳発生のファイロタイプ段階）で最大の類似性を示し，その前後の時期では多様である．

脳胞 brain vesicles　発生中に現れる神経管のいくつかの膨大部のこと．ベーアは Hirnbläschen（ドイツ語）または vesiculae cerebrales（ラテン語）とよんだ．

白質 white matter　肉眼解剖学的用語で，主に線維路によって占められている中枢神経系の部分．多くの軸索は白っぽいミエリン鞘で包まれているため，肉眼で白く見える．

発達神経毒性 developmental neurotoxicity　中枢神経系の発達に対する有害作用をいう．放射線，重金属（メチル水銀など），そして化学物質（エタノールや麻薬など）などは発達神経毒性をもつことが知られている．

比較神経学 comparative neurology　比較解剖学 comparative anatomy の 1 分野で，ヒトを含む様々な動物の神経系を比較する系統的研究のことをいう．

ファイロタイプ段階 phylotypic stage　発生段階のうち，胚がある動物門を特徴づけるような最も共通な形態を示す時期をさす．脊椎動物では，発生中期の胚（咽頭胚 pharyngula）に相当する．器官である脳にも，同様なことがあてはまる．

プラコード placode　発生過程で現れる外胚葉性の肥厚のこと．側線器官の感丘などの感覚器官，神経節のニューロン，および眼の水晶体などに分化する．

分子的プレパターン molecular prepattern　発生遺伝子の発現パターンのことで，多くの場合，実際の膨らみやくびれなどの可視的・形態的なパターンが出現するのに先立って現れる．

辺縁層 marginal layer　神経管壁の層のうち，最表面側に存在する層のこと．軸索や樹状突起などの神経線維からなる． ボールダー委員会の用語法では，辺縁帯 marginal zone という．

放射性物質 radioactive substance　放射能をもつ物質のこと．

放射線 radiation　高いエネルギーをもつ粒子の流れと光（電磁波，光子）を総称したもの．放射線はエネルギーが高いので，空気や人体などに当たると相手をイオン化（電離）してしまう．そのため放射線のことを，公式には電離放射線という．

放射線の確定的影響 deterministic effects　放射線の人体への影響のうち，ある程度の放射線量（しきい値）を超えて被ばくすると，誰にでも確定的に生じる影響のこと．放射線によって誘発された細胞死が原因と考えられている．具体的には，造血組織の障害や消化管組織の障害など．胚・胎児に対する放射線の人体影響（胎内被ばく影響）も，確定的影響に属する．

放射線の確率的影響 stochastic effects　放射線の人体への影響のうち，確率的に生じる影響のこと．細胞の中のDNAの突然変異が原因と考えられ，被ばく放射線量が小さい場合でも生じる．具体的には，遺伝影響と発がん影響がこれに属する．

放射能 radioactivity　放射線を出す能力のこと．単位はベクレル Becqurel（Bq）で表し，1ベクレルは，放射性同位体の原子核が1秒あたり1回壊変することを示す．

末梢神経系 peripheral nervous system　神経系のうち，中枢神経系以外のものの総称．末梢神経系の神経束は，脳に出入りする脳神経 cranial nerve と脊髄に出入りする脊髄神経 spinal nerve の2つに大別できる．そしてさらに，自律神経 autonomic nerve という3番目のものを区別するのが一般的である．自律神経には，交感神経系 sympathetic nervous system と副交感神経系 parasympathetic nervous system の2種類がある．

マトリックス層 matrix layer　神経管壁の層のうち，脳室に接している神経上皮の層のこと．ボールダー委員会の用語法では，脳室帯 ventricular zone という．

メダカ medaka　棘鰭上目の魚類のうち，トウゴロウイワシ系 Atherinomorpha のダツ目 Beloniformes アドリアニクチス科 Adrianichthyidae に属する日本の淡水魚．伝統的な学名は *Oryzias latipes* というが，野生のメダカは2種からなるという説もある．

翼板 alar plate　神経管の壁のうち，背外側の部分のこと．翼板は感覚入力を受け取るニューロンが存在する区画で，機能的には感覚区 sensory area ともよばれる．

4系統ネットワークモデル four systems network model　中枢神経系の機能を，1つのネットワークとしてまとめた仮説的モデルのこと．Swanson（2012）によれば，中枢神経系の機能的要素は，感覚系 sensory system，運動系 motor system，認識系 cognitive system，そして行動状態系 behavioral state system の4つである（文献情報は第13章を参照されたい）．

おわりに

本書では，脊椎動物の脳というものを発生と進化の観点から理解しようとした．その基盤として，脊椎動物の基本形をそなえる魚類を選び，メダカの脳の発生を記述した．本書執筆の大きな土台となったのは，第2章の後半部で述べた「脳発生の砂時計（様々な動物の脳は，発生中期で最大の類似性を示す）」に関する私たちの総説論文であった（Ishikawa et al.，2012，Brain Behavior and Evolution 79：75-83）．この英語論文は，神経系の進化を扱っている国際的学術雑誌にピアレビュー（複数の専門家による審査）を経て発表されたが，今回本書で初めて日本語で解説された．この論文は，編集長の Georg Striedter 教授（カリフォルニア大学）が高く評価して下さったもので，約200年間信じられてきた教科書の定説（様々な動物の脳は，発生初期の3脳胞から始まる）を打破するものである．

思い返すと，琉球大学に着任した1985年以来，私はメダカを用いて脳の発生を研究してきた．メダカを用いた理由は，生きたままの脳を外から観察できること，そして遺伝学的手法が活用できるからである．達成できた成果はささやかなものではあるが，この30年間以上は私にとって恵まれた貴重な時間であった．研究は苦労と忍耐を要求される仕事ではあるが，根本的には大きな喜びと愉しみである．本書をまとめることができたことを含めて，私を今現在に導いてくれた運命あるいは神にまず感謝を捧げたいと思う．

私は，とても多くの人たちの恩をこうむってきた．冒頭にかかげた永眠した私の家族と小学校の先生はもちろんのことだが，その他に数えきれないような多くの方々にお世話になってきた．その中でも，どうしてもお名前をあげておかねばならないのは，大学以来の恩師の方々である．ウミヘビの神経毒の研究をされた故・田宮信雄先生（東北大学名誉教授）は，大学の恩師であり，身をもって研究というものの愉しさを伝えて下さった．南太平洋（ソロモン諸島のレンネル島など）でのウミヘビの野外調査採集旅行に同行し，ほがらかさと善き生き方も学んだ．そして押しかけ弟子にして頂いた神経解剖学の故･萬年 甫先生（東京医科歯科大学名誉教授）と伊藤博信先生（日本医科大学名誉教授）．解剖学教室では，嶋田 裕先生（千葉大学名誉教授）と故･田中重徳先生（もと琉球大学教授，金沢大学名誉教授）．未熟で生意気な私を，忍耐をもって解剖学に導いて下さった．アメリカでは，Barry W. Wilson 先生（カリフォルニア大学，デーヴィス校教授）．メダカを扱うようになってからは，故･江上信雄先生（東京大学名誉教授），故･富田英夫先生（名古屋大学），田口泰子先生（放射線医学総合研究所），岩松鷹司先生（愛知教育大学名誉教授），故・尾里健二郎先生（名古屋大学），そして青木一子先生（放射線医学総合研究所）．どの先生も，私に親切にして下さった．

さらに，一緒に研究を進めた吉本正美先生（東京医療学院大学）などの同僚かつ友人たち，景崇洋博士をはじめとする若いポストドクの方々，そして研究とメダカの飼育を土台から支えて下さった松本由美子氏，松本厚子氏，前田圭子氏，そして佐藤隆子氏などの方々には，深い感謝を捧げるとともに，私の無数の至らなさについてお許しを請い願いたいと思う．私の貧しい講義を聴いて下さった，琉球大学医学部，日本医科大学，そして上智大学理工学部の学生諸君に深く感謝する．清新な若者たちの反応が，毎年のように，私を鼓舞してくれた．これらの講義の準備こそが，自分の考えをはっきりと形にしてくれたのだと思う．寡夫の私を支えてくれた，子供たち，孫たち，兄と妹たち，そして妻の親族にも深く感謝したい．

本書原稿の完成についても多くの方々のお世話になった．前記の伊藤博信先生および吉本正美先生は，私の草稿を丁寧にチェックして下さった．そして山本直之先生（名古屋大学），安増茂樹先生（上智大学），成瀬 清先生（基礎生物学研究所），そして丸山耕一先生（放射線医学総合研究所）も原稿を検討して下さった．もし，誤りがいくらかでも少なくなったとしたら，これらの先生方の無償のご努力のおかげである．ここに深く感謝申し上げる．しかしすべてについて，私に最終責任があるのは，もちろんのことである．

本書の刊行について，実際的側面で親身なご助言を頂いた義弟の小澤俊信氏に篤くお礼申し上げる．本書の出版にあたり，ご協力下さった恒星社厚生閣の編集部，河野元春氏および小浴（こさか）正博氏に深く感謝申し上げる．

本書の元となった研究は，大学や研究所の経費と科学研究費補助金など，つまりは国民の税金によって実施されてきたものである．日本語による本書の出版によって，その成果が日本国民に還元され公共の知的財産となることは，私の最も喜びとするところである．

ヒトの脳を含めた脳の全体的理解は，非常に重要なことであるにも関わらず，自然科学としてまだまだ初歩段階にある．本書でも述べたように，メダカの脳でさえも十分理解できていない点がたくさん残っている．脳の科学を進めるためには，これからの世代の努力による所が多い．本書がきっかけとなって，脳の発生と進化に興味をもつ若い人たちが幾人かでも現れるならば，私にとってこれ以上に幸せなことはない．

2018 年 4 月 19 日

カシワの若葉萌え出づる頃　千葉にて　　　石川裕二

索　引

英 字

Bergonié-Tribondeau's law（Bergonié と Tribondeau の原則）　*220*，*224*
BMPs（骨形成タンパク質）　*42*，*58*
Da　*54*，*57*
Dl　*152*，*205*
DNA 合成期　*102*
Dp　*147*
Fgf8　*70*
FGFs　*42*
G1 期　*102*
G2 期　*102*
GFP　*91*，*148*
GnRH 神経系　*209*
LNT 仮説　*218*
MHB　*70*
M 期　*102*
Oot 遺伝子　*97*
PCNA　*138*
Rohon-Beard 細胞　*122*
S 期　*102*
ZLI 神経路　*128*

あ 行

アポトーシス　*113*，***257***
イオン化　*216*
一次神経管形成　*45*
一次身体発生　*22*
一次分化　*22*
一般臓性感覚　*208*
一般体性感覚　*205*，*212*
遺伝影響　*219*
遺伝的改変　*3*
遺伝的同化　*4*
移動神経細胞集団　*153*
ウィント遺伝子　*27*
産みつけ行動　*195*
運動区　*55*
運動系　*194*，*200*
運動神経　*8*
運動中枢　*200*
運動ニューロン　*8*，***257***
運命拘束（コミットメント）　*102*
疫学的調査　*221*
エソグラム　*195*
X 線　*215*
遠心性（神経）　*8*，***257***
延髄　*67*
エンハンサー領域　*23*
横帆　*89*
オーガナイザー　*22*，*41*

か 行

介在ニューロン　*8*，***257***
外側　*16*，***257***
　——外套　*112*，*147*，*184*
　——陥凹　*48*，*142*
　——結節　*180*，*203*
　——前脳束　*127*
　——堤　*142*
外転神経　*169*
外套　*76*，*147*
　——下部　*76*，*147*
　——層　*108*，***257***
　——の小区分　*112*，***257***
外胚葉　*22*，*41*
灰白質　*109*，***257***
外翻　*50*，*149*
蓋板　*56*，*87*，***257***
外部被ばく　*217*
学習　*210*
（放射線の）確定的影響　*218*，***262***
（放射線の）確率的影響　*218*，***262***
核　***257***
　——力　*215*
下行路　*122*，*202*，***257***
下垂体　*83*，*144*
滑車神経　*169*
カハールの交連核　*208*
下葉　*142*，*178*
顆粒隆起　*159*
感覚区　*55*
感覚駆動による種分化　*62*
感覚系　*194*，*203*
感覚神経　*8*
感覚ニューロン　*8*，***258***
間期　*102*
感丘　*172*
環境　*4*
　——生物　*227*
眼茎の基部　*71*
幹細胞　*103*，*220*，***258***
陥入　*41*
間脳　*66*，*141*，*153*，***258***
　——内境界ゾーン　*69*，*81*
　——脳室　*48*
　——の発達　*178*
眼胞　*75*
顔面神経　*169*，*206*
記憶系　*191*
器官　*6*
利き手非対称　*85*
基板　*55*，***258***
基盤的神経回路　*127*
ギャップ 1 期　*102*
ギャップ 2 期　*102*
嗅覚　*196*，*203*
　——路　*153*
嗅球　*76*，*180*
吸収線量　*217*
嗅神経　*169*，*203*
求心性（神経）　*8*，***258***
嗅脳室　*182*
橋　*67*
境界溝　*55*，***258***
境界細胞　*70*
橋核　*203*
狭義の非膝状体系　*205*
峡部　*70*
棘鰭上目　*12*，***258***
魚類　*11*
近交系のメダカ　*30*，*185*
偶然　*3*，*5*，*229*
クッパー胞　*35*，*86*
グリア細胞（＝神経膠細胞）　*6*，***258***
グレイ　*217*
形態形成　*24*
　——原　*24*
形態進化　*3*
系統発生　*19*，*50*，*57*
血管嚢　*144*

血管発生　*133*
原核細胞　*5*
原始内頸動脈　*133*
原子力　*215*
原腸形成　*40*
原腸胚　*40*
原発事故　*216, 228*
交感神経系　*168*
孔器　*172*
広義の非（外）膝状体系　*205*
後結節核　*203*
後交連　*81, 127*
——傍核　*203*
硬骨魚類　*11*
後視索交連　*127*
広樹状突起細胞　*202*
後側線神経　*168*
後中脳中心動脈　*135*
行動状態系　*194, 208*
後頭神経　*168*
行動の発達　*127*
後脳　*66,* ***258***
後パレンセファロン　*78*
交連　*81, 125*
後陥凹　*48, 142*
個体発生　*19*, 50, *57*
5 脳胞　*26, 66, 146*

さ 行

鰓弓　*170*
最後野　*208*
最終共通路　*62, 192, 200*
細胞　*5*
——核　*5*
——系譜　*43*
——系譜制限　*45*
——再生系　*103, 220*
——死　*113*
——種　*6*
——周期　*102,* ***258***
——小器官　*5*
——増殖　*102*
——増殖帯　*137, 149, 162,* ***258***
——体　*7*
——分化　*23, 102*
左右相称動物　*8*
左右対称性　*84,* ***258***
左右非対称　*84,* ***258***
三叉神経　*169, 205*
三次分化　*22*
3 次味覚核　*206*
産卵行動　*195*
シーベルト　*217*
視蓋　*60, 67, 156*
——延髄路　*202*
——前域　*142*
——の発生　*156*
——皮質　*156*
視覚　*196, 205*
しきい値　*218*
糸球体円形部　*153*
糸球体核系　*142, 153*
糸球体前核複合体　*141, 153, 180*
糸球体前部　*153*
仔魚　*38, 165, 176*
軸索　*7,* ***259***
——ガイダンス分子　*120*
視索前野　*76, 142*
視床下部　*77, 142, 178*
——の正中葉　*142, 179*
視床上部　*77, 86,* ***259***
視床前核　*205*
視床の後結節　*141, 154*
矢状面　*16*
視神経　*169, 205*
自然放射線　*217*
実効線量　*217*
膝状体系　*205*
シナプス　*7,* ***259***
シネンセファロン　*78*
若魚　*176*
終神経 GnRH 系　*209*
終神経神経節　*209*
習性　*60, 62*
縦走堤　*156*
集中神経系　*10*
重度精神遅滞　*221*
終脳　*66, 146, 180,* ***259***
——からの下行路　*202*
——・間脳脳室　*48, 149, 154, 184*
——・間脳脈絡叢　*89*
——脳室　*48, 149, 182*
——の系統発生　*50,* ***259***
——の発生・発達　*146, 180, 183*
——背側野　*147*
——背側野の外側部　*152, 205*
——背側野の後（尾側）部　*147*
——半球　*76*
——腹側野　*147*
——不対部　*76, 147*
——路　*126*
（神経）終末　*7,* ***260***
収斂　*41*
樹状突起　*7,* ***259***
受精卵　*19, 38*
上衣細胞　*108*
上衣層　*108*
松果体　*87, 100, 204*
——からの光感覚　*204*
——複合体　*87*
条鰭類　*11,* ***259***
上行路　*122, 205,* ***259***
ショウジョウバエ　*29, 64*
小頭症　*221, 224*
小脳　*67, 159,* ***259***
——体　*159*
——の発生・発達　*159*
——弁　*61, 159*
——弁外側核　*203*
小脳稜　*159*
上皮　*40*
初期血管形成期　*133*
自律神経　*167*
進化　*2*
真核細胞　*5*
真核生物　*5*
神経回路　*119*
神経核　*88*
神経管　*25, 37,* ***259***
——形成　*37*
神経幹細胞（＝マトリックス細胞）　*103,* ***259***
神経管の中間帯　*58*
神経管の背側帯　*58*
神経管の腹側帯　*58*
神経管の 4 つの軸　*51*
神経筋接合部　*7,* ***259***
神経腔　*37, 48,* ***260***
神経系　*1,* ***260***
——アトラス　*173, 234*
——前駆細胞　*103*
神経細胞　*6,* ***260***

——集団　*150*
——の移動　*108*
神経索　*43*, ***260***
神経支配　*168*
神経上皮　*47*, *103*
神経節　*10*, *168*, ***260***
神経線維　*7*
神経叢　*173*
神経創成区域　*44*, ***260***
神経組織　*6*
神経堤　*22*
神経伝達物質　*7*, ***260***
神経胚　*43*, *45*
神経板　*37*, *43*
神経分節　*67*, ***260***
神経網　*9*, ***260***
神経誘導　*22*, *42*
神経竜骨　*47*, ***260***
神経路　*120*
真骨類　*11*, ***260***
伸長　*41*
新皮質　*110*
深部細胞　*40*
髄脳　*66*, ***260***
成魚　*176*
——の脳・脊髄　*185*
生殖行動　*195*
生殖的成功　*2*
成体幹細胞　*103*
生態的地位　*60*
成体の神経幹細胞　*187*
成長円錐　*120*
生命の階層　*3*, *13*
赤核　*124*, *202*
脊索　*41*, *47*
脊髄　*10*
——神経　*167*
——神経節　*168*
——の前角　*173*
——分節　*67*
脊椎動物　*10*, *64*
舌咽神経　*169*, *206*
接合子　*19*, *38*
ゼブラフィッシュ　*11*
セロトニン作動性ニューロン　*144*
線維芽細胞増殖因子　*42*
線維連絡　*200*
線維路　*122*
前交連　*81*, *127*
前側線神経　*168*
前中脳中心動脈　*135*
前脳束　*78*
前脳分節　*67*, *74*
前パレンセファロン　*78*
線量　*217*, ***260***
桑実胚　*39*
臓性（神経系）　*56*, ***260***
相同　*36*, *37*
側線器官　*172*
底深い相同　*59*, *65*
組織　*6*
——区画　*44*, *67*, *69*, ***260***
ソニックヘッジホッグ　*23*, *58*

た 行

体細胞分裂　*102*
体性（神経系）　*56*, ***261***
体性局在性　*193*
胎内被ばく影響　*220*
大脳基底核　*76*
大脳皮質　*76*, *110*
——の発生　*111*
第四脳室　*48*
——の脈絡叢　*159*
多核周縁質　*39*
多細胞真核生物　*6*
手綱　*87*, ***261***
——核　*88*, ***261***
多能性　*40*
ダルマ核　*152*, *181*
単線毛　*86*
稚魚　*38*, *176*
知・情・意　*193*
中間帯　*108*
中間脳胞　*66*
中継核　*88*
中心管　*37*
中枢神経系　*10*, ***261***
中枢性パターンイニシエータ　*193*, *202*
中枢性パターンコントローラ　*193*, *202*
中枢性パターンジェネレータ　*193*, *202*
中内胚葉　*41*
中脳　*66*, *156*, ***261***
——シート　*162*, ***261***
——脳室　*48*, *156*
——被蓋　*67*, *156*
——尾壁　*160*
——分節　*67*, *162*
——・菱脳脳室　*48*
中胚葉　*22*
チンパンジー　*193*, *198*
低線量　*218*
底板　*56*, ***261***
転写因子　*23*
電離　*216*
動眼神経　*142*, *169*
頭屈　*72*
闘争行動　*195*, *199*
等皮質　*110*, *116*
動物の意識　*211*
トポロジー的変形　*74*
トランスジェニックメダカ　*91*, *148*

な 行

内耳神経　*171*
内耳・側線感覚　*206*
内耳側線野　*171*
内側　*16*, ***261***
——外套　*112*, *147*, *185*
——縦束　*122*, *202*
——縦束核　*122*, *202*
——前脳束　*127*
内胚葉　*22*
内部被ばく　*217*
二次オーガナイザー　*70*
二次神経管形成　*45*
二次身体発生　*22*
二次分化　*22*
2 次味覚核　*206*
2 脳胞　*35*
乳頭体　*180*
ニューロン　*6*
——の総数　*187*
認識系　*194*, *210*
脳　*10*
——血管形成期　*133*
——室　*37*, *48*
——室周囲器官　*87*, *144*
——室帯　*108*
——室傍器官　*144*
——神経　*167*
——脊髄液　*37*, *87*
——底交通動脈　*133*

——底動脈 *134*
——動脈 *135*, ***261***
——のネットワークモデル *195*
——の腹側ひだ *73, 133, 142*
——発生の砂時計 *33*, ***261***
——発生のファイロタイプ段階 *33*, *48*
——胞 *25*, *66*, ***261***
ノーダル *85*

は 行

胚 *38*
——盾 *41*
背側外套 *112*, *147*, *185*
背側視床 *77*
背嚢 *89*
胚盤葉 *39*
胚葉 *22*
白質 *109*, ***261***
発がん影響 *219*
発生 *3*
——遺伝子 *21*
——段階表 *38*
——の砂時計 *21*
発達神経毒性 *222*, ***261***
パラ進化 *189*, *198*
半円堤 *156*
反屈束 *81*, *91*
繁殖行動 *195*
尾芽 *22*, *45*
被蓋 *67*, *177*
比較神経学 *190*, ***261***
皮質 *110*
——延髄路 *193*, *202*
——脊髄路 *193*, *202*
——同等回路 *211*
尾側脳胞 *66*
必然 *5*
ヒト *4*, *189*, *198*
——の脳の発生 *185*
被覆層 *40*
被包 *40*
尾葉 *159*
ファイロタイプ段階 *21*, ***261***
フォン・クッパー *35*
フォン・ベーア *19*, *20*
孵化 *38*
副交感神経系 *168*
副松果体 *87*, *101*
——ドメイン *93*
腹側外套 *112*, *147*, *184*
腹側視床 *77*
不等皮質 *110*, *116*
部品性（＝モジュール性） *62*
プラコード *172*, ***261***
プロスタグランジン *196*, *203*
プロモーター領域 *23*
分化能力 *102*
分子的プレパターン *24*, *27*, *42*, ***261***
吻側脳胞 *66*
分裂期 *102*
ベーアの脳の発生様式 *26*
ベクレル *216*
辺縁系 *88*, *90*
辺縁層 *108*, *120*, ***262***
辺縁帯 *108*
辺縁部細胞増殖帯 *156*
放射性同位体 *216*
放射性物質 *216*, ***262***
放射線 *216*, ***262***
——生物学 *215*
放射能 *216*, ***262***
膨出 *50*, *76*
傍生体 *89*
胞胚 *39*
母性遺伝子 *40*
ホックス（*Hox*）遺伝子 *25*, *70*
哺乳類の発育遅滞 *185*
ポルスター *75*

ま 行

マウスナー細胞 *125*
末梢神経系 *10*, *167*, ***262***
マトリックス層 *108*, ***262***
味覚 *206*
未成魚 *176*
未分化神経系前駆細胞 *104*
未分化の細胞 *102*
脈絡叢 *87*
味蕾 *170*
無層性大脳皮質 *211*
無羊膜類 *54*
迷走神経 *170*, *206*
メダカ *12*, *17*, ***262***
網膜外光受容系 *89*
網様体 *125*
——脊髄ニューロン *125*
——脊髄路 *202*
モデル生物 *113*, *117*

や 行

誘導 *22*
有羊膜類 *54*
翼板 *55*, ***262***
4 系統ネットワークモデル *194*, ***262***

ら・わ 行

ラモニ・カハール *118*
卵割 *39*
ランダム非対称 *85*
領域化 *44*
菱脳峡 *70*, *97*, *160*
菱脳中心動脈 *135*
菱脳分節 *67*
緑色蛍光タンパク質（GFP） *91*
レチノイン酸 *42*
Y 字溝 *182*

＊太字は用語解説

著者紹介

石川裕二（いしかわ ゆうじ）

前 放射線医学総合研究所 上席研究員．理学博士（東北大学），医学博士（千葉大学）．

1948 年東京都に生まれる．東北大学大学院理学研究科修了後，千葉大学医学部，琉球大学医学部を経て，1992年放射線医学総合研究所に勤務．2012 年同所退職．この間に日本医科大学などで，退職後に上智大学理工学部で非常勤講師を勤めた．

メダカで探る脳の発生学

Developmental understanding of the vertebrate brain, using the medaka

石川裕二 著

2018 年 11 月 30 日　初版 1 刷発行

発行者　片岡 一成

印刷・製本　株式会社ディグ

発行所　株式会社恒星社厚生閣

〒 160-0008 東京都新宿区四谷三栄町 3-14

TEL：03（3359）7371

FAX：03（3359）7375

http://www.kouseisha.com/

ISBN978-4-7699-1631-4　C3045